GÉOMÉTRIE

CORBEIL. — IMPRIMERIE CRÉTÉ-DE L'ARBRE.

COURS D'ÉTUDES SCIENTIFIQUES

A L'USAGE DES CANDIDATS

AU BACCALAURÉAT ÈS SCIENCE ET AUX ÉCOLES DU GOUVERNEMENT

GÉOMÉTRIE

PAR

J. DUFAILLY

PROFESSEUR AU COLLÈGE STANISLAS

SIXIÈME ÉDITION

PARIS

LIBRAIRIE CH. DELAGRAVE

15, RUE SOUFFLOT, 15

1883

Tout exemplaire de cet ouvrage non revêtu de ma griffe sera réputé contrefait.

ÉLÉMENTS DE GÉOMÉTRIE

PREMIÈRE PARTIE

FIGURES PLANES

LIVRE PREMIER

LA LIGNE DROITE

DÉFINITIONS

1. On nomme *volume* toute portion limitée de l'espace. Ce qui sépare un volume de l'espace environnant est une *surface*. Lorsque deux surfaces se rencontrent, leur partie commune est une *ligne*. Lorsque deux lignes se rencontrent, leur partie commune est un *point*.

Les volumes, surfaces et lignes portent le nom de *figures*.

2. La géométrie a pour but l'étude des propriétés des figures et la mesure de leur étendue.

3. On dit que deux figures sont égales lorsqu'en les appliquant l'une sur l'autre, on peut les faire coïncider dans toute leur étendue.

4. On nomme *ligne droite* le plus court chemin d'un point à un autre. Une ligne formée de plusieurs lignes droites est dite *brisée*. Une ligne qui n'est ni droite, ni brisée, est une ligne *courbe*.

Nous regarderons comme une vérité évidente que *d'un point à un autre on ne peut mener qu'une seule ligne droite,* de telle sorte que deux lignes droites ayant deux points communs coïncident dans toute leur étendue.

5. On nomme *surface plane* ou *plan,* toute surface sur laquelle étant pris deux points à volonté, la ligne droite qui joint ces deux points est tout entière contenue dans la surface.

Une surface qui n'est ni plane, ni composée de surfaces planes est une *surface courbe.*

Une *figure plane* est celle dont tous les points sont contenus dans un même plan.

6. Un *angle* est la figure formée par deux droites qui se rencontrent. Le point de rencontre se nomme le *sommet* de l'angle ; les deux droites en sont *les côtés.* Ainsi les deux droites AB, AC forment un angle ayant son sommet en A.

Un angle se désigne par la lettre du sommet ou par trois lettres, en ayant soin alors de placer la lettre du sommet au milieu. Ainsi on dira l'angle A ou encore l'angle BAC. Cette dernière dénomination doit être nécessairement employée s'il existe deux ou plusieurs angles ayant leur sommet au point A.

La grandeur d'un angle ne dépend nullement de la longueur de ses côtés que l'on doit supposer prolongés indéfiniment, mais bien de leur écartement.

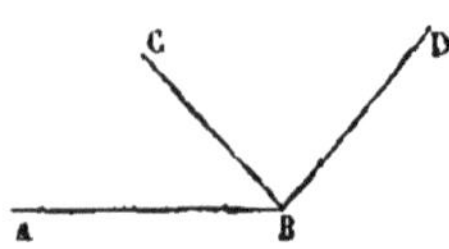

Lorsque deux angles ont un sommet commun et un côté commun intermédiaire, on dit qu'ils sont *adjacents.* Tels sont les angles ABC, CBD.

7. Une ligne droite AB est *perpendiculaire* à une autre droite CD lorsqu'elle fait avec celle-ci deux angles adjacents ABC, ABD égaux entre eux. Ces angles se nomment *angles droits.*

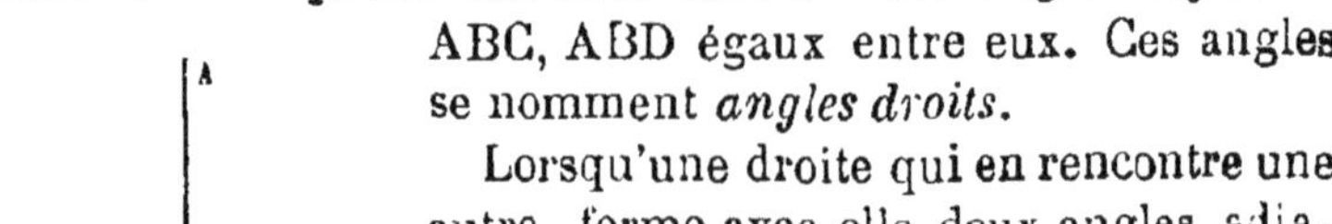

Lorsqu'une droite qui en rencontre une autre, forme avec elle deux angles adjacents inégaux, on dit qu'elle est *oblique* à cette autre.

8. Un angle moindre qu'un angle droit est un angle *aigu* ; un angle plus grand qu'un angle droit est un angle *obtus*.

Deux angles sont dits *complémentaires* lorsque leur somme vaut un angle droit, et *supplémentaires* lorsque leur somme vaut deux angles droits.

9. On nomme *parallèles* deux droites qui, situées dans le même plan, ne peuvent se rencontrer quelque loin qu'on les prolonge.

10. Une figure plane limitée de toutes parts par des lignes droites est un *polygone* ; l'ensemble de ces lignes est le contour ou *périmètre* du polygone.

11. Un *triangle* est un polygone de trois côtés. On distingue parmi les triangles : le triangle *équilatéral* qui a ses trois côtés égaux ; le triangle *isocèle* dont deux côtés seulement sont égaux ; le triangle *rectangle* qui a un angle droit. Dans ce dernier triangle, le côté opposé à l'angle droit se nomme *hypoténuse*.

On nomme *base* d'un triangle l'un quelconque de ses trois côtés. — Dans un triangle isocèle, on prend ordinairement pour base, le côté qui n'est pas égal à l'un des deux autres.

12. Un *quadrilatère* est un polygone de quatre côtés. Parmi les quadrilatères, on distingue :

Le *carré* qui a ses quatre côtés égaux et ses angles droits ;

Le *rectangle*, qui a ses angles droits sans avoir ses côtés égaux ;

Le *parallélogramme*, dont les côtés opposés sont parallèles ;

Le *losange*, qui a ses côtés égaux sans avoir ses angles droits ;

Le *trapèze*, dont deux côtés seulement sont parallèles.

13. Le polygone de cinq côtés se nomme *pentagone* ; celui de six, *hexagone*, etc.

14. On nomme *diagonale* d'un polygone la ligne droite qui joint les sommets de deux angles de ce polygone non-adjacents au même côté.

15. Lorsqu'en prolongeant indéfiniment l'une quelconque

des droites qui limitent un polygone, ce polygone est tout entier d'un même côté de la ligne prolongée, on le nomme *polygone convexe.*

16. On nomme :

Axiome, une vérité évidente par elle-même ;
Théorème, une vérité qui a besoin d'être démontrée ;
Corollaire, une conséquence d'un théorème.

L'énoncé d'un théorème contient deux parties : une *hypothèse* ou supposition et une conclusion qu'on en tire. En renversant l'énoncé d'un théorème de manière à prendre la conclusion pour hypothèse et l'hypothèse pour conclusion, on forme l'énoncé du théorème *réciproque* du premier. Ce théorème réciproque n'est pas nécessairement vrai.

On désigne sous le nom commun de *propositions* les théorèmes et aussi les *problèmes*, c'est-à-dire les questions proposées qu'il faut résoudre.

ANGLES ET TRIANGLES

THÉORÈME I.

17. *D'un point* O *pris sur une droite* AB, *on peut élever une perpendiculaire sur cette droite, et on n'en peut élever qu'une.*

Menons par le point O une droite OC quelconque faisant avec AB deux angles inégaux, et soit AOC le plus petit de ces deux angles. Si nous faisons tourner la droite OC autour du point O jusqu'à ce qu'elle vienne s'appliquer sur OB, il arrivera un moment où l'angle AOC sera devenu plus grand que l'angle COB. Donc il existe une position OD de la droite dans laquelle elle fait avec AB deux angles égaux et il est clair d'ailleurs qu'il n'en existe qu'une.

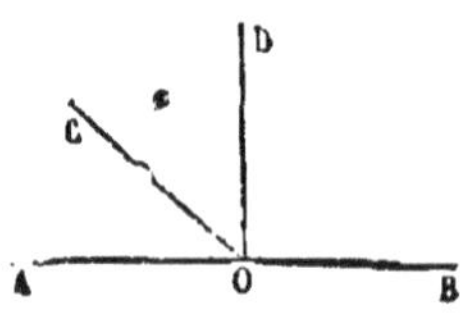

18. Corollaire. — *Tous les angles droits sont égaux.*

Soient la droite CD perpendiculaire sur AB et la droite GH perpendiculaire sur EF : je dis que l'angle droit FGH est égal à l'angle droit BCD.

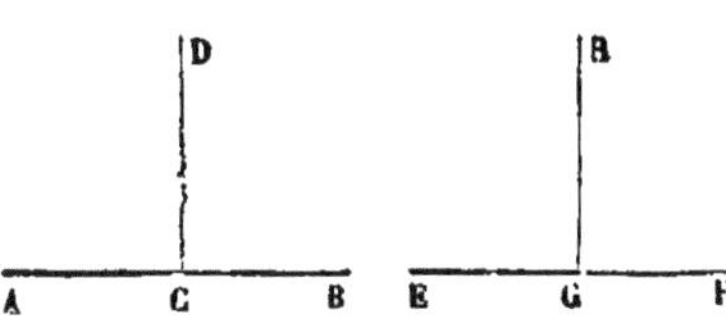

En effet, appliquons EF sur AB de telle sorte que le point G tombe en C : comme on ne peut élever en un point d'une droite qu'une seule perpendiculaire sur cette droite, GH prendra la direction CD et les angles FGH, BCD coïncideront.

THÉORÈME II.

19. *Lorsqu'une ligne droite* CO *en rencontre une autre* AB, *elle forme avec celle-ci deux angles adjacents* COA, COB *supplémentaires, c'est-à-dire dont la somme est égale à deux angles droits.*

Élevons la perpendiculaire OD sur AB. L'angle BOC, vaut un angle droit, plus l'angle DOC ; donc les angles BOC, COA valent ensemble un angle droit, plus la somme des angles DOC, COA. Or, cette dernière somme est égale à l'angle droit DOA, donc enfin la somme des angles BOC, COA est égale à deux angles droits.

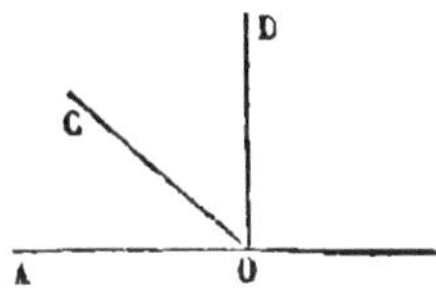

20. Corollaire I. — Lorsque l'un des angles formés par la droite OC avec AB est droit, l'autre angle est également droit.

21. Corollaire II. — La somme des angles formés d'un même côté d'une droite AB par plusieurs droites issues du même point C est égale à deux angles droits En effet, l'angle DCB, somme des angles DCE, ECF, FCB est le supplément de l'angle ACD.

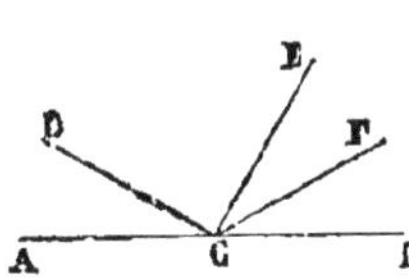

THÉORÈME III.

22. *Lorsque deux angles adjacents* ABC, CBD *sont supplémentaires, leurs côtés extérieurs* AB, BD *sont en ligne droite.*

En effet, l'angle formé par la droite BC avec le prolongement de AB doit être le supplément de l'angle ABC (19) donc ce prolongement n'est autre que la droite BD.

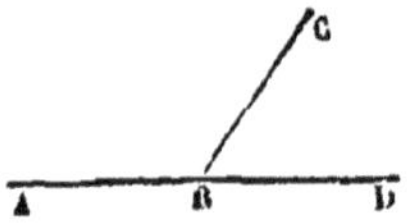

THÉORÈME IV.

23. *Lorsque deux lignes droites* AB, CD *se coupent, les angles opposés par le sommet sont égaux.*

En effet, l'angle AEC a pour supplément l'angle CEB (19), et l'angle BED a pour supplément le même angle CEB : donc les angles CEA, BED sont égaux entre eux.

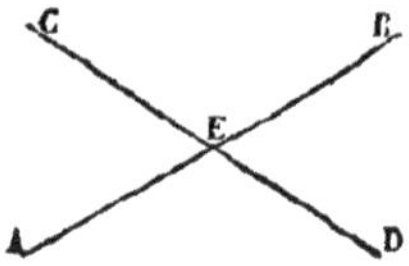

On démontrerait de même l'égalité des angles CEB, AED.

24. Corollaire. — Si l'un des angles AEC formé par les droites qui se coupent est un angle droit, les trois autres sont également droits et par suite chacune des droites est perpendiculaire sur l'autre.

25. Remarque. — La somme des quatre angles formés autour du point E est égale à quatre angles droits.

En général, si l'on considère autant de droites que l'on veut partant d'un même point E, la somme des angles qu'elles forment entre-elles est égale à quatre angles droits, car elle vaut évidemment la somme des angles que l'on peut former en menant par le point E deux droites qui se coupent.

THÉORÈME V.

26. *Lorsque deux droites* EB, EA *font avec une droite* CD *de part et d'autre de cette droite deux angles* BED, CEA *égaux entre eux et non adjacents, ces deux droites sont sur le prolongement l'une de l'autre.*

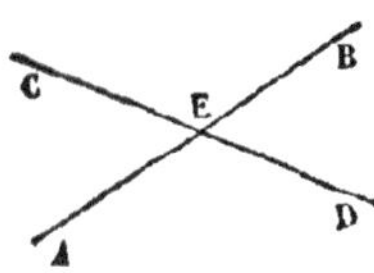

En effet, le prolongement de la droite EB doit faire avec CE un angle égal à l'angle BED (23) : ce prolongement n'est donc autre que la droite EA.

THÉORÈME VI.

27. *Dans tout triangle un côté quelconque est moindre que la somme des deux autres.*

En effet, le plus court chemin de A en C est la ligne droite AC. On a donc $AC < AB + BC$.

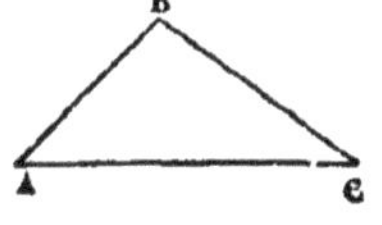

28. Corollaire. — Si l'on retranche BC de chacun des deux membres de l'inégalité qui précède, on trouve $AC - BC < AB$, donc *dans tout triangle un côté quelconque est plus grand que la différence des deux autres.*

THÉORÈME VII.

29. *Si d'un point* D *pris dans l'intérieur d'un triangle* ABC, *on mène des droites* DB, DC *aux extrémités d'un côté* BC, *la somme de ces droites est moindre que la somme des deux autres côtés* AB, AC *du triangle.*

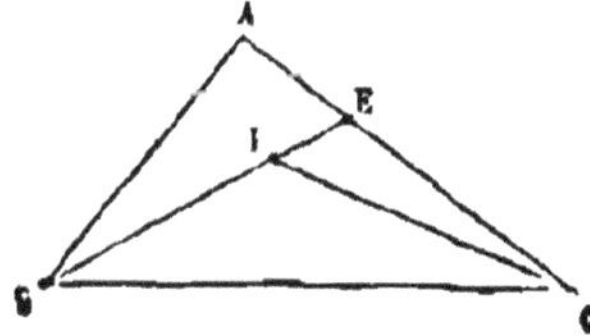

Prolongeons BD jusqu'à sa rencontre en E avec le côté AC : nous aurons dans le triangle DCE :

$$DC < DE + EC,$$

et dans le triangle BAE.

$$BE \text{ ou } BD + DE < BA + AE.$$

Ajoutant membre à membre ces deux inégalités et supprimant ensuite le terme DE commun aux deux membres du résultat, il vient :

$$BD + DC < BA + AE + EC,$$

ou

$$BD + DC < BA + AC.$$

THÉORÈME VIII.

30. *Deux triangles sont égaux lorsqu'ils ont un angle égal compris entre deux côtés égaux chacun à chacun.*

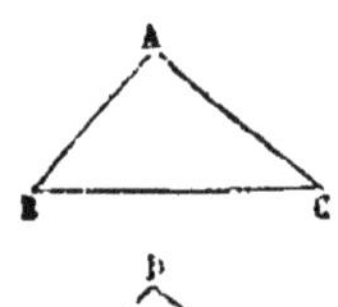

Soient les deux triangles ABC, DEF dans lesquels on a l'angle A égal à l'angle D, le côté AB = DE et le côté AC = DF : je dis que ces triangles sont égaux.

Portons le triangle DEF sur ABC et plaçons DE sur AB de telle sorte que le point D tombe en A et le point E en B. L'angle D étant égal à l'angle A, le côté DF prendra la direction du côté AC, et comme il lui est égal, le point F tombera en C. Le côté EF s'appliquera donc sur BC, et les triangles, coïncidant dans toute leur étendue sont égaux.

THÉORÈME IX.

31. *Deux triangles sont égaux lorsqu'ils ont un côté égal adjacent à deux angles égaux chacun à chacun.*

Soient les deux triangles ABC, DEF dans lesquels on a le côté BC égal au côté EF, l'angle B égal à l'angle E et l'angle C égal à l'angle F : je dis que ces triangles sont égaux.

Portons le triangle DEF sur ABC et plaçons EF sur BC, de

telle sorte que le point E tombe en B et le point F en C. L'angle E étant égal à l'angle B, le côté ED prendra la direction de BA et le point D viendra se placer quelque part sur BA. D'un autre côté, ce même point D devra aussi se placer quelque part sur CA, car l'angle F étant égal à l'angle C, le côté FD prendra la direction de CA. Donc enfin le point D tombera au point A de rencontre des droites BA, CA et les deux triangles coïncidant dans toute leur étendue sont égaux.

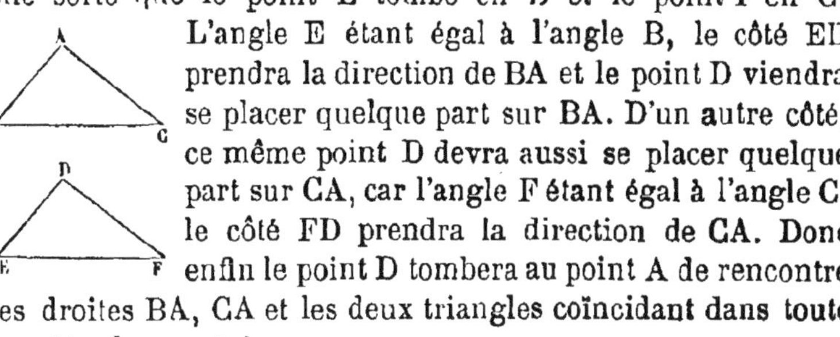

THÉORÈME X.

32. *Lorsque deux triangles ont deux côtés égaux chacun à chacun et que l'angle compris entre les deux côtés du premier est plus grand que l'angle compris entre les deux côtés du second, le troisième côté du premier triangle est plus grand que le troisième côté du second.*

Soient les deux triangles ABC, A'B'C' dans lesquels on a le côté AB = A'B', le côté AC = A'C' et l'angle BAC plus grand que l'angle B'A'C' : je dis que le côté BC est plus grand que le côté B'C'.

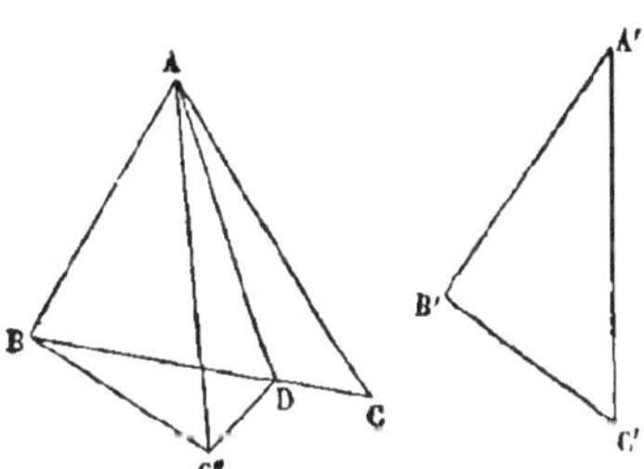

Menons la droite AC″ faisant avec AB l'angle BAC″ égal à l'angle A', prenons AC″ = A'C' et joignons BC″. Les triangles BAC″, B'A'C' sont égaux comme ayant un angle égal compris entre deux côtés égaux (30) : on a donc BC″ = B'C', et par suite, il suffit de démontrer que BC est plus grand que BC″. Pour cela, partageons l'angle C″AC en deux parties égales au moyen de la droite AD et joignons DC″. Les triangles ADC, ADC″ ont un angle égal compris entre deux côtés égaux, donc ils sont égaux et C″D = CD. Mais on a dans le triangle BDC″, BD + DC″ > BC″ (27) : remplaçant DC″ par son égal DC, il vient BC > BC″ et le théorème est démontré.

33. Réciproquement, *lorsque deux triangles ont deux côtés égaux chacun à chacun, et les troisièmes côtés inégaux, les angles opposés à ces côtés sont inégaux et le plus grand est l'angle opposé au plus grand côté.*

En effet, les côtés AB, AC étant supposés respectivement égaux aux côtés A'B', A'C' et le côté BC étant plus grand que B'C', l'angle A ne saurait être égal à l'angle A', car on aurait alors BC = B'C' (30). L'angle A ne saurait non plus être moindre que A', car alors, d'après la proposition directe, (32), on aurait BC < B'C'. Donc enfin l'angle A est plus grand que l'angle A'.

THÉORÈME XI.

34. *Deux triangles sont égaux lorsqu'ils ont les trois côtés égaux chacun à chacun.*

Soient les triangles ABC, DEF dans lesquels on a AB = DE, AC = DF, BC = EF : je dis que ces triangles sont égaux.

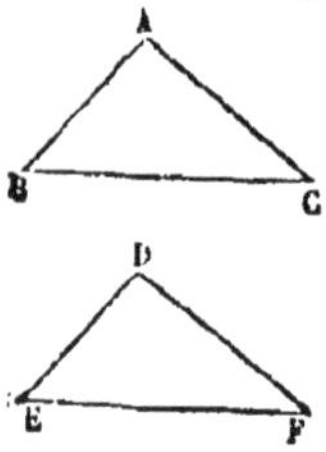

En effet, l'angle A est égal à l'angle D, car les côtés qui comprennent ces angles étant égaux, si l'angle A était différent de l'angle D, les côtés BC, EF seraient inégaux (32), ce qui est contre l'hypothèse. On reconnaîtrait de même que l'angle B est égal à l'angle E, et l'angle C à l'angle F. Les triangles ABC, DEF sont donc égaux.

35. Remarque. — Dans deux triangles égaux, les angles égaux sont opposés aux côtés égaux.

THÉORÈME XII.

36. *Dans un triangle isocèle, les angles opposés aux côtés égaux sont égaux.*

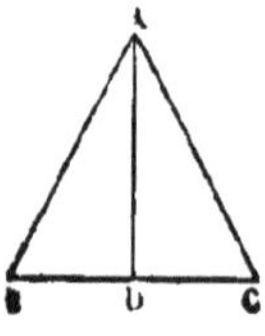

Soit le triangle ABC dans lequel le côté AB = AC : il s'agit de démontrer que l'angle B est égal à l'angle C.

Joignons le sommet A au milieu D de la base

BC ; les deux triangles ABD, ADC ont les trois côtés égaux chacun à chacun: AD commun, AB = AC par hypothèse et BD=DC par construction. Donc ils sont égaux et les angles B et C opposés au côté AD sont égaux.

37. Corollaire I. — De l'égalité des triangles ABD, DAC, on déduit que l'angle BAD = l'angle DAC et aussi que les angles BDA, CDA sont égaux. Donc *la ligne qui joint le sommet d'un triangle isocèle au milieu de la base, divise l'angle du sommet en deux parties égales et est perpendiculaire sur la base.*

38. Corollaire II. — *Un triangle équilatéral est équiangle, c'est-à-dire a les trois angles égaux.*

En effet, les angles d'un tel triangle sont deux à deux opposés à des côtés égaux.

THÉORÈME XIII.

39. *Lorsque deux angles d'un triangle sont égaux, les côtés opposés à ces angles sont égaux et le triangle est isocèle.*

Soit le triangle BAC dans lequel on a l'angle B = l'angle C : je dis que le côté AB = AC.

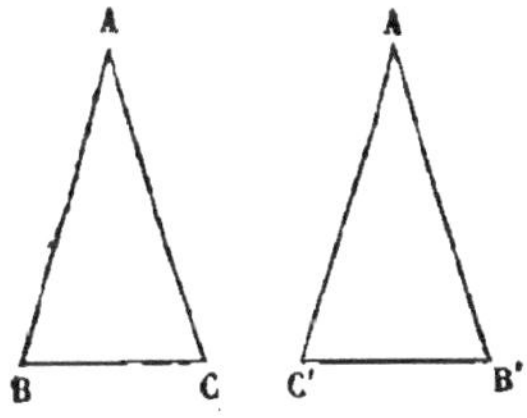

Traçons la droite C'B' = BC ; faisons en C' l'angle B'C'A' = l'angle C, et en B' l'angle C'B'A' = l'angle B. Les deux triangles ABC, A'C'B' seront égaux comme ayant un côté égal adjacent à deux angles égaux chacun à chacun, et le côté B'A' opposé à l'angle C' sera égal au côté BA opposé à l'angle C. Mais si l'on porte le triangle B'A'C' sur BAC en plaçant le côté B'C' sur BC, de telle sorte que le point C' tombe en B et le point B' en C, les deux figures coïncideront puisque l'angle C' égal à l'angle C est aussi égal à l'angle B et que l'angle B' égal à l'angle B est aussi égal à l'angle C : par suite le côté B'A' est égal au côté AC. Donc enfin les deux côtés AB, AC, tous deux égaux au côté A'B' sont égaux entre eux et le triangle ABC est isocèle.

40. Corollaire. — Un triangle équiangle est en même temps équilatéral.

THÉORÈME XIV.

41. *De deux côtés d'un triangle opposés à deux angles inégaux, le plus grand est celui qui est opposé au plus grand angle.*

Soit dans le triangle ABC l'angle A plus grand que l'angle C : je dis que le côté BC est plus grand que le côté AB.

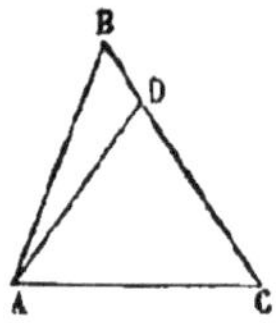

Menons la droite DA qui forme l'angle DAC égal à l'angle C : le triangle ADC est isocèle (39) et l'on a AD = DC. Mais dans le triangle ABD, le côté AB est moindre que AD + DB ; remplaçant AD par son égal DC, il vient AB < BD + DC ou enfin AB < BC.

42. Réciproquement, *Si dans un triangle* ABC, *on a le côté* BC *plus grand que* AB, *l'angle* BAC *opposé à* BC *est plus grand que l'angle* C *opposé à* AB.

En effet, si les angles BAC et C étaient égaux, les côtés AB, BC le seraient également ce qui est contre l'hypothèse. De même si l'angle BAC était moindre que l'angle C, d'après la proposition directe, le côté BC serait moindre que AB, ce qui est encore contre l'hypothèse. Donc l'angle BAC est plus grand que l'angle C.

PERPENDICULAIRES ET OBLIQUES.

THÉORÈME XV.

43. *D'un point* O *pris en dehors d'une droite* AB, *on peut mener une perpendiculaire sur cette droite, et on n'en peut mener qu'une.*

1° Menons une droite quelconque OD partant du pont O et rencontrant AB, faisons l'angle CDO'=CDO, prenons DO'=DO et joignons OO'. Les deux triangles ODC, O'DC ont un angle égal compris entre deux côtés égaux chacun à chacun, donc ils sont égaux (30) et les angles OCD, O'CD opposés aux côtés égaux, OD, O'D sont égaux. La droite AB formant avec OO' deux angles adjacents égaux est donc perpendiculaire sur OO' et réciproquement OO' est perpendiculaire sur AB.

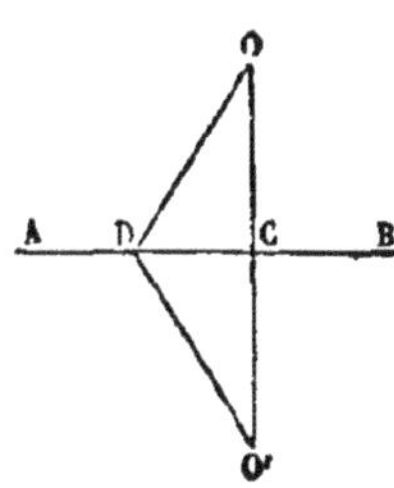

2° Soit OC perpendiculaire sur AB : menons du point O une autre droite OD rencontrant AB, prolongeons OC d'une longueur CO'=OC et joignons O'D. Les deux triangles DOC, DO'C ont un angle égal compris entre deux côtés égaux, chacun à chacun, donc ils sont égaux (30) et les angles ODC, O'DC opposés aux côtés égaux OC, O'C sont égaux. Il en résulte qu'ils ne sauraient être des angles droits, car autrement leurs côtés DO, DO' seraient en ligne droite et il existerait deux droites entre les points O et O'. Donc toute ligne OD partant du point O et autre que OC est oblique sur la droite AB.

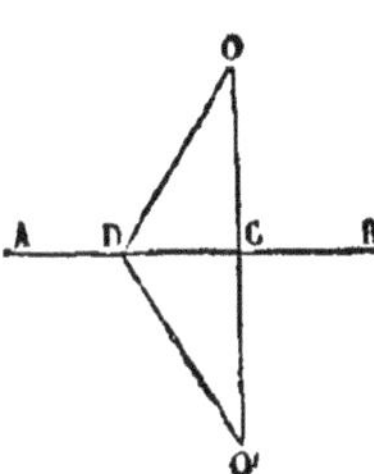

THÉORÈME XVI.

44. *Si d'un point pris hors d'une droite on abaisse sur cette droite une perpendiculaire et différentes obliques :*

1° *La perpendiculaire est plus courte que toute oblique ;*

2° *Deux obliques qui s'écartent également du pied de la perpendiculaire sont égales ;*

3° *De deux obliques qui s'écartent inégalement du pied de la perpendiculaire, celle qui s'en écarte le plus est la plus grande.*

1° Soient les deux droites AB, AC, la première perpendiculaire, la seconde oblique sur la droite EF : je dis que AB est plus courte que AC.

Prolongeons AB d'une longueur BD $=$ AB et joignons CD.

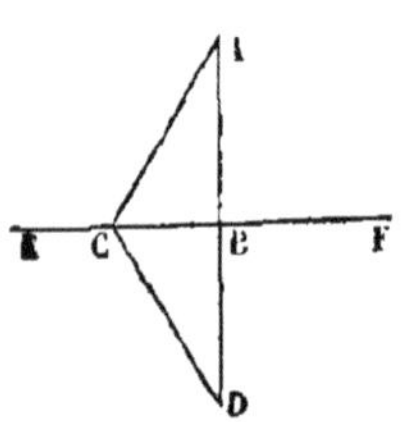

Les deux triangles ABC, BDC sont égaux comme ayant un angle égal compris entre deux côtés égaux chacun à chacun, savoir : les angles ABC, DBC égaux comme droits, le côté CB commun et le côté AB $=$ BD par construction : Donc le côté AC $=$ DC.

Or, dans le triangle ACD, on a AD $<$ AC $+$ CD, donc AB moitié de AD est moindre que AC moitié de AC $+$ CD.

2° Soient les deux obliques AC, AG qui s'écartent également du pied de la perpendiculaire AB, c'est-à-dire menées de telle sorte que l'on ait BC $=$ BG : je dis que ces deux lignes sont égales.

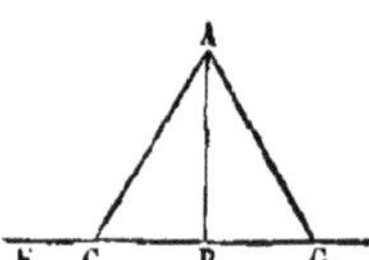

En effet, les deux triangles ABC, ABG sont égaux comme ayant un angle égal compris entre deux côtés égaux chacun à chacun (30) ; donc le côté AC opposé à l'angle droit ABC est égal au côté AG opposé à l'angle droit ABG.

3° Soient les deux obliques AC, AG et la perpendiculaire AB ; supposons la distance BC plus grande que BG : l'oblique AC sera plus grande que l'oblique AG.

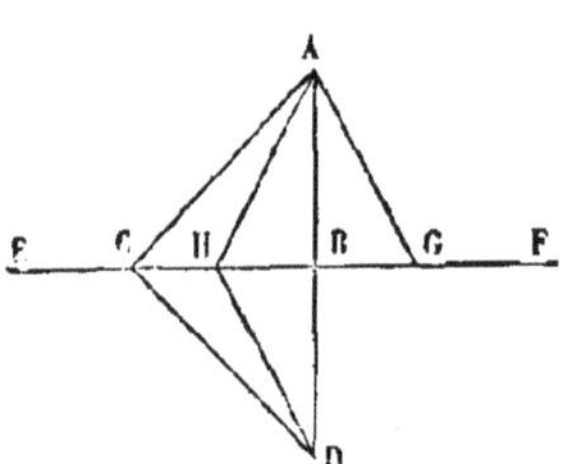

Prenons BH $=$ BG, joignons AH ; prolongeons AB d'une longueur BD $=$ AB : joignons HD, CD. Les droites HD, CD sont respectivement égales aux droites AH, AC, comme obliques s'écartant également du pied d'une droite CB perpendiculaire sur AD. Or AH $+$ HD est moindre que AC $+$ CD (29), donc AH moitié de AH $+$ HD est moindre que AC moitié de AC $+$ CD. Mais AH $=$ AG puisque l'on a pris BH $=$ BG (2°), donc enfin l'oblique AG est moindre que l'oblique AC.

45. Remarque. — Les réciproques des différentes parties du théorème sont vraies.

46. Corollaire I. — On mesure la distance d'un point à une droite par la perpendiculaire abaissée du point sur la droite puisque cette perpendiculaire est la plus courte ligne qu'on puisse mener du point à la droite.

47. Corollaire II. — D'un point pris hors d'une droite, on ne peut mener à cette ligne que deux droites égales, car une troisième droite partant du même point serait ou plus rapprochée ou plus éloignée que les deux premières du pied de la perpendiculaire abaissée du point sur la droite.

THÉORÈME XVII.

48. *Si d'un point* C *milieu d'une droite* AB *on élève une perpendiculaire* DE *sur cette droite : 1° tout point de la perpendiculaire est également distant des extrémités* A *et* B *de la droite ; 2° tout point situé hors de la perpendiculaire est inégalement distant des extrémités* A *et* B.

1° Joignons un point D quelconque de la perpendiculaire DE aux points A et B : les deux obliques DA, DB s'écartent également du pied C de la perpendiculaire, donc elles sont égales et le point D est également distant des points A et B.

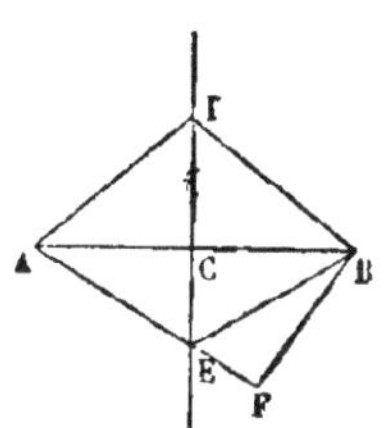

2° Soit F un point pris hors de la perpendiculaire DE, joignons FA, FB ; la droite FA rencontre la perpendiculaire en un point E et si l'on mène EB, on a $EB = EA$. Or, dans le triangle EFB, on a $FB < EF + EB$, donc en remplaçant EB par son égal EA il vient $FB < FA$. Le point F est donc inégalement distant des points A et B.

49. Remarque. — On nomme *lieu géométrique* une ligne dont tous les points jouissent d'une propriété qui leur est commune, à l'exclusion de tous les autres points du plan. Le théorème qui précède peut donc être énoncé ainsi : *Le lieu géométrique des points également distants de deux points donnés* A *et* B *est la perpendiculaire élevée sur le milieu de la droite qui joint ces deux points.*

THÉORÈME XVIII.

50. *Deux triangles rectangles sont égaux lorsqu'ils ont l'hypoténuse égale et un côté de l'angle droit égal.*

Soient les deux triangles ABC, DEF rectangles en B et en E et dans lesquels on suppose l'hypoténuse AC = DF et le côté AB = DE : je dis que ces deux triangles sont égaux.

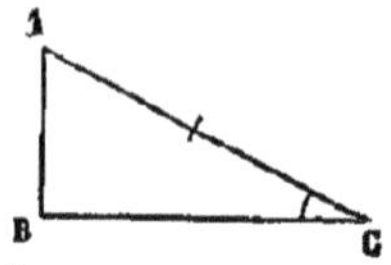

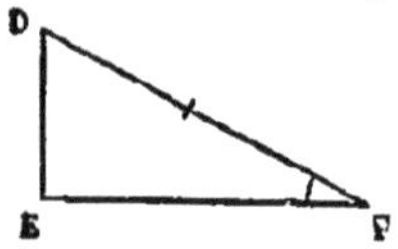

Portons le triangle DEF sur ABC et plaçons le côté DE sur son égal AB de telle sorte que le point D tombe en A et le point E en B · le côté EF perpendiculaire sur DE prendra la direction de la droite BC perpendiculaire sur AB et le point F tombera en C, car les droites égales DF, AC sont des obliques par rapport à AB et par suite s'écartent également du pied B de cette droite Les deux triangles, coïncidant dans toute leur étendue, sont donc égaux.

THÉORÈME XIX.

51. *Deux triangles rectangles sont égaux lorsqu'ils ont l'hypoténuse égale et un angle aigu égal.*

Soient les deux triangles ABC, DEF rectangles en B et en E, et dans lesquels l'hypoténuse AC = DF et l'angle aigu C = l'angle aigu F : je dis que ces deux triangles sont égaux. Portons le triangle DEF sur le triangle ABC et plaçons l'hypoténuse DF sur son égale AC de telle sorte que le point D tombe en A et le point F en C. A cause de l'égalité des angles en F et C, le côté FE prendra la direction CB et comme d'un point on ne peut abaisser qu'une perpendiculaire sur une droite (43), la droite DE s'appliquera sur AB. Les deux triangles, coïncidant dans toute leur étendue, sont donc égaux.

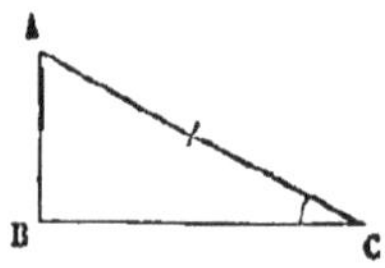

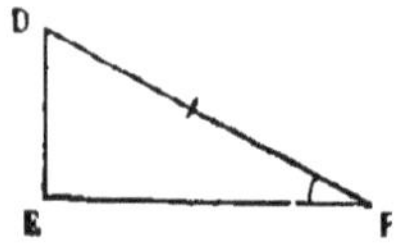

THEORÈME XX.

52. *La bissectrice d'un angle, c'est-à-dire la droite qui divise cet angle en deux parties égales, est le lieu géométrique des points également distants des côtés de l'angle.*

Soit la droite BO bissectrice de l'angle ABC, il s'agit de démontrer que tout point D pris sur cette droite est également distant des côtés AB, BC, et que tout point G pris en dehors est inégalement distant de ces mêmes côtés.

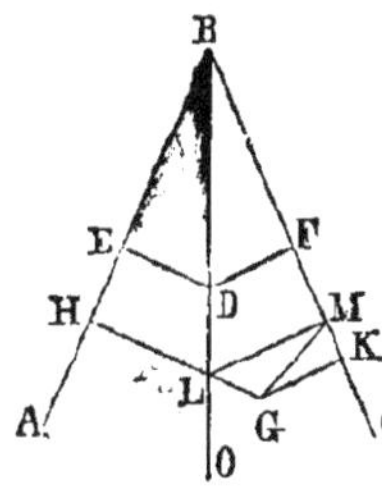

1° Abaissons sur les côtés AB, BC les perpendiculaires DE, DF qui mesurent les distances du point D à ces côtés (46). Les deux triangles rectangles BED, BDF ont l'hypoténuse BD commune et les angles aigus en B égaux, donc ils sont égaux (51) et par suite DE = DF.

2° Abaissons les perpendiculaires GH, GK sur les côtés de l'angle ABC, du point L où GH coupe la bissectrice, abaissons LM perpendiculaire sur BC et joignons GM. La ligne GK perpendiculaire sur BC est plus courte que l'oblique GM : or dans le triangle GLM, on a : $GM < GL + LM$ ou $GM < GH$, car $LM = LH$ puisque le point L est situé sur la bissectrice. On a donc à *fortiori* $GK < GH$.

53. Remarque. Si l'une des perpendiculaires abaissées du point G, GH par exemple rencontrait non le côté AB lui-même, mais son prolongement, on aurait la droite GK perpendiculaire sur BC plus courte que l'oblique GE, et à *fortiori* plus courte que GH.

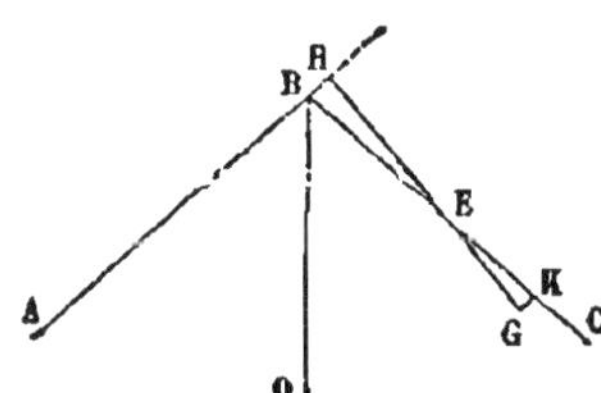

PARALLÈLES.

THÉORÈME XXI.

54. *Deux droites* AB, CD *perpendiculaires sur une même droite* EF *sont parallèles.*

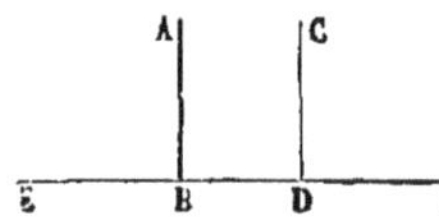

En effet, comme on ne peut abaisser d'un point qu'une seule perpendiculaire sur la droite EF, les deux lignes AB, CD ne sauraient se rencontrer.

THÉORÈME XXII.

55. *D'un point* A *pris hors d'une droite* BC, *on peut mener une parallèle à cette droite, mais on n'en peut mener qu'une seule.*

Abaissons du point A la perpendiculaire AD sur BC et menons au point A la perpendiculaire AE sur AD. En vertu du théorème précédent, la droite AE est parallèle à BC.

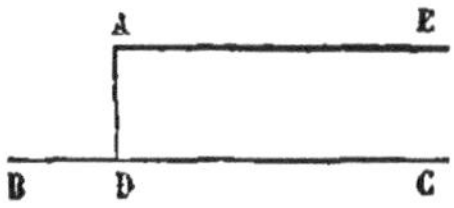

Nous admettrons comme évident qu'on ne peut mener par un point qu'une seule parallèle à une droite.

56. Corollaire. Étant données deux ou plusieurs droites parallèles entre elles, toute ligne droite qui rencontre l'une d'elles, rencontrera les autres.

THÉORÈME XXIII.

57. *Lorsque deux droites* AB, CD *sont parallèles, toute droite* EK *perpendiculaire sur l'une est aussi perpendiculaire sur l'autre.*

Supposons EK perpendiculaire sur CD : elle rencontrera AB en un certain point E en vertu du corollaire du théorème qui précède. De plus elle sera perpendiculaire sur AB, car si par le point E on mène une perpendiculaire sur EK, elle doit être parallèle à CD (54) et par suite ne peut différer de AB.

58. Corollaire. *Deux droites parallèles à une troisième sont parallèles entre elles.*

Soient les droites CD, EF parallèles l'une et l'autre à la droite AB ; menons GH perpendiculaire sur AB : elle sera en même temps perpendiculaire sur CD et sur EF (57). Donc les deux droites CD, EF perpendiculaires à une même droite GH sont parallèles (54).

THÉORÈME XXIV.

59. *Lorsque deux parallèles* AB, CD *sont coupées par une sécante* EF, *elles forment avec cette droite aux deux points* G *et* H *quatre angles aigus égaux entre eux et quatre angles obtus égaux entre eux.*

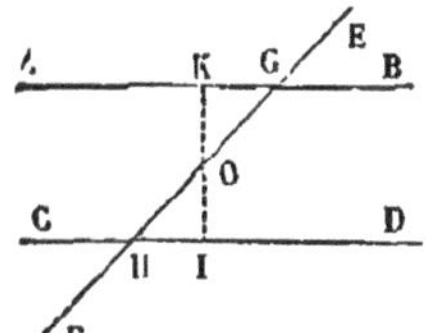

Du point O milieu de GH menons IK perpendiculaire sur les parallèles AB, CD. Les triangles rectangles OKG, OIH ont les hypoténuses OG, OH égales et les angles aigus en O égaux comme opposés par leur sommet, donc ils sont égaux (51) et l'angle KGO est égal à l'angle IHO. L'égalité de ces deux angles entraîne celle des angles aigus EGB, CHF et aussi celle des quatre angles obtus, car chacun de ces derniers est le supplément d'un des angles aigus.

60. Remarque I. — Deux angles situés d'un même côté de la sécante EF, soit entre les deux parallèles, soit tous deux en dehors, sont supplémentaires.

61. Remarque II. — Lorsque deux droites *quelconques* AB, CD sont coupées par une sécante EF, on nomme angles *internes*, les quatre angles AGH, HGB, CHG, GHD compris entre les deux droites, et angles *externes*, les quatre angles AGE, EGB, CHF, FHD situés en dehors.

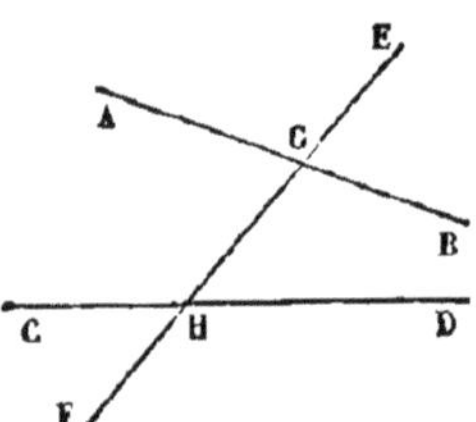

Deux angles tels que AGH, GHD, tous deux internes, situés de part et d'autre de la sécante et non adjacents, sont dits *alternes-internes*. Deux angles, tous deux externes, situés de part et d'autre de la sécante et non adjacents, sont dits *alternes-externes :* tels sont les angles AGE, FHD.

On nomme angles ***correspondants*** deux angles tels que EGB, GHD l'un externe, l'autre interne, tous deux situés du même côté de la sécante et non adjacents.

Ces dénominations étant établies, le théorème 24 peut s'énoncer ainsi :

Deux parallèles coupées par une sécante forment avec celle-ci : 1° des angles alternes-internes égaux ; 2° des angles alternes-externes égaux ; 3° des angles correspondants égaux ; 4° des angles internes ou externes du même côté de la sécante supplémentaires.

THÉORÈME XXV.

62. *Réciproquement, deux droites* AB, CD *sont parallèles lorsqu'elles font avec une sécante* EF *des angles alternes-internes égaux, ou des angles alternes-externes égaux, ou des angles correspondants égaux, ou enfin des angles tous deux internes ou externes du même côté de la sécante supplémentaires.*

Supposons d'abord les angles alternes internes AGH, GHD égaux entre eux. Du point O milieu de GH abaissons OK perpendiculaire sur AB et OI perpendiculaire sur CD : les deux triangles rectangles OGK, HOI ont les hypoténuses OG, OH égales et les angles aigus en G et H égaux, donc ils sont égaux (51) et les angles

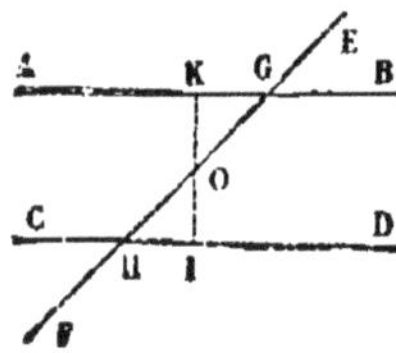

KOG, IOH sont égaux. Par suite OI est le prolongement de OK (26) et les deux droites AB, CD perpendiculaires sur la droite KI sont parallèles.

Si nous supposons maintenant les angles alternes externes EGB, CHF, égaux, nous en déduirons l'égalité des angles AGH, GHD et nous serons ainsi ramenés au cas précédent. Il en serait de même si nous supposions égaux deux angles correspondants, ou si nous supposions supplémentaires deux angles tous deux internes ou externes situés du même côté de la sécante EF.

THÉORÈME XXVI.

63. *Deux angles qui ont leurs côtés parallèles chacun à chacun sont égaux ou supplémentaires.*

Soit l'angle ABC : menons DG parallèle à AB et HF parallèle à BC. Les angles ABC, DGC sont égaux comme angles correspondants formés par deux parallèles (61), mais l'angle DEF égale l'angle DGC pour la même raison, donc les deux angles ABC, DEF sont égaux.

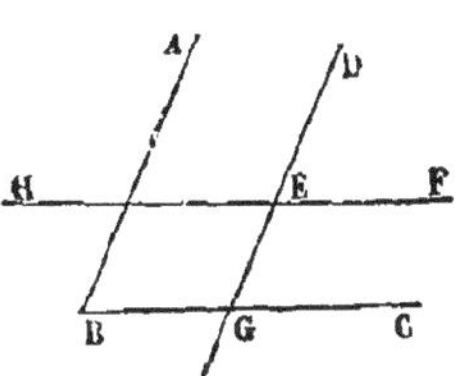

L'angle HEG opposé par le sommet à l'angle DEF est égal à l'angle ABC. Les angles DEH, FEG supplémentaires de l'angle DEF sont également supplémentaires de l'angle ABC.

Les angles dont les côtés sont parallèles sont donc égaux lorsque les côtés parallèles sont dirigés à la fois dans le même sens ou en sens contraire. Ils sont supplémentaires lorsque deux côtés parallèles sont dirigés dans le même sens, et les deux autres en sens contraires.

THÉORÈME XXVII.

64. *Deux angles qui ont leurs côtés perpendiculaires chacun à chacun sont égaux ou supplémentaires.*

Soit l'angle ABC. Menons FG perpendiculaire sur BC et ED perpendiculaire sur AB: je dis que l'angle DEF est égal à l'angle ABC.

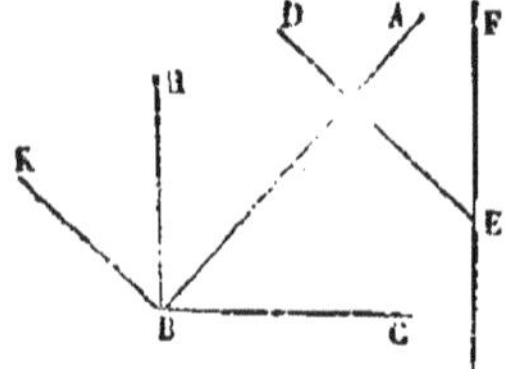

Menons au point B les droites BH, BK respectivement perpendiculaires sur les côtés BC, BA : ces droites seront parallèles aux droites EF, DE (54) et par suite leur angle KBH sera égal à l'angle DEF dont les côtés sont dirigés dans le même sens; mais l'angle KBH est égal à l'angle ABC, car ils sont l'un et l'autre complémentaires du même angle HBA. Donc enfin l'angle DEF = ABC.

L'angle DEG supplémentaire de DEF est le supplément de ABC.

En résumé, deux angles tous deux aigus ou obtus qui ont leurs côtés perpendiculaires chacun à chacun sont égaux, et deux angles l'un aigu, l'autre obtus, dont les côtés sont dans les mêmes conditions, sont supplémentaires.

THÉORÈME XXVIII.

65. *La somme des angles de tout triangle est égale à deux angles droits.*

Soit le triangle ABC : prolongeons le côté AB et menons BE parallèle à AC. Les angles CAB, EBD sont égaux comme correspondants formés par des parallèles et les angles ACB, CBE sont pareillement égaux comme alternes-internes formés par des parallèles (61). Les trois angles du triangle valent donc les angles réunis au point B. Or la somme de ces derniers angles vaut deux angles droits, (21) donc la somme des trois angles du triangle est égale à deux angles droits.

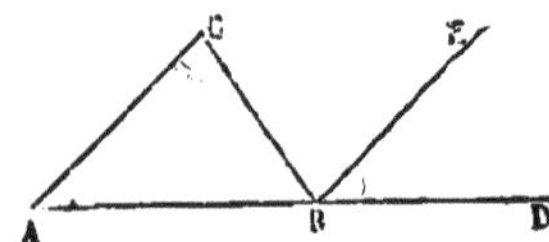

66. Corollaire I. — L'angle CBD formé par un côté BC du triangle et le prolongement d'un autre côté AB, se nomme angle *extérieur*. Il résulte de la démonstration du théorème que *l'angle extérieur d'un triangle est égal à la somme des angles intérieurs non adjacents.*

67. Corollaire II. — Un triangle ne peut avoir qu'un seul angle droit ou obtus. Dans un triangle rectangle, les deux angles aigus sont complémentaires.

68. Corollaire III. — Dans un triangle équilatéral chaque angle vaut les $\frac{2}{3}$ d'un angle droit.

69. Corollaire IV. — Lorsque deux triangles ont deux angles égaux chacun à chacun, leurs troisièmes angles sont égaux entre eux, car chacun d'eux est le supplément de la somme des deux premiers.

70. Remarque. — Si dans un triangle équilatéral ABC, on abaisse AD perpendiculaire sur BC, dans le triangle rectangle ADC, le côté DC moitié de BC est aussi moitié de l'hypoténuse AC, de plus l'angle DAC moitié de l'angle BAC vaut $\frac{1}{3}$ d'angle droit. Donc lorsque dans un triangle rectangle un côté de l'angle droit est égal à la moitié de l'hypoténuse, l'angle opposé à ce côté est égal au tiers d'un angle droit. La réciproque est vraie.

THÉORÈME XXIX.

71. *La somme des angles d'un polygone convexe est égale à autant de fois deux angles droits que le polygone a de côtés moins deux.*

Soit le polygone ABCDEF : menons par le sommet A des diagonales aux sommets non adjacents C, D, E ; nous formons ainsi autant de triangles qu'il y a de côtés moins deux dans le polygone, car chacun des triangles intermédiaires ne contient qu'un seul côté du polygone, tandis que les triangles extrêmes en contiennent deux l'un et l'autre. Or la somme des angles du polygone est

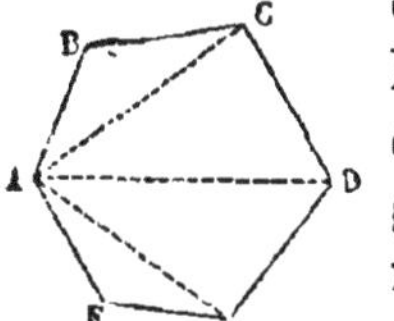

évidemment égale à la somme des angles de tous les triangles, et celle-ci vaut autant de fois deux angles droits (65) qu'il y a de triangles. Donc enfin la somme des angles du polygone est égale à autant de fois deux angles droits que le polygone a de côtés moins deux.

En nommant n le nombre des côtés du polygone, on a pour l'expression de la somme de ses angles : $(n-2)2$ ou $2n-4$ droits.

THÉORÈME XXX.

72. *La somme des angles extérieurs formés en prolongeant dans le même sens les côtés d'un polygone convexe est égale à quatre angles droits.*

Si l'on considère en effet la somme de tous les angles tant intérieurs qu'extérieurs du polygone, on reconnaît que cette somme vaut $2n$ droits, n étant le nombre des côtés de la figure ; donc comme la somme des angles intérieurs vaut $2n-4$ droits, la somme des angles extérieurs est égale à quatre angles droits.

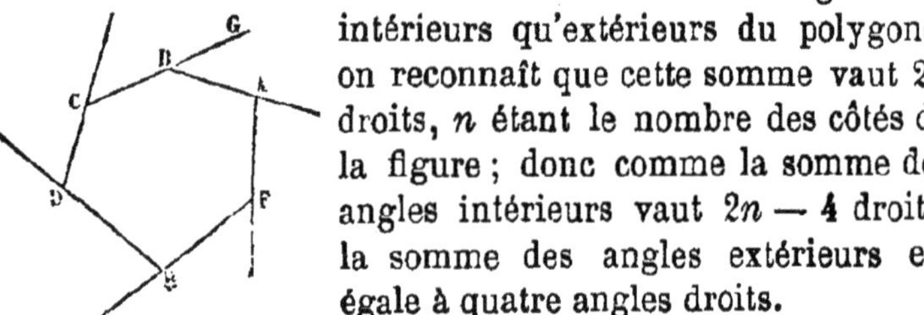

PARALLÉLOGRAMMES.

THÉORÈME XXXI.

73. *Dans tout parallélogramme les côtés opposés sont égaux ainsi que les angles opposés.*

Soit le parallélogramme ABCD ; menons la diagonale AC. Les deux triangles ABC, ADC ont le côté AC commun, l'angle BAC = ACD, comme angles alternes internes formés par des parallèles, et l'angle BCA = DAC pour la même

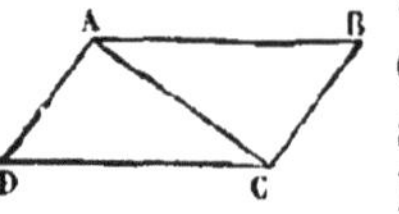

raison (61); ces deux triangles sont donc égaux. Par suite, les côtés AB, CD opposés à des angles égaux sont égaux et il en est de même des côtés AD, BC. De plus, l'angle B = l'angle D et l'angle BAD = DCB, car ces angles sont la somme d'angles égaux.

74. Corollaire I. — Deux parallèles comprises entre deux autres parallèles sont égales, car elles sont les côtés opposés d'un parallélogramme.

75. Corollaire II. — Deux parallèles AB, CD sont partout également distantes.

En effet, si l'on mène entre les deux parallèles deux perpendiculaires EG, FH élevées en des points quelconques de AB ou de CD, ces deux perpendiculaires seront parallèles (54) et, par suite, seront égales puisqu'elles sont comprises entre deux parallèles.

THÉORÈME XXXII

76. *Lorsque les côtés opposés d'un quadrilatère sont égaux, la figure est un parallélogramme.*

Soit le quadrilatère ABCD dans lequel AB=CD et AD=BC.

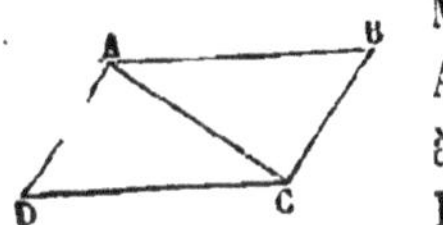

Menons la diagonale AC : les deux triangles ABC, ACD ont les trois côtés égaux chacun à chacun, donc ils sont égaux (34) et l'angle BAC opposé au côté BC est égal à l'angle ACD opposé au côté AD. Mais ces deux angles sont alternes internes par rapport aux droites AB, CD et à la sécante AC ; donc les droites AB et CD sont parallèles (62). On déduirait de même de l'égalité des angles BCA, CAD le parallélisme des droites BC, AD : le quadrilatère ABCD est donc un parallélogramme.

77. Remarque. — *Un quadrilatère dont les angles opposés sont égaux est un parallélogramme,* car si l'angle A=C et l'angle B=D, comme la somme de ces quatre angles vaut quatre droits (71) la somme des angles A et D vaudra deux angles droits et les lignes AB, DC seront parallèles (62). Pour une raison semblable, AD et BC sont parallèles.

78. Corollaire. — Un losange est un parallélogramme; il en est de même d'un rectangle.

THÉORÈME XXXIII.

79. *Lorsque dans un quadrilatère deux côtés sont égaux et parallèles, la figure est un parallélogramme.*

Soit le quadrilatère ABCD dans lequel les côtés AB, CD sont égaux et parallèles. Menons la diagonale AC : les deux triangles ABC, ACD ont le côté AC commun, le côté AB = DC par hypothèse et l'angle BAC = ACD comme angles alternes internes formés par des parallèles : donc ils sont égaux (30) et l'angle ACB opposé au côté AB est égal à l'angle CAD opposé au côté DC. Or ces angles sont alternes internes par rapport aux droites BC, AD et à la sécante AC; donc les droites BC, AD sont parallèles (62) et le quadrilatère est un parallélogramme.

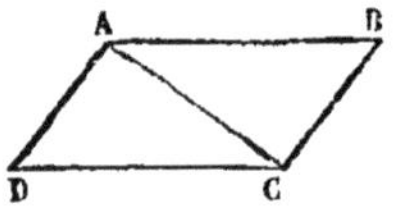

THÉORÈME XXXIV

80. *Les diagonales d'un parallélogramme se coupent mutuellement en deux parties égales.*

Soit le parallélogramme ABCD : menons les diagonales AC, BD qui se coupent au point E. Les triangles AEB, DEC ont le côté DC = AB, l'angle ABE = EDC comme angles alternes internes formés par des parallèles, et pour une raison semblable, l'angle BAE = ECD : donc ils sont égaux (31) et le côté AE opposé à l'angle ABE est égal au côté EC opposé à l'angle EDC. De même le côté EB = ED. Les diagonales AC, BD se coupent donc en parties égales au point E.

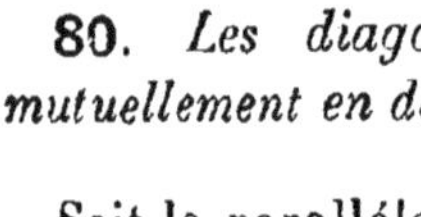

81. Réciproquement, *lorsque les diagonales d'un quadrilatère se coupent en parties égales, la figure est un parallélogramme.*

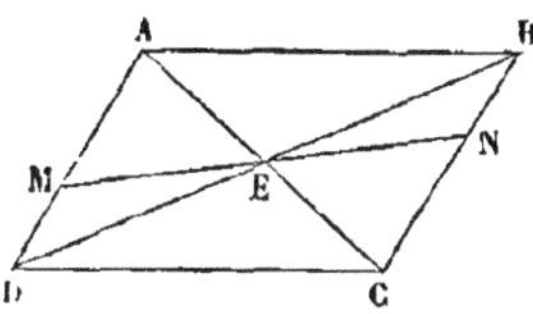

Soit dans le quadrilatère ABCD, AE = EC et EB = ED. Les deux triangles AEB, DEC ont l'angle AEB = DEC comme opposés par le sommet et ces angles sont compris entre côtés égaux. Par suite, les triangles sont égaux (30) et l'angle BAE opposé au côté BE est égal à l'angle ECD opposé au côté DE. Or ces angles sont alternes internes par rapport aux droites AB, CD et à la sécante AC : donc AB et CD sont parallèles (62). On déduirait de même de l'égalité des triangles BEC, AED le parallélisme des côtés BC, AD ; donc la figure ABCD est un parallélogramme.

82 Remarque. — Toute droite telle que MN passant par le point E s'y trouve partagée en deux parties égales ce qui résulte de l'égalité des triangles EAM, ENC. Le point E qui jouit de la propriété de partager en deux parties égales toutes les lignes qui y passent en venant aboutir aux côtés du quadrilatère se nomme *le centre de figure* du parallélogramme.

THÉORÈME XXXV.

83. *Les diagonales d'un rectangle sont égales.*

Soit le rectangle ABCD : menons les diagonales AC, BD. Les deux triangles ADC, DBC ont les angles ADC BCD égaux comme droits, le côté DC commun et le côté AD = BC puisque le rectangle est un parallélogramme (78) : donc ils sont égaux (30) et le côté AC = BD.

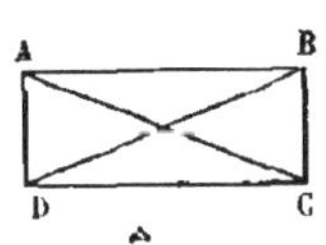

84. Réciproquement, *lorsque les diagonales d'un quadrilatère sont égales et se coupent en parties égales, la figure est un rectangle.*

En effet si l'on suppose que les diagonales AC, BD du quadrilatère ABCD se coupent en parties égales, ce quadrilatère est d'abord un parallélogramme (81). Si de plus AC = BD, les triangles ADC, DBC ont les trois côtés égaux chacun à chacun et l'angle ADC est égal à l'angle DCB. Mais la somme de ces deux angles vaut deux droits puisque les droites AD, CB sont parallèles, (60) donc chacun d'eux est droit et la figure est un rectangle.

THÉORÈME XXXVI.

85. *Les diagonales d'un losange se coupent à angle droit.*

Soit le losange **ABCD**: Supposons menées les diagonales AC, BD. Les points B et D sont l'un et l'autre équidistants des points A et C, donc la ligne BD qui les joint est perpendiculaire sur la droite AC (48).

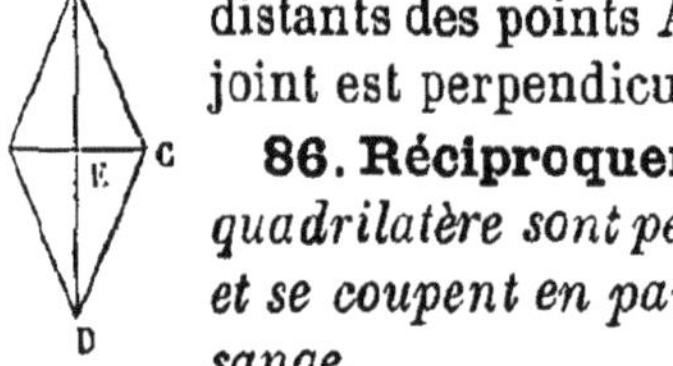

86. Réciproquement, *lorsque les diagonales d'un quadrilatère sont perpendiculaires l'une sur l'autre et se coupent en parties égales, la figure est un losange.*

En effet les diagonales AC, BD du quadrilatère ABCD se coupant en parties égales, la figure est d'abord un parallélogramme (81). Si, de plus, BD est perpendiculaire sur AC les quatre triangles formés autour du point E sont égaux et l'on en déduit l'égalité des quatre côtés du quadrilatère.

87. Remarque. — Un carré est à la fois parallélogramme, rectangle et losange : donc ses diagonales se coupent en parties égales, sont égales et sont perpendiculaires l'une sur l'autre. La réciproque est vraie.

THÉORÈME XXXVII.

88. *Lorsque deux parallélogrammes ont un angle égal compris entre deux côtés égaux chacun à chacun, ils sont égaux.*

Soient dans les parallélogrammes ABCD, A'B'C'D' l'angle A = A', le côté AB = A'B' et le côté AD = A'D'; je dis que ces parallélogrammes sont égaux.

Portons A′B′C′D′ sur ABCD et plaçons A′B′ sur AB de telle sorte que le point A′ tombe en A et le point B′ en B : les angles en A et A′ étant égaux, A′D′ prendra la direction de son égal AD et le point D′ tombera en D. De même les angles B, B′, supplémentaires des angles A, A′ étant égaux, B′C′ prendra la direction BC et comme B′C′ = BC le point C′ tombera en C. Les deux figures coïncidant dans toute leur étendue sont égales.

89. Corollaires. — Deux rectangles qui ont deux côtés adjacents égaux chacun à chacun sont égaux. — Deux losanges qui ont un côté égal et un angle égal sont égaux. — Deux carrés qui ont un côté égal sont égaux.

LIVRE II

LE CERCLE.

DÉFINITIONS.

90. On nomme *circonférence* une courbe plane dont tous les points sont également distants d'un même point nommé *centre.*

Le *cercle* est la portion de plan limitée par la circonférence.

91. Toute droite partant du centre et aboutissant à la circonférence est un *rayon.* Il résulte de la définition de la circonférence que tous les rayons d'une même circonférence sont égaux.

92. Toute droite passant par le centre et aboutissant de part et d'autre à la circonférence est un *diamètre.* Tous les diamètres d'une même circonference sont égaux puisque chacun d'eux est le double d'un rayon.

93. On nomme *arc* une portion de circonférence, telle que AMB. La ligne droite AB qui joint les extrémités de l'arc se nomme *corde* ou *sous-tendante de l'arc.* La corde AB sous-tend deux arcs : on ne considère, à moins que le contraire ne soit indiqué, que le plus petit AMB de ces deux arcs. La partie du cercle, comprise entre un arc et sa corde se nomme *segment de cercle.*

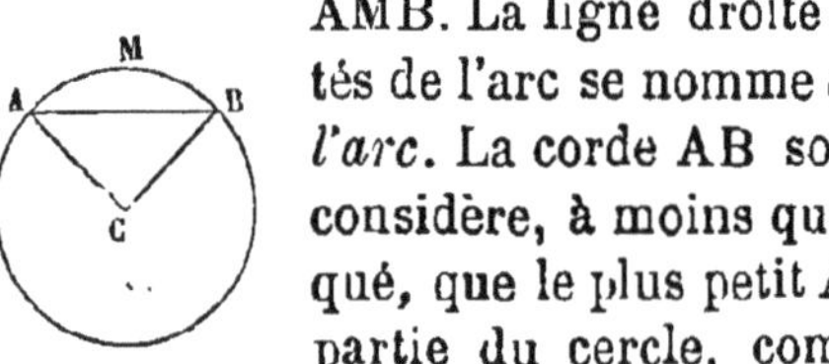

94. On nomme *secteur* la partie ACBM du cercle comprise entre un arc AMB et deux rayons CA, CB menés aux extrémités de cet arc.

95. On nomme *sécante* une ligne droite qui rencontre une circonférence en deux points. Lorsqu'une ligne droite n'a qu'un point de commun avec une circonférence elle est dite *tangente* à la circonférence. Le point commun se nomme *point de contact*.

96. Deux circonférences sont dites tangentes l'une à l'autre lorsqu'elles n'ont qu'un point de commun.

97. Une figure est dite *inscrite* dans une circonférence lorsque tous ses sommets sont situés sur la circonférence. Un *angle inscrit* est un angle dont le sommet est sur la circonférence et dont les côtés sont deux cordes.

Une figure est *circonscrite* à une circonférence lorsque tous ses côtés sont tangents à la circonférence.

CORDES ET ARCS.

THÉORÈME I.

98. *Une ligne droite ne peut rencontrer une circonférence en plus de deux points.*

En effet, s'il existait sur une circonférence trois points en ligne droite, les rayons menés à ces points étant égaux, il s'ensuivrait qu'on pourrait mener d'un point trois droites égales aboutissant à une même droite, ce qui a été reconnu impossible (47).

THÉORÈME II.

99. *Tout diamètre partage le cercle et sa circonférence en deux parties égales.*

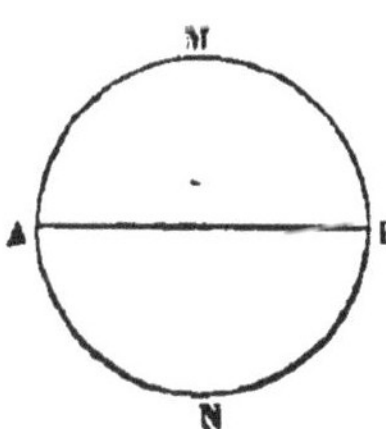

En effet, si nous faisons tourner la partie AMB autour du diamètre AB pour la rabattre sur la partie ANB, les deux arcs AMB, ANB coïncideront puisque tous leurs points sont également distants du centre. Donc les deux parties de la circonférence et aussi celles du cercle déterminées par le diamètre AB sont égales.

THÉORÈME III

100. *Toute corde est plus petite qu'un diamètre.*

Menons la corde AB et le diamètre AD, joignons le centre C au point B. Dans le triangle ABC le côté AB est moindre que AC+CB, et par conséquent est moindre que AD.

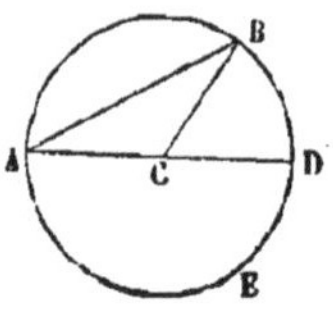

101. Corollaire. — La plus grande ligne qu'on puisse inscrire dans un cercle est un diamètre.

THÉORÈME IV

102. *Dans le même cercle ou dans des cercles égaux, les arcs égaux sont sous-tendus par des cordes égales et réciproquement les cordes égales sous-tendent des arcs égaux.*

Soient les cercles égaux O et C : Prenons les arcs BEA, HGF égaux entre eux et menons les cordes AB, HF ; il s'agit de démontrer que ces cordes sont gales.

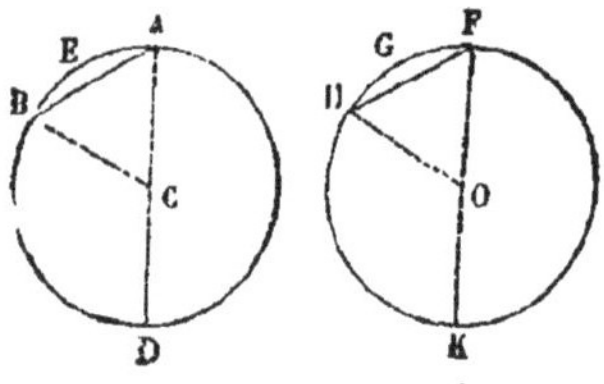

Posons le cercle O sur son égal C de telle sorte que les centres coïncident et que le point F tombe sur le point A. Les circonférences coïncideront dans toute leur étendue puisqu'elles sont égales et comme l'arc FGH est égal à l'arc AEB, le point H tombera en B. Donc les cordes FH, AB sont égales.

Réciproquement, soient dans les cercles égaux O et C les cordes FH, AB égales entre elles: je dis que les arcs FGH, AEB sont égaux.

Menons les rayons OF, OH, CA, CB : les deux triangles FOH, ACB sont égaux comme ayant les trois côtés égaux chacun à chacun, donc l'angle FOH opposé au côté FH est égal à l'angle ACB opposé au côté AB. Par suite, si l'on porte le cercle O sur le cercle C de façon à faire coïncider les rayons OF et CA, le rayon OH prendra la direction de CB et le point H tombera en B. Il résulte de là que les deux arcs FGH, AEB coïncident : donc ils sont égaux.

103. Remarque. — Il est évident que, lorsque l'on parle de deux **cordes égales**, les arcs qu'elles sous-tendent ne sont égaux qu'à la condition d'être l'un et l'autre ou moindres, ou plus grands qu'une demi-circonférence.

THÉORÈME V.

104. *Dans le même cercle ou dans des cercles égaux un plus grand arc est sous tendu par une plus grande corde et réciproquement une plus grande corde sous-tend un plus grand arc, en supposant que les arcs dont il s'agit soient moindres qu'une demi-circonférence.*

Soient les deux cercles égaux C et O, et l'arc AB plus grand que l'arc LM : je dis que la corde AB est plus grande que la corde LM.

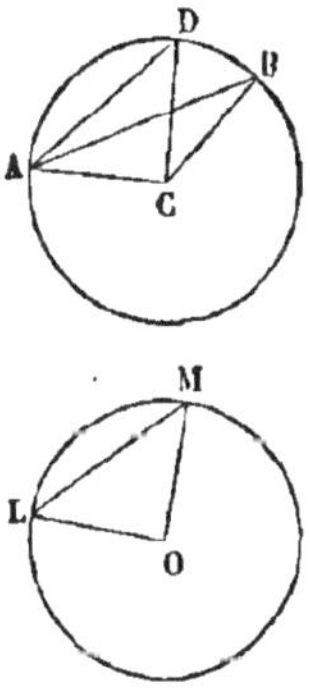

Prenons sur l'arc AB la partie AD = LM ; joignons AD, AC, CD, CB. La corde AD est égale à la corde LM (102) et les deux triangles ACD, ACB ont deux côtés égaux chacun à chacun : AC commun et CD = CB. Mais le point D se trouvant situé entre les points A et B, l'angle ACD est moindre que l'angle ACB, donc le côté AD est moindre que le côté AB (32). Or AD = LM, donc la corde LM est moindre que la corde AB.

Réciproquement, si la corde AB est plus grande que la corde LM, l'arc AB sera plus grand que l'arc LM. Il ne saurait, en effet, être égal à l'arc LM, ou moindre que cet arc, car dans le premier cas les deux cordes devraient être égales, ce qui est contre l'hypothèse; et dans le second, la corde AB devrait être moindre que la corde LM, ce qui est également contre l'hypothèse.

Remarque. — L'énoncé du théorème doit être renversé

lorsque l'on considère des arcs plus grands qu'une demi-circonférence, car pour de tels arcs la corde diminue lorsque l'arc augmente.

THÉORÈME VI.

105. *Le rayon perpendiculaire sur une corde partage cette corde et l'arc qu'elle sous-tend, chacun en deux parties égales.*

Soit le rayon CD mené perpendiculairement à la corde AB ; joignons CA, CB, ces deux rayons sont par rapport à la perpendiculaire CD deux obliques égales, qui parconséquent s'écartent également du pied F de la perpendiculaire ; donc déjà AF = FB.

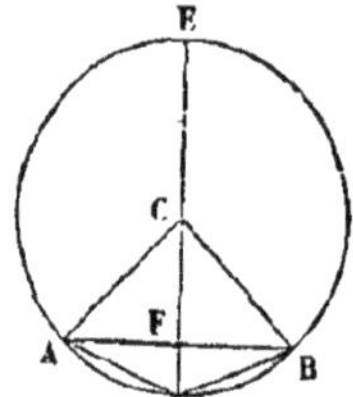

La droite CD se trouvant ainsi perpendiculaire sur le milieu de AB, le point D est à égale distance de A et B (48) : donc les cordes AD, DB sont égales, et de leur égalité résulte celle des arcs AD, DB (102).

106. Remarque. — Le rayon CD passe par le milieu de la corde AB, par le milieu de l'arc ADB et aussi, si on le prolonge, par le milieu de l'autre arc AEB sous-tendu par la corde AB. On voit ainsi que le centre d'un cercle, le milieu d'une corde et les milieux des arcs sous-tendus par cette corde sont sur une même droite perpendiculaire à la corde. Or il suffit, pour déterminer une droite de donner deux de ses points, ou encore un de ses points et sa direction. Il résulte de là que toute droite satisfaisant à deux des cinq conditions que remplit la droite ED satisfera aux trois autres. Ainsi par exemple, la perpendiculaire élevée sur le milieu d'une corde passe par le centre et les milieux des arcs soustendus par la corde.

THÉORÈME VII.

107. *Par trois points non en ligne droite, on peut faire passer une circonférence et on n'en peut faire passer qu'une.*

Soient A, B, C trois points non en ligne droite : joignons AB, BC et élevons aux points D et E milieux de ces droites les perpendiculaires DF, EG. Ces perpendiculaires se couperont en un certain point H, car si elles étaient parallèles, comme deux parallèles ont leur perpendiculaire commune (57), les droites BA, BC seraient sur le prolongement l'une de l'autre, ce qui est contre l'hypothèse. Or le point H est situé à égale distance des points A et B puisqu'il appartient à la perpendiculaire élevée sur le milieu de AB ; pour une raison semblable il est également distant des points B et C. Donc il est équidistant des trois points donnés et par suite il est le centre d'une circonférence passant par ces trois points. Cette circonférence est d'ailleurs la seule qui réponde à la question, car le point de rencontre H des perpendiculaires DF, EG est le seul du plan dont les distances aux points donnés soient égales entr'elles.

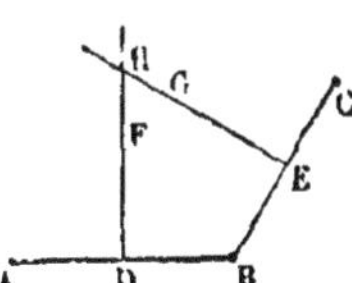

108. Corollaire. — Lorsque deux circonférences ont trois points communs elles coïncident.

THÉORÈME VIII.

109. *Dans le même cercle ou dans des cercles égaux, deux cordes égales sont également éloignées du centre, et de deux cordes inégales, la plus petite est la plus éloignée du centre.*

1° Soient AB, CD deux cordes égales appartenant à un cercle ayant pour centre O : abaissons OH perpendiculaire sur AB et OK perpendiculaire sur CD, puis joignons OB, OD. Les deux triangles OHB, ODK sont égaux, car ils sont rectangles, ils ont les hypoténuses OB, OD égales comme rayons d'une même circonférence et le côté HB moitié de la corde AB (105) est égal au côté DK moitié de la corde CD. Donc leurs troisièmes côtés OH, OK sont égaux. Or ces côtés mesurent les distances des cordes au centre (46), donc les cordes AB, CD sont également éloignées du centre.

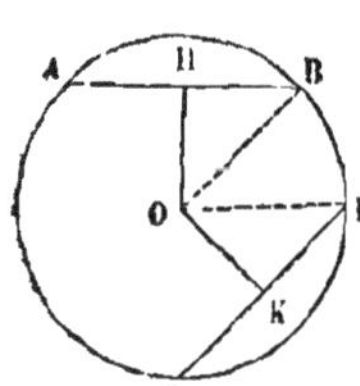

2° Soit la corde CD moindre que la corde GB : je dis qu'elle est plus éloignée du centre que la corde GB.

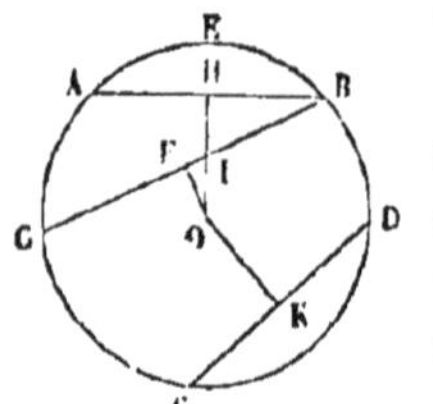

Prenons sur l'arc GB une longueur BA = CD et joignons AB. Cette corde est égale à la corde CD, elle est donc à la même distance du centre que celle-ci, et les droites OH, OK perpendiculaires sur AB et CD sont égales. Or la droite OH est évidemment plus grande que OI, et l'oblique OI est elle-même plus grande que la perpendiculaire OF menée sur GB : donc on a *a fortiori* OH > OF, et aussi OK > OF. La corde CD est donc plus éloignée du centre que la corde GB.

110. Remarque. — Les réciproques des deux parties du théorème sont vraies.

TANGENTE. — POSITIONS RELATIVES DE DEUX CIRCONFÉRENCES.

THÉORÈME IX.

111. *Une droite menée perpendiculairement à l'extrémité d'un rayon est tangente à la circonférence.*

Soit la droite BD perpendiculaire à l'extrémité A du rayon AC, menons une droite CE aboutissant à un point E quelconque de BD autre que le point A. Cette droite CE étant oblique est plus grande que la perpendiculaire CA et par suite son extrémité E est extérieure à la circonférence. La droite BD est donc tangente, puisqu'elle n'a de commun avec la circonférence que le point A.

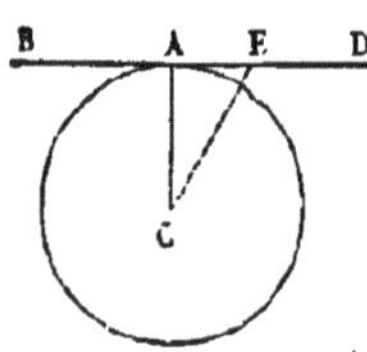

112. Réciproquement, *toute tangente à une circonférence est perpendiculaire au rayon mené au point de contact.*

Soit la droite BD tangente en A : Menons le rayon CA et une droite quelconque CE aboutissant à la droite BD. Le point E sera extérieur à la circonférence, et la droite CE sera alors plus grande que CA. Cette dernière droite CA est ainsi la plus courte de celles qu'on peut mener du centre à la tangente BD, donc elle est perpendiculaire sur BD (46).

113. Corollaire. — Par un point pris sur une circonférence, on ne peut mener qu'une seule tangente à cette circonférence.

THÉORÈME X.

114. *Deux droites parallèles interceptent sur une circonférence des arcs égaux.*

Nous considérerons trois cas suivant que les deux parallèles sont toutes deux sécantes, l'une sécante et l'autre tangente, ou toutes deux tangentes.

1° Soient les deux parallèles sécantes BC, DE. Menons le rayon OA perpendiculaire sur BC : il sera également perpendiculaire sur DE (57) et divisera chacun des arcs BAC, DAE en deux parties égales (105). Donc l'arc BD différence des arcs DA, BA est égal à l'arc CE différence des arcs EA, CA respectivement égaux aux arcs DA, BA.

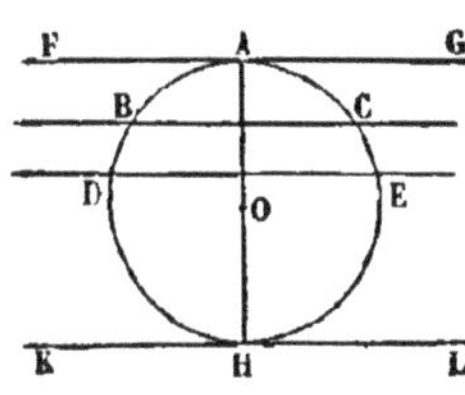

2° Soient les parallèles BC, FG l'une sécante, l'autre tangente. Le rayon OA perpendiculaire sur BC l'est également sur FG et tombe au point de contact A de cette tangente (111). Les arcs interceptés AB, AC sont donc égaux.

3° Soient enfin les parallèles FG, KL toutes deux tangentes. Le rayon OA perpendiculaire sur FG passe par le point A de contact de la tangente FG, et son prolongement OH passe également par le point de contact H de la tangente KL, car il est perpendiculaire sur cette droite. Les deux arcs interceptés sont donc encore égaux puisque chacun d'eux vaut une demi-circonférence.

THÉORÈME XI.

115. *Lorsque deux circonférences ont un point* A *commun situé hors de la droite* OO′ *qui joint leurs centres, elles en* *ont un second* A′ *situé sur la perpendiculaire* AH *abaissée du point* A *sur* OO′ *et à une distance* A′H *de cette droite égale à* AH.

Joignons OA, O′A, OA′, O′A′. Les droites OA, OA′ sont égales comme obliques s'écartant également du pied H de la perpendiculaire OH, donc comme OA est un rayon de la circonférence O, le point A′ appartient à cette circonférence. On déduit de même de l'égalité des droites O′A, O′A′ que le point A′ appartient à la circonférence O′ : ce point A′ est donc commun aux deux circonférences.

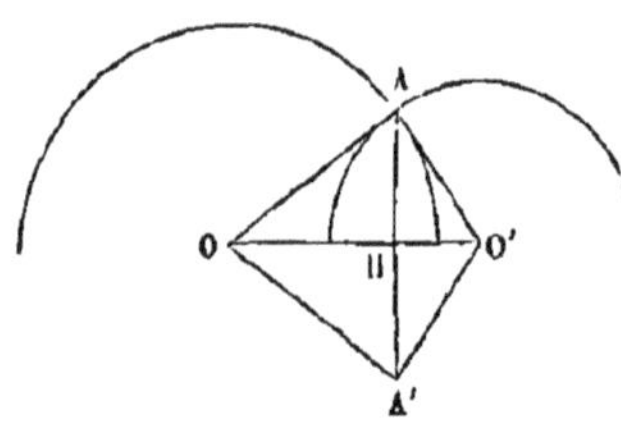

116. Corollaire I. — Lorsque deux circonférences se coupent, la droite qui joint leurs centres est perpendiculaire sur le milieu de la corde commune, c'est-à-dire sur le milieu de la droite qui joint leurs points d'intersection.

117. Corollaire II. — Lorsque deux circonférences sont tangentes, le point de contact est situé sur la droite qui joint leurs centres.

THÉORÈME XII.

118. *Lorsque deux circonférences sont extérieures l'une à l'autre, la distance de leurs centres est plus grande que la somme de leurs rayons.*

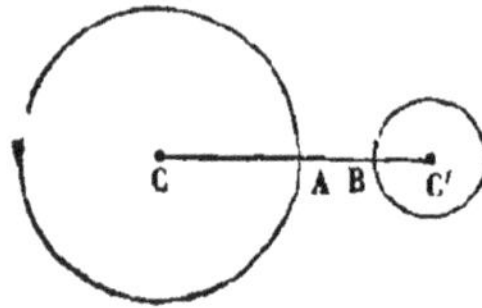

Soient C et C′ deux circonférences extérieures : la droite CC′ qui joint leurs centres est égale à CA + C′B + AB, donc elle est plus grande que la somme des rayons.

THÉORÈME XIII.

119. *Lorsque deux circonférences sont tangentes extérieurement, la distance de leurs centres est égale à la somme de leurs rayons.*

Soient les deux circonférences C et C′ tangentes extérieurement. Le point de contact A étant situé sur la ligne des centres (117), on a $CC' = CA + C'A$.

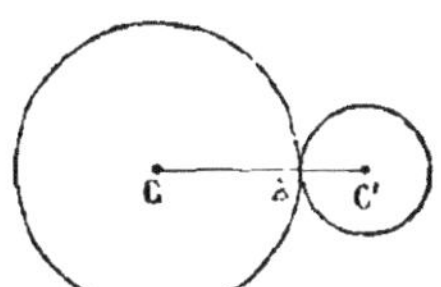

THÉORÈME XIV.

120. *Lorsque deux circonférences se coupent, la distance de leurs centres est moindre que la somme des rayons et plus grande que leur différence.*

En effet, les points d'intersection A, B étant en dehors de la ligne CO qui joint les centres, on forme en joignant l'un d'eux, A par exemple, aux centres C et O un triangle dans lequel le côté CO est moindre que la somme des deux autres CA, OA et plus grand que leur différence.

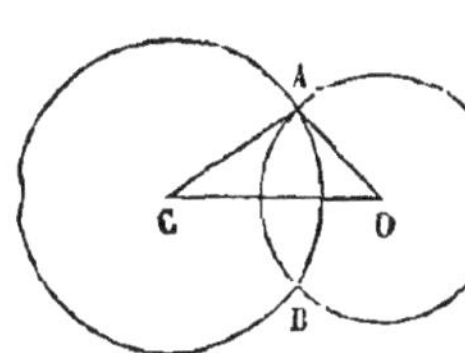

THÉORÈME XV.

121. *Lorsque deux circonférences sont tangentes intérieurement, la distance de leurs centres est égale à la différence de leurs rayons.*

En effet, le point de contact A étant situé sur la ligne CC′ des centres, on a

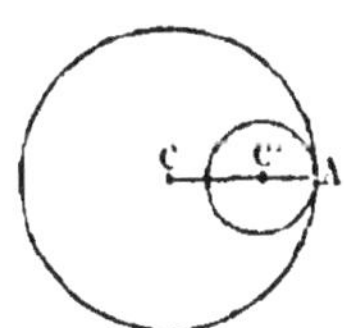

$$CC' = CA - C'A.$$

THÉORÈME XVI.

122. *Lorsque deux circonférences sont intérieures l'une à l'autre, la distance de leurs centres est moindre que la différence de leurs rayons.*

En effet, prolongeons la ligne des centres CC′ jusqu'à sa rencontre en A avec la circonférence extérieure. Nous aurons

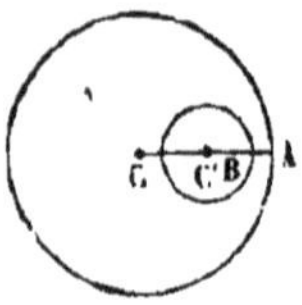

$$CC' = CA - C'B - BA$$

et par suite

$$CC' < CA - C'B.$$

123. Remarque I. — Les réciproques des cinq propositions qui précèdent sont vraies.

Ainsi, par exemple, *lorsque deux circonférences sont placées de telle sorte que la distance de leurs centres est plus grande que la somme de leurs rayons, ces circonférences sont extérieures l'une à l'autre.*

Pour le démontrer il suffit de remarquer que si elles occupaient l'une par rapport à l'autre une autre position, il existerait entre la distance de leurs centres et leurs rayons une relation autre que celle donnée par l'énoncé de la proposition.

On démontrerait de même les autres réciproques.

124. Remarque II. — Lorsque deux circonférences sont situées sur le même plan, elles n'ont aucun point commun, ou elles ont un point commun, ou encore elles ont deux points communs. Si elles n'ont aucun point commun, ou si elles ont un seul point commun, elles peuvent être ou intérieures ou extérieures l'une à l'autre. Enfin, lorsqu'elles ont deux points communs, elles sont sécantes. De là, les cinq positions examinées dans les théorèmes qui précèdent. Il est d'ailleurs évident que ces positions sont les seules que peuvent occuper l'une par rapport à l'autre les deux circonférences.

MESURE DES ANGLES.

THÉORÈME XVII.

125. *Dans le même cercle ou dans des cercles égaux, deux angles au centre égaux interceptent entre leurs côtés des arcs égaux et réciproquement.*

Soient C, C′ deux cercles égaux et ACB, A′C′B′ deux angles au centre égaux (on nomme angles au centre des angles dont le sommet est au centre du cercle) : je dis que les arcs interceptés AB, A′B′ sont égaux.

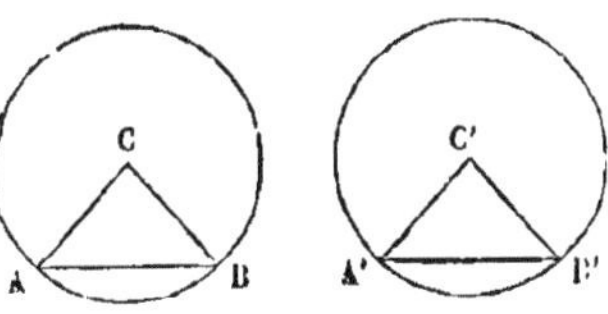

Joignons AB, A′B′ : les deux triangles ACB, A′C′B′ ont un angle égal compris entre deux côtés égaux, donc ils sont égaux et par suite les cordes AB, A′B′ sont égales ; donc aussi les arcs AB, A′B′ sont égaux.

Réciproquement, si les arcs AB, A′B′ sont égaux, les angles au centre C, C′ seront égaux ; car si l'on joint AB, A′B′ on forme deux triangles ACB, A′C′B′ dont les trois côtés sont égaux chacun à chacun et dont par suite les angles C, C′ opposés aux côtés égaux AB, A′B′ sont égaux entre eux.

THÉORÈME XVIII.

126. *Dans le même cercle ou dans des cercles égaux, le rapport de deux angles au centre est égal au rapport des arcs qu'ils interceptent entre leurs côtés.*

Soient C, C′ deux angles au centre situés dans des cercles égaux il s'agit de prouver que le rapport de ces angles est égal au rapport des arcs AB, A′B′.

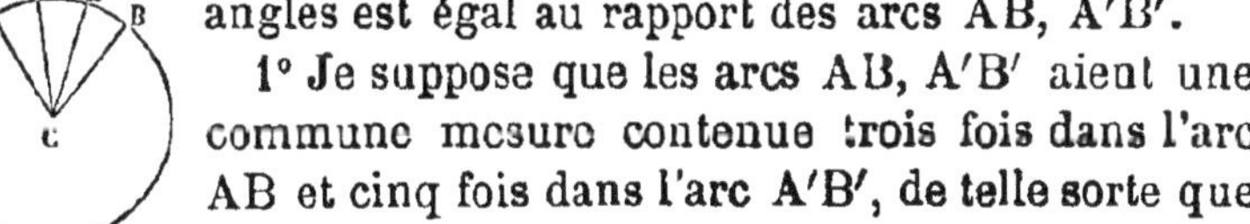

1° Je suppose que les arcs AB, A′B′ aient une commune mesure contenue trois fois dans l'arc AB et cinq fois dans l'arc A′B′, de telle sorte que l'on ait $\frac{AB}{A'B'} = \frac{3}{5}$. Ayant porté cette commune mesure sur les arcs, menons les rayons CD, CE, C′D′.... aux points de division. Nous formerons ainsi dans l'angle ACB trois angles, et dans l'angle A′C′B′ cinq angles tous égaux entre eux comme interceptant des arcs égaux (125). Le rapport des angles ACB, A′C′B′ vaut donc $\frac{3}{5}$: il est par suite égal à celui des arcs.

2° Supposons maintenant les arcs AB, A'B' incommensurables : partageons l'un d'eux, A'B' par exemple en dix parties égales, portons l'une de ces parties sur l'arc AB à partir de l'une de ses extrémités et supposons qu'elle y soit contenue 7 fois avec un reste moindre qu'elle. Le rapport des arcs AB, A'B' sera alors compris entre $\frac{7}{10}$ et $\frac{8}{10}$. Or, si nous menons des rayons aux points de division des arcs, nous formerons dans l'angle A'C'B', 10 angles égaux et dans l'angle ACB, 7 angles égaux plus un angle moindre que ceux-ci, de telle sorte que le rapport des angles ACB, A'C'B' sera compris entre $\frac{7}{10}$ et $\frac{8}{10}$, c'est-à-dire entre les mêmes nombres consécutifs de dixièmes que le rapport des arcs.

En partageant l'arc AB en 100, 1000, 10000... parties égales et opérant comme plus haut, nous reconnaîtrons que le rapport des arcs et celui des angles sont toujours compris entre les mêmes nombres consécutifs de centièmes, de millièmes, de dix-millièmes, etc. Donc ces rapports sont égaux entre eux.

THÉORÈME XIX

127. *Un angle a la même mesure que l'arc de cercle décrit de son sommet comme centre avec un rayon quelconque et compris entre ses côtés, pourvu que l'on prenne pour unité d'arc, l'arc compris entre les côtés de l'unité d'angle.*

On entend, en général, par mesurer une grandeur, chercher son rapport à une grandeur de même espèce que l'on prend pour unité. Mesurer un angle, c'est donc chercher son rapport à un angle pris pour unité. Si donc, ayant décrit du sommet C d'un angle ACB comme centre, avec un rayon arbitraire, une circonférence, on convient de prendre pour unité d'angle l'angle au centre BCD qui intercepte sur cette circonférence un arc BD pris pour unité de longueur des arcs, l'angle ACB aura la même mesure que l'arc

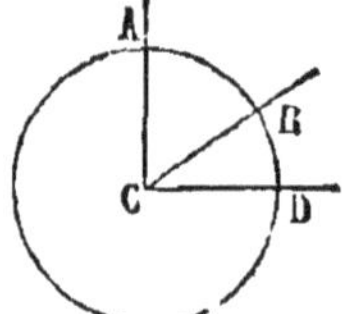

AB, puisqu'il a été démontré (126) que le rapport des angles $\frac{ACB}{BCD}$ est égal au rapport des arcs $\frac{AB}{BD}$.

Le théorème s'énonce ordinairement d'une manière abrégée de la façon suivante : *Un angle a pour mesure l'arc de cercle décrit de son sommet comme centre avec un rayon quelconque et compris entre ses côtés.*

On prend habituellement pour unité de longueur des arcs le quart de la circonférence ou *quadrant :* alors l'unité d'angle est l'angle droit. Ainsi si l'on suppose l'angle ACD droit et l'arc AB égal aux $\frac{2}{3}$ du quadrant AD, l'angle ACB sera les $\frac{2}{3}$ d'un angle droit.

128. Remarques. — Pour faciliter l'évaluation des arcs et des angles, on convient de partager toute circonférence en 360 parties égales nommées degrés ; chaque degré se subdivise en 60 minutes, et la minute en 60 secondes. On écrit comme il suit un nombre de degrés, minutes et secondes :

$$18^\circ\, 25'\, 17''$$

c'est-à-dire 18 degrés, 25 minutes, 17 secondes.

On entend par un angle de $18^\circ\, 25'\, 17''$, un angle qui intercepte entre ses côtés un arc de $18^\circ\, 25'\, 17''$ décrit de son sommet comme centre. Pour évaluer le rapport à l'angle droit d'un angle exprimé en degrés, minutes et secondes, on réduit ce nombre en secondes et on le divise par le nombre de secondes contenues dans le quadrant ou arc de 90°. Ainsi l'angle de $18^\circ\, 25'\, 17''$ vaut les $\frac{66317}{324000}$ d'un angle droit. Il est clair que si l'angle était exprimé par des degrés et minutes seulement, il suffirait de l'évaluer en minutes et de diviser ce nombre de minutes par le nombre de minutes contenues dans un arc de 90°.

THÉORÈME XX.

129. *Tout angle inscrit dans une circonférence a pour mesure la moitié de l'arc compris entre ses côtés.*

Nous considérerons trois cas suivant que le centre est situé sur l'un des côtés de l'angle, est compris dans l'angle ou enfin lui est extérieur.

1° Le centre est sur l'un des côtés de l'angle. Soit l'angle ABC dont le côté BC passe par le centre O : joignons OA. L'angle AOC extérieur au triangle AOB est égal à la somme des angles en A et B (66); comme le triangle AOB est isocèle, ces angles sont égaux, donc l'angle AOC est le double de l'angle B, ou en d'autres termes, l'angle ABC est égal à la moitié de l'angle AOC. Or ce dernier angle a pour mesure l'arc AC compris entre ses côtés (127), donc l'angle ABC a pour mesure la moitié de l'arc AC.

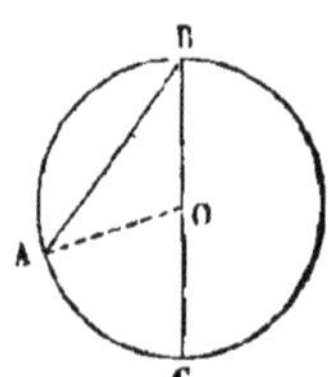

2° Le centre est dans l'intérieur de l'angle. Soit l'angle inscrit CAB, menons le diamètre AK. Chacun des angles CAK, KAB dont un côté AK passe par le centre, a pour mesure la moitié de l'arc compris entre ses côtés, donc l'angle CAB qui est leur somme a pour mesure la moitié de CK plus la moitié de KB, c'est-à-dire la moitié de l'arc CB.

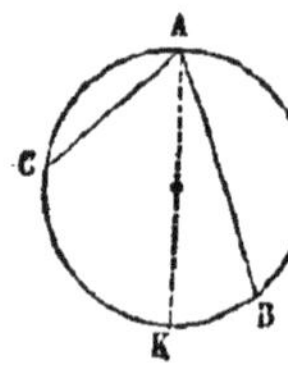

3° Le centre est extérieur à l'angle. Soit l'angle CAB, menons encore le diamètre AK. L'angle CAK a pour mesure la moitié de l'arc CK, et l'angle BAK, la moitié de l'arc BK, car chacun de ces angles a un côté AK passant par le centre. Donc l'angle CAB qui est la différence des angles CAK, BAK, a pour mesure la moitié de CK, moins la moitié de BK, c'est-à-dire la moitié de l'arc CB.

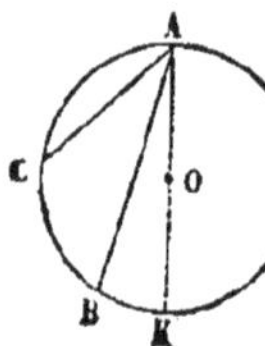

130. Corollaires. — Tous les angles inscrits dans le même segment de cercle sont égaux, car ils ont tous pour mesure la moitié du même arc. Tels sont les angles ACB, ADB, AEB qui ont pour mesure la moitié de l'arc AB.

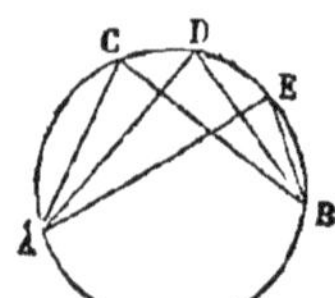

Les angles inscrits dans un segment plus grand qu'un demi-cercle sont aigus, car ils ont pour mesure la moitié d'un arc moindre qu'une demi-circonférence, c'est-à-dire un arc moindre qu'un quadrant. Au contraire, les angles inscrits dans un segment moindre qu'un demi-cercle sont obtus puisque leur mesure est plus grande qu'un quadrant.

Tout angle inscrit dans un demi-cercle est droit, car il a pour mesure un quadrant.

THÉORÈME XXI.

131. *Tout angle formé par une tangente et une corde partant du point de contact, a pour mesure la moitié de l'arc compris entre ses côtés.*

Soit l'angle BAC formé par la droite AB tangente en A et la corde AC. Menons le diamètre AK : l'angle droit (112) BAK a pour mesure la moitié de la demi-circonférence AMK ; l'angle inscrit KAC a pour mesure la moitié de l'arc CK (129). Donc l'angle BAC somme de ces deux angles a pour mesure la moitié de AMK, plus la moitié de CK, ou la moitié de l'arc AMKC.

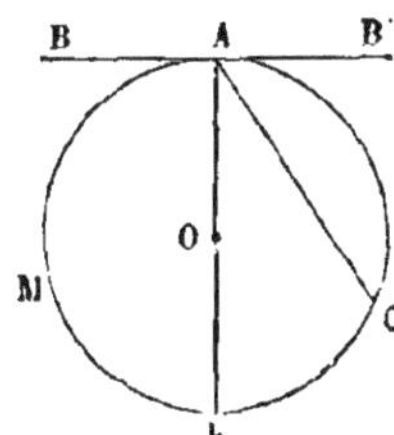

On reconnaît également que l'angle CAB′ différence des angles KAB′, KAC a pour mesure la moitié de l'arc AC.

THÉORÈME XXII.

132. *Tout angle* ABC *formé par deux sécantes qui se coupent dans le cercle a pour mesure la moitié de l'arc* AC *compris entre ses côtés, plus la moitié de l'arc* DE *compris entre ses côtés prolongés.*

Joignons CD : l'angle ABC extérieur au triangle DBC est égal à la somme des angles D et C (66). Or, l'angle inscrit ADC a pour mesure la moitié de l'arc AC et l'angle inscrit DCE a pour mesure la moitié de l'arc ED, donc l'angle ABC a pour mesure la moitié de l'arc AC plus la moitié de l'arc ED.

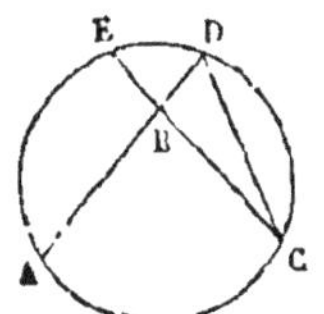

THÉORÈME XXIII.

133. *Tout angle* ABC *formé par deux sécantes qui se rencontrent en dehors du cercle a pour mesure la moitié de la différence des arcs compris entre ses côtés.*

Joignons DC : l'angle ADC extérieur au triangle DBC est égal à la somme des angles B et C, donc l'angle B est égal à la différence des angles inscrits ADC, DCE. Il a donc pour mesure la différence de leurs mesures, c'est-à-dire la moitié de l'arc AC, moins la moitié de l'arc DE.

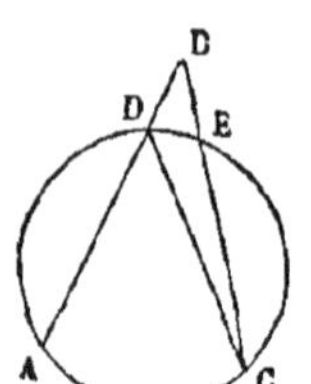

134. Remarque. — On reconnaît par un raisonnement semblable que l'angle formé par une tangente et une sécante, ou bien par deux tangentes issues du même point, a pour mesure la demi différence des arcs compris entre ses côtés.

135. Remarque II. — Il résulte des théorèmes 20, 22 et 23 que le lieu géométrique des sommets des angles égaux à un angle donné et dont les côtés passent par deux points donnés, est le segment de circonférence passant par les deux points donnés et l'une des positions du sommet de l'angle.

THÉORÈME XXIV.

136. *Dans un quadrilatère convexe* ABCD *inscrit dans un cercle, les angles opposés sont supplémentaires.*

En effet, si l'on considère deux angles opposés A et C, par exemple, on voit que la somme de leurs mesures est la moitié d'une circonférence, c'est-à-dire est égal à deux quadrants. La somme de ces deux angles est donc égale à deux angles droits.

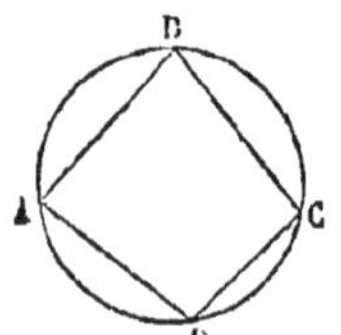

137. Réciproquement, *si les angles opposés d'un quadrilatère convexe sont supplémentaires, ce quadrilatère est inscriptible.*

Supposons les angles opposés du quadrilatère ABCD supplémentaires : Si par les trois points A, B, C, nous faisons passer une circonférence, l'angle B aura pour mesure la moitié de l'arc AC : donc son supplément l'angle D devra avoir pour mesure la moitié du reste de la circonférence, c'est-à-dire la moitié de l'arc ABC, ce qui exige que son sommet D soit situé sur la circonférence.

PROBLÈMES

RELATIFS AUX LIVRES I ET II.

---

138. Les constructions relatives aux problèmes de la géométrie élémentaire peuvent toutes s'exécuter à l'aide de deux instruments qui sont la *règle* et le *compas*. La règle sert à tracer des lignes droites, et le compas des arcs de cercle et des circonférences.

Il est évident que la règle dont on se sert doit être parfaitement droite sur ses tranches. Pour vérifier l'exactitude d'une règle, on trace une ligne le long d'un des bords, puis on retourne l'instrument et l'on applique de nouveau le même bord sur la ligne que l'on a tracée. S'il y a parfaite coïncidence l'instrument est exact.

139. On emploie souvent deux autres instruments qui permettent d'abréger les constructions : l'*équerre* et le *rapporteur*. L'équerre sert à mener des perpendiculaires et le rapporteur à mesurer et construire des angles. L'équerre consiste en une planchette en bois présentant la forme d'un triangle rectangle. Pour vérifier si le plus grand des angles d'un équerre est réellement droit, on peut décrire avec un rayon quelconque une demi-circonférence, y inscrire un angle, lequel sera droit, et porter l'équerre sur cet angle : s'il y a coïncidence parfaite entre les côtés de l'instrument et ceux de l'angle inscrit, l'équerre est exacte.

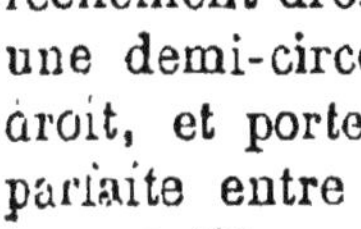

Le rapporteur consiste en un demi-cercle en corne ou en métal : son bord extérieur ou *limbe* est divisé en 180 degrés. Au milieu du diamètre AB qui limite le limbe, est pratiquée une petite encoche O qui est le centre de l'instrument.

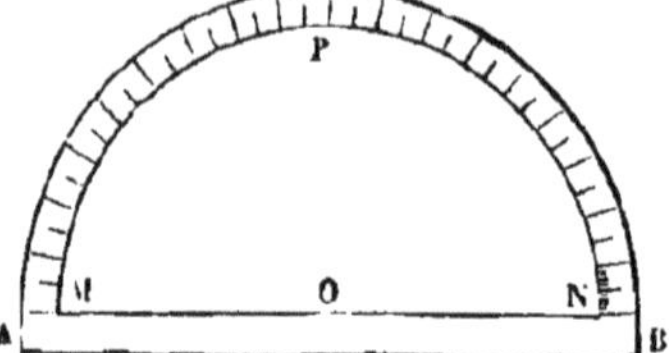

PROBLÈME I.

140. *Élever une perpendiculaire sur le milieu d'une droite* AB.

Des points A et B comme centres avec le même rayon pris suffisamment grand pour qu'ils puissent se couper, on décrit deux arcs de cercle : la droite qui joint leurs points C et D de rencontre est perpendiculaire sur le milieu E de AB puisqu'elle a par construction deux de ses points équidistants des points A et B (48).

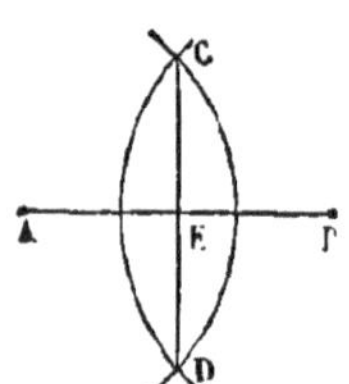

141. Remarque. — En répétant sur les segments AE, EB la construction précédente qui donne le moyen de diviser une droite en deux parties égales, on partagerait la droite en quatre parties égales; on pourrait ensuite, toujours au moyen de la même construction, la diviser en huit, seize..... parties égales, et en général en un nombre de parties égales marqué par une puissance du nombre 2.

PROBLÈME II.

142. *Mener d'un point donné* A *une perpendiculaire sur une droite* BC.

1° *Le point* A *est situé sur la droite* BC. On prend sur la droite à partir du point A deux distances égales AB, AC puis des points B et C comme centres avec un même rayon plus grand que AB, on décrit deux arcs de cercle qui se coupent en un point D. En joignant ce point au point A, on a en AD la perpendiculaire demandée, car cette droite AD a deux points A et D équidistants des points B et C (48).

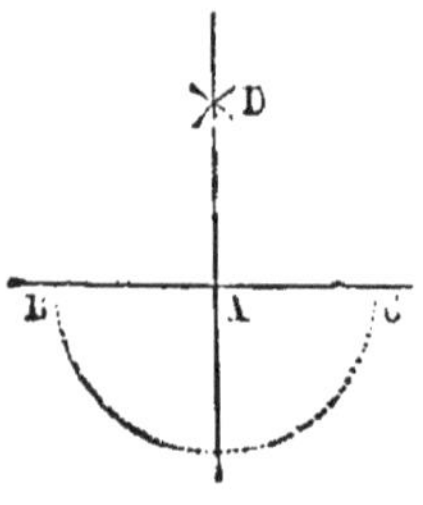

2° *Le point* A *est situé hors de la droite* BC. Du point A comme centre ou décrit un arc de cercle qui coupe la droite en deux points B et C, puis de ces deux points comme centres avec un même rayon plus grand que la moitié de BC, on décrit deux arcs de cercle qui se coupent en D. La droite DA est la perpendiculaire demandée puisque chacun de ses points D et A est équidistant des points B et C.

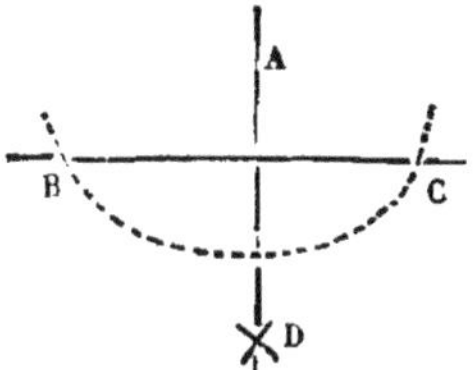

143. Remarque. — Le problème qui consiste à mener d'un point une perpendiculaire sur une droite peut être résolu comme il suit à l'aide de l'équerre.

Soient MN la droite et O le point que nous supposerons d'abord situé sur la droite. On place l'un des côtés de l'angle droit de l'équerre sur la droite MN de telle sorte que le sommet de l'angle droit coïncide avec le point O, et l'on applique une règle le long de l'autre côté OC de l'angle droit. On enlève ensuite l'équerre et l'on trace une droite le long de la règle. Cette droite AD est la perpendiculaire demandée.

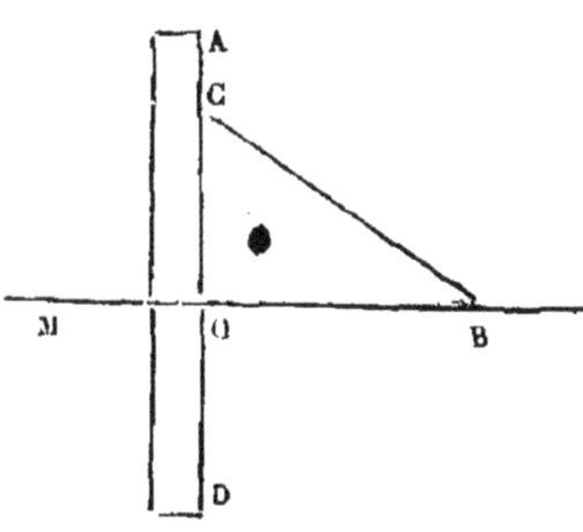

Supposons maintenant le point O situé hors de la droite MN. On place une règle le long de MN, puis on applique l'un des côtés BC de l'angle droit d'une équerre contre le bord de la règle et l'on fait glisser l'instrument jusqu'à ce que le côté AB passe par le point O. On trace alors la droite OP qui est la perpendiculaire demandée.

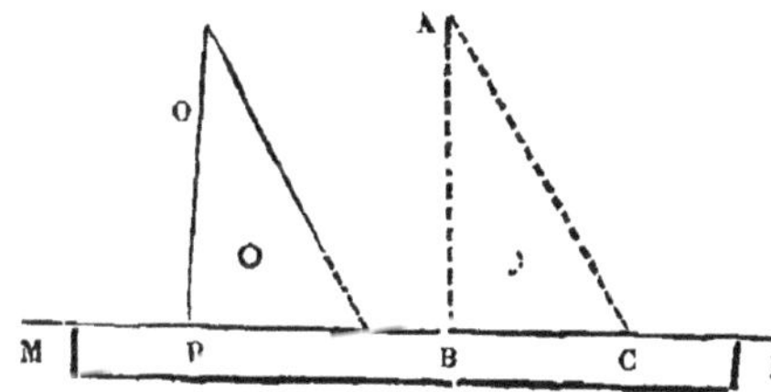

PROBLÈME III.

144. *Par un point* O *donné, mener une parallèle à une droite donnée* MN.

Du point O comme centre avec un rayon suffisamment grand, on décrit un arc cercle de BD qui rencontre MN au point B. Puis du point B comme centre avec le même rayon on décrit l'arc de cercle AO, on prend BC = AO et l'on joint OC. La droite OC est la parallèle demandée. En effet, si l'on joint OB, les angles alternes-internes ABO, BOC sont égaux comme ayant pour mesure les arcs AO, BC égaux par construction.

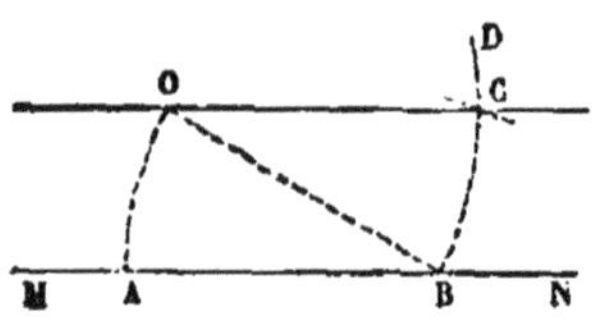

145. Remarque. — Le problème peut être résolu au moyen de l'équerre. Soit proposé de mener une parallèle à une droite MN par un point O : on applique l'hypoténuse de l'équerre, sur la droite MN et l'on place sur le côté AC de l'angle droit une règle PC. On fait ensuite glisser l'équerre le long de la règle jusqu'à ce que l'hypoténuse passe par le point O. On trace alors la droite PQ qui est la parallèle demandée, car les angles en P et A qui occupent la position d'angles correspondants sont égaux.

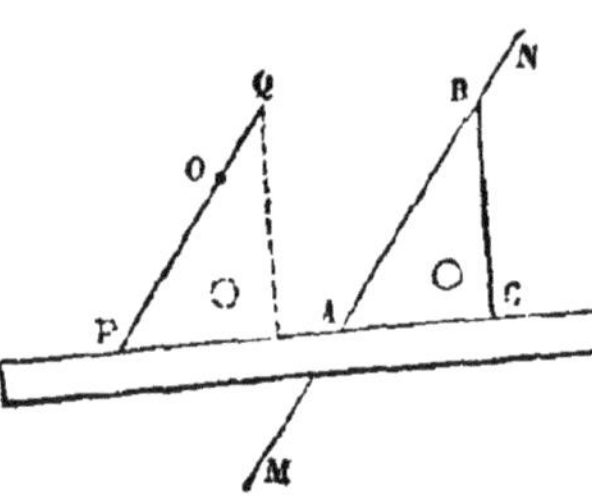

PROBLÈME IV.

146. *En un point* O *d'une droite* OA, *faire un angle égal à un angle donné* BDC.

Du point D comme centre avec un rayon quelconque, on décrit un arc de cercle CB compris entre les côtés de l'angle BDC. Du point O comme centre avec le même rayon on décrit l'arc AK sur lequel on prend à partir du point A une distance AK = BC, puis on joint OK : l'angle AOK est l'angle demandé. En effet il est égal à l'angle D puisque l'arc AK est par construction égal à l'arc BC (125).

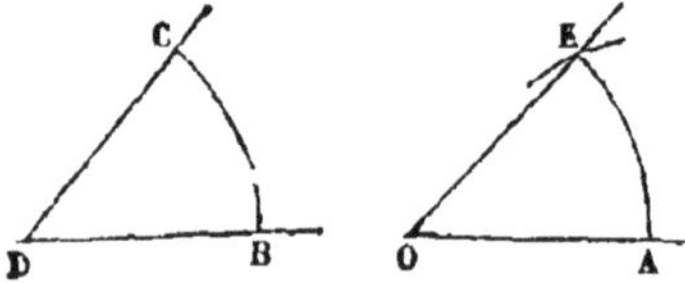

147. Remarque. — Le problème peut être résolu à l'aide du rapporteur. On commence par chercher la division du limbe par laquelle passe le côté DC de l'angle donné BDC lorsque l'on place le centre O du rapporteur au sommet D de telle sorte que le diamètre de l'instrument s'applique sur le côté DB. On place ensuite le centre de l'instrument en O et l'on applique son diamètre suivant la direction OA. On marque un point vis-à-vis la division M du limbe que l'on a trouvée, et ayant enlevé le rapporteur, on joint les points O et M : l'angle AOK est l'angle demandé.

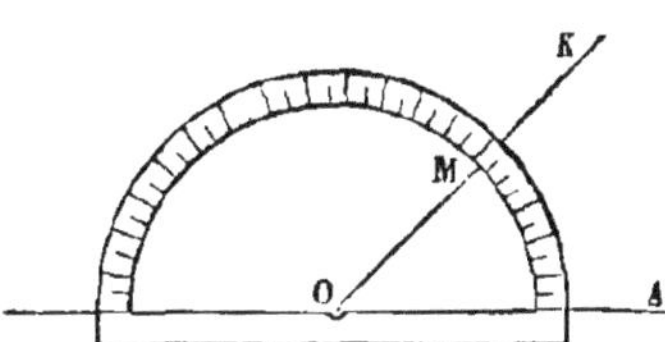

PROBLÈME V.

148. *Diviser un arc* BC *ou un angle* BAC *en deux parties égales.*

Soit A le centre de l'arc BC : on abaisse du point A la perpendiculaire AD sur la corde BC, cette perpendiculaire divise l'arc BC en deux parties égales (105).

Si l'on voulait diviser en deux parties égales un angle BAC, on décrirait de son sommet comme centre avec un rayon quelconque un arc BC compris entre ses côtés et l'on n'aurait plus qu'à construire la ligne AD qui divise cet arc en deux parties égales.

149. Remarque. — En répétant la construction sur les arcs BD, DC, on partagerait l'arc BC et l'angle BAC en quatre parties égales. On pourrait en continuant de même les partager en 8,16... parties égales.

PROBLÈME VI.

150. *Deux angles d'un triangle étant donnés, trouver le troisième.*

Soient A et B les deux angles donnés. On mène une droite indéfinie MN et en un point O quelconque de cette droite, on fait un angle POM = A et un angle QON = B. L'angle POQ est le troisième angle demandé, car les trois angles réunis autour du point O valent deux droits.

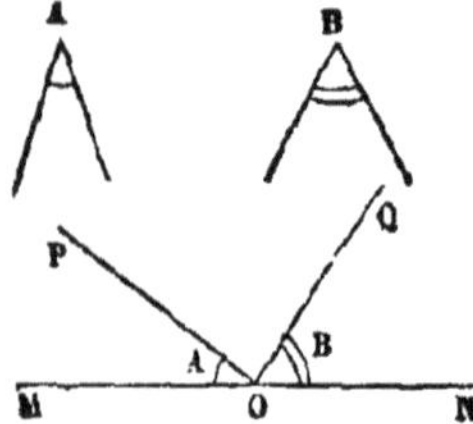

PROBLÈME VII.

151. *Étant donnés deux côtés* A *et* B *d'un triangle et l'angle compris* C, *construire le triangle.*

On trace une droite indéfinie DE et au point D on fait un angle EDF égal à l'angle C. On prend sur les côtés de cet angle les longueurs DE, DF respectivement égales aux côtés A et B, puis l'on joint FE. Le triangle DEF est le triangle demandé, car les triangles qui ont un angle égal compris entre deux côtés égaux chacun à chacun sont égaux (30).

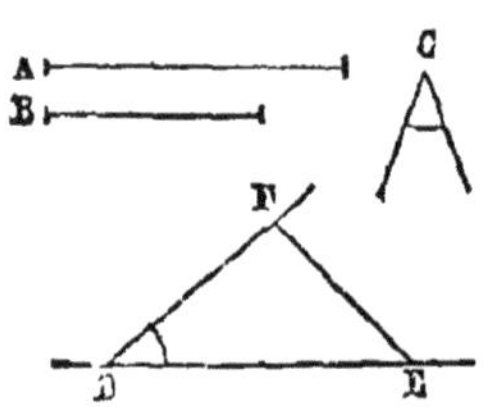

Le problème est évidemment toujours possible.

PROBLÈME VIII.

152. *Étant donnés deux angles* A *et* B *d'un triangle et un côté* C, *construire le triangle.*

Si les deux angles A et B sont adjacents au côté C, on trace une droite DE égale au côté C donné : au point D on mène une droite DF faisant avec DE un angle égal à l'un des deux angles donnés, A, par exemple ; puis au point E on fait un angle DEF égal à l'angle B. On forme ainsi un triangle DEF qui est le triangle demandé, car les triangles qui ont un côté égal adjacent à deux angles égaux chacun à chacun sont égaux (31).

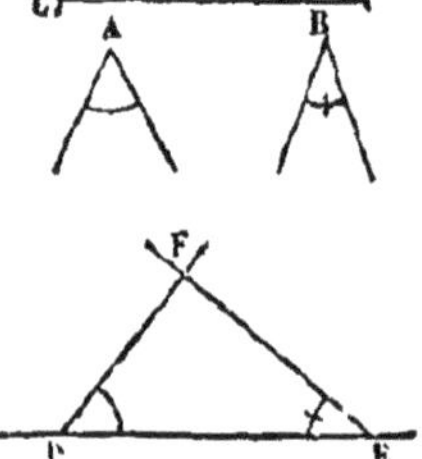

Si les deux angles donnés n'étaient pas adjacents au côté donné, on commencerait par chercher le troisième angle du triangle (150) et la question se trouverait ainsi ramenée au cas précédent.

Le problème n'est d'ailleurs possible qu'autant que la somme des deux angles donnés est moindre que deux angles droits (65).

PROBLÈME IX.

153. *Étant donnés les trois côtés* A, B, C, *d'un triangle, construire le triangle.*

On trace une droite DE égale au côté A ; du point D comme centre avec un rayon égal au côté B, on décrit un arc de cercle et du point E comme centre avec un rayon égal au côté C, on décrit un autre arc de cercle. Joignant leur point F de rencontre aux points D et E, on a en DFE le triangle demandé, car les triangles qui ont les trois côtés égaux chacun à chacun sont égaux (34).

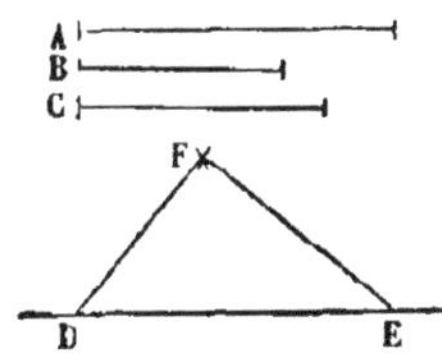

Le problème n'est possible que si les deux arcs de cercle se coupent ; il faut pour cela que le côté A soit moindre que la somme des côtés B et C et plus grand que leur différence (120).

154. Remarque. — Il résulte de ce problème et des deux qui le précèdent qu'avec trois données convenablement choisies on détermine un triangle. Pour déterminer un polygone de n côtés, on a besoin de $2n - 3$ données.

En effet décomposons un polygone ABCDEF en triangles au moyen de diagonales partant d'un sommet A. Pour construire le triangle ABC on a besoin de trois données; ce triangle construit, comme on connaît alors le côté AC, il suffit de deux nouvelles données pour construire le triangle ACD et ainsi des autres triangles. Il faut donc pour construire le polygone un nombre de données égal à 3, plus autant de fois 2 qu'il y a de triangles moins 1 dans le poly-

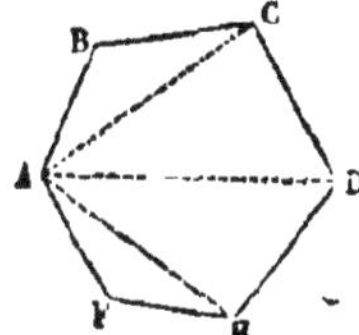

gone. Or ce dernier ayant n côtés renferme $n-2$ triangles. Il faudra donc pour le construire $3+2(n-3)$ ou $2n-3$ données.

Ce nombre indique nécessairement le nombre des conditions à exprimer pour établir l'égalité de deux polygones de n côtés chacun.

PROBLÈME X

155. *Étant donnés deux côtés* A *et* B *d'un triangle et l'angle* C *opposé au côté* A, *construire le triangle.*

On trace une droite DE égale au côté B; au point D, on fait un angle FDE égal à l'angle C, et du point E comme centre avec un rayon égal au côté A, on décrit un arc de cercle qui coupe DF au point F : en joignant EF, on forme un triangle répondant à la question.

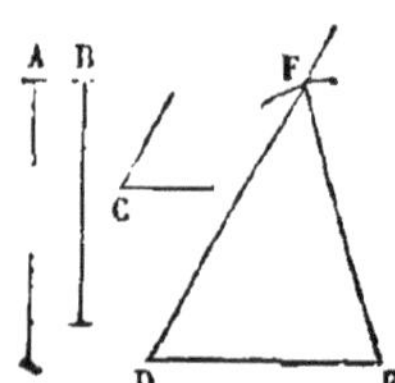

Le problème n'est possible qu'autant que l'arc de cercle de rayon égal à A coupe la droite DF : or si l'angle donné C est droit ou obtus, il est clair que la condition sera réalisée seulement si le côté A est plus grand que le côté B. Il n'y aura d'ailleurs dans ce cas qu'un seul triangle répondant à la question, car l'arc de cercle ne coupera la droite DF qu'en un seul point au dessus du point D.

Si l'angle C est aigu, il suffira, pour que le problème soit possible, que le côté A soit plus grand que la perpendiculaire EH menée du point E sur la droite DF ou au moins égal à cette perpendiculaire. Si le côté A est plus grand que EH et en même temps moindre que le côté B, on aura deux triangles DFE, DF'E répondant à la question, car l'arc de cercle décrit du point E comme centre avec le côté A pour rayon, coupera DF en deux points F et F'. Si le côté A est égal à la perpendiculaire EH, il n'y aura qu'une seule solution qui sera le triangle rectangle DEH. Enfin si le côté A est plus grand que le côté B, il n'y aura encore qu'une solution, car l'arc de cercle coupera DF en un seul point au-dessus du point D.

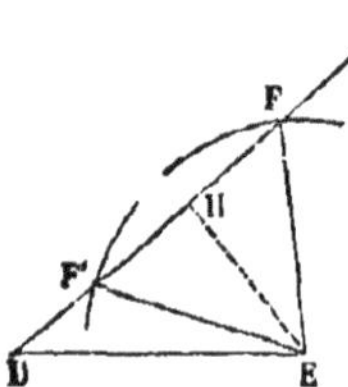

Dans tous les cas, le problème est impossible lorsque le côté A est moindre que la perpendiculaire abaissée du point E sur la ligne DF.

PROBLÈME XI.

156. *Faire passer une circonférence par trois points donnés non en ligne droite.*

Ayant joint entre eux les points A et B, B et C on élève sur le milieu de chacune des droites AB, BC les perpendiculaires DE, DF. Leur point D de rencontre est le centre et la distance AD est le rayon de la circonférence demandée.

PROBLÈME XII.

157. *Mener par un point donné une tangente à un cercle donné.*

1° Le point A donné est situé sur la circonférence.

On mène le rayon CA et l'on élève au point A sur ce rayon la perpendiculaire AD, laquelle est la tangente demandée (111).

2° Le point A donné est extérieur à la circonférence.

On joint le centre C de la circonférence au point A, sur AC comme diamètre on décrit une circonférence qui coupe la première aux points B et D et l'on joint AB, AD. Les droites AB, AD sont tangentes à la circonférence C; en effet, chacune de ces droites est perpendiculaire à l'extrémité d'un rayon, puisque les angles CBA, CDA inscrits dans une demi-circonférence sont des angles droits.

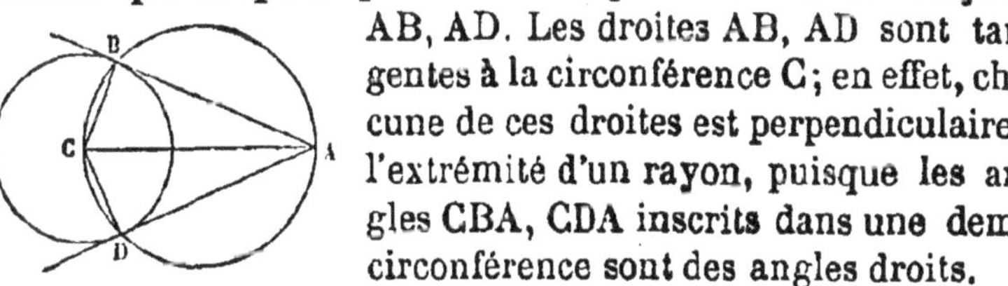

158. Remarque. — Les triangles CBA, CDA sont rectangles en B et en D, ils ont l'hypoténuse commune et le côté CD=CB : donc ils sont égaux et par suite le côté AD=AB et l'angle CAD=CAB. On voit ainsi que les *tangentes menées*

d'un point extérieur à un cercle sont égales et que la bissectrice de leur angle passe par le centre du cercle.

PROBLÈME XIII.

159. *Mener une tangente commune à deux circonférences.*

Une droite peut être tangente *extérieurement* à deux circonférences, c'est-à-dire les laisser l'une et l'autre d'un même côté de sa direction ; elle peut être tangente *intérieurement*, c'est-à-dire laisser les deux circonférences de part et d'autre de sa direction. Le problème actuel présente donc deux cas que nous examinerons successivement.

1° La tangente demandée doit être extérieure aux deux circonférences.

Supposons le problème résolu et soit la droite AB tangente aux points A et B aux circonférences O et C. Menons les rayons OA, CB aux points de contact et traçons la droite CD parallèle à la tangente commune AB. Les rayons OA, CB sont perpendiculaires sur AB (111); la figure ADBC est donc un rectangle et le côté AD=CB : donc la droite DO est égale à la différence des rayons des cercles donnés. Comme cette droite est perpendiculaire sur CD, on voit que si l'on décrit du point O comme centre avec OD comme rayon une circonférence, la droite CD sera tangente à cette circonférence. Ainsi la tangente demandée AB est parallèle à une tangente menée du centre C à une circonférence décrite du point O comme centre avec un rayon égal à la différence des rayons des circonférences données.

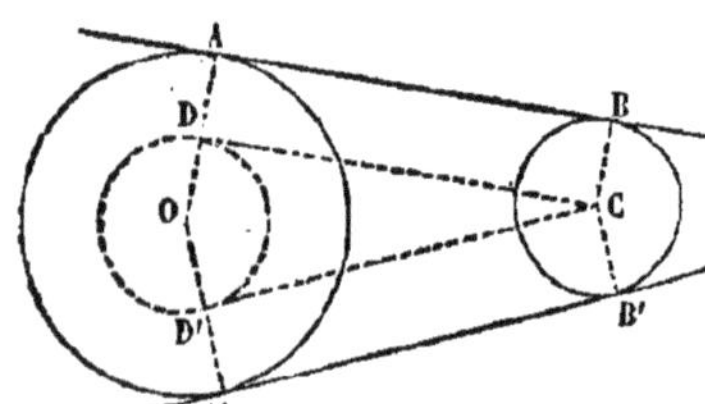

Donc pour construire la tangente commune AB, on décrira la circonférence ayant pour centre O et pour rayon la différence des rayons des deux cercles donnés, on mènera du point C à cette circonférence une tangente CD, on joindra le centre O au point D de contact et l'on prolongera le rayon OD jusqu'à sa rencontre en A avec la circonférence OA ; on mènera enfin par le point A une parallèle AB à la tangente CD; cette parallèle sera la tangente demandée.

On peut mener par le point C une seconde tangente à la circonférence ayant pour rayon OD, ce qui permet de construire une seconde tangente extérieure A'B' commune aux circonférences données. Cette seconde solution existe toutes les fois que la distance OC des centres des deux circonférences données est plus grande que la différence de leurs rayons, car alors le point C se trouve extérieur à la circonférence auxiliaire et l'on peut mener de ce point deux tangentes à cette circonférence. La condition est réalisée lorsque les circonférences données sont extérieures, tangentes extérieurement ou encore sécantes. Lorsqu'elles sont tangentes intérieurement le point C se trouve sur la circonférence auxiliaire et il n'y a plus qu'une solution. Enfin lorsqu'elles sont intérieures, il est évident que le problème est impossible.

2° La tangente demandée doit être intérieure aux deux circonférences.

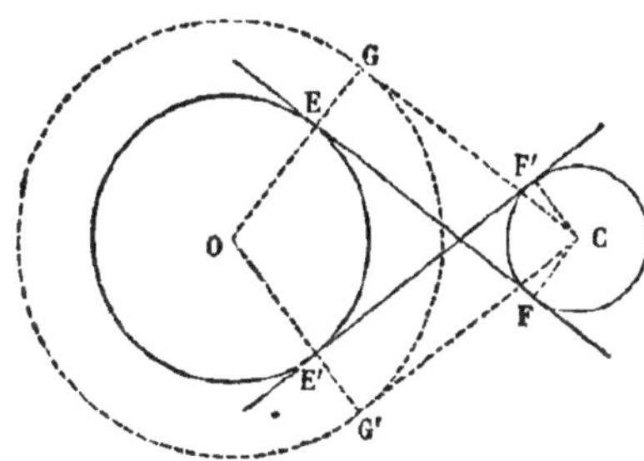

Supposons le problème résolu et soit EF la tangente commune demandée.

Joignons OE, CF et menons par le point C une parallèle CG à la tangente EF. La figure EFCG est un rectangle et la droite EG est égale au rayon CF. Donc la tangente demandée est parallèle à une droite CG perpendiculaire à l'extrémité de la droite OG égale à la somme des rayons des cercles donnés. Il suffira donc pour construire cette tangente de décrire du point O comme centre un cercle ayant pour rayon la somme des rayons des cercles donnés, de mener une tangente CG à ce cercle par le point C, puis enfin ayant joint le centre O au point G de contact, de mener par le point E où la droite OG coupe la circonférence OE une parallèle EF à la tangente GC : la droite EF sera la tangente demandée.

Lorsque la distance OC des centres est plus grande que la somme des rayons, c'est-à-dire lorsque les circonférences données sont extérieures, on peut leur mener une seconde tangente commune intérieure. En effet, on peut, dans ce cas mener du point C une seconde tangente CG′ à la circonférence de rayon OG, et par suite construire la droite F′E′ tangente aux deux circonférences. Dans le cas où les circonférences O et C sont tangentes extérieurement, on ne peut plus leur mener qu'une tangente commune intérieure, car alors la circonférence auxilaire passe par le point C. Enfin il n'y a pas de solution pour les autres positions des deux circonférences.

Résumé. — Lorsque deux circonférences sont extérieures, on peut leur mener quatre tangentes communes, deux extérieures, deux intérieures;

Lorsque deux circonférences sont tangentes extérieurement, on peut leur mener trois tangentes communes, deux extérieures, une intérieure;

Lorsque deux circonférences sont sécantes, on ne peut leur mener que deux tangentes communes extérieures;

Lorsqu'elles sont tangentes intérieurement, on ne peut leur mener qu'une tangente commune extérieure;

Enfin lorsqu'elles sont intérieures l'une à l'autre, elles n'ont pas de tangente commune.

160. Remarque. — La marche que nous avons suivie pour résoudre le problème XIII diffère de celle employée pour les problèmes qui le précèdent.

Dans ces derniers, la solution se présentait en quelque sorte d'elle-même : nous avons donc indiqué d'abord les constructions à faire et nous avons démontré ensuite que ces constructions conduisaient bien au résultat demandé. Cette marche constitue *la synthèse* ou méthode synthétique.

Dans le problème XIII au contraire, la solution ne pouvait être aperçue immédiatement. Nous avons alors supposé le problème résolu et examinant ensuite comment l'inconnue se reliait aux données, nous avons déduit de cet examen les constructions capables de donner le résultat demandé.

Cette dernière marche constitue l'*analyse* ou méthode analytique. C'est celle qu'il convient de suivre dans tous les cas, où, comme dans le cas actuel, la solution d'un problème ne se présente pas pour ainsi dire à *priori*.

PROBLÈME XV

161. *Décrire sur une droite donnée un segment capable d'un angle donné.*

Soit AB la droite et K l'angle donnés. Supposons le problème résolu et soit AMB le segment demandé, c'est-à-dire un segment tel que tous les angles qui y sont inscrits sont égaux à l'angle donné. Il suffirait évidemment pour résoudre le problème de déterminer le centre D du cercle auquel appartient ce segment. Or le centre doit d'abord être situé sur la perpendiculaire CD élevée sur le milieu de la corde AB et de plus, si l'on joint DB et que l'on mène BE tangente au cercle en B, on reconnaît que cette tangente, perpendiculaire sur BD forme avec la corde AB un angle égal à l'angle donné, car il a pour mesure la moitié de l'arc AB compris entre ses côtés (131). De ces remarques, on déduit la construction suivante :

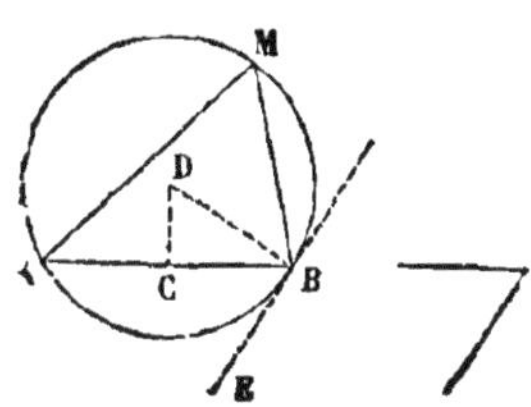

On élève sur le milieu de la droite donnée AB une perpendiculaire ; on mène au point B une droite BE formant avec AB un angle ABE égal à l'angle donné et l'on élève en B sur cette droite une perpendiculaire : le point D où elle rencontre la perpendiculaire élevée sur le milieu de AB est le centre du cercle cherché, On n'a plus qu'à décrire ce cercle, et le segment AMB est le segment demandé, c'est-à-dire que tous les angles tels que AMB qui y sont inscrits sont égaux à l'angle donné K.

PROBLÈME XV

162. *Inscrire un cercle dans un triangle* ABC.

Il s'agit pour résoudre le problème de trouver un point équidistant des côtés du triangle. Or on sait que la bissectrice d'un angle est le lieu géométrique des points situés à égale distance des côtés de l'angle (32), donc si l'on mène les bissectrices des angles A et B par exemple, on aura au point D où elles se rencontrent le centre du cercle demandé. Ce cercle a pour rayon la perpendiculaire DH abaissée du point D sur le côté AB.

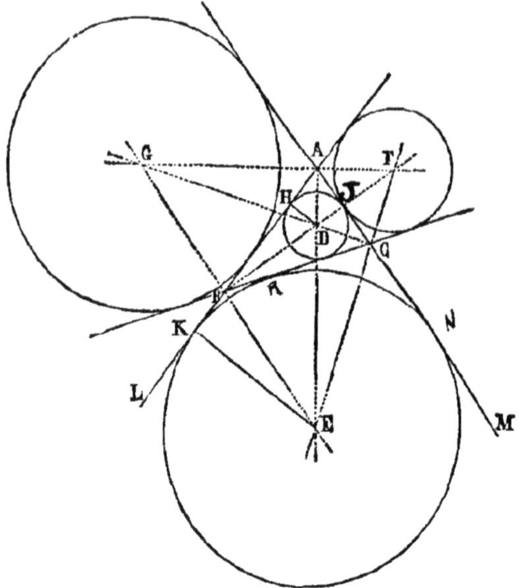

163. Corollaire. — Les bissectrices des angles d'un triangle se coupent au même point, car le point D de rencontre des bissectrices des angles A et B étant à égale distance des côtés AC, BC appartient à la bissectrice de l'angle C.

164. Remarque. — En menant les bisssectrices des angles extérieurs du triangle ABC, on obtient aux points E, F, G, les centres de trois cercles nommés *cercles ex-inscrits ;* chacun de ces cercles est tangent à l'un des côtés du triangle et aux prolongements des deux autres.

Rapport de deux nombres : quotient du 1er nom par le 2ème
proportion : égalité des deux rapports — exige 4 quantités

LIVRE III

SIMILITUDE. — AIRE DES POLYGONES.

PREMIÈRE PARTIE.

SIMILITUDE.

DÉFINITIONS.

165. On dit que deux longueurs sont *proportionnelles* à deux autres longueurs lorsque le rapport des deux premieres est égal au rapport des deux autres. — Lorsque le rapport des deux premières est égal à l'inverse du rapport des deux autres, les longueurs sont dites *inversement* ou *réciproquement* proportionnelles.

166. Si les longueurs que l'on considère ont été évaluées à l'aide d'une même unité, on peut dans les rapports remplacer ces lignes elles-mêmes par les nombres qui les mesurent. On obtient ainsi des expressions numériques que l'on peut soumettre aux règles et calculs de l'arithmétique.

167. Si quatre longueurs A, B, C, D sont telles que l'on ait la proportion

$$\frac{A}{B}=\frac{C}{D}$$

on dit que D est une *quatrième proportionnelle* entre les longueurs A, B, C.

En représentant par a,b,c,d les nombres qui mesurent ces longueurs évaluées avec la même unité, on a

$$\frac{a}{b}=\frac{c}{d},$$

et l'on tire de là

$$d=\frac{b\times c}{a}.$$

168. Lorsque trois longueurs A, B, C sont telles que l'on ait :

$$\frac{A}{B}=\frac{B}{C}$$

on dit que la longueur B est une *moyenne proportionnelle* entre les deux autres. En représentant par a, b, c les nombres qui mesurent ces longueurs, on a

$$\frac{a}{b}=\frac{b}{c}$$

d'où l'on tire

$$b^2=a\times c.$$

169. Par *carré d'une ligne* nous entendrons le carré du nombre qui la mesure ; par *produit de deux lignes*, le produit des nombres qui les mesurent si on les a évaluées avec la même unité. Ainsi par exemple une ligne B étant moyenne proportionnelle entre deux lignes A et C, nous dirons que le carré de la ligne B est égal au produit des lignes A et C, ce qui signifie que le carré du nombre b qui mesure B est égal au produit des nombres a et c qui mesurent A et C.

170. On nomme *polygones semblables*, des polygones d'un même nombre de côtés qui ont tous les angles égaux chacun à chacun et leurs *côtés homologues* proportionnels. — Par côtés homologues, on entend les côtés adjacents aux angles égaux.

171. Le rapport constant qui existe entre les côtés homologues de deux polygones semblables se nomme le *rapport de similitude* des deux polygones.

172. On nomme *projection* d'un point sur une droite le pied de la perpendiculaire abaissée du point sur la droite.

Si des extrémités A et B d'une droite AB, on abaisse des perpendiculaires Aa, Bb sur une droite xy, la partie ab de cette dernière droite comprise entre les pieds des perpendiculaires se nomme la projection de AB sur xy.

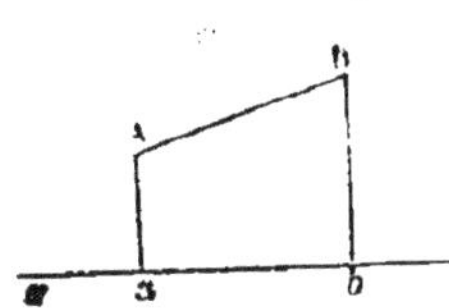

THÉORÈME

173. *Toute droite, menée dans un triangle parallèlement à l'un des côtés, partage les deux autres côtés en parties proportionnelles.*

Soit dans le triangle ABC la droite DE parallèle au côté BC, je dis que l'on a la proportion

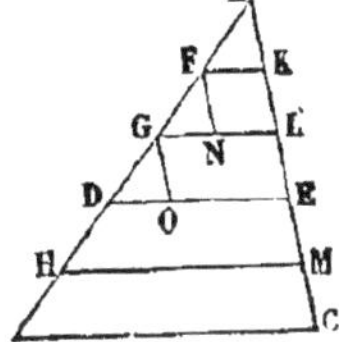

$$\frac{AD}{DB} = \frac{AE}{EC};$$

Supposons que les longueurs AD, DB aient une commune mesure contenue trois fois dans AD et deux fois dans DB. Le rapport $\frac{AD}{DB}$ vaudra alors $\frac{3}{2}$; nous allons prouver que le rapport $\frac{AE}{EC}$ vaut également $\frac{3}{2}$.

Partageons AB en cinq parties égales, par les points de division F, G, H, menons des parallèles à BC et par le point F menons FN parallèle à AC. Les triangles AFK, FGN sont égaux comme ayant le côté AF = FG, les angles A et GFN égaux comme correspondants formés par des parallèles, et l'angle AFK = FGN pour la même raison. Donc le côté AK = FN et comme FN = KL comme côtés opposés d'un parallelogramme, on a AK = KL. On démontrerait de la même façon que les divisions LE, EM, MC sont égales à AK, donc la droite AC est partagée en cinq parties égales à AK. Cette dernière droite est donc commune mesure entre AE qui la contient trois fois et EC qui la contient deux fois. Donc le rapport $\frac{AE}{EC}$ vaut $\frac{3}{2}$ et par suite est égal au rapport $\frac{AD}{DB}$.

Supposons maintenant les longueurs AE, DB incommensurables. Partageons la ligne DB en un certain nombre de parties égales, 10 par exemple, et supposons que l'une de ces parties soit contenue 13 fois dans AD avec un reste plus petit qu'elle. Le rapport $\frac{AD}{DB}$ sera alors compris entre $\frac{13}{10}$ et $\frac{14}{10}$. Or, en faisant la même construction que plus haut, on reconnaîtra que la droite EC contient 10 fois une certaine longueur qui est contenue 13 fois dans la droite AE avec un reste plus petit qu'elle. Le rapport $\frac{AE}{EC}$ est donc compris entre $\frac{13}{10}$ et $\frac{14}{10}$, c'est-à-dire entre les mêmes nombres consécutifs de dixièmes que le rapport $\frac{AD}{DB}$. Si l'on divisait BD en 100, 1000, 10000... parties égales, on reconnaîtrait de même que les deux rapports en question sont toujours compris entre les mêmes nombres consécutifs de centièmes, millièmes, dix-millièmes... donc ces rapports sont égaux entre eux.

174. Corollaire I. — De la proportion

$$\frac{AD}{DB}=\frac{AE}{EC},$$

on tire :

$$\frac{AD}{AD+DB}=\frac{AE}{AE+EC}, \quad \text{ou} \quad \frac{AD}{AB}=\frac{AE}{AC},$$

on en tire également :

$$\frac{AD+DB}{DB}=\frac{AE+EC}{EC}, \quad \text{ou} \quad \frac{AB}{DB}=\frac{AC}{EC}.$$

175. Corollaire II. — Lorsque des parallèles AD, BE, CF rencontrent deux droites AC, DF, elles déterminent sur ces droites des segments proportionnels.

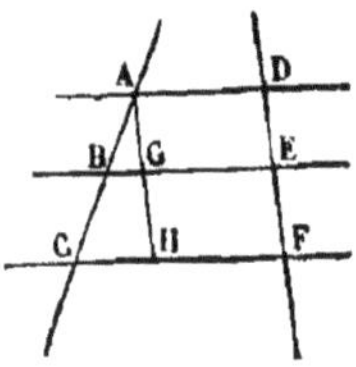

Menons en effet AH parallèle à DF, nous aurons :

$$\frac{AB}{BC}=\frac{AG}{GH},$$

mais $AG = DE$ et $GH = EF$ comme parallèles comprises entre parallèles, donc :

$$\frac{AB}{BC}=\frac{DE}{EF}.$$

THÉORÈME II.

176. *Lorsqu'une droite* DE, *partage en parties proportionnelles deux côtés* AB, AC *d'un triangle* ABC, *elle est parallèle au troisième côté* BC.

Supposons que l'on ait la proportion $\frac{AD}{DB}=\frac{AE}{EC}$. Si par le point D nous menons une parallèle à la droite BC, nous aurons en désignant par E′ le point où elle rencontrera AC (173) :

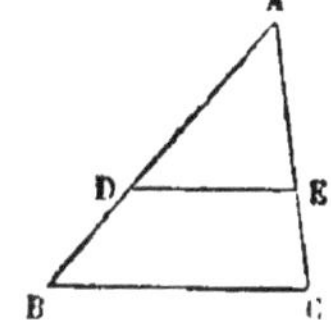

$$\frac{AD}{DB}=\frac{AE'}{E'C}.$$

Or, par hypothèse

$$\frac{AD}{DB}=\frac{AE}{EC},$$

on a donc la proportion :

$$\frac{AE'}{E'C}=\frac{AE}{EC};$$

d'où l'on tire :

$$\frac{AE'}{AE'+E'C}=\frac{AE}{AE+EC}.$$

Mais dans cette dernière proportion les dénominateurs sont égaux chacun à AC, donc les numérateurs doivent être égaux, ce qui exige que le point E′ se confonde avec le point E La droite DE est donc parallèle au côté BC.

177. Remarque. — Il résulte du théorème précédent qu'il n'existe entre deux points A et C d'une droite qu'un seul point partageant cette droite dans un rapport donné.

De même, si sur une droite indéfinie on prend deux points A et C, puis un point E tel que l'on ait :

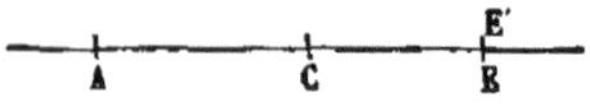

$$\frac{AE}{CE}=\frac{M}{N},$$

M et N représentant deux longueurs quelconques, le point E sera le seul point de la droite situé en dehors des points A et C dont les distances à ces points seront dans le rapport donné $\frac{M}{N}$. En effet soit un point E′ tel que l'on ait :

$$\frac{AE'}{CE'}=\frac{M}{N},$$

on aurait alors

$$\frac{AE}{CE}=\frac{AE'}{CE'};$$

d'où

$$\frac{AE-CE}{CE}=\frac{AE'-CE'}{CE'},$$

ou

$$\frac{AC}{CE}=\frac{AC}{CE'}.$$

Donc CE = CE′ et le point E′ se confond avec le point E.

THÉORÈME III.

178. *La bissectrice d'un angle d'un triangle partage le côté opposé en segments proportionnels aux côtés adjacents.*

Soit AD la bissectrice de l'angle BAC, je dis que l'on a la proportion

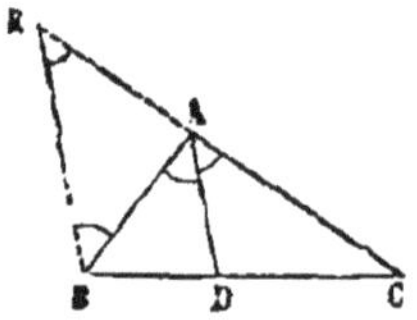

$$\frac{BD}{DC}=\frac{AB}{AC}.$$

Menons par le point B la droite BE parallèle à la bissectrice AD et prolongeons le côté AC jusqu'à la rencontre de cette parallèle en E. Dans le triangle EBC, la ligne AD étant parallèle au côté BE, on a la proportion (173) :

$$\frac{\mathrm{BD}}{\mathrm{DC}} = \frac{\mathrm{AE}}{\mathrm{AC}} \qquad (1)$$

Mais les angles ABE, BAD sont égaux comme alternes internes, et les angles BEA, DAC sont égaux comme correspondants formés par les parallèles AD, BE : donc, comme l'angle BAD = DAC, il en résulte que l'angle ABE = BEA. Le triangle BAE est donc isocèle et AE = AB. On a ainsi en remplaçant AE par AB dans la proportion (1) :

$$\frac{\mathrm{BD}}{\mathrm{DC}} = \frac{\mathrm{AB}}{\mathrm{AC}}.$$

179. Réciproquement, *si une droite partant du sommet* A *d'un triangle partage le côté opposé en segments proportionnels aux côtés adjacents, elle est bissectrice de l'angle* A.

Supposons que l'on ait dans le triangle ABC, la proportion

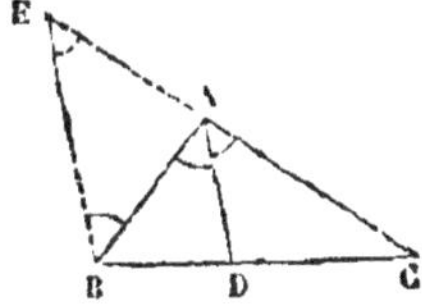

$$\frac{\mathrm{BD}}{\mathrm{DC}} = \frac{\mathrm{AB}}{\mathrm{AC}}. \qquad (1)$$

Menons BE parallèle à AD et prolongeons CA jusqu'à la rencontre de cette parallèle en E. Dans le triangle CBE, les parallèles AD, BE donnent la proportion

$$\frac{\mathrm{BD}}{\mathrm{DC}} = \frac{\mathrm{AE}}{\mathrm{AC}}.$$

Comparant cette proportion avec la proportion (1), on voit que AE=AB; le triangle BAE est donc isocèle et les angles EBA, AEB sont égaux ; mais les angles EBA, BAD sont égaux comme angles alternes internes, et les angles AEB, DAC sont égaux comme angles correspondants formés par des parallèles. Donc les angles BAD, DAC sont égaux entre eux et AD est bissectrice de l'angle BAC.

THÉORÈME IV.

180. *La bissectrice d'un angle extérieur à un triangle rencontre le prolongement du côté opposé en un point dont les distances aux extrémités de ce côté sont proportionnelles aux côtés adjacents.*

Soit AD la bissectrice de l'angle C'AB extérieur au triangle ABC ; je dis que l'on a :

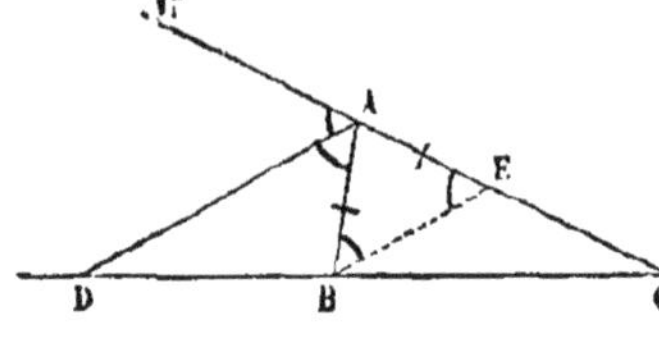

$$\frac{BD}{DC} = \frac{AB}{AC}.$$

Menons BE parallèle à AD, nous aurons la proportion

$$\frac{BD}{DC} = \frac{AE}{AC}. \qquad (1)$$

Or les angles BAD, ABE sont égaux comme alternes internes, et les angles C'AD, AEB sont égaux comme correspondants formés par des parallèles; donc comme les angles BAD, C'AD sont égaux, l'angle ABE = AEB, le triangle ABE est isocèle, et l'on a AE = AB. Remplaçant AE par AB dans la proportion (1), il vient :

$$\frac{BD}{DC} = \frac{AB}{AC}.$$

181. Réciproquement, *si une droite* AD *partant d'un sommet* A *d'un triangle rencontre le prolongement du côté opposé* BC *en un point* D *dont les distances aux points* B *et* C *sont proportionnelles aux côtés adjacents* AB, AC ; *cette droite* AD *est bissectrice de l'angle extérieur au triangle ayant son sommet en* A.

La démonstration de cette réciproque est tout à fait semblable à celle de la réciproque du théorème III (179).

THÉORÈME V

182. *Le lieu géométrique des points dont les distances à deux points donnés* A *et* B *sont proportionnelles à deux longueurs données* M *et* N, *est une circonférence.*

Supposons M > N ; prenons sur la droite qui joint les points A et B un point D tel que l'on ait : $\frac{AD}{DB}=\frac{M}{N}$ et sur le prolongement de AB un point D′ tel que l'on ait également $\frac{AD'}{BD'}=\frac{M}{N}$. Ces points D, D′ appartiennent au lieu cherché et sont d'ailleurs les seuls points de ce lieu situés sur AB (177).

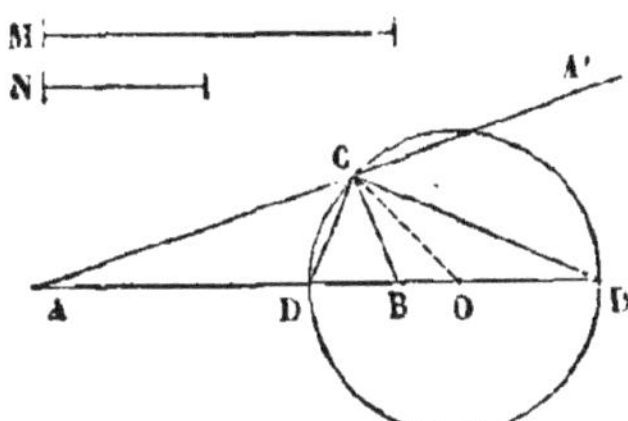

Soit maintenant C un point quelconque du lieu : joignons CA, CD, CB, CD′. D'après les réciproques des théorèmes III et IV, la droite CD est bissectrice de l'angle ACB et la droite CD′ est bissectrice de l'angle extérieur A′CB. Ces deux droites CD, CD′ bissectrices de deux angles supplémentaires sont perpendiculaires l'une sur l'autre et le sommet C de l'angle droit DCD′ est situé sur une circonférence O décrite sur DD′ comme diamètre.

Réciproquement, tout point C de cette circonférence est un point du lieu demandé. En effet joignons CA, CD, CB, CD′, puis menons par le point B, BE parallèle à CD et BF parallèle à CD′. Ces parallèles nous donneront les proportions (173) :

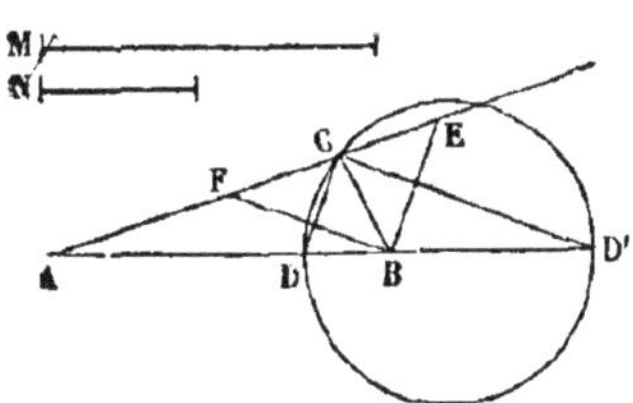

$$\frac{AD}{DB}=\frac{AC}{CE} \quad \text{et} \quad \frac{AD'}{BD'}=\frac{AC}{CF}. \qquad (1)$$

Mais les rapports $\frac{AD}{DB}$ et $\frac{AD'}{BD'}$ sont égaux puisque chacun d'eux est égal à $\frac{M}{N}$, donc $CE = CF$. Or le triangle FBE est rectangle car ses côtés sont respectivement parallèles aux côtés de l'angle droit DCD′, donc la droite CB qui joint le milieu C de son hypoténuse FE au sommet B est égale à CE et par suite la première des proportions (1) peut s'écrire :

$$\frac{AD}{DB} = \frac{AC}{CB}.$$

Comme le rapport $\frac{AD}{DB}$ est égal à $\frac{M}{N}$, il résulte de cette dernière proportion que les distances d'un point C quelconque de la circonférence aux points A et B sont dans le rapport donné. Donc enfin le lieu demandé est la circonférence décrite sur DD′ comme diamètre.

TRIANGLES ET POLYGONES SEMBLABLES.

THÉORÈME VI.

183. *Lorsque l'on coupe un triangle par une droite parallèle à l'un de ses côtés, on forme ainsi un second triangle semblable au premier.*

Soit la droite DE parallèle au côté BC du triangle ABC : je dis que le triangle ADE est semblable au triangle ABC.

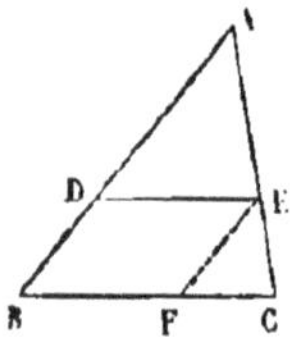

En effet, d'abord ces triangles ont l'angle A commun, l'angle ADE est égal à l'angle B, car ces angles sont des angles correspondants formés par des parallèles, et l'angle AED est égal à l'angle C pour la même raison :

D'un autre côté, DE étant parallèle à BC, on a la proportion (174),

$$\frac{AD}{AB} = \frac{AE}{AC}$$

et si l'on mène EF parallèle à AB, on a également

$$\frac{AE}{AC}=\frac{BF}{BC};$$

mais BF = DE comme parallèles comprises entre parallèles, on a donc

$$\frac{AD}{AB}=\frac{AE}{AC}=\frac{DE}{BC}$$

et les triangles ABC, ADE ayant leurs angles égaux chacun à chacun et leurs côtés homologues proportionnels, sont semblables.

THÉORÈME VII.

184. *Deux triangles qui ont les angles égaux chacun à chacun sont semblables.*

Soient les triangles ABC, *abc* dans lesquels les angles A, B, C, sont respectivement égaux aux angles *a*, *b*, *c* : je dis que ces deux triangles sont semblables.

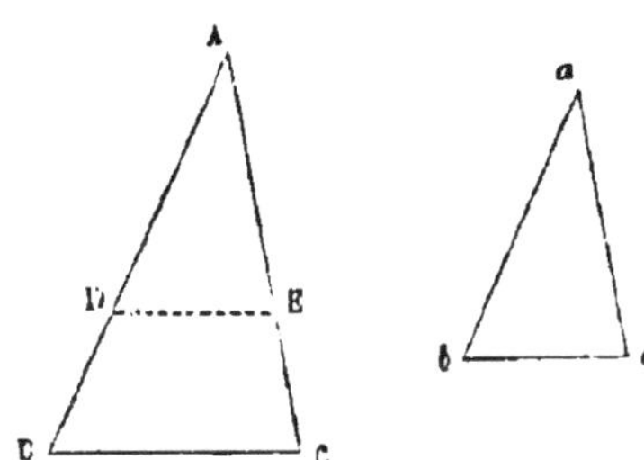

Prenons sur AB une longueur AD = *ab* et menons DE parallèle à BC. Le triangle ADE ainsi formé est semblable au triangle ABC (183). Mais les triangles ADE, *abc* sont égaux car dans ces triangles le côté AD = *ab*, l'angle A est égal à l'angle *a* et l'angle ADE égal à l'angle B à cause des parallèles DE, BC est par suite égal à l'angle *b*. Le triangle *abc* égal au triangle ADE est donc semblable au triangle ABC.

185. Corollaire. — Lorsque deux triangles ont deux angles égaux chacun à chacun, ils sont semblables.

THÉORÈME VIII.

186. *Deux triangles qui ont leurs côtés proportionnels sont semblables.*

Soient les deux triangles ABC, abc dans lesquels on a :

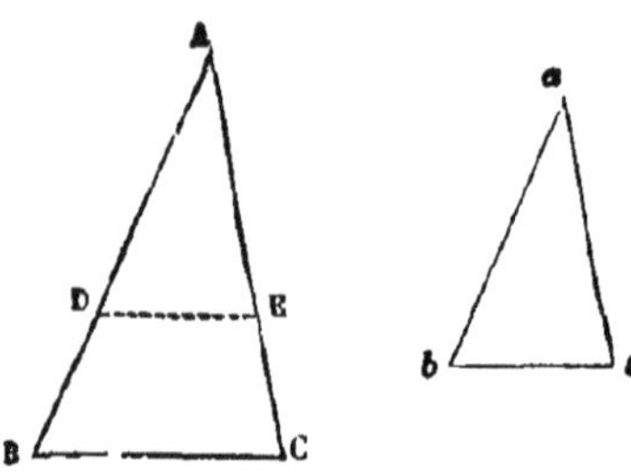

$$\frac{AB}{ab} = \frac{AC}{ac} = \frac{BC}{bc} \quad (1)$$

je dis que ces triangles sont semblables.

Prenons $AD = ab$ et menons DE parallèle à BC : le triangle ADE est semblable au triangle ABC (183). Or, on déduit de la similitude des triangles ADE, ABC

$$\frac{AB}{AD} = \frac{AC}{AE} = \frac{BC}{DE}.$$

Rapprochant cette suite de rapports égaux de la première (1) et remarquant que $AD = ab$, on en tire $AE = ac$, $DE = bc$. Donc les triangles ADE, abc sont égaux comme ayant les trois côtés égaux chacun à chacun et par suite le triangle abc est semblable au triangle ABC.

THÉORÈME IX.

187. *Deux triangles qui ont un angle égal compris entre côtés proportionnels sont semblables.*

Soient les deux triangles ABC, abc dans lesquels on a l'angle A = l'angle a et la proportion

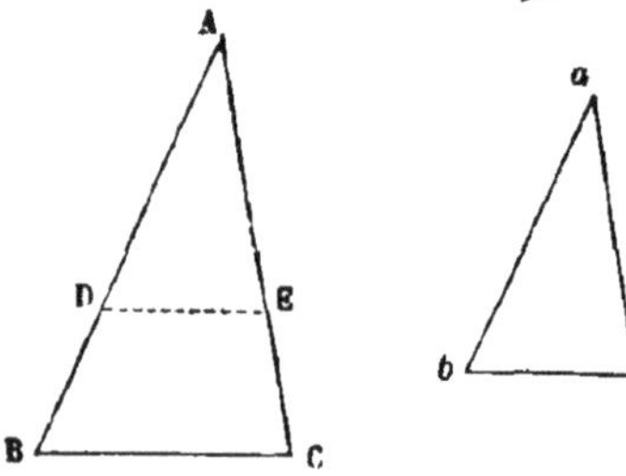

$$\frac{AB}{ab} = \frac{AC}{ac} \quad (1)$$

je dis que ces triangles sont semblables.

Prenons $AD = ab$ et menons DE parallèle à BC : le triangle ADE est semblable au triangle ABC (183). On a donc $\frac{AB}{AD} = \frac{AC}{AE}$; comparant cette proportion à la proportion (1), on en tire $AE = ac$. Les triangles ADE, abc sont donc égaux comme ayant un angle égal compris entre deux côtés égaux et par suite le triangle abc est semblable au triangle ABC.

THÉORÈME X.

188. *Deux triangles qui ont leurs côtés parallèles ou perpendiculaires chacun à chacun sont semblables.*

En effet les angles A, B, C de l'un de ces triangles ayant leurs côtés parallèles ou perpendiculaires aux côtés des angles A', B', C' de l'autre, sont égaux à ceux ci ou sont leurs suppléments (63. 64). Or, on ne peut avoir A, B, C respectivement supplémentaires de A', B', C' car s'il en était ainsi la somme des six angles des deux triangles vaudrait six droits. On ne peut davantage avoir A = A', B + B' = 2 droits, C + C' = 2 droits, ce qui donnerait, pour la somme des angles des deux triangles, plus de quatre droits. Ces triangles ont donc deux angles égaux chacun à chacun, ce qui entraîne l'égalité des troisièmes angles et enfin la similitude des triangles (185).

189. Remarque. — Il résulte des théorèmes qui précèdent que dans les triangles, l'égalité des angles a pour conséquence la proportionnalité des côtés et réciproquement. On peut remarquer de plus que deux conditions suffisent pour établir la similitude de deux triangles.

THÉORÈME XI.

190. *Deux polygones semblables peuvent être décomposés en un même nombre de triangles semblables chacun à chacun et semblablement placés.*

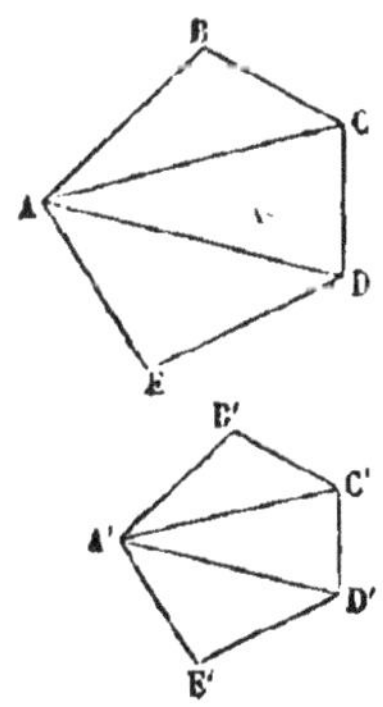

Soient les polygones semblables ABCDE, A'B'C'D'E' : menons les diagonales AC, A'C', AD, A'D' partant des sommets homologues A, A'. Les polygones sont ainsi décomposés en un même nombre de triangles semblablement placés : je dis que ces triangles sont semblables chacun à chacun.

Les triangles ABC, A'B'C' sont semblables car il résulte immédiatement de la similitude des deux polygones qu'ils ont un angle égal, B=B' compris entre côtés proportionnels (187).

Les deux triangles ACD, A'C'D' sont aussi semblables pour la même raison; en effet l'angle ACD différence des angles BCD, BCA est égal à l'angle A'C'D' différence des angles B'C'D', B'C'A' égaux respectivement aux angles BCD, BCA; de plus on a les proportions $\frac{BC}{B'C'} = \frac{AC}{A'C'}$, et $\frac{BC}{B'C'} = \frac{CD'}{C'D}$, d'où il résulte $\frac{AC}{A'C'} = \frac{CD}{C'D'}$.

On établirait par des considérations analogues la similitude des autres triangles. Le théorème est donc démontré.

THÉORÈME XII.

191. *Deux polygones formés d'un même nombre de triangles semblables et semblablement placés sont semblables.*

Soient les deux polygones ABCDE, A'B'C'D'E' que nous supposons composés de triangles semblables chacun à chacun et semblablement placés.

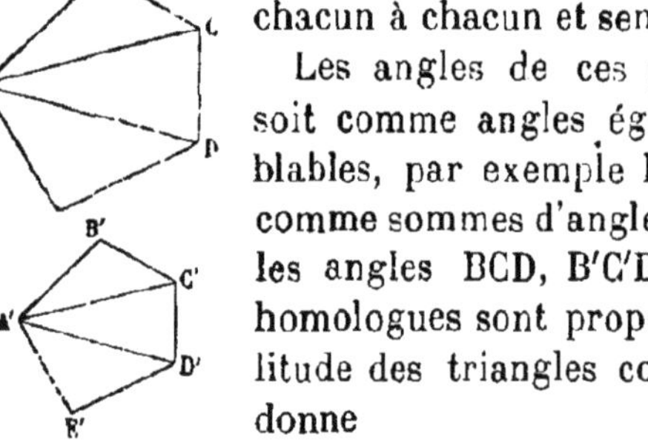

Les angles de ces polygones sont égaux soit comme angles égaux de triangles semblables, par exemple les angles B et B', soit comme sommes d'angles égaux, par exemple, les angles BCD, B'C'D'. De plus, les côtés homologues sont proportionnels, car la similitude des triangles considérés deux à deux donne

$$\frac{AB}{A'B'} = \frac{BC}{B'C'} = \frac{AC}{A'C'} = \frac{CD}{C'D'} = \frac{AD}{A'D'} = \frac{DE}{D'E'} = \frac{AE}{A'E'}.$$

Les deux polygones sont donc semblables.

192. Remarque I. — Deux conditions suffisent pour établir la similitude de deux triangles; il en résulte que pour établir la similitude de deux polygones de n côtés, il suffit d'autant de fois deux conditions qu'on peut former de triangles en décomposant chacun de ces polygones au moyen de diagonales.

Or on peut former $n - 2$ triangles ; il suffira donc de $2n - 4$ conditions.

193. Remarque II. — Nous avons vu que dans deux triangles l'égalité des angles entraîne la proportionnalité des côtés et réciproquement. Il n'en est pas ainsi lorsqu'il s'agit de deux polygones. En effet, un rectangle et un carré, par exemple, ont leurs angles égaux sans avoir leurs côtés proportionnels. De même encore, un losange et un carré ont les côtés proportionnels et n'ont pas les angles égaux.

194. Remarque III. — Les diagonales qui dans les polygones semblables joignent des sommets homologues ont leur rapport égal au rapport de similitude des polygones auxquels elles appartiennent : on les nomme diagonales homologues.

En général, on nomme *droites homologues* dans deux polygones semblables, les droites qui joignent deux *points homologues*. Par points homologues on entend des points tels qu'en les joignant aux extrémités de deux côtés homologues des polygones, on forme des triangles semblables et semblablement placés.

Il est aisé de reconnaître que dans deux triangles semblables les hauteurs issues des sommets homologues, les bissectrices des angles égaux, les médianes menées sur les milieux des côtés homologues sont des lignes homologues et comme telles, ont leur rapport égal au rapport de similitude des triangles. Les centres des cercles inscrits, circonscrits et ex-inscrits sont des points homologues; le rapport des rayons de ces cercles dans deux triangles semblables est égal au rapport de similitude des triangles.

THÉORÈME XIII

195. *Les périmètres des polygones semblables sont proportionnels aux côtés homologues.*

En effet, les deux polygones ABCDE, A'B'C'D'E' étant semblables, on a la suite de rapports égaux.

$$\frac{AB}{A'B'} = \frac{BC}{B'C'} = \frac{CD}{C'D'} = \frac{DE}{D'E'} = \frac{AE}{A'E'}.$$

Mais on a vu en arithmétique que dans une telle suite, la somme des numérateurs et celle des dénominateurs forment un rapport égal à chacun des proposés ; on a donc :

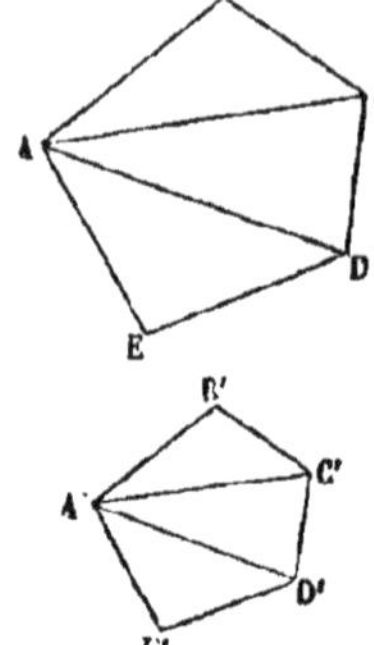

$$\frac{AB+BC+CD+DE+AE}{A'B'+B'C'+C'D'+D'E'+A'E'}=\frac{AB}{A'B'},$$

c'est-à-dire en désignant par P et P′ les périmètres de deux polygones :

$$\frac{P}{P'}=\frac{AB}{A'B'}.$$

THÉORÈME XIV.

196. *Les droites issues d'un même point et rencontrant deux droites parallèles déterminent sur ces droites des segments proportionnels.*

Soient les deux parallèles AD, EH rencontrées par des droites issues du point O : les triangles OAB, OEF sont semblables (183) et donnent

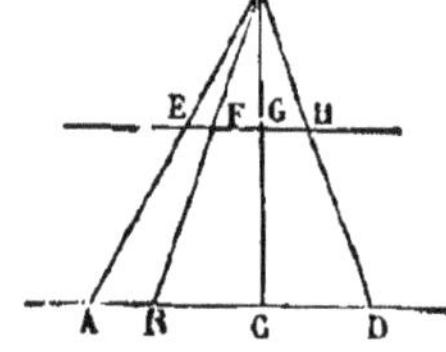

$$\frac{AB}{EF}=\frac{OB}{OF}.$$

Les triangles semblables OBC, OFG donnent également

$$\frac{OB}{OF}=\frac{BC}{FG};$$

on a donc :

$$\frac{AB}{EF}=\frac{BC}{FG}.$$

On démontrerait de même que l'on a

$$\frac{BC}{FG}=\frac{CD}{GH}.$$

deux figures homothétiques ont un pôle de similitude (point de concours commun aux droites joignant les

197. Réciproquement, *si les droites* AE, BF, CG, DH *déterminent sur des parallèles* AD, EH *des segments proportionnels, ces droites prolongées iront se rencontrer au même point.*

Prolongeons AE, BF et soit O leur point de rencontre ; joignons OC, cette droite doit partager EG dans le rapport de AB à BC ; donc elle doit passer par le point G puisque l'on a par hypothèse $\frac{EF}{FG} = \frac{AB}{BC}$. On reconnaîtrait en employant le même procédé que HD prolongée passe par le point O.

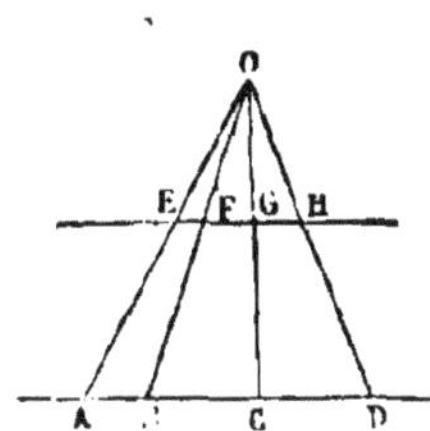

198. Corollaire. — Si la droite AD est partagée en parties égales aux points B et C, sa parallèle est également partagée en segments égaux aux points F et G.

RELATIONS MÉTRIQUES.

THÉORÈME XV.

199. *Si du sommet de l'angle droit d'un triangle rectangle, on abaisse une perpendiculaire sur l'hypoténuse,*

1° *Cette perpendiculaire décompose le triangle en deux triangles semblables entr'eux et semblables au triangle total ;*

2° *Chaque côté de l'angle droit est moyenne proportionnelle entre l'hypoténuse entière et le segment adjacent à ce côté ;*

3° *La perpendiculaire est moyenne proportionnelle entre les deux segments de l'hypoténuse.*

Soit le triangle BAC rectangle en A et soit AD la perpendiculaire abaissée du sommet A sur l'hypoténuse BC.

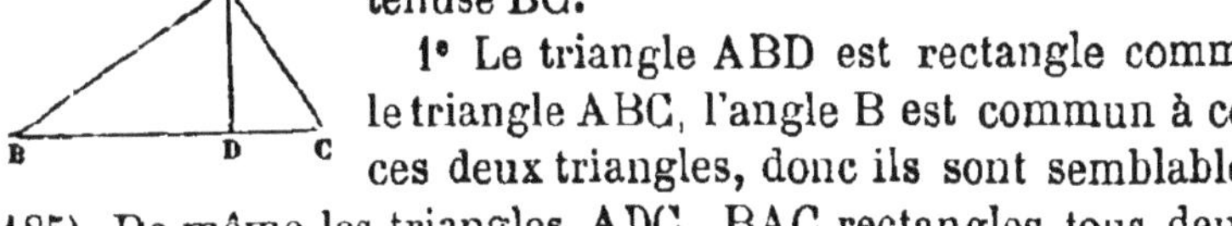

1° Le triangle ABD est rectangle comme le triangle ABC, l'angle B est commun à ces ces deux triangles, donc ils sont semblables (185). De même les triangles ADC, BAC rectangles tous deux et ayant l'angle C commun sont semblables. Il en résulte que les deux triangles ABD, ADC semblables l'un et l'autre au triangle total sont semblables entr'eux.

2° De la similitude des triangles ABD, ABC, on tire la proportion :

$$\frac{BD}{AB} = \frac{AB}{BC},$$

Le côté AB est donc moyenne proportionnelle entre BC et BD. De même les triangles semblables ADC, ABC donnent

$$\frac{DC}{AC} = \frac{AC}{BC},$$

Le côté AC est donc moyenne proportionnelle entre BC et DC.

3° Les triangles semblables ABD, ADC donnent la proportion :

$$\frac{BD}{AD} = \frac{AD}{DC}$$

La perpendiculaire AD est donc moyenne proportionnelle entre les segments qu'elle détermine sur l'hypoténuse.

Les proportions qui précèdent donnent les relations (169)

$$\overline{AB}^2 = BC \times BD, \quad \overline{AC}^2 = BC \times DC, \quad \overline{AD}^2 = BD \times DC.$$

200. Corollaire. — Si l'on décrit une demi-circonférence sur une droite quelconque BC comme diamètre, tout point A de cette demi-circonférence peut-être regardé comme étant le sommet d'un triangle rectangle ayant BC pour hypoténuse : donc si l'on abaisse la perpendiculaire AD sur le diamètre et que l'on mène les cordes AB, AC, on voit que :

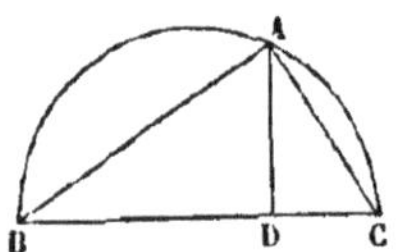

1° *Toute corde* AB *est moyenne proportionnelle entre le diamètre* BC *passant par une de ses extrémités et sa projection* BD *sur ce diamètre;*

2° *La perpendiculaire* AD *abaissée d'un point* A *quelconque d'une demi-circonférence sur un diamètre, est moyenne proportionnelle entre les deux segments* BD, DC *qu'elle détermine sur ce diamètre.*

THÉORÈME XVI.

201. *Le carré de l'hypoténuse d'un triangle rectangle est egal à la somme des carrés des deux côtés de l'angle droit.*

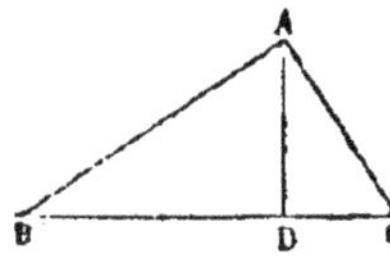

Soit le triangle BAC rectangle en A : abaissons AD perpendiculaire sur l'hypoténuse : Nous venons de voir que l'on a les relations

$$(1) \qquad \overline{AB}^2 = BC \times BD,$$
$$(2) \qquad \overline{AC}^2 = BC \times DC,$$

ajoutant membre à membre, il vient :

$$\overline{AB}^2 + \overline{AC}^2 = BC\,(BD + DC)$$

ou, puisque BD + DC = BC,

$$\overline{AB}^2 + \overline{AC}^2 = \overline{BC}^2,$$

la somme des carrés des deux côtés de l'angle droit est donc égale au carré de l'hypoténuse.

202. Corollaire I. — Dans un triangle rectangle, le carré d'un côté de l'angle droit est égal au carré de l'hypoténuse, diminué du carré de l'autre côté de l'angle droit.

203 Corollaire II. — En divisant membre à membre les relations (1) et (2) il vient

$$\frac{\overline{AB}^2}{\overline{AC}^2} = \frac{BD}{DC},$$

donc, *dans un triangle rectangle, les carrés des côtés de l'angle droit sont entre eux comme leurs projections sur l'hypoténuse.*

204. Corollaire III. — En divisant par $\overline{BC}^2$ les deux membres de l'égalité (1) et aussi les deux membres de l'égalité (2), il vient :

$$\frac{\overline{AB}^2}{\overline{BC}^2} = \frac{BD}{BC} \quad \text{et} \quad \frac{\overline{AC}^2}{\overline{BC}^2} = \frac{DC}{BC}$$

donc, *dans un triangle rectangle, le carré de chaque côté de de l'angle droit est au carré de l'hypoténuse comme la projection du côté sur l'hypoténuse est à l'hypoténuse.*

205. Corollaire IV. — Si, dans un carré ABCD, on mène la diagonale AC, le triangle rectangle ABC donne:

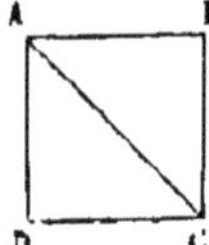

$$\overline{AC}^2 = \overline{AB}^2 + \overline{BC}^2 = 2\overline{AB}^2,$$

on en déduit:

$$AC = AB\sqrt{2}.$$

La diagonale d'un carré est donc égale au côté de ce carré multiplié par $\sqrt{2}$. Or $\sqrt{2}$ est un nombre incommensurable, donc la diagonale d'un carré est incommensurable avec le côté de ce carré.

THÉORÈME XVII.

206. *Dans tout triangle, le carré du côté opposé à un angle aigu est égal à la somme des carrés des deux autres côtés, moins deux fois le produit de l'un de ces côtés par la projection de l'autre sur lui.*

Soit le triangle ABC; considérons le côté AB opposé à l'angle aigu C et abaissons BD perpendiculaire sur AC.

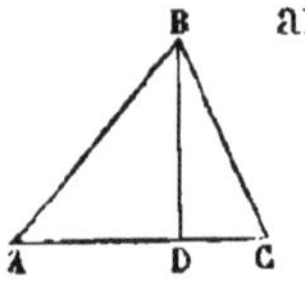

Le triangle rectangle ABD donne :

$$\overline{AB}^2 = \overline{BD}^2 + \overline{AD}^2 \qquad (1)$$

Or dans le triangle BDC on a $\overline{BD}^2 = \overline{BC}^2 - \overline{DC}^2$, et d'un autre côté comme $AD = AC - DC$, on a :

$$\overline{AD}^2 = \overline{AC}^2 + \overline{DC}^2 - 2AC \times DC,$$

car le carré de la différence de deux nombres est égal à la somme des carrés de ces nombres, moins leur double produit.

Remplaçant $\overline{BD}^2$ et $\overline{AD}^2$ par leurs valeurs dans la relation (1), et simplifiant, il vient :

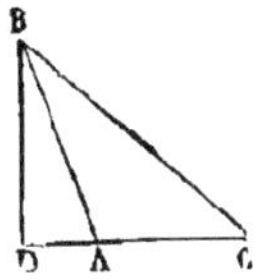

$$\overline{AB}^2 = \overline{BC}^2 + \overline{AC}^2 - 2AC \times DC.$$

Si la perpendiculaire BD tombait en dehors du triangle, on aurait encore :

$$\overline{AB}^2 = \overline{BD}^2 + \overline{AD}^2,$$

or

$$\overline{BD}^2 = \overline{BC}^2 - \overline{DC}^2, \quad \overline{AD}^2 = \overline{DC}^2 + \overline{AC}^2 - 2AC \times DC.$$

Remplaçant $\overline{BD}^2$ et $\overline{AD}^2$ par leurs valeurs, on a comme plus haut :

$$\overline{AB}^2 = \overline{BC}^2 + \overline{AC}^2 - 2AC \times DC.$$

THÉORÈME XVIII.

207. *Dans tout triangle, le carré du côté opposé à un angle obtus est égal à la somme des carrés des deux autres côtés, plus deux fois le produit de l'un de ces côtés par la projection de l'autre sur lui.*

Soit dans le triangle ABC le côté AB opposé à l'angle obtus C, abaissons la perpendiculaire BD sur AC.

On a dans le triangle rectangle ABD:

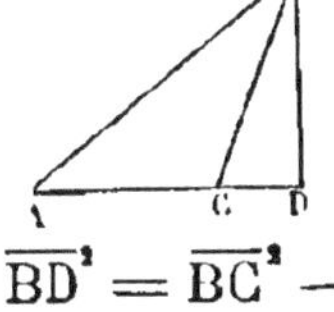

$$\overline{AB}^2 = \overline{BD}^2 + \overline{AD}^2. \quad (1)$$

Mais on a dans le triangle rectangle BCD, $\overline{BD}^2 = \overline{BC}^2 - \overline{CD}^2$, et d'un autre côté, comme $AD = AC + CD$, on a

$$\overline{AD}^2 = \overline{AC}^2 + \overline{CD}^2 + 2AC \times CD,$$

car le carré de la somme de deux nombres est égal à la somme des carrés de ces nombres, plus leur double produit.

Remplaçant $\overline{BD}^2$ et $\overline{AD}^2$ par leurs valeurs dans l'égalité (1) et simplifiant il vient :

$$\overline{AB}^2 = \overline{BC}^2 + \overline{AC}^2 + 2AC \times CD$$

208. Corollaire. — Il résulte des théorèmes 16, 17 et 18 que si dans un triangle le carré d'un côté est égal à la somme des carrés des deux autres, le triangle est rectangle et a pour hypoténuse le premier côté.

THÉORÈME XIX.

209. *Dans tout triangle, la somme des carrés de deux côtés* AC, CB *est égale à deux fois le carré de la médiane* CM *, *plus deux fois le carré de la moitié du troisième côté* AB.

Abaissons CD perpendiculaire sur AB. L'angle CMA étant obtus, on a (207)

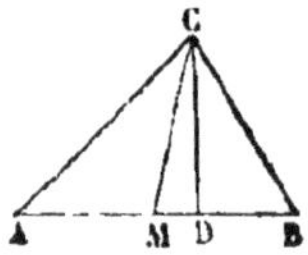

C
A M D B

$$\overline{AC}^2 = \overline{CM}^2 + \overline{AM}^2 + 2AM \times MD,$$

d'autre part, l'angle CMB étant aigu on a (206)

$$\overline{CB}^2 = \overline{CM}^2 + \overline{MB}^2 - 2MB \times MD.$$

Ajoutant les deux égalités membre à membre et remarquant que MA = MB, il vient :

$$\overline{AC}^2 + \overline{CB}^2 = 2\overline{CM}^2 + 2\overline{AM}^2$$

210. Remarque I. Si l'on retranche l'une de l'autre les valeurs de $\overline{AC}^2$ et $\overline{CB}^2$, on a

$$\overline{AC}^2 - \overline{CB}^2 = 4AM \times MD = 2AB \times MD.$$

Donc *la différence des carrés des côtés* AC, CB *est égale au double produit du côté* AB *par la projection de la médiane* CM *sur ce côté.*

* On nomme *médiane* la droite qui joint un sommet d'un triangle au milieu du côté opposé.

211. Remarque II. — Le théorème qui vient d'être établi permet de calculer les longueurs des médianes d'un triangle lorsque l'on connaît les longueurs des côtés de ce triangle

THÉORÈME XX.

212. *Dans tout quadrilatère la somme des carrés des côtés est égale à la somme des carrés des diagonales, plus quatre fois le carré de la droite qui joint les milieux des diagonales.*

Soient H et G les milieux des diagonales du quadrilatère ABCD ; joignons BH, HD, HG.

BH étant médiane dans le triangle ABC, on a (209) :

$$\overline{AB}^2 + \overline{BC}^2 = 2\overline{BH}^2 + 2\overline{HC}$$

De même, DH étant médiane dans le triangle ADC, on a :

$$\overline{AD}^2 + \overline{DC}^2 = 2\overline{DH}^2 + 2\overline{HC}^2$$

d'où additionnant :

$$\overline{AB}^2 + \overline{BC}^2 + \overline{AD}^2 + \overline{DC}^2 = 2\overline{BH}^2 + 2\overline{DH}^2 + 4\overline{HC}^2.$$

Or dans le triangle BHD, HG est médiane, donc :

$$\overline{BH}^2 + \overline{DH}^2 = 2\overline{GH}^2 + 2\overline{DG}^2.$$

Par suite :

$$\overline{AB}^2 + \overline{BC}^2 + \overline{AD}^2 + \overline{DC}^2 = 4\overline{BG}^2 + 4\overline{HC}^2 + 4\overline{GH}^2.$$

Mais $BD = 2BG$ et $AC = 2HC$, donc $\overline{BD}^2 = 4\overline{BG}^2$ et $\overline{AC}^2 = 4\overline{HC}^2$, par suite enfin :

$$\overline{AB}^2 + \overline{BC}^2 + \overline{AD}^2 + \overline{DC}^2 = \overline{BD}^2 + \overline{AC}^2 + 4\overline{GH}^2.$$

213. Corollaire. — Dans tout parallélogramme la somme des carrés des côtés est égale à la somme des carrés des diagonales, car celles-ci se coupent en leurs milieux. — La réciproque est vraie.

THÉORÈME XXI.

214. *Si d'un point* A *pris dans le plan d'un cercle on mène des sécantes, le produit des distances du point* A *aux points d'intersection de chaque sécante avec la circonférence est constant.*

1° Supposons le point A situé dans l'intérieur du cercle. Menons les sécantes BC, DE, puis joignons DC, BE. Les triangles DAC, BAE sont semblables, car ils ont les angles en A égaux comme opposés au sommet et l'angle D = l'angle B comme ayant même mesure. On a par suite la proportion :

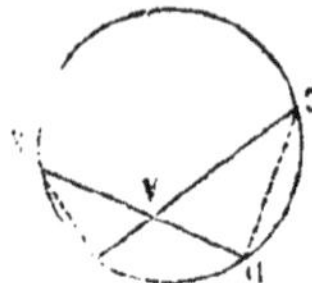

$$\frac{AB}{AD} = \frac{AE}{AC},$$

d'où,

$$AB \times AC = AD \times AE.$$

2° Le point A est situé hors du cercle.

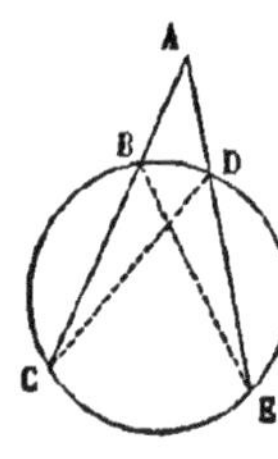

Menons les sécantes AC, AE et joignons BE, CD. Les triangles ACD, ABE sont semblables, car ils ont l'angle A commun et l'angle C = l'angle E comme ayant même mesure. On a par suite la proportion ;

$$\frac{AB}{AD} = \frac{AE}{AC},$$

d'où,

$$AB \times AC = AD \times AE.$$

Dans ce cas, comme dans le précédent, le produit des distances du point A aux points B et C où la sécante ABC rencontre la circonférence est égal au produit des distances du même point A aux points où la circonférence est rencontrée par toute autre sécante passant par le point A ; ce produit est donc constant.

215. Réciproquement, *étant donnés sur deux droites qui se coupent en un point* A *quatre points* B, C, D, E *tels que l'on ait:*

$$AB \times AC = AD \times AE, \qquad (1)$$

les quatre points B,C,D,E, *appartiennent à une même circonférence.*

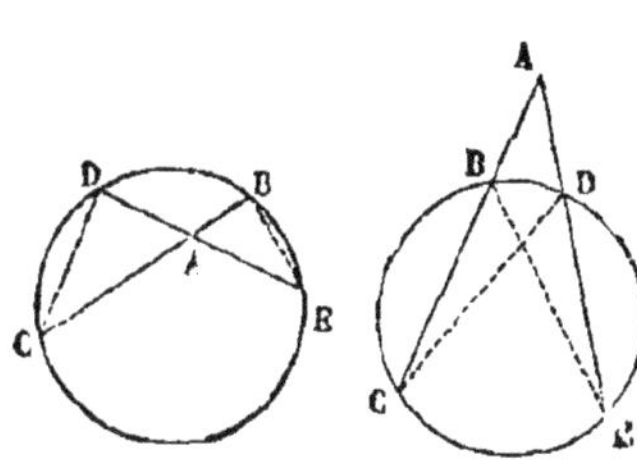

Joignons BE, CD : les triangles CAD, BAE sont semblables car ils ont un angle A égal ou commun compris entre côtés proportionnels, puisque de l'égalité (1) on tire :

$$\frac{AB}{AD}=\frac{AE}{AC}.$$

Les angles DCA, AEB de ces triangles sont donc égaux. Si donc on fait passer une circonférence par les trois points B,C,D, cette circonférence passera nécessairement par le sommet E de l'angle AEB, car cet angle doit avoir la même mesure que l'angle DCA, c'est-à-dire la moitié de l'arc BD.

Remarque. — Le théorème peut encore être énoncé comme il suit :

1° *Deux cordes d'un même cercle se coupent en segments inversement proportionnels ;*

2° *Deux sécantes à une circonférence issues d'un même point extérieur sont inversement proportionnelles á leurs parties extérieures.*

THÉORÈME XXII

216. *Si d'un point pris hors d'un cercle, on mène une tangente et une sécante à ce cercle, la tangente est moyenne proportionnelle entre la sécante entière et sa partie extérieure.*

Menons la tangente AB et la sécante AD ; joignons BC, BD.

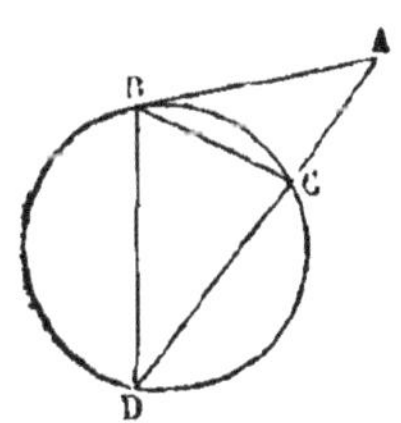

Les triangles ABC, ABD ont l'angle A commun et les angles ABC, BDC égaux comme ayant tous deux pour mesure la moitié de l'arc BC : donc ils sont semblables et l'on a la proportion

$$\frac{AB}{AD}=\frac{AC}{AB}$$

d'où l'on tire

$$\overline{AB}^2 = AD \times AC.$$

217. Remarque. — Le théorème peut encore être démontré en considérant AB comme la limite des positions d'une sécante qui tourne autour du point A jusqu'à ce que ses deux points d'intersection avec la circonférence se confondent. De cette façon, la proposition n'est qu'une conséquence du théorème 21 (214).

THÉORÈME XXIII.

218. *Dans tout triangle, le produit de deux côtés est égal au carré de la bissectrice de l'angle compris, plus le produit des segments que cette bissectrice détermine sur le troisième côté.*

Soit le triangle ABC ; circonscrivons un cercle à ce triangle, menons la bissectrice AD de l'angle A et, l'ayant prolongée jusqu'à la rencontre de la circonférence en E, joignons EC.

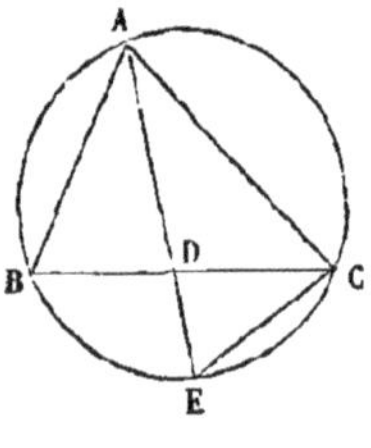

Les triangles ABD, AEC ont les angles en A égaux puisque AD est bissectrice de l'angle BAC, de plus l'angle B = l'angle E comme ayant même mesure : donc les triangles sont semblables et donnent la proportion

$$\frac{AB}{AE} = \frac{AD}{AC},$$

d'où l'on tire

$$AB \times AC = AE \times AD,$$

ou encore puisque $AE = AD + DE$,

$$AB \times AC = \overline{AD}^2 + AD \times DE.$$

Mais $AD \times DE = BD \times DC$ (214), donc enfin

$$AB \times AC = \overline{AD}^2 + BD \times DC.$$

219. Remarque. — AD étant la bissectrice de l'angle A, on a la relation (178)

$$\frac{AB}{AC} = \frac{BD}{DC} \qquad (2)$$

Cette relation permet de trouver les segments déterminés sur le côté BC par la bissectrice lorsque l'on connaît les trois côtés du triangle : on pourra donc à l'aide des relations (1) et (2), calculer la longueur de la bissectrice d'un angle d'un triangle connaissant les trois côtés du triangle.

DEUXIÈME PARTIE.

AIRE DES POLYGONES.

DÉFINITIONS.

220. L'aire d'une figure est l'étendue de sa surface. On entend par mesurer l'aire d'une figure, chercher son rapport à une aire prise pour unité.

221. On nomme *figures équivalentes* des figures qui ont la même aire, quelle que soit d'ailleurs leur forme.

222. On appelle *hauteur* d'un parallélogramme la perpendiculaire qui mesure la distance de deux côtés opposés de la figure. Les côtés entre lesquels est menée la hauteur se nomment l'un et l'autre *base* du parallélogramme.

223. La *hauteur* d'un triangle est la perpendiculaire abaissée d'un sommet quelconque sur le côté opposé pris pour *base.*

224. La hauteur d'un trapèze est la perpendiculaire qui mesure la distance des deux côtés parallèles de la figure. Ces deux côtés sont *les bases* du trapèze.

THÉORÈME XXIV.

225. *Deux rectangles de même hauteur sont proportionnels à leurs bases.*

Soient les deux rectangles ABEF, EFDC ayant même hauteur EF. Supposons que les bases BE, EC aient une commune mesure contenue trois fois dans BE et deux fois dans EC, le rapport $\frac{BE}{EC}$ sera égal à $\frac{3}{2}$. Aux points de division G, H.... élevons des perpendiculaires sur BC. Les rectangles se trouvent ainsi décomposés : le rectangle ABEF en trois rectangles et le rectangle EFCD en deux rectangles, et tous ces rectangles partiels sont égaux entre eux. Il en résulte que les rectangles proposés ont une commune mesure contenue trois fois dans le premier et deux fois dans le second. Le rapport de leurs surfaces est donc égal à $\frac{3}{2}$, c'est-à-dire est égal au rapport de leurs bases.

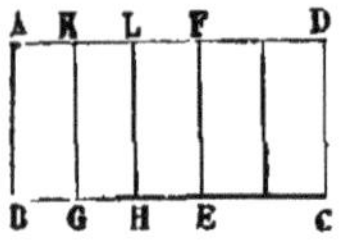

Le théorème est encore vrai lorsque les bases des rectangles considérés n'ont pas de commune mesure. La démonstration est la même que celle dont on s'est servie plus haut (126).

226. Remarque. — On peut considérer EF comme étant la base commune des deux rectangles, lesquels ont alors EB et EC pour hauteurs. De là résulte que *deux rectangles de même base sont proportionnels à leurs hauteurs.*

THÉORÈME XXV.

227. *Deux rectangles quelconques sont proportionnels aux produits de leurs bases par leurs hauteurs.*

Soient deux rectangles R et R′ ayant pour bases b, b' et pour hauteurs h, h'. Imaginons un troisième rectangle R″ ayant pour base b et pour hauteur h'. Les deux rectangles R, R″ ayant même base sont proportionnels à leurs hauteurs et l'on a

$$\frac{R}{R''}=\frac{h}{h'}.$$

D'un autre côté, les deux rectangles R', R'' ayant même hauteur sont proportionnels à leurs bases et l'on a

$$\frac{R''}{R'}=\frac{b}{b'}.$$

Multipliant les deux égalités membre à membre et supprimant ensuite le facteur commun R'', il vient :

$$\frac{R}{R'}=\frac{b\times h}{b'\times h'}.$$

Le théorème est donc démontré.

THÉORÈME XXVI

228. *Lorsque l'on prend pour unité de surface le carré ayant pour côté l'unité de longueur, l'aire d'un rectangle est égale au produit de sa base par sa hauteur.*

Soit R la surface d'un rectangle ayant b pour base et h pour hauteur ; soit R' la surface d'un second rectangle ayant b' pour base et h' pour hauteur, nous venons d'établir que l'on a la proportion

$$\frac{R}{R'}=\frac{b}{b'}\times\frac{h}{h'} \qquad (1)$$

Supposons que les dimensions b' et h' du rectangle R' soient égales chacune à l'unité de longueur et prenons pour unité de surface ce rectangle R' qui sera ainsi devenu le carré construit sur l'unité de longueur. Le rapport $\frac{R}{R'}$ sera alors le nombre qui mesure l'aire du rectangle R et les rapports $\frac{b}{b'}$, $\frac{c}{c'}$, seront les nombres qui mesurent la base et la hauteur de ce rectangle. On aura donc en faisant dans l'égalité (1), $R'=1$, $b'=1$, $c'=1$:

$$R=b\times h.$$

L'aire du rectangle est donc égale au produit des deux nombres qui mesurent sa base et sa hauteur, ce qu'on exprime ordinairement en disant que *l'aire d'un rectangle est égale au produit de sa base par sa hauteur.*

229. Corollaire. — Un carré étant un rectangle dont la base égale la hauteur, *l'aire d'un carré est égale au carré de son côté.*

THÉORÈME XXVII.

230. *L'aire d'un parallélogramme est égale au produit de sa base par sa hauteur.*

Soit le parallélogramme ABCD : abaissons AF et BE perpendiculaires sur DC. Les deux triangles ADF, BCE sont rectangles en F et E, ils ont les hypoténuses AD, BC égales comme côtés opposés d'un parallélogramme et le côté AF=BE comme mesurant la distance de deux parallèles : ces deux triangles sont donc égaux. Or si de la figure AFCB, on retranche le triangle AFD, il reste le parallélogramme, et si de la même figure on retranche le triangle BCE, il reste le rectangle AFBE. Ce dernier et le parallélogramme sont donc équivalents. Or le rectangle a pour mesure le produit AB×BE ; le parallélogramme aura donc la même mesure, c'est-à-dire le produit de sa base par sa hauteur.

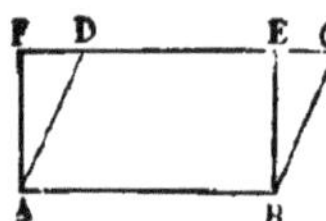

231. Corollaires. — Deux parallélogrammes de même base sont entre eux comme leurs hauteurs. — Deux parallélogrammes de même hauteur sont entre eux comme leurs bases. — Deux parallélogrammes qui ont des bases égales et des hauteurs égales sont équivalents.

THÉORÈME XXVIII.

232. *L'aire d'un triangle est égale à la moitié du produit de sa base par sa hauteur.*

Soit le triangle ABC : menons AD parallèle à BC et CD parallèle à AB. Le parallélogramme ainsi formé est le double du triangle ABC, car les deux triangles ABC, ACD sont égaux. Donc le triangle ABC moitié du parallélogramme a pour mesure la moitié du produit BC >< AE, c'est-à-dire la moitié du produit de sa base par sa hauteur.

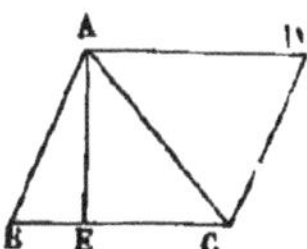

233. Corollaires. — Deux triangles de même hauteur sont entre eux comme leurs bases. — Deux triangles de même base sont entre eux comme leurs hauteurs. — Deux triangles qui ont des bases égales et des hauteurs égales sont équivalents.

THÉORÈME XXIX.

234. *L'aire d'un trapèze est égale au produit de sa hauteur par la demi-somme de ses bases.*

Soit le trapèze ABCD ; prolongeons la base DC d'une longueur CF égale à l'autre base AB et joignons AF. Les deux triangles GCF, ABG ont le côté CF = AB, l'angle GCF = GBA comme angles alternes internes formés par des parallèles, et l'angle CFG = GAB pour la même raison ; donc ces triangles sont égaux. Or si on les retranche successivement de la figure totale, on a pour restes successifs le trapèze et le triangle DAF, donc ces deux figures sont équivalentes, et comme le triangle a pour mesure $AE \times \frac{1}{2} DF$, ce produit est aussi la mesure de l'aire du trapèze. Mais $DF = DC + CF$ ou $= DC + AB$, donc enfin l'aire du trapèze est égale au produit de sa hauteur par la demi-somme de ses bases.

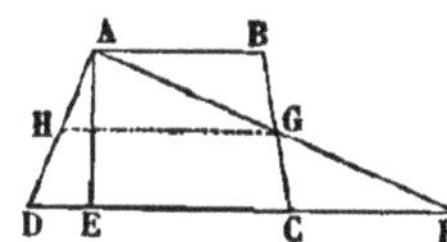

235. Remarque. Si l'on mène par le point G milieu de BC la parallèle GH aux bases, elle passera par le milieu H de AD (173) et elle sera égale à la moitié de DF. On peut donc dire encore que l'aire du trapèze est égale au produit $AE \times HG$, c'est-à-dire au *produit de sa hauteur par la droite qui joint les milieux des côtés non parallèles.*

PROBLÈME.

236. *Mesurer la surface d'un polygone quelconque.*

Pour évaluer l'aire d'un polygone quelconque, il suffit de le décomposer en triangles au moyen de diagonales ou encore de droites partant d'un point quelconque de sa surface et aboutissant à ses différents sommets. On évalue séparément l'aire de chaque triangle et l'on fait la somme des résultats obtenus.

On peut encore décomposer le polygone en triangles et trapèzes. Pour cela ayant mené une diagonale (la plus grande) CK, on abaisse des sommets de la figure des perpendiculaires LM, HN... sur CK. On obtient ainsi des triangles rectangles et des trapèzes dont un des côtés non parallèles est la hauteur. Évaluant séparément les aires de ces figures, on n'a plus qu'à en faire la somme pour obtenir l'aire du polygone.

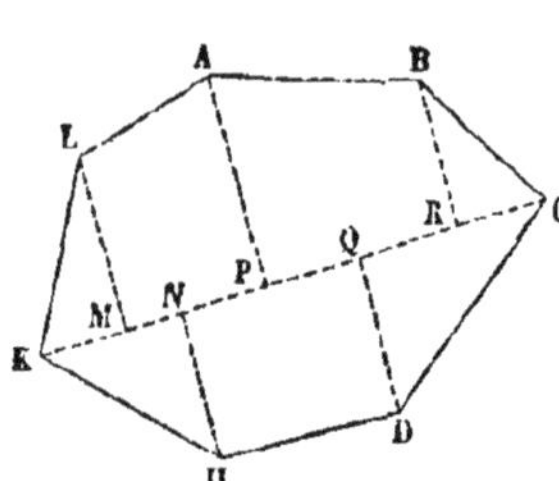

THÉORÈME XXX.

237. *Le carré construit sur l'hypoténuse d'un triangle rectangle est équivalent à la somme des carrés construits sur les deux côtés de l'angle droit.*

Nous avons établi (201) que le carré du nombre qui mesure l'hypoténuse d'un triangle rectangle est égal à la somme des carrés des nombres qui représentent les deux côtés de l'angle droit. Or les carrés des nombres qui mesurent les trois côtés du triangle représentent respectivement les aires de trois carrés construits sur ces côtés. Donc l'aire du carré construit sur l'hypoténuse d'un triangle rectangle est égale à la somme des aires des carrés construits sur les deux côtés de l'angle droit, autrement dit le carré construit sur l'hypoténuse d'un triangle rectangle est équivalent à la somme des carrés construits sur les deux côtés de l'angle droit.

Le théorème peut être établi directement comme il suit :

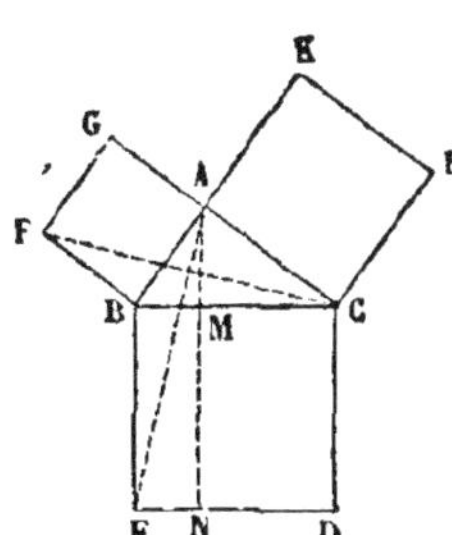

Sur l'hypoténuse BC et les côtés AB, AC du triangle rectangle ABC, construisons trois carrés.

Abaissons du sommet A de l'angle droit la perpendiculaire AM sur l'hypoténuse et prolongeons cette perpendiculaire jusqu'à sa rencontre en N avec le côté ED du carré BCDE : joignons AE, FC. Les deux triangles ABE, FBC ont l'angle ABE = l'angle FBC, car chacun de ces angles se compose d'un angle droit et de l'angle ABC ; de plus le côté BA = BF comme côtés d'un même carré, et le côté BE = BC pour la même raison. Les triangles ABE, FBC sont donc égaux. Or l'aire du triangle ABE est la moitié de l'aire du rectangle BEMN, car ce rectangle a même base BE et même hauteur MB que le triangle. D'autre part l'aire du triangle FBC est la moitié de l'aire du carré ABFG : ce carré a en effet même base FB que le triangle et aussi même hauteur AB, car, les angles GAB, BAC étant droits, les lignes GA, AC sont sur le prolongement l'une de l'autre, et AB distance des deux parallèles FB, GC est hauteur du triangle FBC. Donc les triangles ABE, FBC étant égaux, le rectangle BEMN et le carré ABFG sont équivalents. On établirait de même que le rectangle MNCD est équivalent au carré ACHK. La somme des rectangles BEMN, MNCD, c'est-à-dire le carré BCED construit sur l'hypoténuse du triangle est donc équivalent à la somme des carrés construits sur les côtés AB, AC.

238. Corollaire I. — Les rectangles BMEN, MCDN ayant même hauteur sont entre eux comme leurs bases BM, MC : mais ces rectangles sont équivalents aux carrés construits sur AB et AC, donc : *les carrés construits sur les deux côtés de l'angle droit sont entre eux comme les projections de ces côtés sur l'hypoténuse.*

239. Corollaire II. — Les rectangles BCDE, BMEN qui ont même hauteur, sont entre eux comme leurs bases BC, BM. Or le premier de ces rectangles n'est autre que le carré construit sur l'hypoténuse, et le second est équivalent au carré construit sur le côté AB, donc : *les carrés construits sur l'hypo-*

ténuse et sur l'un des côtés de l'angle droit sont entre eux comme l'hypoténuse et la projection du côté de l'angle droit sur l'hypoténuse.

240. Remarque I. — Les théorèmes 17 et 18 relatifs au carré du côté d'un triangle opposé à un angle aigu ou obtus peuvent s'établir au moyen de considérations tout à fait semblables à celles dont nous venons de faire usage dans la démonstration qui précède.

241. Remarque II. — D'autres relations existant entre les nombres qui représentent des lignes droites peuvent encore être établies géométriquement. Ainsi a et b étant des nombres, on a :

$$(a+b)^2 = a^2 + b^2 + 2ab,$$
$$(a-b)^2 = a^2 + b^2 - 2ab,$$
$$(a+b)(a-b) = a^2 - b^2.$$

Si l'on suppose que ces nombres représentent des longueurs évaluées avec la même unité, on pourra déduire de ces relations les théorèmes qui suivent et dont nous donnons la démonstration géométrique.

1° *Le carré construit sur la somme de deux droites est égal à la somme des carrés construits sur ces lignes, plus deux fois le rectangle ayant l'une pour base et l'autre pour hauteur.*

Soient AB, BC deux lignes droites AC leur somme :

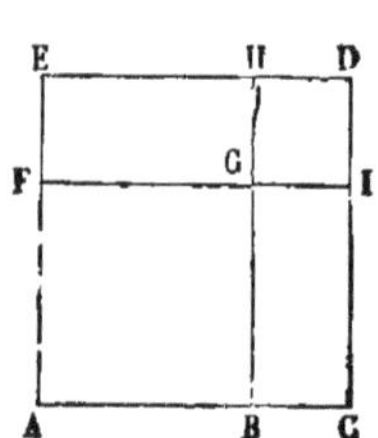

Construisons le carré ACDE, menons BH perpendiculaire sur AC et ayant pris AF = AB, menons FI parallèle à AC. Le carré ACED est formé de quatre parties, l'une ABGF qui n'est autre que le carré construit sur AB, la seconde GHDI qui est le carré construit avec BC comme côté, et les deux autres EFGH, BCGI qui sont des rectangles dont les dimensions, c'est-à-dire la base et la hauteur, sont égales à AB et BC. Le théorème est donc démontré.

2° *Le carré construit sur la différence de deux lignes droites est équivalent à la somme des carrés de ces lignes, moins deux fois le rectangle ayant l'une pour base et l'autre pour hauteur.*

Soient AB, BC deux droites, AC leur différence. Construisons le carré ABDE, prenons AH = AC, menons CI perpendiculaire sur AB, HL parallèle à AB et ayant prolongé ED et HL chacune d'une longueur égale à BC, achevons le carré HEGF.

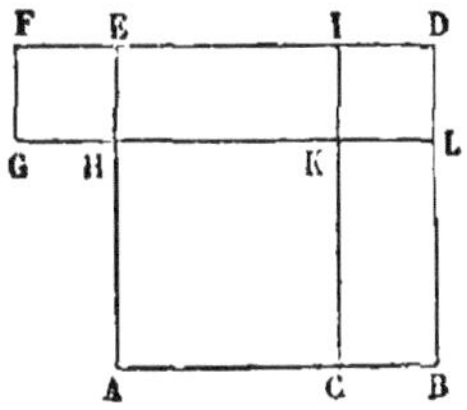

La figure totale est la somme des carrés construits sur AB et BC; si l'on en retranche les rectangles BCID, GKIF, il reste le carré construit sur AC. Mais ces deux rectangles ont l'un et l'autre leurs dimensions égales à AB et BC : le théorème est donc démontré.

3° *Le rectangle construit sur la somme et la différence de deux lignes droites est équivalent à la différence des carrés construits sur ces lignes.*

Soient AB, BC deux droites; prenons BC′ = BC, construisons le rectangle ACDE qui a pour base la somme et pour hauteur la différence des deux lignes; construisons également le carré ABGF et menons C′K perpendiculaire sur AC,

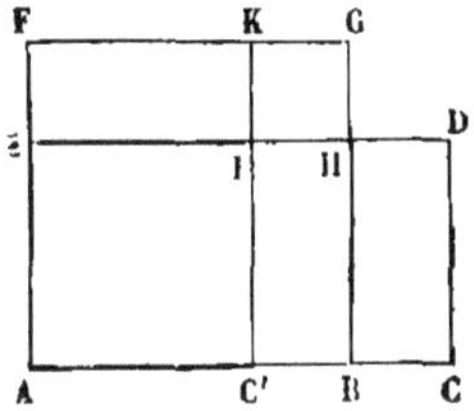

Le rectangle AECD se compose de deux parties EABH, HBDC ; la dernière est égale au rectangle EFKI avec lequel elle a base et hauteur égales. Donc le rectangle ACDE est équivalent à la figure ABHIKF. Or cette figure est précisément la différence entre les carres construits sur AB et sur BC : le théorème est donc démontré.

THÉORÈME XXXI

242. *Les aires de deux triangles qui ont un angle égal sont proportionnelles aux produits des côtés qui comprennent l'angle égal.*

Soient dans les deux triangles ABC, A′B′C′, l'angle A = l'angle A′. Abaissons CH, C′H′ respectivement perpendiculaires sur AB, A′B′. L'aire du triangle ABC est égale à

$AB \times \frac{CH}{2}$ et l'aire du triangle A'B'C' est égale à $A'B' \times \frac{C'H'}{2}$.

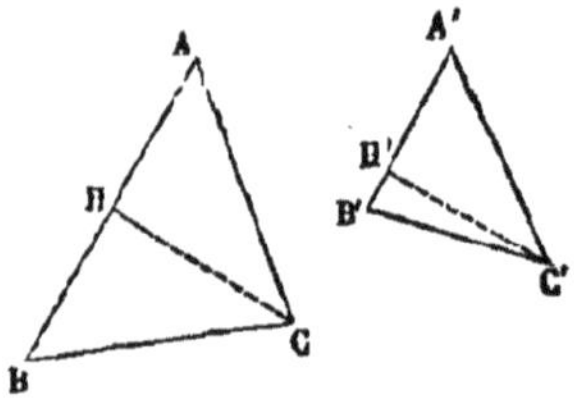

Le rapport de ces aires vaut donc

$$\frac{AB \times CH}{A'B' \times C'H'}.$$

Or les triangles ACH, A'C'H' sont semblables, car ils sont rectangles en H et H' et de plus leurs angles A et A' sont égaux : on a donc la proportion :

$$\frac{CH}{C'H'} = \frac{AC}{A'C'},$$

et par suite le rapport des aires des deux triangles est égal à

$$\frac{AB \times AC}{A'B' \times A'C'},$$

ce qu'il fallait démontrer.

243. Remarque. — *Le théorème est encore vrai lorsque les angles A et A' au lieu d'être égaux sont supplémentaires.*

En effet, si l'un d'eux A, par exemple, est aigu, l'autre A' sera obtus et la perpendiculaire C'H' tombera en dehors du triangle A'B'C'. Ayant d'abord constaté que le rapport des aires des deux triangles est égal à

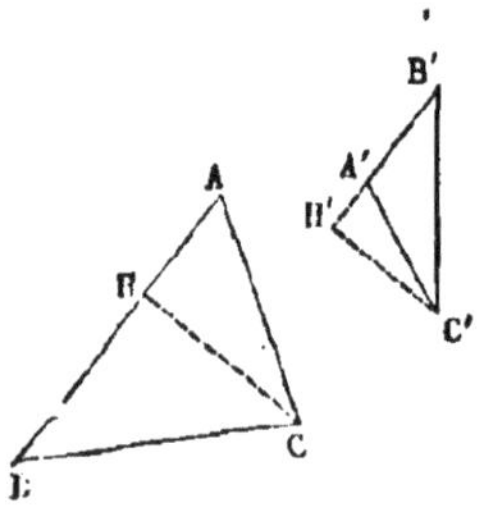

$$\frac{AB \times CH}{A'B' \times C'H'},$$

on aura encore deux triangles AHC, A'H'C', semblables comme rectangles en H et H' et ayant l'angle C'A'H' supplément de l'angle B'A'C', égal à l'angle A. Ces triangles donneront la proportion :

$$\frac{CH}{C'H'} = \frac{AC}{A'C'},$$

et le rapport des aires des triangles proposés vaudra encore

$$\frac{AB \times AC}{A'B' \times A'C'}.$$

THÉORÈME XXXII.

244. *Les aires de deux triangles semblables sont proportionnelles aux carrés de leurs côtés homologues.*

Soient les triangles semblables, ABC, A'B'C'. Des sommets homologues C, C' abaissons les hauteurs CD, C'D'. Les aires des triangles valent respectivement $AB \times \frac{CD}{2}$ et $A'B' \times \frac{C'D'}{2}$; on a donc en représentant ces aires par S et S',

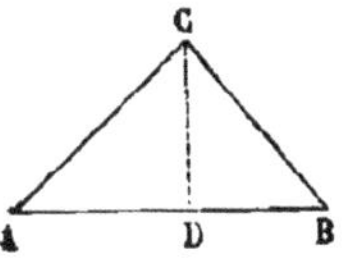

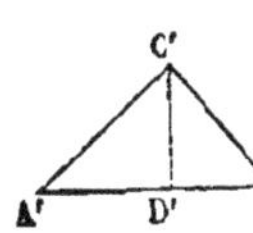

$$\frac{S}{S'} = \frac{AB \times CD}{A'B' \times C'D'} = \frac{AB}{A'B'} \times \frac{CD}{C'D'} \qquad (1)$$

or les triangles ACD, A'C'D' sont équiangles et par suite semblables, on a donc

$$\frac{CD}{C'D'} = \frac{AC}{A'C'}$$

mais puisque les triangles ABC, A'B'C' sont semblables, on a

$$\frac{AC}{A'C'} = \frac{AB}{A'B'}$$

donc

$$\frac{CD}{C'D'} = \frac{AB}{A'B'}.$$

Remplaçant $\frac{CD}{C'D'}$ par son égal $\frac{AB}{A'B'}$ dans la relation (1), il vient

$$\frac{S}{S'} = \frac{\overline{AB}^2}{\overline{A'B'}^2}$$

ce qu'il fallait démontrer.

THÉORÈME XXXIII.

245. *Les aires de deux polygones semblables sont entre elles comme les carrés des côtés homologues.*

Soient les polygones semblables ABCDE, A′B′C′D′E′. Menons les diagonales homologues qui les décomposent en triangles semblables. D'après le théorème précédent, on a en représentant par ABC, A′B′C′, ACD, A′C′D′, etc., les aires des triangles :

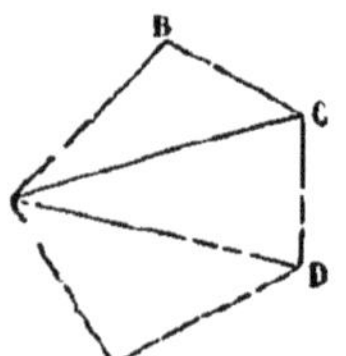

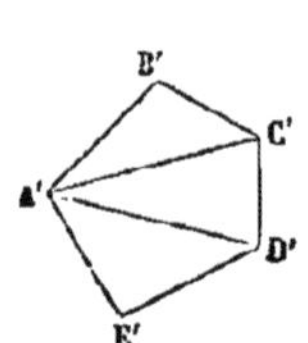

$$\frac{ABC}{A'B'C'}=\frac{\overline{AB}^2}{\overline{A'B'}^2};$$

$$\frac{ACD}{A'C'D'}=\frac{\overline{CD}^2}{\overline{C'D'}^2};$$

$$\frac{AED}{A'E'D'}=\frac{\overline{ED}^2}{\overline{E'D'}^2}.$$

Mais les côtés homologues des polygones étant proportionnels, les seconds rapports de toutes ces proportions sont égaux entre eux ; les premiers le sont donc également, et l'on a :

$$\frac{ABC}{A'B'C'}=\frac{ACD}{A'C'D'}=\frac{AED}{A'E'D'}.$$

Or, dans une suite de rapports égaux, la somme des numérateurs et celle des dénominateurs forment un rapport égal à chacun des rapports de la suite ; donc en nommant S, S′ les aires des deux polygones, lesquelles valent la somme des triangles qui les composent, on aura :

$$\frac{S}{S'}=\frac{ABC}{A'B'C'};$$

et enfin

$$\frac{S}{S'}=\frac{\overline{AB}^2}{\overline{A'B'}^2}.$$

PROBLÈMES

RELATIFS AU LIVRE III.

PROBLÈME I.

246. *Partager une droite en un certain nombre de parties égales.*

Soit à partager la droite AB en cinq parties égales. On mène par l'une des extrémités de la droite une seconde droite indéfinie AC faisant avec la première un angle quelconque et l'on porte sur AC à partir du point A cinq longueurs arbitraires égales entr'elles. On joint l'extrémité H de la dernière longueur au point B, et l'on mène par les points de division des parallèles à BH. Ces droites rencontrent la ligne AB en des points qui la partagent en parties égales, car on a vu que des parallèles menées entre deux droites les partagent en segments proportionnels (175).

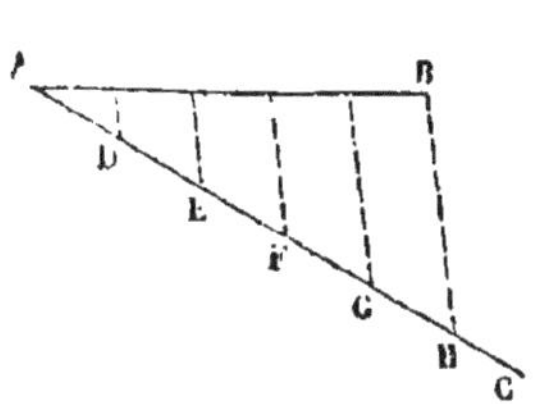

PROBLÈME II.

247. *Partager une droite en parties proportionnelles à des longueurs données.*

Soit la droite AB à partager en parties proportionnelles aux droites M, N, P : On mène une droite indéfinie AK faisant avec la droite AB un angle quelconque, puis on prend AC = M, CD = N, DE = P. On joint EB et l'on mène CF, DG parallèles à EB. Ces parallèles rencontrent AB aux points F et G et la divisent proportionnellement aux lignes données (175).

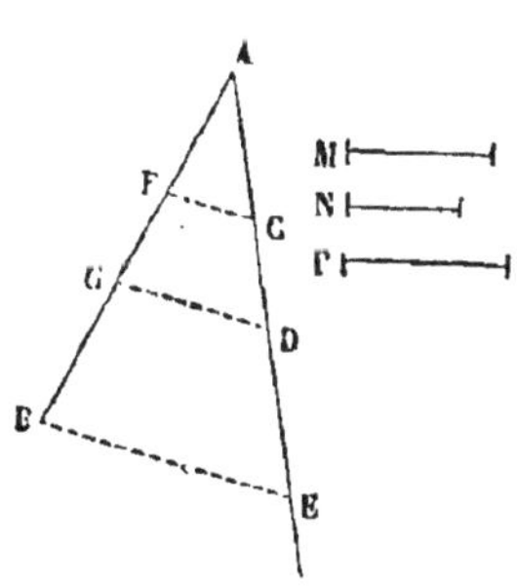

PROBLÈME III.

248. *Construire une quatrième proportionnelle à trois lignes données.*

Soient A, B, C les trois lignes données : il s'agit de trouver une ligne X telle que l'on ait :

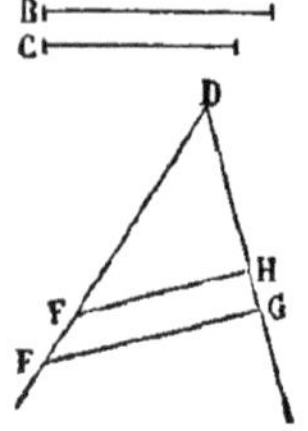

$$\frac{A}{B}=\frac{C}{X}.$$

On trace deux droites indéfinies formant un angle quelconque ; on prend sur l'une d'elles DE=A, DF=B ; sur l'autre, DG=C. On joint EG et l'on mène FH parallèle à EG. La ligne DH est la droite demandée, car EG et FH étant parallèles, on a la proportion (174) :

$$\frac{DE}{DF}=\frac{DG}{DH},$$

c'est-à-dire

$$\frac{A}{B}=\frac{C}{DH}.$$

249. Remarque I. — On tire de cette proportion $DH=\frac{B\times C}{A}$. Une expression ayant une ligne pour dénominateur et le produit de deux autres lignes pour numérateur représente donc une quatrième proportionnelle au dénominateur et aux deux facteurs du numérateur.

250. Remarque II. — Si les lignes B et C étaient égales, DH serait dite troisième proportionnelle entre A et B. On aurait alors

$$\frac{A}{B}=\frac{B}{DH}, \quad \text{d'où} \quad DH=\frac{B^2}{A}.$$

PROBLÈME IV.

251. *Construire une moyenne proportionnelle entre deux lignes données.*

Soient A et B les deux lignes données. Sur une droite indéfinie on prend CD = A, CE = B; sur DE comme diamètre on décrit une demi-circonférence, et l'on élève CF perpendiculaire sur DE. La droite CF est moyenne proportionnelle entre les segments CD, CE du diamètre (200); elle est donc la ligne demandée.

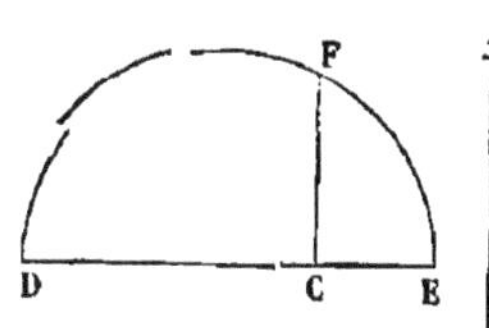

On peut aussi procéder comme il suit. Sur CD = A comme diamètre, on décrit une demi-circonférence, on prend CE = B, on élève EF perpendiculaire sur CD et l'on joint CF. Cette dernière droite est la ligne demandée, car elle est moyenne proportionnelle entre le diamètre et sa projection CE sur le diamètre (200).

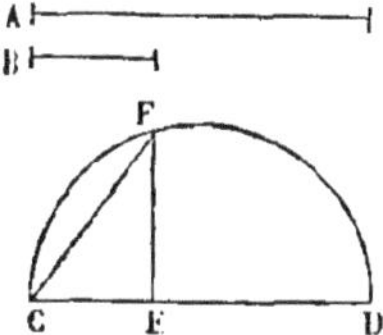

La construction suivante peut encore être employée. Ayant pris sur une droite indéfinie CD = A, CE = B, on fait passer une circonférence par les points D et E, et on lui mène une tangente CF par le point C. La ligne CF est moyenne proportionnelle entre DC et CE (216), c'est donc la ligne demandée.

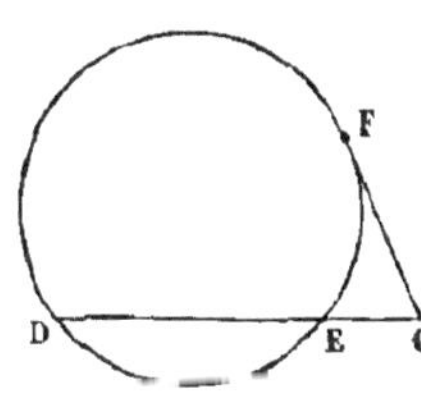

252. Remarque. — En nommant X la moyenne proportionnelle entre A et B, on a :

$$\frac{A}{X} = \frac{X}{B}; \quad \text{d'où} \quad X^2 = A \times B.$$

PROBLÈME V.

253. *Étant donnés deux points* A *et* B *sur une droite indéfinie, trouver sur cette droite les points dont les distances aux points* A *et* B *sont proportionnelles à deux longueurs données* M *et* N.

On mène au point A une droite quelconque AC = M et par le point B une parallèle à AC : on prend sur cette parallèle BD = BE = N ; on joint ensuite CE, qui rencontre AB au point P et l'on joint également CD que l'on prolonge jusqu'à sa rencontre avec AB au point Q. Les points P et Q sont les points demandés. En effet, les triangles semblables ACP, BPE donnent

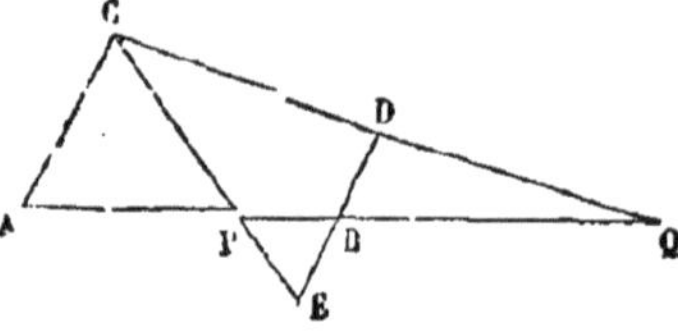

$$\frac{AP}{PB} = \frac{AC}{BE} = \frac{M}{N},$$

et les triangles semblables ACQ, BDQ donnent

$$\frac{AQ}{BQ} = \frac{AC}{BD} = \frac{M}{N}.$$

On a vu (177) d'ailleurs que les points P et Q sont les seuls de la ligne AB qui répondent à la question.

PROBLÈME VI.

254. *Construire deux lignes droites dont on connaît la somme et le produit, autrement dit, trouver les deux dimensions d'un rectangle, connaissant leur somme et sachant que le rectangle est équivalent à un carré donné.*

Soient AB la somme des deux lignes et C la droite dont le carré est égal à leur produit. Sur AB comme diamètre, on décrit une demi-circonférence ; au point A, on élève sur AB la perpendiculaire AD que l'on prend égale à C et l'on mène DE parallèle à AB. Abaissant ensuite d'un des points E où DE coupe la circonférence, la perpendiculaire EF sur AB, on a en AF et FB les lignes demandées. En effet, la somme AF + FB = AB et le produit $AF \times FB = \overline{FE}^2 = C^2$ (200).

255. Remarque. — Le problème n'est possible que si la ligne C est inférieure ou au plus égale à la moitié de AB, car si elle était plus grande, la parallèle DE ne rencontrerait pas la circonférence.

PROBLÈME VII.

256. *Construire deux lignes droites connaissant leur différence et leur produit, autrement dit, trouver les dimensions d'un rectangle connaissant leur différence et sachant que le rectangle est équivalent à un carré donné.*

Soit BC la différence des deux lignes données dont le produit est égal au carré de la ligne A. Sur BC comme diamètre, on décrit une circonférence, on élève en B la tangente BE que l'on prend égale à A et l'on mène la sécante EG passant par le centre. Les droites EG, EF sont les lignes demandées. En effet leur différence FG est égale à BC et leur produit est egal à $\overline{BE}^2$ ou A^2 (216).

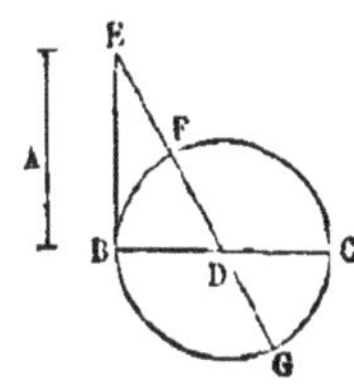

PROBLÈME VIII.

257. *Partager une droite en moyenne et extrême raison, c'est-à-dire la diviser en deux parties telles que la plus grande soit moyenne proportionnelle entre la droite entière et la plus petite partie.*

Soit AB la droite donnée. Supposons le problème résolu et soit C un point tel que l'on ait :

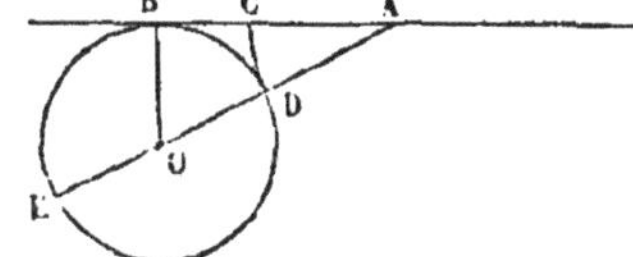

$$\frac{AB}{AC} = \frac{AC}{BC}$$

ou

$$\overline{AC}^2 = AB \times BC.$$

La droite $BC = AB - AC$, on a donc :

$$\overline{AC}^2 = AB(AB - AC) = \overline{AB}^2 - AB \times AC,$$

d'où

$$\overline{AC}^2 + AB \times AC = \overline{AB}^2,$$

ou encore

$$AC(AC + AB) = \overline{AB}^2.$$

Or la différence des deux droites $AC + AB$ et AC est AB. La question revient donc à construire deux droites connaissant leur différence AB et leur produit $\overline{AB}^2$, puis à porter sur AB à partir du point A une longueur égale à la plus petite des deux droites trouvées.

De là, cette construction : on élève BO perpendiculaire sur AB et égale à la moitié de AB ; on décrit une circonférence avec BO comme rayon et l'on mène la sécante AE passant par le centre. Les lignes demandées sont AE et AD, car leur différence $DE = AB$ et leur produit vaut $\overline{AB}^2$. On n'a donc plus qu'à prendre $AC = AD$ et le point C est le point demandé.

258. Remarque I. — Représentons la droite AB par a : nous avons

$$AC = AD = AO - OD.$$

Or $AO = \sqrt{a^2 + \frac{a^2}{4}}$ et $OD = \frac{a}{2}$, donc

$$AC = \frac{a}{2}(\sqrt{5} - 1).$$

On en déduit :

$$BC = a - \frac{a}{2}(\sqrt{5} - 1) = \frac{a}{2}(3 - \sqrt{5}).$$

Telles sont les valeurs du plus grand et du plus petit segment d'une droite a partagée en moyenne et extrême raison.

259. Remarque II. — Le problème qui vient d'être traité peut être généralisé comme il suit :

Étant donnés sur une droite indéfinie deux points A *et* B, *trouver sur cette droite un point* C *tel que sa distance au point* A *soit moyenne proportionnelle entre sa distance au point* B *et la distance* AB.

Le point C trouvé entre A et B répond à ce nouvel énoncé, mais il existe un autre point qui y satisfait également. Cet autre point ne saurait évidemment être situé à gauche du point B. Supposons le en C′ à droite du point A ; nous aurons

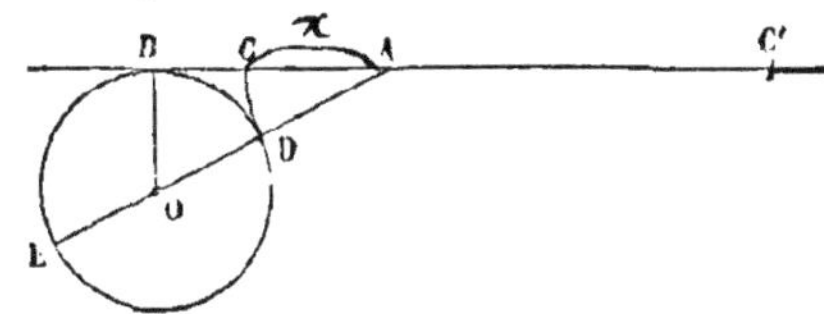

$$\frac{AB}{AC'}=\frac{AC'}{C'B} \quad \text{ou} \quad \overline{AC'}^2 = AB \times C'B$$

Mais $C'B = AC' + AB$, donc

$$\overline{AC'}^2 = AB\,(AC' + AB) = AB \times AC' + \overline{AB}^2.$$

d'où

$$\overline{AC'}^2 - AB \times AC' = \overline{AB}^2$$

ou encore

$$AC'\,(AC' - AB) = \overline{AB}^2.$$

Or la différence des droites AC′ et AC′ — AB est égale à AB. La distance AC′ est donc la plus grande de deux lignes ayant pour différence AB et pour produit $\overline{AB}^2$, c'est-à-dire n'est autre que la ligne AE obtenue en résolvant le problème tel qu'il avait d'abord été énoncé. On n'a donc plus qu'à porter à droite du point A une longueur AC′ égale à la ligne AE : le point C′ répond à l'énoncé de la question.

On reconnaît aisément que

$$AC' = \frac{a}{2}(\sqrt{5} + 1)$$

et

$$BC' = \frac{a}{2}(3 + \sqrt{5})$$

PROBLÈME IX.

260. *Construire sur une droite donnée un polygone semblable à un polygone donné.*

Pour construire sur une droite A′B′ un polygone semblable au polygone ABCDE, on décompose celui-ci en triangles au moyen de diagonales menées du sommet A. Aux points A′ et B′ on fait avec A′B′ des angles égaux respectivement aux angles BAC, ABC ; on obtient ainsi un triangle A′B′C′ semblable au triangle ABC comme équiangle avec celui-ci. On construit de même aux points A′ et C′ de la droite A′C′ des angles C′A′D′, A′C′D′ respectivement égaux aux angles CAD, ACD : on forme ainsi un triangle A′C′D′ semblable au triangle ACD ; enfin aux points A′ et D′ de la droite A′D′ on forme des angles D′A′E′, A′D′E′ égaux aux angles DAE, ADE. On obtient de cette façon un polygone A′B′C′D′E′ semblable au polygone proposé. Ces deux polygones sont, en effet, composés d'un même nombre de triangles semblables chacun à chacun et semblablement placés (191).

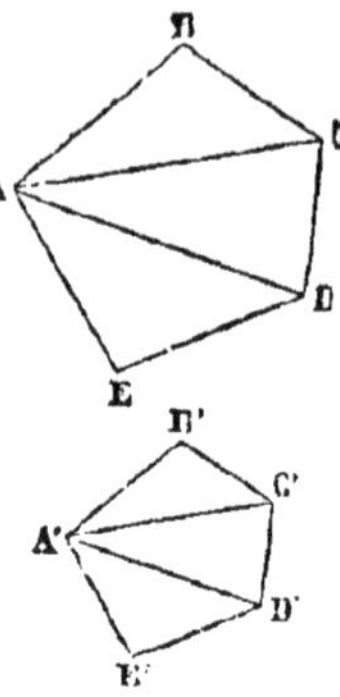

PROBLÈME X.

261. *Construire sur une droite donnée un rectangle équivalent à un rectangle donné.*

Soit A la droite donnée ; représentons par B et H la base et la hauteur du rectangle donné. Il suffit évidemment pour pouvoir construire le rectangle demandé d'en déterminer la hauteur, la ligne A étant considérée comme la base. Or, l'aire de ce rectangle doit être égale à celle du rectangle donné, donc en appelant X la hauteur inconnue, on a

$$A \times X = B \times H$$

d'où

$$X = \frac{B \times H}{A}.$$

Il suffira donc pour obtenir la hauteur cherchée de construire une quatrième proportionnelle aux trois droites A, B, H (249).

PROBLÈME XI.

262. *Construire un carré équivalent à un parallélogramme ou à un triangle donné.*

1° Soit B et H la base et la hauteur du parallélogramme donné X le côté du carré demandé ; on doit avoir :

$$X^2 = B \times H.$$

Le côté du carré cherché s'obtiendra donc en construisant une moyenne proportionnelle entre les dimensions du rectangle donné (251).

2° La base et la hauteur du triangle donné étant B et H, on doit avoir, X représentant le côté du carré demandé :

$$X^2 = B \times \frac{H}{2}.$$

Le côté du carré demandé est donc une moyenne proportionnelle entre la base et la demi-hauteur du triangle donné.

PROBLÈME XII.

263. *Construire un carré équivalent à un polygone donné.*

Soit proposé de construire un carré équivalent au polygone ABCDH. On commence par transformer le polygone en un triangle équivalent. Pour cela on mène la diagonale BD, et par le sommet C, la droite CL parallèle à BD jusqu'à la rencontre du côté AB prolongé ; on joint DL.

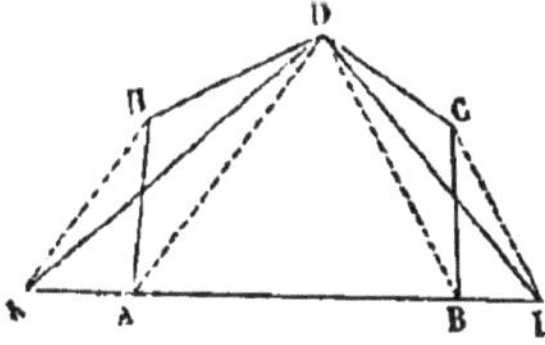

Les deux triangles BCD, BLD ont même base BD et même hauteur puisque leurs sommets C et L sont situés sur une parallèle à la base, ils sont donc équivalents et l'on peut substituer au triangle BCD qui appartient au polygone le triangle BLD. Le pentagone se trouve ainsi remplacé par le quadrilatère équivalent ALDH. En joignant maintenant DA, menant HE parallèle à AD et joignant ED, on forme encore deux triangles équivalents DAH, DAE. Le premier étant remplacé par le second, on obtient enfin le triangle LDE équivalent au polygone.

Le côté du carré équivalent au polygone proposé s'obtient ensuite en construisant une moyenne proportionnelle entre la base et la demi-hauteur du triangle ELD.

PROBLÈME XI.

264. *Construire un carré équivalent à la somme ou à la différence de deux carrés donnés.*

Soient A et B les côtés des deux carrés donnés. Pour construire un carré équivalent à leur somme, on trace deux droites indéfinies formant un angle droit O ; on prend sur l'une d'elles une distance OC = A et sur l'autre une distance OD = B. La droite DC qui joint les points D et C est le côté du carré demandé, car dans le triangle rectangle ODC on a

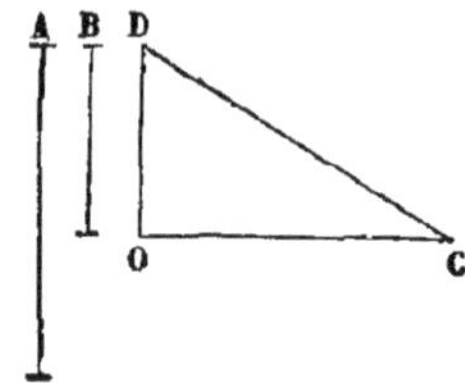

$$\overline{DC}^2 = \overline{OC}^2 + \overline{OD}^2.$$

Si maintenant on veut construire un carré équivalent à la différence des carrés donnés, on tracera encore deux droites perpendiculaires entre elles, on prendra sur l'une d'elles une longueur OD égale au côté B du plus petit des deux carrés donnés, puis du point D comme centre, on décrira avec le côté A comme rayon un arc de cercle qui coupera OC en un point C. La longueur OC est le côté du carré demandé, car on a dans le triangle rectangle ODC

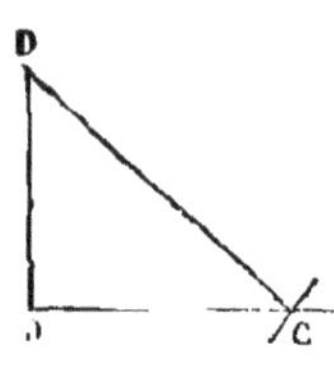

$$\overline{OC}^2 = \overline{DC}^2 - \overline{OD}^2.$$

PROBLÈME XIV.

265. *Construire un carré qui soit à un carré donné comme une ligne* B *est à une ligne* C.

Soit A le côté du carré donné. Sur une droite indéfinie on prend DE = B, EF = C, et sur DF comme diamètre on décrit une demi-circonférence ; on élève EG perpendiculaire sur DF jusqu'à sa rencontre en G avec la circonférence, et l'on mène les droites GD, GF. On prend ensuite sur GF prolongée s'il y a lieu une longueur GH = A et l'on mène HK parallèle à DF. La ligne GK est le côté du carré demandé.

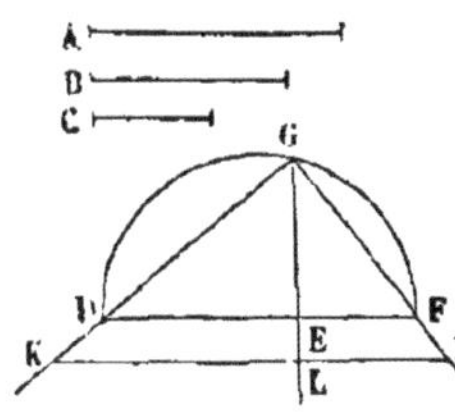

En effet, on a dans le triangle rectangle KGH (203) :

$$\frac{\overline{KG}^2}{\overline{GH}^2} = \frac{KL}{LH}$$

et comme les droites DF, KH, sont parallèles, on a aussi :

$$\frac{KL}{LH} = \frac{DE}{EF}$$

donc :

$$\frac{\overline{KG}^2}{\overline{GH}^2} = \frac{DE}{EF}$$

ou bien

$$\frac{\overline{KG}^2}{A^2} = \frac{B}{C}.$$

Si au lieu de deux droites B et C on connait deux nombres, la construction serait la même après que l'on aurait pris, sur une droite indéfinie, deux longueurs DE, EF proportionnelles aux nombres donnés.

266. Remarque. — Le problème peut encore être résolu comme il suit :

Soit x le côté du carré demandé, A celui du carré donné, B et C les deux droites données on doit avoir

$$\frac{x^2}{A^2}=\frac{B}{C},$$

d'où

$$x^2=\frac{A^2\times B}{C};$$

ce qui peut s'écrire :

$$x^2=A\times\frac{A\times B}{C}$$

Or $\frac{A\times B}{C}$ représente une quatrième proportionnelle aux droites C, B et A (249) : donc on aura le côté x du carré cherché en construisant une moyenne proportionnelle entre cette quatrième proportionnelle et la droite A.

Si l'on demandait de construire un carré qui soit un multiple entier ou fractionnaire d'un carré donné A^2, qui en soit les 3/7 par exemple, de telle sorte que l'on ait

$$x^2=\frac{3}{7}A^2,$$

comme on peut écrire

$$x^2=A\times\frac{3}{7}A.$$

On voit qu'il suffirait pour avoir x de construire une moyenne proportionnelle entre le côté A du carré donné et les $\frac{3}{7}$ de A.

PROBLÈME XV.

267. *Étant donnés deux polygones semblables, en construire un troisième, semblable aux deux premiers et qui soit équivalent à leur somme.*

Soient S, S′ les aires des deux polygones donnés ; a, a' deux côtés homologues de ces polygones; X l'aire du polygone demandé; x le côté de ce polygone homologue des côtés a, a'.

Les aires des polygones semblables sont proportionnelles aux carrés des côtés homologues (245), on a donc

$$\frac{X}{x^2}=\frac{S}{a^2}=\frac{S'}{a'^2}$$

d'où l'on tire

$$\frac{X}{x^2}=\frac{S+S'}{a^2+a'^2};$$

mais on doit avoir $X=S+S'$, donc

$$x^2=a^2+a'^2.$$

Par conséquent, pour résoudre le problème, on cherchera le côté du carré équivalent à $a^2+a'^2$ (264) et l'on construira sur ce côté considéré comme homologue de a et a' un polygone semblable aux polygones proposés.

268. Remarque. — Si le polygone X demandé devait être équivalent à la différence des polygones donnés, on aurait conservant la même notation que plus haut

$$x^2=a^2-a'^2,$$

on aurait donc x en construisant le côté d'un carré équivalent à la différence de deux carrés donnés (264).

PROBLÈME XVI.

269. *Construire un polygone semblable à un polygone donné et qui soit à celui-ci comme une ligne* m *est à une ligne* n.

Soient S l'aire du polygone donné, a l'un de ses côtés, X l'aire du polygone demandé, x le côté de ce polygone, homologue de a, on doit avoir

$$\frac{X}{S}=\frac{x^2}{a^2}$$

et aussi

$$\frac{X}{S}=\frac{m}{n}$$

donc

$$\frac{x^2}{a^2}=\frac{m}{n}.$$

On devra donc chercher le côté d'un carré qui soit au carré du côté a comme m est à n (265), et construire sur le côté trouvé considéré comme homologue de a, un polygone semblable au polygone donné.

PROBLÈME XVII.

270. *Construire un polygone semblable à un polygone donné et équivalent à un autre polygone également donné.*

Soient S et S′ les aires des polygones donnés, X l'aire du polygone demandé lequel doit être semblable au polygone S et équivalent au polygone S′. Nommons a l'un des côtés du polygone S et x le côté du polygone X homologue de a. On doit avoir d'après l'énoncé

$$\frac{S}{X}=\frac{a^2}{x^2} \qquad \text{et} \qquad X=S',$$

d'où

$$\frac{S}{S'}=\frac{a^2}{x^2}.$$

Si l'on construit les côtés des carrés équivalents aux polygones S et S′ (263) et qu'on nomme m et n ces côtés, on aura

$$\frac{m^2}{n^2}=\frac{a^2}{x^2}$$

d'où

$$\frac{m}{n}=\frac{a}{x}.$$

On cherchera donc une quatrième proportionnelle aux droites m, n et a et l'on construira sur cette quatrième proportionnelle, regardée comme homologue du côté a, un polygone semblable au polygone S. On aura ainsi la figure demandée.

CONSTRUCTION DE QUELQUES EXPRESSIONS ALGÉBRIQUES.

271. — On résout quelquefois au moyen de l'algèbre les problèmes de géométrie. On représente alors les lignes connues et celles inconnues par des lettres ; on écrit les équations de la question en utilisant les relations géométriques qui existent entre les données et les inconnues et l'on résout ensuite. On arrive ainsi à des formules représentant les valeurs des inconnues et l'on peut souvent *construire* ces valeurs, c'est-à-dire substituer à leur évaluation par le calcul, une détermination résultant de constructions géométriques. Nous donnerons comme exemples les expressions qui suivent, expressions dans lesquelles les lettres $x, a, b, c...$ représentent des lignes droites.

1° *Construire* $x = \frac{ab}{c}$.

La ligne x est une quatrième proportionnelle aux trois lignes c, a, b.

2° *Construire* $x = \frac{a^2}{b}$.

x est une troisième proportionnelle aux lignes b et a.

3° *Construire* $x = \frac{abcd....}{mnp....}$.

On construira une quatrième proportionnelle α aux lignes m, a, b, puis une quatrième proportionnelle β aux lignes n, α, c, puis une quatrième proportionnelle γ aux lignes p, β, d et ainsi de suite. Il est clair que l'expression doit renfermer au numérateur un facteur de plus qu'au dénominateur.

4° *Construire* $x = \sqrt{ab}$.

x est une moyenne proportionnelle entre les lignes a et b.

5° *Construire* $x = \sqrt{\frac{abcd}{mn}}$.

Soit α la quatrième proportionelle aux lignes m, a, b ; β la quatrième proportionnelle aux lignes n, c, d, on aura :

$$x = \sqrt{\alpha\beta}.$$

x est donc une moyenne proportionnelle entre α et β.

6° *Construire* $x = \sqrt{a^2 + b^2}$.

x est l'hypoténuse d'un triangle rectangle ayant a et b pour côtés de l'angle droit.

7° *Construire* $x = \sqrt{a^2 - b^2}$.

x est un des côtés de l'angle droit d'un triangle rectangle ayant a pour hypoténuse et b pour autre côté de l'angle droit.

On peut encore regarder x comme une moyenne proportionnelle entre la somme et la différence des deux lignes a et b.

8° *Construire les racines de l'équation complète du deuxième degré.*

Cette équation peut s'écrire sous l'une des formes suivantes :

$$x^2 - px + k^2 = 0, \quad (1)$$
$$x^2 + px + k^2 = 0, \quad (2)$$
$$x^2 - px - k^2 = 0, \quad (3)$$
$$x^2 + px - k^2 = 0. \quad (4)$$

On a représenté le terme indépendant par un carré k^2, attendu que ce terme représente le *produit* des racines, c'est-à-dire ici le produit de deux lignes.

Il suffit de considérer les équations (1) et (3), car les racines de l'équation (2) sont égales en valeur absolue à celles de l'équation (1) et il en est de même des racines de l'équation (4) comparées à celles de l'équation (3).

Or on a en appelant x', x'' les racines de l'équation (1)

$$x' + x'' = p \qquad x'x'' = k^2.$$

On est donc ramené, pour les trouver, au problème VI (254) : *construire deux lignes droites connaissant leur somme et leur produit*. La condition de possibilité est ici $k < \frac{p}{2}$.

Nommant maintenant x', la racine positive de l'équation (3), et x'' la valeur absolue de la racine négative, on a :

$$x' - x'' = p \qquad x'x'' = k^2.$$

On est donc ramené au problème VII (256) : *construire deux lignes droites connaissant leur différence et leur produit.*

272. Remarque. — Toute équation obtenue en résolvant un problème de géométrie par l'algèbre doit être *homogène* lors qu'aucune des lignes de la question n'a été prise pour unité.

LIVRE IV

POLYGONES RÉGULIERS. — MESURE DU CERCLE.

POLYGONES RÉGULIERS.

DÉFINITIONS.

273. On nomme polygone *régulier* tout polygone qui a ses angles égaux et ses côtés égaux.

274. Un polygone est dit *inscrit* dans une circonférence, lorsque tous ses sommets sont situés sur la circonférence. Il est *circonscrit* lorsque tous ses côtés sont tangents à la circonférence.

THÉORÈME I.

275. *Tout polygone régulier peut être inscrit dans un cercle et peut lui être circonscrit.*

Soit ABCDE un polygone régulier: par les trois sommets A, B, C faisons passer une circonférence et soit O le centre de cette circonférence, je dis qu'elle passera par les autres sommets du polygone.

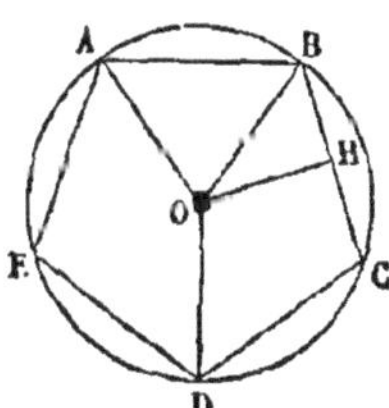

Abaissons OH perpendiculaire sur BC, joignons OA, OD. Les deux quadrilatères OHBA, OHCD sont superposables, car les angles en H sont droits, le côté HC = HB, comme moitiés de la corde BC, l'angle C = l'angle B et le côté CD = BA puisque le polygone est régulier, Donc OD = OA et la circonférence ayant pour centre O passera par le point D. On démontrerait de même qu'elle passe par le sommet E : le polygone est donc inscrit dans cette circonférence.

Ayant tracé la circonférence dans laquelle est inscrit le polygone, nous remarquerons que les côtés de ce polygone sont des cordes égales : donc les droites telles que OH qui mesurent la distance au centre de chacun des côtés de la figure sont égales entr'elles, de telle sorte que si du point O comme centre avec OH pour rayon on décrit une circonférence, elle touchera chacun des côtés de la figure en son milieu et le polygone sera ainsi circonscrit à cette circonférence.

276. Remarques. — Le point O, centre commun des cercles inscrit et circonscrit se nomme *le centre* du polygone régulier. On nomme ordinairement *apothème* le rayon du cercle inscrit, et *rayon*, le rayon du cercle circonscrit.

Si l'on mène deux rayons OA, OB aux extrémités d'un côté du polygone, l'angle AOB qu'ils forment entr'eux se nomme *angle au centre* du polygone.

Tous les angles au centre sont égaux entre eux et leur somme est égale à 4 angles droits. Comme leur nombre est égal à celui des côtés du polygone, on obtient la valeur de l'un d'eux en divisant 4 droits par le nombre des côtés de la figure. Ainsi dans un polygone régulier de 5 côtés par exemple, l'angle au centre vaut $\frac{4}{5}$ d'angle droit.

THÉORÈME II.

277. *Si l'on divise une circonférence en un certain nombre d'arcs égaux et qu'on joigne les points de division consécutifs, on forme un polygone régulier inscrit dans la circonférence.*

Soient AB, BC, CD.... des arcs égaux en lesquels on a partagé une circonférence : joignons AB, BC, CD.... je dis que le polygone ABCDE est régulier.

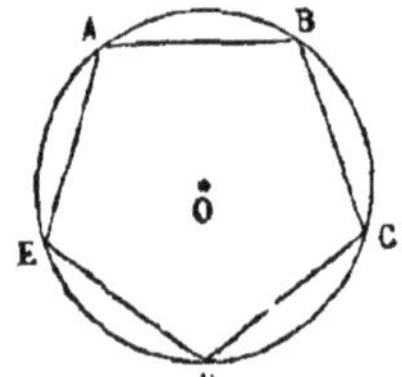

En effet, d'abord les côtés AB, BC.... de ce polygone sont égaux comme cordes soustendant des arcs égaux. Ensuite les angles sont égaux, car chacun d'eux à la même mesure, puisqu'il comprend entre ses côtés le même nombre d'arcs égaux.

278. Remarque. — Lorsqu'on a partagé une circonférence en n parties égales, on forme comme on vient de le voir un polygone régulier *convexe* en joignant les points de division consécutifs. Mais si l'on joint ces points de division de p en p, on reviendra au point de départ après n opérations si n est premier avec p, et l'on aura formé ainsi un polygone régulier *concave* de n côtés que l'on nomme *polygone étoilé.*

En effet, chaque arc sous tendu par les cordes formées en joignant les points de division de p en p vaut $p \times \frac{\text{circonf.}}{n}$, et pour revenir au point de départ, il faut faire un nombre x d'opérations tel que $\left(p \times \frac{\text{circ.}}{n}\right) \times x$, soit égal à un nombre entier A de circonférences ; ce qui exige que l'on ait :

$$\frac{p}{n} \times x = \text{A}. \qquad (1)$$

Or n étant premier avec p doit diviser x puisque le résultat de l'opération $\frac{p}{n} \times x$ doit être un nombre entier. La plus petite valeur de x sera donc n. Ainsi on aura à tracer n cordes joignant les points de division de p en p pour revenir au point de départ. Si n et p avaient un plus grand commun diviseur d autre que l'unité, on reviendrait au point de départ après $\frac{n}{d}$ opérations. En effet, posant $\frac{n}{d} = n'$ et $\frac{p}{d} = p'$ l'égalité (1) devient

$$\frac{p'}{n'} \times x = \text{A},$$

et comme n' et p' sont premiers entre eux, la plus petite valeur de x est n' ou $\frac{n}{d}$.

Supposons par exemple qu'on ait divisé une circonférence en 10 parties égales et que l'on joigne les points de division de 3 en 3 à partir du point A : comme 3 est premier avec 10, on reviendra au point A de départ après 10 opérations. On aura ainsi construit un polygone concave ayant comme il est aisé de le constater, tous ses côtés et tous ses angles égaux. Ce polygone est le décagone étoilé.

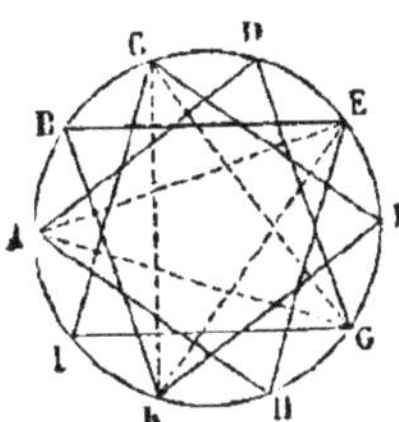

Si maintenant on joint les points de division de 4 en 4, comme 4 n'est pas premier avec 10 et que ces deux nombres ont 2 pour plus grand commun diviseur, on formera un polygone concave de $\frac{10}{2}$ ou 5 côtés, c'est-à dire un pentagone étoilé.

THÉORÈME III.

279. *Deux polygones réguliers d'un même nombre de côtés sont semblables.*

Soient deux polygones réguliers ayant chacun n côtés. La somme des angles de chacun de ces polygones est égale à $2(n-2)$ droits. Donc un angle quelconque de l'une ou de l'autre figure vaut la $n^{ième}$ partie de $2(n-2)$ droits. Les polygones sont donc équiangles.

Il est d'ailleurs évident que leurs côtés sont proportionnels puisqu'il y a identité entre les rapports de ces côtés, donc les deux polygones sont semblables.

THÉORÈME IV.

280. *Les périmètres de deux polygones réguliers d'un même nombre de côtés sont entre eux comme les rayons et les apothèmes.*

Les surfaces de ces polygones sont comme les carrés des rayons et des apothèmes.

Soient deux polygones réguliers ABCD, A'B'C'D' ayant le

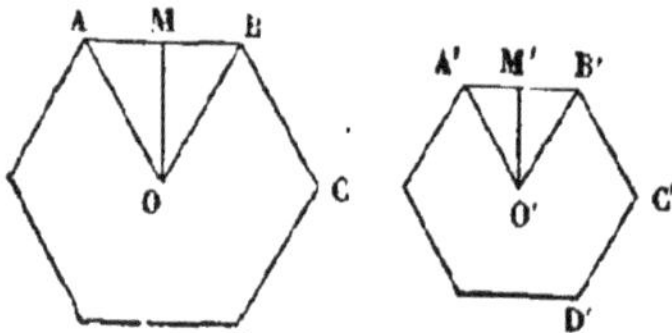

même nombre de côtés; soient O, O' les centres de ces polygones, OA, O'A' les rayons, OM, O'M' les apothèmes. Les polygones étant semblables, on a en nommant P, P' leurs périmètres :

$$\frac{P}{P'} = \frac{AB}{A'B'}, \qquad (195)$$

mais les triangles AOB, A′O′B′ sont semblables comme équiangles, car ils sont isocèles et leurs angles en O et O′ sont égaux. De même, les triangles AOM, A′O′M′ sont équiangles et par suite semblables, on a donc

$$\frac{AB}{A'B'} = \frac{AO}{A'O'} = \frac{OM}{O'M'},$$

et par suite

$$\frac{P}{P'} = \frac{AO}{A'O'} = \frac{OM}{O'M'}.$$

En second lieu, on a en nommant S, S′ les aires des deux polygones,

$$\frac{S}{S'} = \frac{\overline{AB}^2}{\overline{A'B'}^2}, \qquad (245)$$

donc

$$\frac{S}{S'} = \frac{\overline{AO}^2}{\overline{A'O'}^2} = \frac{\overline{OM}^2}{\overline{O'M'}^2}.$$

THÉORÈME V.

281. *L'aire d'un polygone régulier est égale au produit de son périmètre par la moitié de son apothème.*

Soit le polygone ABCDHK. Joignons le centre O aux différents sommets et menons l'apothème OP. Le polygone est décomposé en triangles égaux ayant pour bases ses différents côtés et pour hauteur commune OP. Leur somme, c'est-à-dire l'aire du polygone vaudra donc la somme des bases, c'est-à-dire le périmètre de la figure multiplié par la moitié de l'apothème.

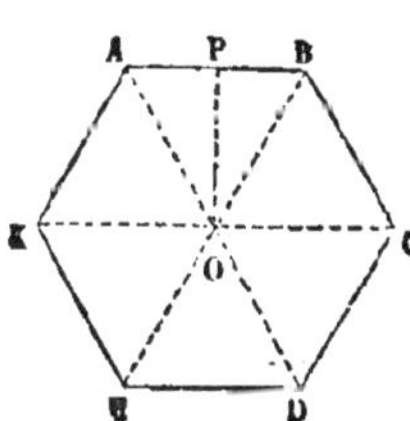

PROBLÈME I.

282. *Inscrire un carré dans un cercle.*

On trace deux diamètres AC, BD perpendiculaires l'un sur l'autre, et l'on mène les cordes qui joignent les extrémités A, B, C, D. La figure ABCD ainsi formée est un carré. En effet elle a ses côtés égaux comme cordes sous-tendant des arcs égaux, et de plus chacun de ses angles est droit comme inscrit dans une demi-circonférence.

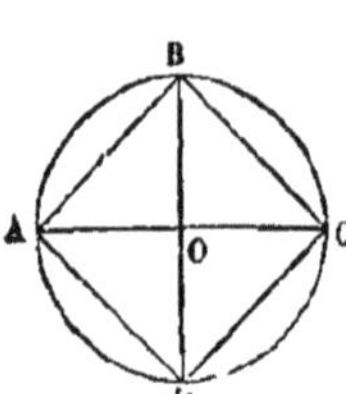

283. Remarque I. — Le triangle rectangle BOC donne :

$$\overline{BC}^2 = \overline{OB}^2 + \overline{OC}^2 = 2\overline{OB}^2.$$

On a donc en désignant par R le rayon du cercle circonscrit :

$$\overline{BC}^2 = 2R^2,$$

d'où

$$BC = R\sqrt{2}.$$

Ainsi, le côté du carré inscrit dans un cercle est égal au rayon de ce cercle multiplié par $\sqrt{2}$.

284. Remarque II. — Si l'on abaisse des rayons perpendiculaires sur les côtés du carré et qu'on joigne l'extrémité de chacun d'eux aux sommets voisins du carré on formera l'octogone régulier inscrit dans le cercle. On pourra ensuite obtenir par une construction semblable, les polygones réguliers inscrits de 16, 32, 64... côtés.

PROBLÈME II.

285. *Inscrire dans un cercle un hexagone régulier et un triangle équilatéral.*

Supposons le problème résolu et soit AB le côté de l'hexagone régulier inscrit. Joignons OA, OB ; l'angle au centre AOB est égal à $\frac{4}{6}$ ou $\frac{2}{3}$ d'angle droit, donc comme le triangle AOB est isocèle, chacun de ses angles à la base vaut aussi $\frac{2}{3}$

d'angle droit; le triangle AOB est donc équilatéral et le côté AB est égal au rayon. Par suite, pour inscrire un hexagone régulier dans un cercle, on portera le rayon six fois sur la circonférence.

Pour inscrire le triangle équilatéral, on n'a qu'à joindre de deux en deux les sommets de l'hexagone; les cordes BD, DF, FB ainsi obtenues sont égales comme sous-tendant des arcs égaux; le triangle BDF dont elles sont les côtés est donc équilatéral.

286. Remarque I. — Menons le diamètre AD; le triangle rectangle ABD donne :

$$\overline{BD}^2 = \overline{AD}^2 - \overline{AB}^2;$$

mais en appelant R le rayon du cercle, on a $AD = 2R$ et $AB = R$, donc :

$$\overline{BD}^2 = 3R^2,$$

d'où

$$BD = R\sqrt{3}.$$

Ainsi le côté du triangle équilatéral inscrit dans un cercle est égal au produit du rayon de ce cercle par $\sqrt{3}$.

287. Remarque II. — Joignons OC; la figure BCDO dont les côtés sont égaux est un losange et ses diagonales se coupent en parties égales. Le côté du triangle équilatéral inscrit dans un cercle divise donc le rayon qui lui est perpendiculaire en deux parties égales, de sorte que l'apothème du triangle équilatéral est égal à la moitié du rayon du cercle circonscrit.

288. Remarque III. — En menant des rayons perpendiculaires sur les côtés de l'hexagone et en joignant les extrémités de chacun de ces rayons aux deux sommets voisins de l'hexagone on obtient le polygone régulier inscrit de 12 côtés. On peut obtenir ensuite en procédant de même, les polygones réguliers inscrits de 24, 48... côtés.

PROBLÈME II.

289. *Inscrire dans un cercle un décagone régulier.*

Supposons le problème résolu et soit AB le côté du décagone régulier inscrit. Joignons OA, OB ; l'angle au centre AOB vaut $\frac{4}{10}$ ou $\frac{2}{5}$ d'angle droit, donc chacun des angles à la base du triangle isocèle AOB vaut $\frac{4}{5}$ d'angle droit. Ceci posé, menons la bissectrice AC de l'angle BAO ; nous aurons la proportion (178) :

$$\frac{AO}{AB}=\frac{OC}{CB};$$

mais le triangle AOC est isocèle, car les angles OAC, AOC valent chacun $\frac{2}{5}$ d'angle droit, et le triangle ABC est aussi isocèle, car l'angle B vaut $\frac{4}{5}$ d'angle droit, et l'angle ACB extérieur au triangle ACO vaut également $\frac{4}{5}$ d'angle droit. On a donc $CO = AC = AB$. La proportion qui précède devient donc en y remplaçant AO par BO et AB par OC :

$$\frac{OB}{OC}=\frac{OC}{CB}.$$

On voit ainsi que OC est le plus grand segment du rayon divisé en moyenne et extrême raison. Donc comme $AB = OC$, pour inscrire un décagone régulier dans un cercle, on devra partager le rayon en moyenne et extrême raison et porter le plus grand segment dix fois sur la circonférence.

290. Remarque I. — Le plus grand segment du rayon divisé en moyenne et extrême raison est égal à (258) :

$$\frac{R}{2}(\sqrt{5}-1).$$

Telle est donc la valeur du côté du décagone régulier inscrit dans un cercle de rayon R.

291. Remarque II. — En joignant de 3 en 3 les sommets du décagone régulier convexe, on obtient le décagone étoilé (278). Or si l'on prolonge la bissectrice AE de l'angle OAB jusqu'à sa rencontre en C avec la circonférence et qu'on joigne OC, on remarque que dans le triangle isocèle AOC chacun des angles à la base vaut $\frac{2}{5}$ d'angle droit

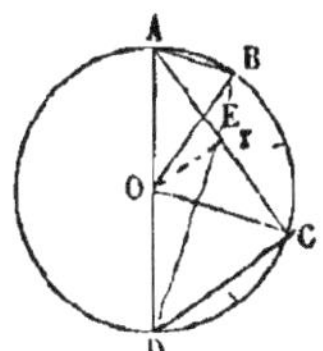

de telle sorte que l'angle au centre AOC vaut $\frac{6}{5}$ d'angle droit, c'est-à-dire est le triple de l'angle AOB. Il résulte de là que la corde AC qui sous-tend un arc triple de l'arc AB est précisément le côté du décagone étoilé. Ce côté AC est égal à AE + EC et CE est égal au rayon du cercle, car le triangle OCE est isocèle, les angles EOC, OEC valant chacun $\frac{4}{5}$ d'angle droit. Donc comme $AE = AB = \frac{R}{2}(\sqrt{5}-1)$, on a

$$AC = \frac{R}{2}(\sqrt{5}-1) + R = \frac{R}{2}(\sqrt{5}+1).$$

Il est à remarquer que AB et AC, côtés du décagone régulier convexe et du décagone étoilé ne sont autres que deux droites ayant R pour différence et R^2 pour produit. La construction qui a été indiquée plus haut (257) donne donc l'une et l'autre.

Il n'existe d'ailleurs qu'un seul décagone étoilé, car les seuls nombres moindres que 10 et premiers avec 10 sont 3 et 7. Or si l'on joint les sommets de 7 en 7 on retrouvera évidemment le polygone formé en les joignant de 3 en 3.

292. Remarque III. — Ayant inscrit le décagone régulier, on peut inscrire ensuite les polygones réguliers de 20, 40.... côtés comme il a été indiqué pour les polygones de 8, 16, 32... côtés, et ceux de 12, 24, 48... côtés (284, 288).

c D joignant $\frac{2}{10}$ ou $\frac{1}{5}$ de circonférence est le côté du pentagone régulier. On le calcule par le triangle rectangle ACD, AC côté du décagone étoilé $c_5 = \frac{R}{2}\sqrt{10-2\sqrt{5}}$

PROBLÈME IV.

293. *Inscrire dans un cercle un pentagone régulier.*

Ensuite BD joignant $\frac{4}{10}$ ou $\frac{2}{5}$ de circonférence est côté du pentagone étoilé. Le triangle rectangle ABD en donne la valeur : on trouve $c'_5 = \frac{R}{2}\sqrt{10+2\sqrt{5}}$. Un apothème OI par exemple

Ayant déterminé les sommets du décagone régulier inscrit, on les joint de deux en deux et l'on obtient ainsi le pentagone régulier convexe inscrit dans le cercle.

294. Remarque I. — Pour calculer le côté de ce pentagone, on s'appuie sur le théorème suivant :

Le côté du pentagone régulier convexe est égal à l'hypoténuse d'un triangle rectangle dont les côtés sont respectivement égaux au rayon du cercle circonscrit et au côté du décagone régulier convexe inscrit dans ce cercle.

En effet, soit BC le côté du décagone régulier convexe ; prolongeons le d'une quantité DC telle que BD égale le rayon du cercle et par le point D menons la tangente DE. Nous aurons $\overline{ED}^2 = DB \times DC$ (216), et aussi, puisque BC est égal au plus grand segment du rayon partagé en moyenne et extrême raison, $\overline{BC}^2 = DB \times DC$. Donc $ED = BC$. Or si nous joignons OE, OD nous formons un triangle rectangle dont les côtés de l'angle droit valent respectivement le rayon et le côté du décagone régulier ; il reste donc à prouver que l'hypoténuse OD de ce triangle est égale au côté du pentagone régulier inscrit.

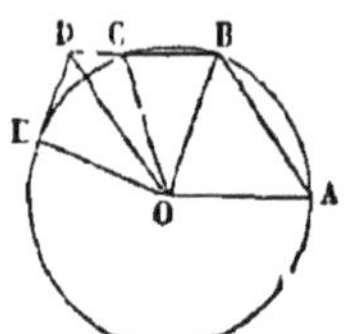

Menons OA parallèle à BD et joignons BA, la figure ODAB est un parallélogramme et $OD = AB$; or cette dernière droite est le côté du pentagone régulier inscrit, attendu que l'angle $BOA =$ l'angle DBO comme alternes internes formés par des parallèles, et que l'angle $DBO = \frac{4}{5}$ d'angle droit, donc le théorème est démontré. On en tire :

$$OD = \sqrt{R^2 + \frac{R^2}{4}(\sqrt{5} - 1)^2}$$

ou effectuant et simplifiant

$$OD = \frac{R}{2}\sqrt{10 - 2\sqrt{5}}.$$

295. Remarque II. — En joignant de deux en deux les sommets du pentagone régulier convexe, on obtient le pentagone étoilé.

PROBLÈME V.

296. *Inscrire dans un cercle un pentédécagone régulier.*

On prend un arc AB égal au sixième de la circonférence, puis à partir d'une de ses extrémités B en se dirigeant vers l'autre extrémité A, on prend un arc BC égal au dixième de la circonférence. L'arc AC est le quinzième de la circonférence, car $\frac{1}{6}-\frac{1}{10}=\frac{1}{15}$. La corde AC est donc le côté du pentédécagone régulier convexe inscrit dans le cercle de centre O.

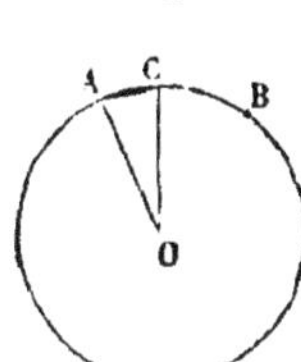

297. Remarque I. — En joignant les sommets du pentédécagone convexe de 2 en 2, de 4 en 4 et de 7 en 7, on obtient trois pentédécagones étoilés.

298. Remarque II. — Ayant inscrit le pentédécagone régulier, on obtient les polygones réguliers de 30, 60.... côtés en procédant comme on a fait pour ceux de 8, 16,..... côtés (284).

PROBLÈME VI.

299. *Étant donné un polygone régulier inscrit dans une circonférence, circonscrire à cette circonférence un polygone semblable.*

Soit le polygone régulier ABCDEF ; menons des rayons OH′, OG′.... perpendiculaires sur ses côtés et par les points H′, G′... menons des parallèles A′B′, B′C′.... aux côtés AB, BC.... Ces parallèles seront tangentes à la circonférence et je dis que le polygone dont elles sont les côtés est un polygone semblable au polygone inscrit.

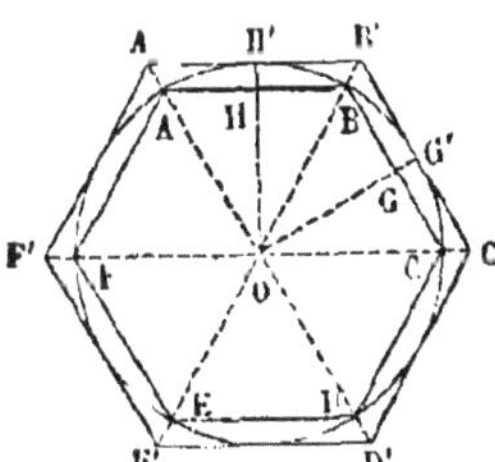

En effet, d'abord ces deux polygones ont leurs angles égaux comme ayant leurs côtés parallèles et dirigés dans le même sens. De plus leurs côtés sont proportionnels. Pour le démontrer joignons OA′, OB′... Les triangles OH′B′, OB′G′ sont rectangles en H′ et G′, ils ont l'hypoténuse OB′ commune et le côté OH′ = OG′; ces triangles sont donc égaux et l'angle H′OB′ = B′OG′, d'où il résulte que la droite OB′ passe par le point B milieu de l'arc H′G′. On prouverait de même que la droite OA′ passe par le point A, la droite OC′ par le point C, etc. Ceci posé, les triangles semblables A′OB′, AOB donnent

$$\frac{A'B'}{AB} = \frac{OB'}{OB},$$

et les triangles semblables B′OC′, BOC donnent :

$$\frac{OB'}{OB} = \frac{B'C'}{BC}.$$

On a donc :

$$\frac{A'B'}{AB} = \frac{B'C'}{BC}.$$

On établirait de même la proportionnalité des autres côtés des deux polygones. Ces polygones sont donc semblables.

On pourrait encore obtenir le polygone circonscrit en menant des tangentes à la circonférence par les sommets A, B, C.... du polygone inscrit. — Il est aisé de reconnaître que le polygone EFG... ainsi formé est régulier, et comme il a le même nombre de côtés que le polygone inscrit, il lui est semblable (279).

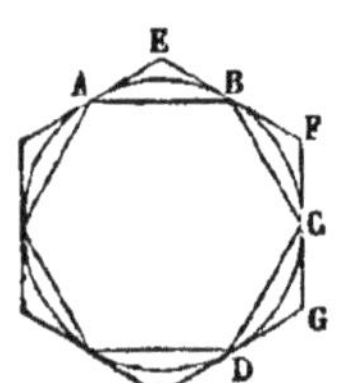

300. Remarque. — Pour inscrire dans un cercle un polygone semblable à un polygone régulier circonscrit, il suffit de joindre le centre à chacun des sommets du polygone circonscrit : les points de rencontre de ces droites avec la circonférence sont les sommets du polygone demandé. — On peut encore joindre entre eux les points de contact consécutifs A, B, C... des côtés du polygone circonscrit et l'on a ainsi les côtés du polygone inscrit semblable au premier.

MESURE DE LA CIRCONFÉRENCE ET DU CERCLE.

DÉFINITIONS.

301. On nomme *limite* d'une quantité variable une grandeur fixe dont la quantité variable peut s'approcher autant que l'on veut sans pouvoir l'atteindre.

302. Si l'on inscrit dans un cercle un polygone régulier convexe et ensuite les polygones réguliers dont le nombre des côtés est de deux en deux fois plus grand, les périmètres de ces polygones vont en augmentant, mais restent constamment moindres que la circonférence, de laquelle ils se rapprochent sans cesse. De même les surfaces de ces polygones vont sans cesse en augmentant tout en restant moindres que la surface du cercle de laquelle ils s'approchent indéfiniment.

D'après cela, conformément au programme, nous considérerons la circonférence comme la limite vers laquelle tend le périmètre d'un polygone régulier inscrit dont le nombre des côtés croît indéfiniment;

Et l'aire du cercle comme la limite vers laquelle tend l'aire d'un polygone régulier inscrit dont le nombre des côtés croit indéfiniment.

Nous regarderons comme appartenant à la circonférence ou au cercle, toute propriété démontrée pour le périmètre ou la surface d'un polygone régulier inscrit, indépendamment du nombre et de la grandeur de ses côtés.

THÉORÈME VI.

303. *Les circonférences sont proportionnelles à leurs rayons.*

Soient deux circonférences ayant pour rayons R, R'. Inscrivons dans chacune d'elles un polygone régulier d'un même nombre de côtés, un hexagone régulier par exemple. Le rapport des périmètres de ces hexagones est égal à celui de leurs rayons R, R' (280). Cette propriété a lieu quelque soit le nombre des côtés des deux polygones, elle appartient donc aux limites des périmètre des deux polygones. On a ainsi en représentant par circ R, circ R′ les deux circonférences considérées,

$$\frac{\text{circ R}}{\text{circ R}'} = \frac{\text{R}}{\text{R}'}.$$

THÉORÈME VII.

304 *Le rapport d'une circonférence à son diamètre est constant.*

Ce théorème résulte immédiatement du précédent. En effet, de la proportion :

$$\frac{\text{circ R}}{\text{circ R}'} = \frac{\text{R}}{\text{R}'},$$

on déduit en changeant les moyens de place et doublant ensuite les dénominateurs :

$$\frac{\text{circ R}}{2\text{R}} = \frac{\text{circ R}'}{2\text{R}'}.$$

Le rapport d'une circonférence à son diamètre est donc égal au rapport de toute autre circonférence à son diamètre, c'est-à-dire est un nombre constant.

Ce rapport constant se désigne par la lettre π. Il est incommensurable et ne peut par suite être calculé qu'approximativement.

Archimède a trouvé $\frac{22}{7}$ pour valeur approchée du nombre π.

Adrien Métius (XVIe siècle) a trouvé la valeur $\frac{355}{113}$ qui diffère de π d'une quantité moindre que un demi-millionième.

La valeur de π en décimales est

$$\pi = 3{,}14159265358979З.....$$

Nous indiquons plus loin (319) deux méthodes pour calculer approximativement ce rapport.

PROBLÈME VII.

305. *Calculer la longueur d'une circonférence et celle d'un arc.*

1° Soit à calculer la longueur d'une conférence ayant R pour rayon ; on a

$$\frac{\text{circ R}}{2R} = \pi$$

d'où

$$\text{circ R} = 2\pi R.$$

On doit donc pour calculer la longueur d'une circonférence de rayon donné, multiplier par le nombre constant π le diamètre de la circonférence.

2° Soit à calculer la longueur d'un arc de n degrés appartenant à une circonférence de rayon R.

La circonférence valant $2\pi R$, l'arc de 1° qui en est la 360° partie vaut donc $\frac{2\pi R}{360}$ ou $\frac{\pi R}{180}$, on a par suite en nommant l la longueur de l'arc de n degrés :

$$l = \frac{\pi R n}{180}.$$

306. Remarque. — S'il s'agit d'un arc renfermant des degrés, minutes et secondes, on devra, pour employer la formule qui précède réduire au préalable n en unités de la plus petite subdivision, et 180 en unités de la même espèce.

THÉORÈME VIII.

307. *Deux arcs semblables, c'est-à-dire deux arcs qui, ayant même graduation, appartiennent à des circonférences de rayons inégaux, sont proportionnels à leurs rayons.*

Soient l, l' les longueurs de deux arcs ayant même graduation n et appartenant à des circonférences ayant R et R' pour rayons. On a (305) :

$$l = \frac{\pi R n}{180} \quad \text{et} \quad l' = \frac{\pi R' n}{180}$$

divisant membre à membre, il vient :

$$\frac{l}{l'} = \frac{R}{R'}.$$

THÉORÈME IX.

308. *L'aire du cercle est égale au produit de sa circonférence par la moitié du rayon.*

Inscrivons dans un cercle un polygone régulier convexe. L'aire de ce polygone sera égal au produit de son périmètre par la moitié de son apothème (281). Cette mesure étant indépendante du nombre des côtés du polygone sera donc applicable au cercle. Donc l'aire du cercle est égale à son périmètre c'est-à-dire sa circonférence, multipliée par la moitié de son apothème qui n'est autre que son rayon. On a ainsi :

$$\text{cercle } R = \text{circ } R \times \frac{R}{2}.$$

Comme circ R $= 2\pi R$, il vient

$$\text{cercle } R = \pi R^2.$$

On obtiendra donc l'aire d'un cercle en multipliant le carré de son rayon par le nombre constant π.

309 Corollaire. — *Les aires de deux cercles sont comme les carrés de leurs rayons.*

On a en effet :

$$\text{cercle } R = \pi R^2 \quad \text{et} \quad \text{cercle } R' = \pi R'^2,$$

d'où divisant membre à membre;

$$\frac{\text{cercle } R}{\text{cercle } R'} = \frac{R^2}{R'^2}.$$

THÉORÈME X.

310. *L'aire d'un secteur est égale au produit de la longueur de son arc par la moitié du rayon.*

Pour évaluer l'aire du secteur AOB, inscrivons dans l'arc AB une suite de cordes égales AC, CD, DB, et menons les rayons OC, OD.

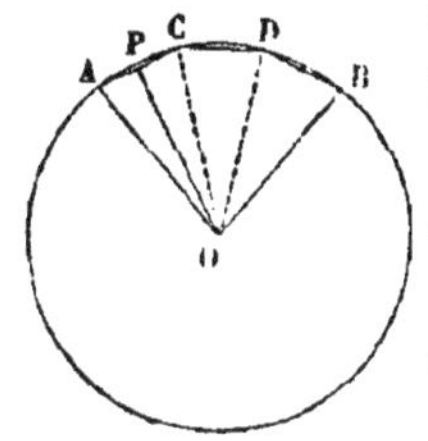

La figure OACDB qui porte le nom de *secteur polygonal* se trouve partagée en triangles isocèles égaux dont la somme des aires est égale à l'aire du secteur polygonal.

Or l'aire du triangle AOC vaut $AC \times \frac{1}{2} OP$, l'aire du triangle COD vaut $CD \times \frac{1}{2} OP$, car ce triangle a même hauteur que le précédent, et enfin l'aire du triangle DOB vaut $DB \times \frac{1}{2} OP$. L'aire du secteur polygonal est donc égale à la ligne brisée ACDB multipliée par $\frac{1}{2} OP$. Si, maintenant, on augmente indéfiniment le nombre des côtés de la ligne brisée ACDB, cette ligne tendra vers l'arc AB; en même temps, l'aire de la figure OACDB tendra vers l'aire du secteur et l'apothème OP vers le rayon OA. Il résulte de là que l'aire du secteur a pour mesure la longueur de l'arc AB multipliée par la moitié du rayon.

En représentant par n la graduation de l'arc du secteur, on a

$$\text{surf. sect.} = \frac{\pi R n}{180} \times \frac{R}{2}$$

ou

$$\text{surf. sect.} = \frac{\pi R^2 n}{360}.$$

La remarque du problème 7 (306) est applicable à l'emploi de cette formule.

311 Corollaire. — Les secteurs semblables, c'est-à-dire les secteurs qui correspondent à des arcs semblables, sont entre eux comme les carrés des rayons de leurs cercles.

En effet, R, R′ étant les rayons de deux cercles et S, S′ les aires de deux secteurs interceptant chacun un arc de *n* degrés; on a

$$S = \frac{\pi R^2 n}{360} \qquad S' = \frac{\pi R'^2 n}{360}$$

d'où

$$\frac{S}{S'} = \frac{R^2}{R'^2}.$$

PROBLÈME VIII.

312 *Évaluer l'aire d'un segment de cercle.*

Soit à évaluer l'aire du segment AMB; ayant joint les points A et B au centre C, on voit que le segment n'est autre que la différence entre le secteur CAMB et le triangle ACB. Il suffira donc d'évaluer l'aire de ces deux figures et d'en faire la différence pour obtenir l'aire du segment.

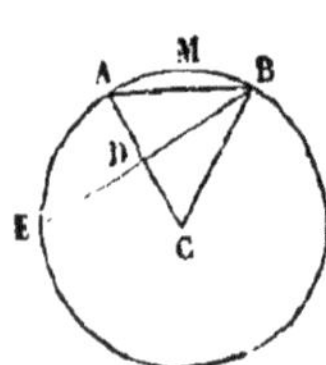

313 Remarque. — L'aire du triangle ACB peut-être évaluée soit en prenant AB pour base, soit en prenant l'un des côtés CA, CB pour base. Dans ce dernier cas, la hauteur BD du triangle n'est autre que la moitié de la corde qui soutend un arc double de l'arc du segment, car on sait que le rayon CA perpendiculaire sur une corde BE la partage en deux parties égales (105).

On voit par là que l'aire du triangle et par suite aussi celle du segment ne pourront être évaluées par la géométrie que si les cordes AB ou BE sont l'un des côtés des polygones réguliers que l'on a appris à inscrire dans un cercle et dont on a calculé le côté à l'aide du rayon du cercle. Ainsi on pourra calculer l'aire du segment dont l'arc vaut 30°, 60°, 120°, ... Dans tous les autres cas, on est obligé pour résoudre la question d'avoir recours à la trigonomètrie.

PROBLEME IX.

314. *Étant donnés le rayon d'un cercle et le côté d'un polygone régulier inscrit convexe, calculer le côté du polygone régulier inscrit convexe d'un nombre de côtés double du premier.*

Soient R le rayon du cercle et $BC = a$ le côté du polygone donné ; abaissons AD perpendiculaire sur BC et joignons BD. Cette droite BD est le côté du polygone demandé. Or on a dans le triangle ABD (206) :

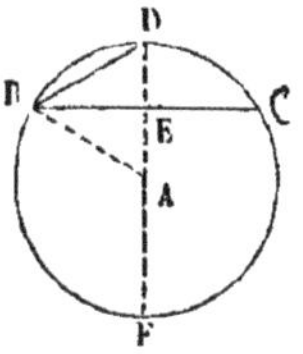

$$\overline{BD}^2 = \overline{AB}^2 + \overline{AD}^2 - 2AD \times AE,$$

ou, en nommant x le côté BD,

$$x^2 = 2R^2 - 2R \times AE.$$

Mais dans le triangle rectangle ABE, on a :

$$AE = \sqrt{\overline{AB}^2 - \overline{BE}^2} = \sqrt{R^2 - \frac{a^2}{4}},$$

ou encore

$$AE = \frac{\sqrt{4R^2 - a^2}}{2}.$$

Il vient donc en remplaçant AE par sa valeur :

$$x^2 = 2R^2 - R\sqrt{4R^2 - a^2},$$

d'où l'on tire :

$$x = \sqrt{R(2R - \sqrt{4R^2 - a^2})}, \qquad (1)$$

formule qui permet d'obtenir la valeur de x lorsque a et R sont donnés.

PROBLÈME X.

315. *Étant donnés le rayon d'un cercle et le côté d'un polygone régulier inscrit dans ce cercle, calculer le côté du polygone circonscrit semblable.*

Soient R le rayon du cercle et AB $= a$ le côté du polygone donné. Menons la tangente CD parallèle à AB, prolongeons OA, OB jusqu'à leur rencontre en C et D avec cette tangente : CD est le côté du polygone circonscrit semblable au polygone de côté AB. Or les triangles semblables COD, AOB donnent :

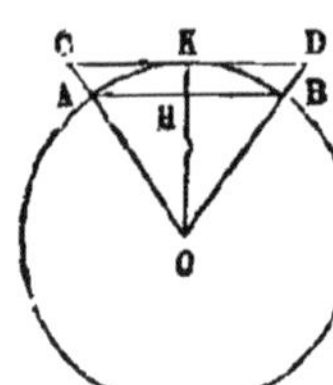

$$\frac{CD}{AB} = \frac{OC}{OA},$$

et dans les triangles rectangles COK, AOH, on a :

$$\frac{OC}{OA} = \frac{OK}{OH},$$

donc

$$CD = \frac{AB \times OK}{OH} = \frac{aR}{OH}.$$

Mais $OH = \sqrt{R^2 - \frac{a^2}{4}} = \frac{\sqrt{4R^2 - a^2}}{2}$, on a donc

$$CD = \frac{2aR}{\sqrt{4R^2 - a^2}}, \qquad (2)$$

formule qui permet de trouver CD lorsque l'on connaît R et a.

PROBLÈME XI.

316. *Étant donnés le rayon et l'apothème d'un polygone régulier, calculer le rayon et l'apothème du polygone régulier de même périmètre (isopérimètre) et d'un nombre de côtés double.*

Soit AB le côté d'un polygone régulier inscrit dans un cercle ayant C pour centre. Nommons R le rayon AC et a l'apothème CG de ce polygone. Ayant prolongé CG jusqu'à la rencontre de la circonférence en D, joignons DA, DB ; prenons les milieux E, F des cordes AD, DB et joignons EF ; la droite EF est le côté d'un polygone régulier ayant même périmètre que le polygone de côté AB et deux fois plus de côtés que celui-ci.

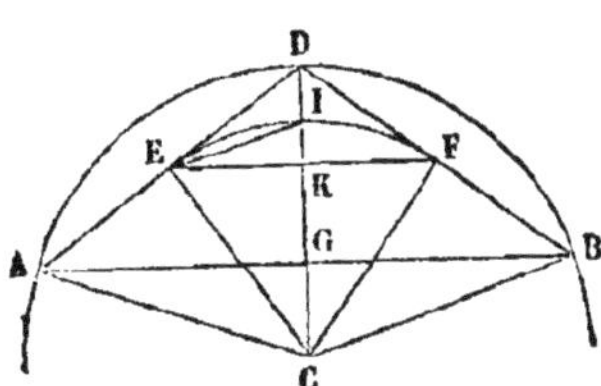

En effet, puisque les points E et F ont été pris au milieu des cordes AD, DB, la droite EF est égale à la moitié de AB, et d'autre part, si l'on joint CE, CF, l'angle ECF est égal à la moitié de l'angle ACB, car il se compose de deux angles ECD, DCF qui sont l'un et l'autre moitié des angles ACD, DCB dont la somme est égale à l'angle ACB. Il résulte de là que si l'on imagine un cercle ayant CE pour rayon, la droite EF sera le côté d'un polygone régulier inscrit dans ce cercle, ayant deux fois plus de côtés que le polygone donné et isopérimètre avec celui-ci, puisque chacun de ses côtés est moitié moindre.

Représentons par R' le rayon CE et par a' l'apothème CK du polygone de côté EF. On a $a' = CG + GK$, mais $GK = \frac{DG}{2} = \frac{R - a}{2}$, donc $a' = a + \frac{R - a}{2}$, ou

$$a' = \frac{R + a}{2}. \qquad (3)$$

Le triangle CED rectangle en E et dans lequel EK est perpendiculaire sur l'hypoténuse, donne :

$$CE \text{ ou } R' = \sqrt{CD \times CK} = \sqrt{R \times a'},$$

donc

$$R' = \sqrt{R \times \frac{R + a}{2}}. \qquad (4)$$

On a ainsi deux formules qui permettent, connaissant R et a, de calculer R' et a'.

317. Remarque I. — Le rayon R′ ou CE est moindre que le rayon CA ou R, car ce dernier est par rapport à DA une oblique, tandis que le premier est une perpendiculaire. Quant à l'apothème a' ou CK, il est évident que cette ligne est plus grande que a ou CG. Ainsi lorsqu'on passe d'un polygone régulier au polygone régulier isopérimètre d'un nombre double de côtés, le rayon diminue et l'apotheme augmente. Or on a dans le triangle ACG,

$$AC - CG < AG \quad \text{ou} \quad < \frac{AB}{2}.$$

Donc, comme en doublant indéfiniment le nombre des côtés du polygone, son côté AB (le périmètre restant constant) diminue indéfiniment, on voit que la différence entre le rayon et l'apothème tend vers zéro.

318. Remarque II. — On peut démontrer que la différence $R' - a'$ est moindre que le quart de la différence $R - a$.

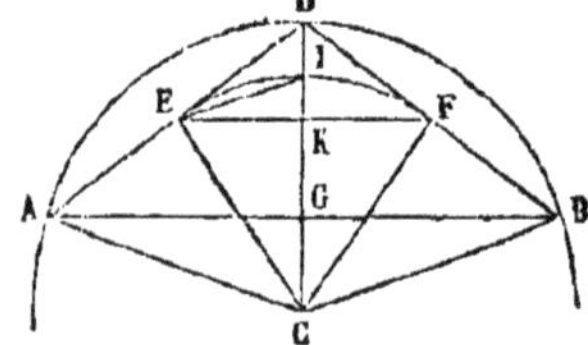

Décrivons l'arc EI du point C comme centre avec CE comme rayon et joignons EI. Les deux angles KEI, IED ont des mesures égales, donc EI est bissectrice de l'angle KED, et par suite, elle divise le côté DK en parties proportionnelles à EK et ED (178) d'où il suit que IK est moindre que DI ou moindre que $\frac{DK}{2}$. Or IK est égale à $R' - a'$, on a donc déjà

$$R' - a' < \frac{DK}{2};$$

mais $DK = \frac{DG}{2}$ et $DG = R - a$, on a donc

$$R' - a' < \frac{R - a}{4}.$$

PROBLÈME XII.

319. *Calculer le rapport de la circonférence au diamètre*

Nous exposerons deux méthodes pour faire ce calcul.

1° **Méthode des polygones réguliers inscrits.** Nous nous proposerons dans cette méthode, étant donné le rayon d'un cercle de calculer approximativement la longueur de la circonférence de ce cercle. En divisant le résultat trouvé par le double du rayon, nous aurons une valeur approchée du nombre π.

Soit un cercle ayant pour rayon l'unité de longueur. Imaginons que l'on inscrive dans ce cercle un des polygones réguliers que l'on a appris à construire, un carré par exemple Le côté de ce carré vaudra $\sqrt{2}$ (283). Si l'on fait $a = \sqrt{2}$ et $R = 1$ dans la formule établie plus haut (314).

$$x = \sqrt{R\left(2R - \sqrt{4R^2 - a^2}\right)},$$

cette formule donnera pour la valeur du côté de l'octogone régulier inscrit $\sqrt{2 - \sqrt{2}}$. Si dans la même formule, on fait $a = \sqrt{2 - \sqrt{2}}$ et toujours $R = 1$, on aura la valeur du côté du polygone régulier inscrit de 16 côtés, et ainsi de suite. En nommant c_4, c_8, c_{16}, c_{32}..... ces côtés et p_4. p_8, p_{16}, p_{32} les périmètres des polygones correspondants, on trouve :

$$c_4 = \sqrt{2} \qquad p_4 = 4\sqrt{2}$$

$$c_8 = \sqrt{2 - \sqrt{2}} \qquad p_8 = 8\sqrt{2 - \sqrt{2}}$$

$$c_{16} = \sqrt{2 - \sqrt{2 + \sqrt{2}}} \qquad p_{16} = 16\sqrt{2 - \sqrt{2 + \sqrt{2}}}$$

$$c_{32} = \sqrt{2 - \sqrt{2 + \sqrt{2 + \sqrt{2}}}} \qquad p_{32} = 32\sqrt{2 - \sqrt{2 + \sqrt{2 + \sqrt{2}}}}$$

. . . .

Or les valeurs des périmètres p_4, p_8, p_{16}, p_{32} s'approchent de plus en plus de la longueur de la circonférence et en considérant la valeur de l'un d'eux comme représentant approximativement la circonférence, il suffira de diviser cette valeur par le diamètre 2 pour avoir une valeur approchée par défaut du nombre π, et il est clair que l'approximation sera d'autant plus grande que le polygone considéré aura plus de côtés.

Si l'on veut connaître avec combien de chiffres exacts est obtenue la valeur de π lorsque l'on s'arrête à l'un des polygones inscrits, on calculera à l'aide de la formule (2) (Probl. X) (315), le côté, puis le périmètre du polygone régulier circonscrit ayant le même nombre de côtés que le polygone inscrit auquel on s'est arrêté. Ce périmètre étant plus grand que la circonférence on aura en le divisant par 2 une valeur de π approchée par excès : les chiffres communs à cette valeur et à celle approchée par défaut, appartiendront à la valeur exacte de π.

Remarque. — La méthode qui vient d'être indiquée conduit à l'expression suivante pour le nombre π

$$\pi = \lim 2^n \sqrt{2 - \sqrt{2 + \sqrt{2 + \sqrt{2 + \ldots}}}}$$

le nombre des radicaux superposés étant égal à n.

2° **Méthode des isopérimètres**. Cette méthode, préférable à la première, consiste à calculer approximativement le rayon d'une circonférence de longueur donnée. On divise ensuite cette longueur donnée par le double de la valeur trouvée pour le rayon.

Soit une circonférence ayant pour longueur 4 mètres. Imaginons un carré de même périmètre. Le côté de ce carré vaudra 1 mètre, le rayon sera égal à $\frac{\sqrt{2}}{2}$ et l'apothème à $\frac{1}{2}$. A l'aide des formules (3) et (4) (Probl. XI) (316), on pourra calculer successivement le rayon et l'apothème des polygones réguliers de 8, 16, 32, 64..., côtés ayant toujours pour périmètre 4. Or si l'on considère l'un quelconque de ces polygones, la circonférence circonscrite à ce polygone a un périmètre plus grand que 4 et la circonférence inscrite un périmètre moindre que 4. Il en résulte que le rayon d'une circonférence ayant 4 pour longueur est compris entre le rayon OA et l'apothème OB du polygone. Mais on a vu que la différence entre le rayon et l'apothème des polygones considérés peut devenir aussi petite que l'on veut (317). Donc en menant suffisamment loin l'opération qui consiste à calculer les rayons et les apothèmes des polygones réguliers isopérimètres dont le nombre des côtés va en doublant, on obtiendra pour le rayon et l'apothème d'un de ces polygones des valeurs différant aussi peu que l'on voudra, et il est clair que les chiffres communs à ces valeurs appartiendront au rayon cherché. Divisant 4 par le double de ce rayon, on aura une valeur approchée de π.

En poursuivant le calcul jusqu'au polygone de 512 côtés, on trouve pour le rayon 0,63662... et pour l'apothème 0,63661... Le rayon de la circonférence de périmètre 4 est donc compris entre ces deux nombres. En prenant 0,6366 pour valeur de ce rayon, on a

$$\pi = 3,1416$$

valeur approchée à moins de 0,0001 par excès.

DEUXIÈME PARTIE

FIGURES DANS L'ESPACE

LIVRE V

LE PLAN

DÉFINITIONS

320. Le *plan* est une surface sur laquelle étant pris deux points à volonté, la ligne droite qui joint ces deux points est tout entière contenue dans la surface.

321. Lorsqu'une [illegible] droite est perpendiculaire à toutes les droites qu'on peut mener [illegible] dans un plan, on dit qu'elle est *perpendiculaire à ce* [illegible] Réciproquement, le plan est perpendiculaire à la droite. [illegible] droite qui rencontre un plan sans lui être perpendiculaire est une *oblique* à ce plan.

322. Une droite est *par*[illegible] *à un plan* lorsqu'elle ne peut le rencontrer, quelque loin qu[illegible] les prolonge l'un et l'autre.

323. Deux *plans* sont *parallèles* lorsque, prolongés indéfiniment, ils ne peuvent se rencontrer.

324. Dans les figures, on représente les plans comme limités, mais on doit toujours les considérer comme étendus indéfiniment dans tous les sens.

THÉORÈME I.

325. *Par deux lignes droites qui se coupent, on peut faire passer un plan et on n'en peut faire passer qu'un seul.*

Soient les deux droites AB, AC qui se coupent au point A : Par la droite AB imaginons un plan et faisons tourner ce plan autour de AB jusqu'à ce qu'il rencontre un point C de la droite AC. A ce moment, il contiendra la droite AC tout entière puisqu'il passe déjà par le point A de cette droite ; il existe donc un plan passant par les deux droites données.

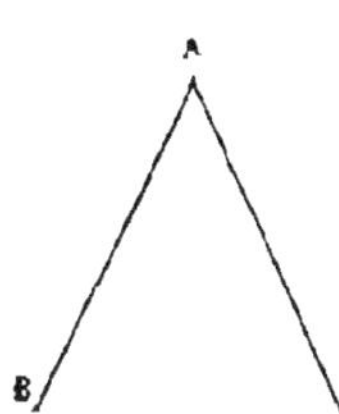

De plus, ce plan est le seul dans ces conditions, car si on le fait tourner autour de AB, il cessera de passer par le point C et ne contiendra plus la droite AC.

326. Corollaires. — 1° Un plan est déterminé par une droite et un point situé en dehors de cette droite, c'est-à-dire que par une droite AB et un point C extérieur, on peut faire passer un plan et on n'en peut faire passer qu'un seul. En effet, si l'on joint AC, on revient au cas de deux droites qui se coupent.

2° Un plan est déterminé par trois points A, B, C non en ligne droite, car en joignant AB, AC on revient encore au cas de deux droites qui se coupent.

3° Un plan est déterminé par deux droites parallèles AB, CD. En effet, on sait d'abord par définition (9) que ces droites sont dans le même plan. De plus, il n'existe qu'un plan qui les contienne toutes deux puisque tout plan les renfermant l'une et l'autre doit passer par l'une d'elles et un point de l'autre, c'est-à-dire par une droite et un point extérieur.

THÉORÈME II.

327. *Lorsque deux plans se coupent, leur intersection est une ligne droite.*

En effet, l'intersection de deux plans qui se coupent est l'ensemble des points qui leur sont communs. Or par trois points non en ligne droite on ne peut faire passer qu'un plan (326); on ne saurait donc trouver trois points non en ligne droite communs à l'un et l'autre plan. Il en résulte que l'intersection de ces plans est une ligne droite.

DROITES ET PLANS PERPENDICULAIRES

THÉORÈME III.

328. *Lorsqu'une ligne droite est perpendiculaire à deux autres droites qui passent par son pied dans un plan, elle est perpendiculaire à ce plan.*

Soit la droite AB perpendiculaire à deux droites BC, BD qui passent par son pied B dans le plan MN : pour démontrer qu'elle est perpendiculaire au plan MN, il suffit de prouver qu'elle est perpendiculaire à toute droite BI menée par son pied dans le plan.

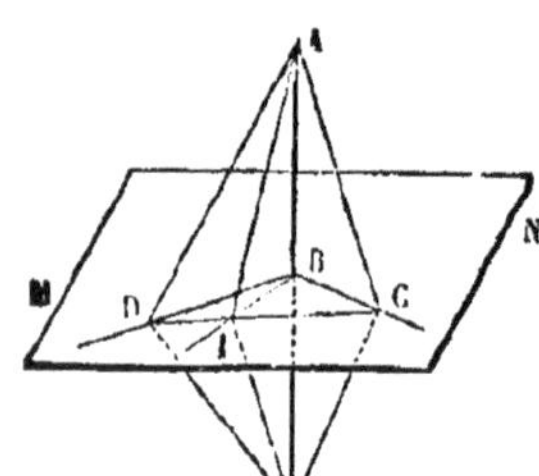

Menons la droite DC qui rencontre les droites BC, BI, BD; prolongeons AB d'une longueur BK=AB, joignons les points A et K aux points C, I, D. Les lignes CA, CK sont égales, car la droite BC est perpendiculaire sur le milieu de AK; pour une raison semblable, AD=DK: donc les triangles ACD, CKD sont égaux comme ayant leurs trois côtés égaux chacun à chacnn. De là résulte l'égalité des droites IK, IA, car elles s'appliqueront l'une sur l'autre si l'on fait tourner le triangle DCK autour de CD jusqu'à ce qu'il coïncide avec son égal ACD.

Les lignes AI, IK étant égales, comme déjà AB = BK par construction, la droite BI qui a deux de ses points équidistants des points A et K est perpendiculaire sur AK (48) et réciproquement AB est perpendiculaire sur BI.

Donc enfin la droite AB est perpendiculaire au plan MN.

329 Remarque. — Étant donnée une droite AB, si l'on élève en un point B de cette droite des perpendiculaires BC, BD, BE...., toutes ces perpendiculaires sont contenues dans un même plan perpendiculaire à la droite AB.

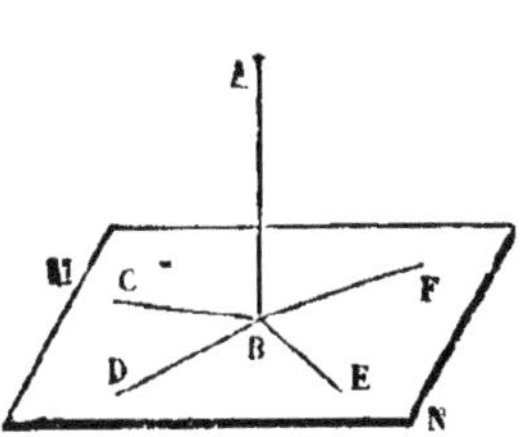

En effet, par deux de ces droites, BC et BD par exemple, faisons passer un plan MN; la droite AB sera perpendiculaire à ce plan (328). Imaginons maintenant un plan passant par AB et la droite BE; ce plan coupera le plan MN suivant une ligne à laquelle la droite AB sera perpendiculaire, puisque cette droite AB est perpendiculaire au plan MN. Or BE est perpendiculaire sur AB, elle est donc l'intersection du plan ABE avec le plan MN dans lequel elle est ainsi contenue. On démontrerait de la même façon que la droite BF est contenue dans le plan MN ainsi que toute autre perpendiculaire menée à AB par le point B. Le plan MN est donc le lieu géométrique des perpendiculaires élevées à la droite AB par le point B.

THÉORÈME IV.

330. *Par un point O on peut toujours mener un plan perpendiculaire à une droite donnée* AB, *mais on n'en peut mener qu'un seul.*

1. Supposons d'abord le point situé sur la droite. Élevons en ce point O deux perpendiculaires OC, OD sur AB dans deux plans différents; faisons passer un plan MN par ces deux perpendiculaires : la droite AB sera perpendiculaire au plan MN (328). D'autre part, tout plan perpendiculaire à AB et passant par le point O doit contenir les droites OC, OD (329). Or, par ces deux droites on ne peut faire passer qu'un plan MN (325). Ce plan est donc le seul qu'on puisse mener par le point O perpendiculairement à la droite AB.

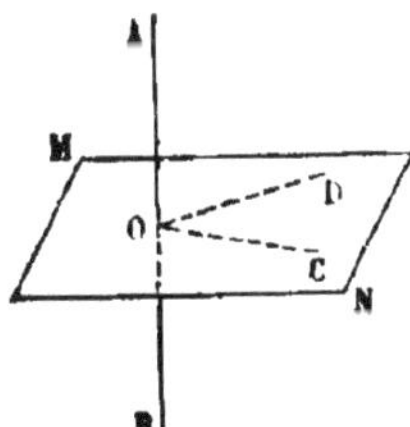

2° Supposons maintenant le point O situé hors de la droite AB. Du point O abaissons OP perpendiculaire sur AB et au point P de rencontre de cette perpendiculaire avec AB menons dans un plan autre que celui déterminé par le point O et la droite AB, la perpendiculaire PC sur AB. Le plan MN mené par les droites PO, PC sera perpendiculaire à la droite AB (328), et pour la même raison que plus haut (1°), il sera le seul qu'on puisse mener par le point O dans ces conditions.

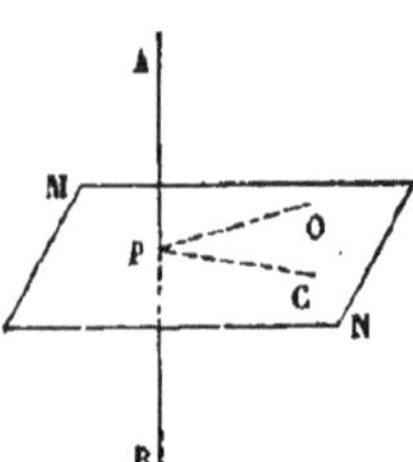

THÉORÈME V.

331. *Par un point donné on peut mener une perpendiculaire à un plan donné* MN *et l'on n'en peut mener qu'une seule.*

1° Supposons le point donné P situé dans le plan MN. Traçons dans ce plan une droite AB quelconque ne passant pas par le point P, abaissons PA perpendiculaire sur cette droite, imaginons par le point A un plan perpendiculaire sur AB, et dans ce plan, élevons PO perpendiculaire à la droite AP : cette ligne PO est perpendiculaire au plan MN. Il suffit pour le prouver de faire voir qu'elle est perpendiculaire à une seconde droite du plan MN (328), la droite PB par exemple. Pour cela ayant pris sur PO un point O quelconque, prolongeons PO d'une longueur égale PO′, joignons OA, OB, O′A, O′B. Les triangles OAB, O′AB sont égaux. En effet, ils sont rectangles en A, car la droite AB perpendiculaire au plan OAO′ est perpendiculaire aux droites AO, AO′; de plus AO = AO′ comme obliques s'écartant également du pied de la perpendiculaire AP, et le côté AB est commun. Donc OB = O′B et la droite BP qui joint le sommet du triangle isocèle OBO′ au milieu P de sa base OO′ est perpendiculaire sur cette base. Donc enfin, la droite PO perpendiculaire sur deux droites PA, PB qui passent par son pied dans le plan MN est perpendiculaire au plan MN.

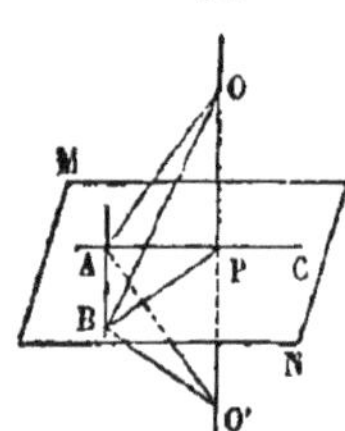

Toute autre droite PD partant du point P est oblique au plan MN, car si l'on fait passer un plan par OP et PD, la droite OP sera perpendiculaire à l'intersection EF de ce plan avec le plan MN, tandis que la droite PD sera oblique à cette ligne EF.

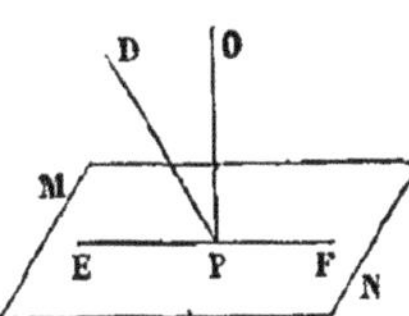

2° Soit maintenant le point donné O situé hors du plan MN. Menons dans le plan MN une droite quelconque AB, du point O abaissons OA perpendiculaire sur AB, puis du point A menons dans le plan MN la droite AC perpendiculaire sur AB. Enfin abaissons du point O la perpendiculaire OP sur AC : OP est perpendiculaire au plan MN. Il suffit pour le démontrer de faire voir qu'elle est perpendiculaire à une seconde droite PB menée par son pied dans le plan MN. La démonstration est la même que pour le cas précédent (1°).

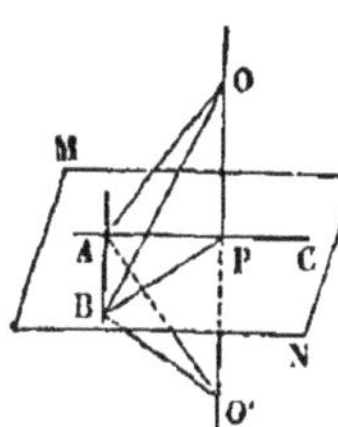

Toute droite OA autre que OP partant du point O est oblique au plan MN, car si l'on joint AP on forme un triangle rectangle en P, dont OA est l'hypoténuse. Cette ligne OA, oblique sur AP, est donc oblique au plan MN.

THÉORÈME VI

332. *Si d'un point* A *pris hors d'un plan* MN *on abaisse sur ce plan une perpendiculaire et différentes obliques :*

1° *La perpendiculaire est plus courte que toute oblique;*

2° *Deux obliques qui s'écartent également du pied de la perpendiculaire, sont égales;*

3° *De deux obliques qui s'écartent inégalement du pied de la perpendiculaire, celle qui s'éloigne le plus est la plus grande.*

1° Soient la perpendiculaire AB et l'oblique AC ; joignons CB. Dans le triangle ABC rectangle en B, l'hypoténuse AC est plus grande que la perpendiculaire AB.

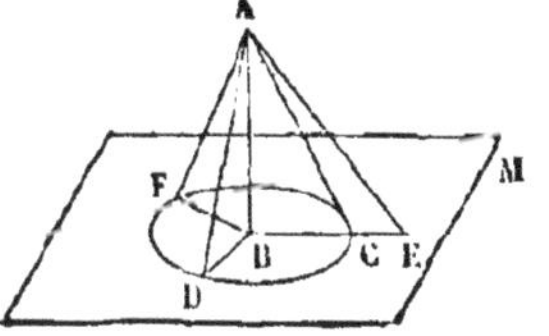

2° Soient les obliques AC, AD qui s'écartent également du pied B de la perpendiculaire, c'est-à-dire telles que les droites BC, BD sont égales. Les triangles ABC, ABD sont égaux comme ayant un angle égal compris entre côtés égaux, donc AC = AD.

3° Soient enfin les obliques AD, AE, et supposons que la distance BE soit plus grande que BD. Prenons sur BE une longueur BC = BD et joignons AC. Les obliques AC, AD qui s'écartent également du pied de la perpendiculaire sont égales, mais dans le plan ABE, l'oblique AE est plus grande que l'oblique AC (44, 3°), donc elle est aussi plus grande que AD.

333. Corollaire. — Le lieu géométrique des pieds des obliques qui s'écartent également du pied d'une perpendiculaire AB à un plan MN est une circonférence ayant pour rayon la distance BC du pied de la perpendiculaire au pied de l'une quelconque de ces obliques. Il résulte de là que pour trouver la position du pied d'une perpendiculaire que l'on abaisserait sur un plan MN d'un point A pris hors de ce plan, il suffit de prendre trois points C, D, F du plan équidistants du point A et de déterminer le centre B de la circonférence qui passe par ces trois points. Ce centre est le pied demandé.

334. Remarque. — On mesure la distance d'un point à un plan au moyen de la perpendiculaire abaissée du point sur le plan, car cette ligne est la plus courte de celles qu'on peut mener du point au plan.

THÉORÈME VII.

335. *Le lieu géométrique des points de l'espace également distants de deux points donnés est le plan mené perpendiculairement au milieu de la droite qui joint les deux points.*

Soient B et C deux points donnés et MN un plan perpendiculaire au milieu de la droite BC qui les joint : nous allons démontrer que tout point du plan MN est également distant des points B et C et que tout point pris en dehors de ce plan est inégalement distant de ces mêmes points B et C.

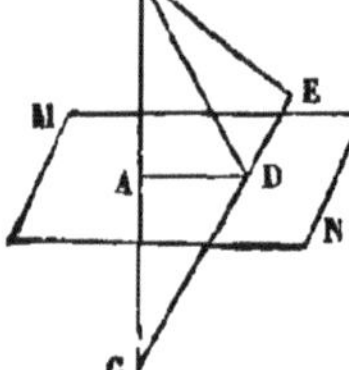

1° Soit D un point du plan ; joignons BD,

DC, AD. La droite AD est perpendiculaire au milieu de BC, donc DB = DC.

2° Soit E un point extérieur au plan : joignons EB, EC ; la droite EC coupe le plan en un point D, et l'on a DB = DC. Mais dans le triangle BED, le côté BE est moindre que DB + DE ; il est donc également moindre que DC + DE ou que CE.

THÉORÈME VIII.

336. *Si du pied d'une droite* OP *perpendiculaire à un plan* MN *on abaisse* PA *perpendiculaire sur une droite* BC *située dans le plan et qu'on joigne ensuite le pied* A *de cette perpendiculaire à un point quelconque* O *de la droite* OP, *la ligne* AO *ainsi obtenue est perpendiculaire à* BC. (*Théorème des trois perpendiculaires.*)

Prenons AB = AC, joignons PB, PC, OB, OC. Les droites PB, PC sont égales comme obliques s'écartant également du pied de la perpendiculaire PA. Les droites OB, OC sont donc aussi égales puisqu'elles s'écartent également du pied de la perpendiculaire OP.

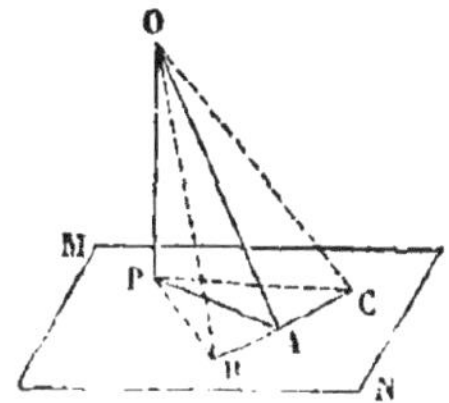

Il résulte de là que le triangle BOC est isocèle ; donc la droite OA qui joint le sommet O de ce triangle au milieu de la base BC est perpendiculaire sur cette droite, ce qu'il fallait démontrer.

337. Corollaire. — La droite BC perpendiculaire aux droites AP, AO est perpendiculaire au plan PAO qu'elles déterminent (328).

DROITES ET PLANS PARALLÈLES.

THÉORÈME IX.

338. *Lorsque deux droites sont parallèles et que l'une est perpendiculaire à un plan, l'autre est également perpendiculaire à ce plan.*

Soient AB, CD deux parallèles ; supposons que l'une d'elles, AB, par exemple, est perpendiculaire au plan MN, il s'agit de démontrer que CD est également perpendiculaire à ce plan.

Dans le plan MN menons par le point C la ligne EF perpendiculaire à la droite AC qui joint les pieds des deux parallèles, puis joignons le point C à un point quelconque B de la droite AB. La ligne CB ainsi obtenue est perpendiculaire à EF en vertu du théorème des trois perpendiculaires (336) et EF est perpendiculaire au plan ABC (337) : la droite CD située dans ce plan est donc perpendiculaire à EF. D'un autre côté, la droite AB perpendiculaire par hypothèse au plan MN est perpendiculaire à la droite AC : la ligne CD étant parallèle à AB est aussi perpendiculaire sur AC. Cette ligne CD est donc enfin perpendiculaire à deux droites EF, AC qui passent par son pied dans le plan MN et, par suite, elle est perpendiculaire à ce plan.

THÉORÈME X.

339. *Deux lignes droites* AB, CD *perpendiculaires au même plan* MN *sont parallèles.*

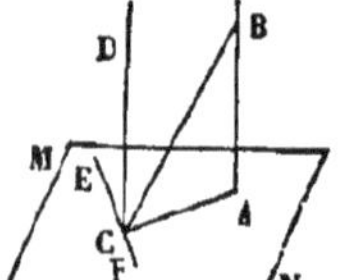

Joignons AC, les deux droites AB, CD sont perpendiculaires sur AC, donc il suffit pour établir leur parallélisme de démontrer qu'elles sont dans un même plan.

Dans le plan MN menons par le point C la droite EF perpendiculaire à AC et joignons CB. Les droites CA, CB, CD sont toutes trois perpendiculaires à EF : la première par construction, la seconde d'après le théorème des trois perpendiculaires (336), la troisième parce qu'elle est par hypothèse perpendiculaire au plan MN. Donc ces trois droites sont dans un même plan (329), lequel contient ainsi les droites AB, CD. Ces droites sont donc parallèles.

THÉORÈME XI.

340. *Deux droites,* AB, CD *parallèles à une troisième* EF, *sont parallèles entre elles.*

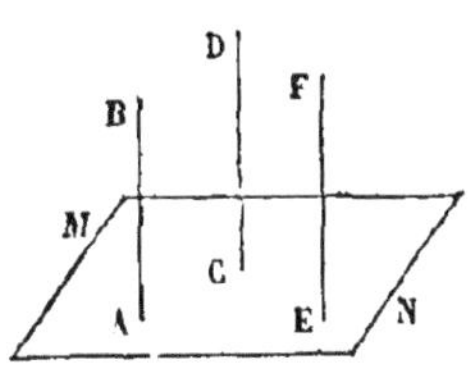

En effet, imaginons un plan MN perpendiculaire à la droite EF, ce plan sera également perpendiculaire aux droites AB, CD, puisque ces droites sont parallèles à EF (338). Par suite les deux droites AB, CD perpendiculaires au même plan MN sont parallèles (339).

THÉORÈME XII.

341. *Lorsqu'une droite* AB *est parallèle à une droite* CD *située dans un plan* MN, *elle est parallèle à ce plan.*

En effet, le plan ABCD des deux parallèles AB, CD coupe le plan MN suivant la droite CD : la ligne AB ne saurait donc rencontrer le plan MN puisqu'elle ne peut rencontrer la droite CD.

THÉORÈME XIII.

342. *Lorsqu'une droite* AB *est parallèle à un plan* MN, *si l'on mène par cette droite un plan qui coupe le plan* MN, *l'intersection* CD *des deux plans est parallèle à la droite* AB.

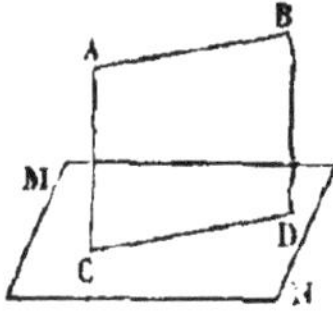

En effet, les droites AB, CD sont situées dans un même plan ABCD, et de plus AB, parallèle au plan MN, ne saurait rencontrer CD qui est contenue dans ce plan.

THÉORÈME XIV.

343. *Lorsqu'une droite* AB *est parallèle à un plan* MN, *si d'un point* C *de ce plan on mène une droite* CD *parallèle à* AB, *cette droite* CD *est située dans le plan* MN.

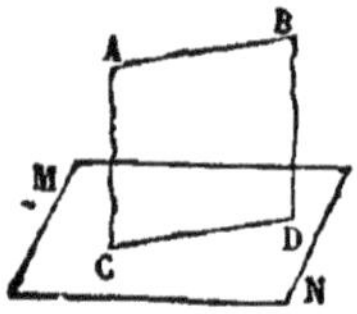

En effet, si par le point C et la droite AB on imagine un plan, ce plan coupera le plan MN suivant une droite parallèle à AB (342) : cette droite n'est donc autre que la droite CD.

344. Corollaire. — *Une droite* AB *parallèle à deux plans qui se coupent est parallèle à leur intersection* CD.

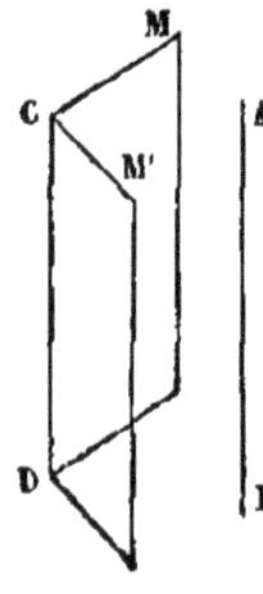

En effet, si, par un point C de l'intersection des deux plans, on mène une parallèle à la droite AB, cette parallèle devra être contenue dans le plan M et aussi dans le plan M', puisque les plans sont tous deux parallèles à AB : elle ne sera donc autre que leur intersection CD.

THÉORÈME XV.

345. *Deux plans* EF, GH *perpendiculaires à la même droite* AB *sont parallèles.*

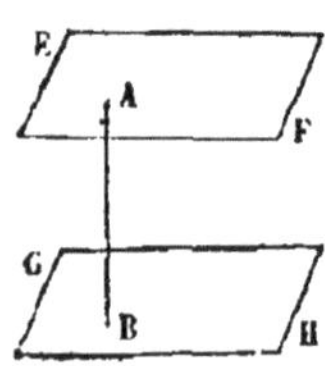

En effet, il ne saurait exister un point commun à ces deux plans, car il a été démontré (330) qu'on ne peut mener par un point qu'un seul plan perpendiculaire sur une droite donnée.

THÉORÈME XVI.

346. *Le lieu géométrique des parallèles menées par un point* A *à un plan* MN *est un plan parallèle au plan* MN.

Menons AB parallèle au plan MN, abaissons du point A une perpendiculaire AC sur le plan MN, puis faisons passer un plan par AB et AC ; ce plan coupera le plan MN suivant une droite CD parallèle à AB (342). Or AC est perpendiculaire à CD puisqu'elle est perpendiculaire au plan MN,, elle l'est donc aussi à la droite AB, d'où il résulte que toute parallèle menée au plan MN par le point A est perpendiculaire sur AC. Toutes ces parallèles sont donc renfermées dans un même plan perpendiculaire à AC (329) et par suite parallèle au plan MN (345).

D'un autre côté, toute droite menée par le point A dans ce plan parallèle au plan MN est évidemment parallèle au plan MN, donc enfin le plan parallèle au plan MN passant par le point A est le lieu géométrique des parallèles menées par le point A au plan MN.

THÉORÈME XVII.

347. *Les intersections de deux plans parallèles* EF, GH *par un troisième* ABCD *sont parallèles.*

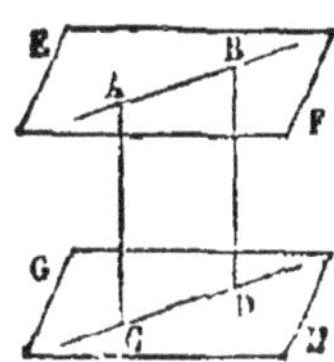

En effet les droites AB, CD sont situées dans le même plan et de plus elles ne sauraient se rencontrer puisqu'elles appartiennent à des plans parallèles.

THÉORÈME XVIII.

348. *Lorsque deux plans sont parallèles, toute droite perpendiculaire à l'un est également perpendiculaire à l'autre.*

Soit la droite AB perpendiculaire au plan EF, je dis qu'elle est aussi perpendiculaire au plan GH parallèle au plan EF.

Menons dans le plan EF par le point A une droite quelconque AC, puis par les deux droites AC, AB faisons passer un plan : ce plan coupera le plan GH suivant une droite BD qui sera parallèle à AC (347), et par suite, perpendiculaire sur AB. On voit ainsi que AB est perpendiculaire à une droite *quelconque* menée par son pied dans le plan GH : elle est donc perpendiculaire à ce plan.

THÉORÈME XIX.

349. *Deux plans* P, Q *parallèles à un troisième plan* R *sont parallèles entre eux.*

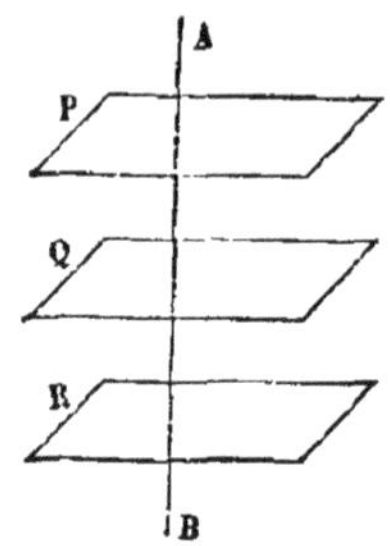

Menons AB perpendiculaire au plan R, elle sera aussi perpendiculaire au plan P et au plan Q, puisque ces plans sont l'un et l'autre parallèles au plan R (348). Les deux plans P, Q perpendiculaires à la même droite AB sont donc parallèles (345).

THÉORÈME XX.

350. *Par un point* A *pris hors d'un plan* GH *on peut toujours mener un plan parallèle à ce plan* GH *et on n'en peut mener qu'un seul.*

Abaissons AB perpendiculaire sur le plan GH, puis menons le plan EF perpendiculaire à la droite AB, ce plan EF sera parallèle au plan GH (345). On ne peut d'ailleurs mener par le point A qu'un seul plan parallèle au plan GH, car on ne peut mener par ce point A qu'un plan perpendiculaire à la droite AB (330).

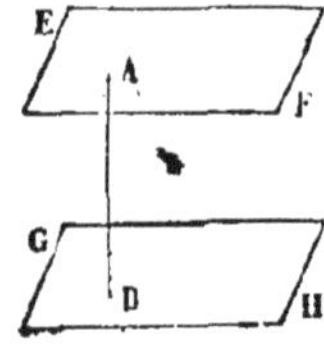

THÉORÈME XXI.

351. *Les portions* AC, BD *de deux droites parallèles comprises entre deux plans parallèles* EF, GH *sont égales.*

Par les droites AC, BD faisons passer un plan; il coupera les plans donnés suivant deux parallèles AB, CD (347). La figure ABCD est donc un parallélogramme et AC = BD.

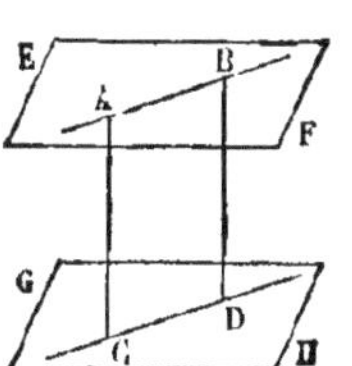

352. Corollaire. — *Deux plans parallèles sont partout à égale distance.*

En effet, si nous supposons les droites AC, BD perpendiculaires au plan GH, elles seront parallèles (339) et par suite égales (351). Donc, comme les points A et B ont été pris d'une manière quelconque sur le plan EF, les plans parallèles EF, GH sont partout également distants.

THÉORÈME XXII.

353. *Trois plans parallèles* M, N, P *coupent deux droites* AC, DF *qui les rencontrent, en segments proportionnels.*

Menons par le point A où la droite AC rencontre le plan M une parallèle AH à la droite DF, puis faisons passer un plan par les droites AC, AH. Ce plan coupera les plans N et P suivant les parallèles BG, CH (347) : On aura donc dans le triangle ACH,

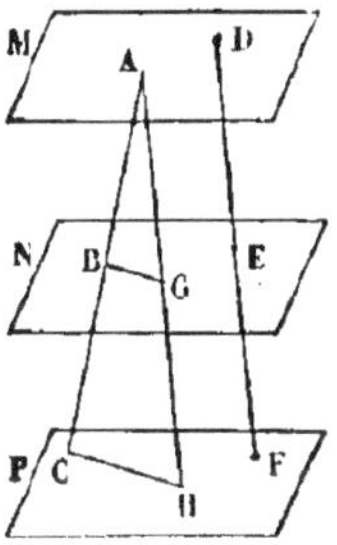

$$\frac{AB}{BC} = \frac{AG}{GH}.$$

Or AG = DE comme parallèles comprises entre plans parallèles (351) et GH = EF pour la même raison. On a donc

$$\frac{AB}{BC} = \frac{DE}{EF}.$$

THÉORÈME XXIII.

354. *Lorsque deux angles non situés dans le même plan ont leurs côtés parallèles et dirigés dans le même sens, ces angles sont égaux et leurs plans sont parallèles.*

Soient les angles BAC, EDF dont les côtés sont parallèles et dirigés dans le même sens. Prenons AB=DE, AC=DF ; joignons BC, EF, AD, BE, CF.

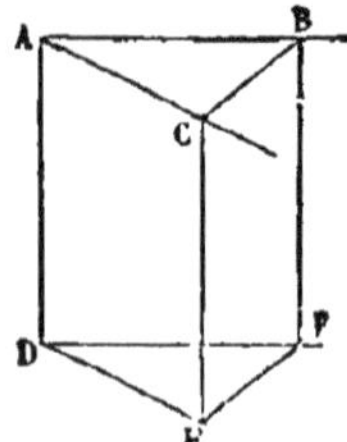

La figure ACDF est un parallélogramme, car AC est égale et parallèle à DE, donc les droites AD, CF sont égales et parallèles. De même ABDE est un parallèlogramme et les droites AD, BE sont égales et parallèles. De là résulte que les droites CF, BE sont égales et parallèles : donc la figure BECF est un parallèlogramme et l'on a BC=EF. Les triangles BAC, DEF ayant les trois côtés égaux chacun à chacun sont donc égaux et l'angle BAC=EDF. De plus le plan BAC est parallèle au plan EDF ; en effet, les droites AB, AC respectivement parallèles aux droites DE, DF situées dans le plan DEF sont parallèles à ce plan (341), elles sont donc situées dans le plan mené par le point A parallèlement au plan EDF (346).

Remarque. — Il est aisé de reconnaître que si les angles donnés ont leurs cotés parallèles et dirigés en sens contraires, ils sont égaux, tandis qu'ils sont supplémentaires si deux de leurs côtés étant dirigés dans le même sens, les deux autres sont dirigés en sens contraires.

THÉORÈME XXIV.

355. *Étant données deux droites* AB, CD *non situées dans le même plan : 1° on peut toujours leur mener une perpendiculaire commune ; 2° on n'en peut mener qu'une seule ; 3° cette perpendiculaire est la plus courte distance des deux droites.*

1° Par un point C de la droite CD menons CL parallèle à AB ; faisons passer un plan MN par CD et CL : ce plan sera parallèle à la droite AB (341). D'un point B de la droite AB, abaissons BH perpendiculaire au plan MN, par le pied H de cette perpendiculaire menons HK parallèle à AB jusqu'à la rencontre de CD en K, et par le point K menons KG paral-

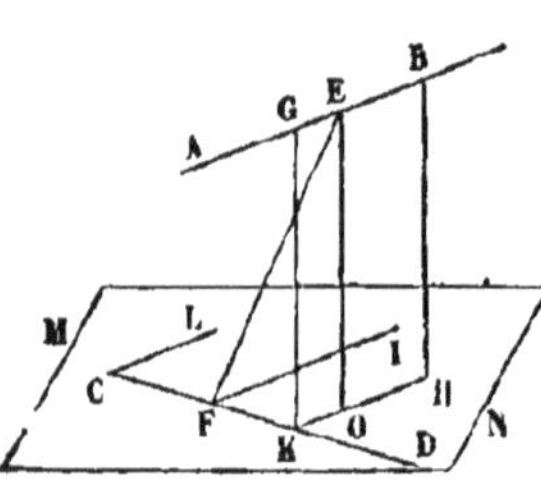

lèle à BH. La droite KG est perpendiculaire au plan MN puisqu'elle est parallèle à BH (338); elle est donc perpendiculaire à CD et à KH; or cette dernière droite est parallèle à AB, donc GK est perpendiculaire sur AB et est ainsi perpendiculaire commune aux droites AB et CD.

2° Soit une droite EF autre que GK, rencontrant les deux droites AB, CD ; menons EO parallèle à GK et FI parallèle à AB. La droite EO est perpendiculaire au plan MN puisque sa parallèle GK est perpendiculaire à ce plan : donc EF est oblique au plan MN et par suite ne saurait être perpendiculaire à la fois aux droites CD, FI qui passent par son pied dans ce plan. Mais FI a été menée parallèlement à AB : EF n'est donc pas perpendiculaire commune aux droites CD, AB.

3° La droite GK est la plus courte distance des deux droites AB, CD. En effet, toute autre droite EF rencontrant ces lignes est plus grande que la perpendiculaire EO abaissée de son extrémité E sur le plan MN. Or EO = GK comme parallèles comprises entre parallèles, donc enfin EF est plus grande que GK.

ANGLES DIÈDRES

DÉFINITIONS

356. On nomme *angle dièdre* la figure formée par deux plans ABC, CBD qui se rencontrent et se terminent à leur intersection BC. Cette intersection se nomme l'*arête* du dièdre; les deux plans en sont les *faces*.

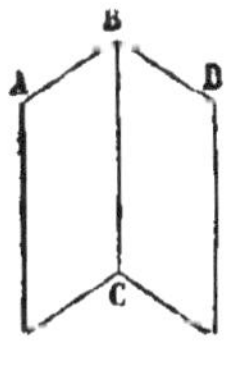

Un dièdre se désigne par les deux lettres de son arête, ou au moyen de quatre lettres dont deux désignent les faces et les deux autres l'arête; on place alors les dernières au milieu. Ainsi on dira le dièdre BC ou le dièdre ABCD. La seconde dénomination doit être nécessairement employée lorsque deux ou plusieurs dièdres ont leur arrête commune.

Les faces d'un dièdre devant être considérées comme prolongées indéfiniment, la grandeur d'un dièdre ne dépend que de l'écartement de ses faces.

357. Deux angles dièdres sont dits *égaux* lorsque les portant l'un sur l'autre, on peut faire coïncider leurs faces.

358. Lorsque deux angles dièdres ont même arête et une face commune intermédiaire, on dit qu'ils sont *adjacents.*

359. Lorsqu'un plan en rencontre un autre de manière à former avec lui deux angles dièdres adjacents égaux, on dit qu'il est *perpendiculaire* à cet autre plan et les angles égaux portent le nom *d'angles dièdres droits.*

360. On peut établir sur les angles dièdres un certain nombre de théorèmes analogues aux premiers théorèmes du livre 1. La marche à suivre pour les démontrer étant tout à fait semblable à celle employée pour les théorèmes qui leur correspondent dans le livre 1, nous nous contenterons de les énoncer.

1° *Par une droite située dans un plan on peut mener un plan perpendiculaire au premier et on n'en peut mener qu'un seul.*

Corollaire. Tous les angles dièdres droits sont égaux.

2° *Lorsqu'un plan en rencontre un autre, il forme avec lui deux angles dièdres adjacents dont la somme est égale à deux angles dièdres droits.*

3° *Lorsque deux angles dièdres adjacents sont supplémentaires, leurs faces non communes sont situées dans le même plan.*

4° *Lorsque deux plans se coupent, les angles dièdres opposés par l'arête sont égaux.*

THÉORÈME XXV.

361. *Si en deux points quelconques* F *et* K *de l'arête d'un angle dièdre* BC *on élève dans les faces des perpendiculaires à l'arête, les angles* EFG, HKL *formés par ces perpendiculaires sont égaux.*

En effet, les droites EF, HK menées dans le plan ABC perpendiculairement à BC sont parallèles, et il en est de même des droites FG, KL menées dans le plan DBC perpendiculairement à BC ; donc les deux angles EFG, HKL ont leurs côtés parallèles et dirigés dans le même sens et par suite sont égaux (354),

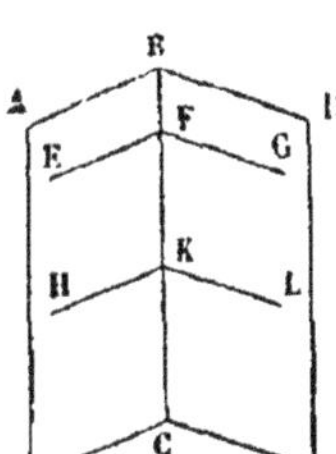

362. Remarque. — L'angle constant formé par les perpendiculaires élevées à l'arête par un point quelconque dans chacune des faces du dièdre, se nomme l'*angle plan* correspondant à l'angle dièdre.

THÉORÈME XXVI.

363. *Lorsque deux angles dièdres* AB, GH *sont égaux, leurs angles plans* CBD, IHK *sont égaux.*

Portons le dièdre GH sur son égal AB de telle sorte que la droite GH s'applique sur AB et la droite HI sur BC, ce qui est possible puisque les angles ABC, GHI sont droits. Les dièdres étant égaux, la face GHK s'appliquera sur ABD et la droite HK perpendiculaire sur GH prendra la direction de BD. Les angles IHK, CBD coïncidant sont donc égaux.

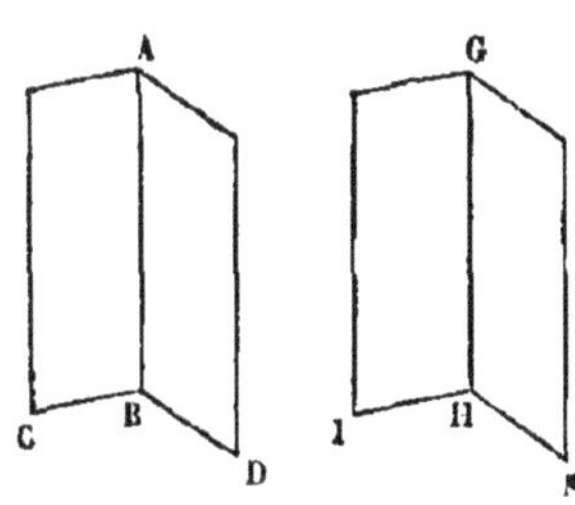

364. Réciproquement, *lorsque les angles plans* CBD, IHK *correspondant à des angles dièdres* AB, GH *sont égaux, les angles dièdres sont égaux.*

Portons le dièdre GH sur le dièdre AB et plaçons la face GHI sur ABC de telle sorte que GH s'applique sur AB et HI sur BC. Les angles IHK, CBD étant égaux, le côté HK s'appliquera sur BD et les faces GHK, ABD coïncideront. Donc les dièdres AB, GH sont égaux.

365. Corollaire. — *Un angle dièdre droit a pour angle plan un angle droit, et réciproquement lorsque l'angle plan*

correspondant à un angle dièdre est droit, cet angle dièdre est droit.

1° Soit le plan AD perpendiculaire sur le plan MN. Au point O de l'arête ED menons dans le plan AD la droite OA perpendiculaire sur ED, et dans le plan MN la droite CB perpendiculaire sur ED. Les angles dièdres adjacents formés par les deux plans étant égaux, leurs angles plans AOB, AOC sont égaux, et comme ils sont adjacents, ils sont droits.

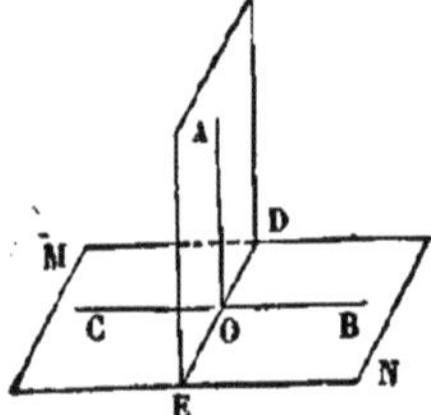

2° Soient maintenant deux plans AD, MN qui se rencontrent suivant ED et soient AOB, AOC les angles plans correspondant aux dièdres ayant ED pour arête. Si l'on suppose l'angle AOB droit, son adjacent AOC le sera également, et les dièdres adjacents AEDN, AEDM ayant des angles plans égaux, ces dièdres seront égaux et par suite seront des dièdres droits.

THÉORÈME XXVII.

366. *Le rapport de deux angles dièdres est égal au rapport de leurs angles plans.*

Supposons que les angles plans CBD, C'B'D' correspondant aux angles dièdres AB, A'B' aient une commune mesure contenue cinq fois dans l'angle CBD et trois fois dans l'angle C'B'D'. Nous aurons alors

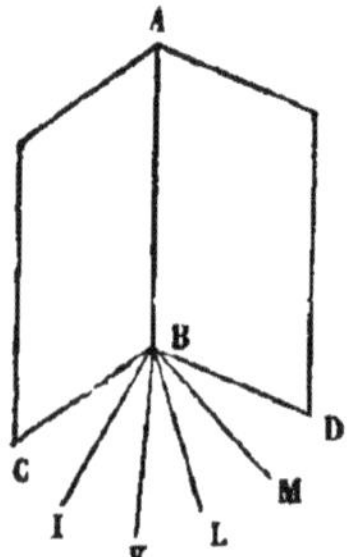

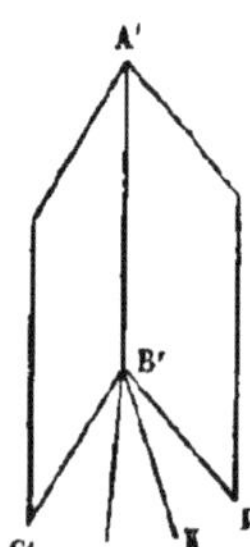

$$\frac{CBD}{C'B'D'} = \frac{5}{3}$$

Ayant partagé les angles CBD, C'B'D' le premier en cinq parties égales, le second en trois parties égales, menons des plans par les arêtes AB, A'B' et les lignes de division. Ces plans partageront les dièdres l'un en cinq, l'autre en trois dièdres tous égaux entre eux comme correspondant à des angles plans égaux (364). Nous aurons donc

$$\frac{\text{dièdre AB}}{\text{dièdre A'B'}}=\frac{5}{3}$$

et par suite

$$\frac{\text{dièdre AB}}{\text{dièdre A'B'}}=\frac{\text{CBD}}{\text{C'B'D'}}.$$

Si les angles plans n'avaient pas de commune mesure, on emploierait pour établir le théorème le raisonnement dont on s'est déjà servi (126).

THÉORÈME XXVIII.

367. *Un angle dièdre a la même mesure que l'angle plan correspondant, si l'on prend pour unité un angle dièdre quelconque et l'angle plan qui lui correspond.*

Convenons de prendre pour unité d'angle dièdre le dièdre A'B' et pour unité d'angle son angle plan C'B'D'; le rapport $\frac{\text{dièdre AB}}{\text{dièdre A'B'}}$ exprimera alors la mesure de l'angle dièdre AB et le rapport $\frac{\text{CBD}}{\text{C'B'D'}}$, la mesure de son angle plan CBD. Donc puisque les deux rapports sont égaux (366), ces deux mesures sont égales, ce qu'on exprime ordinairement comme il suit : *Un angle dièdre a pour mesure son angle plan.*

368. **Remarque**. — On prend ordinairement pour unité d'angle dièdre l'angle dièdre droit, et pour unité d'angle, l'angle plan correspondant, c'est-à-dire l'angle droit.

THÉORÈME XXIX.

369. *Lorsqu'une droite* CD *est perpendiculaire à un plan* AB, *tout plan* DEF *conduit par cette ligne est perpendiculaire au plan* AB.

Menons dans le plan AB la droite CG perpendiculaire à l'intersection EF des deux plans ; l'angle DCG est droit puisque DC est perpendiculaire au plan AB. Mais cet angle est l'angle plan correspondant au dièdre formé par les plans AB, DEF, donc ce dièdre est droit et le plan DEF est perpendiculaire au plan AB.

THÉORÈME XXX.

370. *Lorsque deux plans* AB, DEF *sont perpendiculaires l'un à l'autre, toute droite* DC *menée dans l'un d'eux perpendiculairement à leur intersection* EF *est perpendiculaire à l'autre plan.*

Menons dans le plan AB la droite CG perpendiculaire à EF : l'angle DCG sera l'angle plan correspondant au dièdre ayant EF pour arête. Or comme par hypothèse les plans sont perpendiculaires, ce dièdre est droit, donc l'angle DCG est droit et la ligne DC déjà perpendiculaire à EF est aussi perpendiculaire à CG. Donc enfin elle est perpendiculaire au plan AB (328).

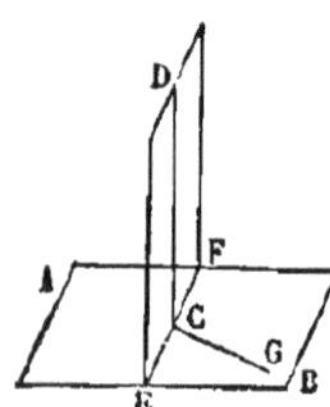

THÉORÈME XXXI.

371. *Lorsque deux plans sont perpendiculaires l'un à l'autre, toute droite menée d'un point de l'un perpendiculaire à l'autre est tout entière contenue dans le premier plan.*

D'un point D pris dans le plan DEF perpendiculaire au plan AB, abaissons DC perpendiculaire sur le plan AB : cette droite devra coïncider avec la perpendiculaire abaissée sur EF du point D car cette dernière est perpendiculaire au plan AB (370), donc DC est tout entière située dans le plan DEF.

THÉORÈME XXXII.

372. *Lorsque deux plans* AC, AD *qui se coupent sont perpendiculaires à un troisième plan* MN, *leur intersection* AB *est perpendiculaire à ce troisième plan.*

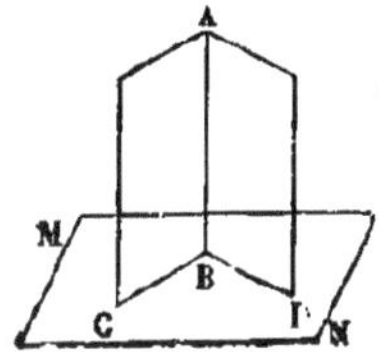

En effet, si par un point A de l'intersection on abaisse une perpendiculaire sur le plan MN, cette perpendiculaire doit être contenue tout entière dans chacun des plans auxquels appartient le point A (371); elle n'est donc autre que leur intersection AB.

THÉORÈME XXXIII.

373. *Lorsqu'un plan* CDE *et une droite* AB *sont perpendiculaires à un même plan* MN, *ce plan et cette droite sont parallèles.*

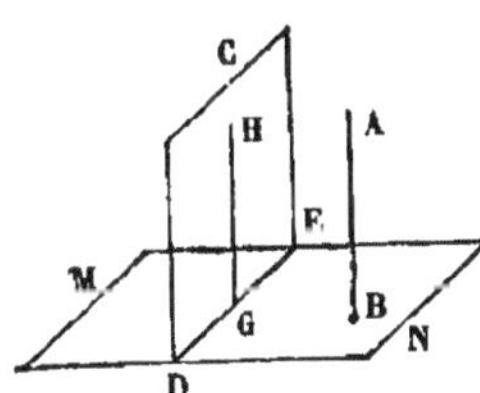

n un point G quelconque de l'intersection DE des deux plans élevons GH perpendiculaire au plan MN, cette droite sera située dans le plan CDE (371). Or, d'un autre côté, elle est parallèle à AB, puisque toutes deux sont perpendiculaires au plan MN (339). Donc enfin, la droite AB parallèle à une droite GH située dans le plan CDE est parallèle à ce plan (341).

THÉORÈME XXXIV.

374. *Lorsqu'une droite* AB *et un plan* CDE *sont parallèles, tout plan* MN *mené perpendiculairement à la droite est aussi perpendiculaire au plan.*

Par un point G quelconque de l'intersection DE des deux plans, menons GH parallèle à AB. Cette droite GH sera située dans le plan CDE (343). Or elle est perpendiculaire au plan MN puisqu'elle est parallèle à la droite AB perpendiculaire au plan MN (338). Donc le plan CDE conduit suivant une droite perpendiculaire au plan MN est perpendiculaire à ce plan (36).

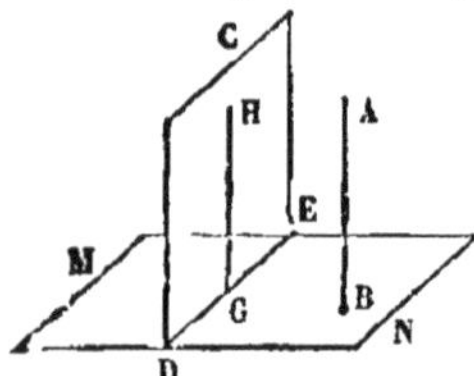

THÉORÈME XXXV.

375. *Le lieu géométrique des points également distants des deux faces d'un angle dièdre est le plan bissecteur de cet angle dièdre, c'est-à-dire le plan qui le partage en deux parties égales.*

Soit AMB le plan bissecteur de l'angle dièdre CABD : il s'agit de démontrer que tout point de ce plan est également distant des faces CAB, DAB, et que tout point situé en dehors de ce plan est inégalement distant de ces faces.

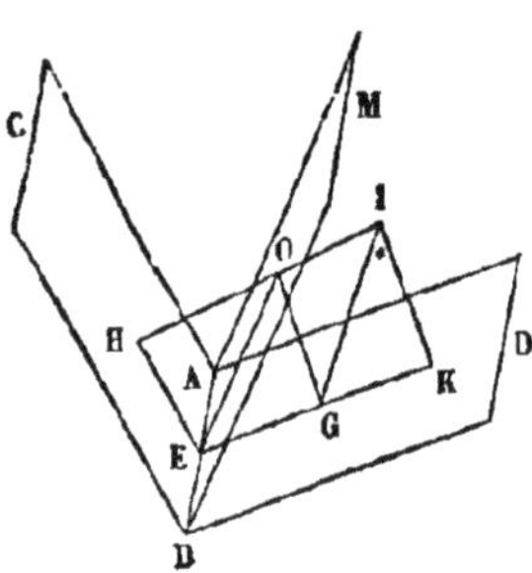

1° Soit un point O pris sur le plan bissecteur : abaissons OH, OG respectivement perpendiculaires aux plans CAB, DAB. Par les deux droites OH, OG faisons passer un plan qui coupe les trois plans suivant les droites EH, EO, EG. Ce plan mené suivant des perpendiculaires aux faces du dièdre CABD est perpendiculaire à l'arête AB (372), donc les angles HEO, OEG sont les angles plans correspondants aux dièdres déterminés par le plan MAB, et comme ces dièdres sont égaux, les angles HEO, OEG sont égaux. Il en résulte l'égalité des triangles HEO, OEG qui sont rectangles, ont l'hypoténuse commune et un angle aigu égal. Donc OH = OG, c'est-à-dire que le point O est également distant des faces du dièdre CABD.

2° Soit un point I pris en dehors du plan bissecteur ; abaissons IJ perpendiculaire sur la face CAB et IK perpendiculaire sur la face DAB. Par ces deux droites faisons passer un plan qui coupera les faces du dièdre suivant les droites EH, EK. Du point O ou la droite IH perce le plan bissecteur, abaissons OG perpendiculaire au plan DAB et joignons IG. La droite IG, oblique au plan DAB est plus grande que la perpendiculaire IK. Mais dans le triangle OIG, on a $IG < IO + OG$; or $OG = OH$ (1°), donc on a $IG < IH$ et à plus forte raison $IK < IH$. Donc le point I extérieur au plan bissecteur est inégalement distant des faces du dièdre.

THÉORÈME XXXVI.

376. *La projection sur un plan d'une ligne droite oblique à ce plan est une ligne droite.*

On nomme *projection d'un point* sur un plan le pied de la perpendiculaire abaissée de ce point sur le plan et *projection d'une ligne* sur un plan le lieu des projections des différents points de la ligne sur le plan.

Ceci posé, soit une droite AB oblique à un plan MN. De deux points quelconques A et B de cette droite, abaissons AC, BD perpendiculaires sur le plan MN et joignons CD. Le plan ABCD sera perpendiculaire au plan MN (369) ; par suite, toutes les droites abaissées des différents points de la ligne AB sur le plan MN seront contenues dans le plan ABCD (371). Leurs pieds seront donc situés sur la droite CD, laquelle est ainsi la projection de AB.

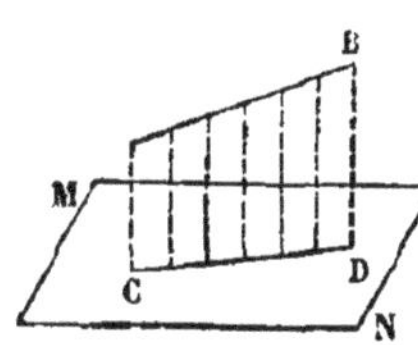

377. Remarque. — Lorsqu'une ligne droite est perpendiculaire à un plan, sa projection sur ce plan se réduit à un point.

THÉORÈME XXXVII.

378. *Lorsqu'une ligne droite* AB *est oblique à un plan* MN, *l'angle qu'elle fait avec sa projection sur ce plan est le plus petit des angles qu'elle fait avec les différentes droites qu'on peut mener par son pied dans le plan.*

Abaissons du point B la perpendiculaire BC sur le plan MN et joignons AC : cette droite est la projection de AB. Menons maintenant par le point A dans le plan MN une ligne droite quelconque AD, prenons AD = AC et joignons BD. Dans les deux triangles BAC, BAD, le côté AB est commun, le côté AC = AD et le côté BC perpendiculaire au plan MN est plus petit que le côté BD oblique au même plan, donc l'angle BAC est moindre que l'angle BAD (33).

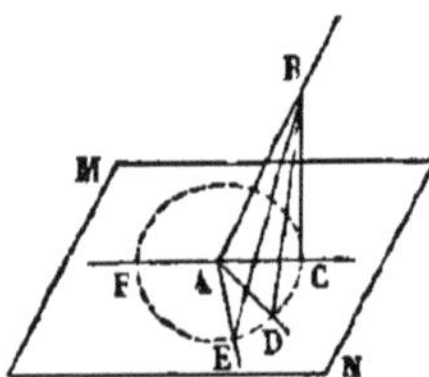

379. Remarque I. — Si l'on considère une droite AE faisant avec AC un angle plus grand que l'angle CAD, il est aisé de reconnaître que l'angle BAE formé par cette droite avec la ligne AB est plus grand que l'angle BAD, car si l'on prend AE = AD et que l'on joigne BE, on voit que l'oblique BE est plus grande que l'oblique BD. Au fur et à mesure que la droite menée par le point A dans le plan MN s'écarte de AC, l'angle qu'elle fait avec AB va en augmentant ; cet angle prend sa valeur maximum lorsque la droite se trouve en AF sur le prolongement de AC.

380. Remarque II. — On entend par *angle d'une droite et d'un plan* l'angle que fait cette droite avec sa projection sur ce plan.

ANGLES TRIÈDRES.

DÉFINITIONS.

381. On nomme *angle polyèdre* la figure formée par plusieurs plans qui se coupent en un même point.

Le point S où se rencontrent les plans se nomme le *sommet* de l'angle polyèdre ; les intersections SA, SB... de ces plans sont les *arêtes*; enfin les angles ASB, ASC... formés par les arêtes sont les *faces* de l'angle polyèdre. Lorsqu'un angle polyèdre est formé par trois plans, il porte le nom d'*angle trièdre*.

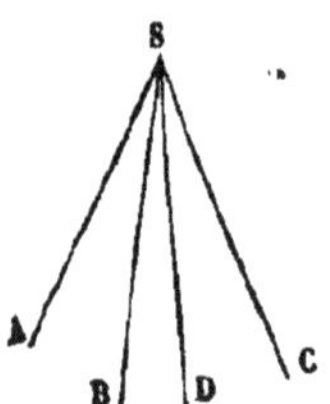

382. Un angle polyèdre est dit *convexe*

lorsqu'il est situé entièrement d'un même côté d'une quelconque de ses faces prolongée indéfiniment.

383. On dit que deux angles polyèdres sont *opposés par le sommet* lorsque les arêtes de l'un sont les prolongements des arêtes de l'autre.

Considérons en particulier deux angles trièdres SABC, SA'B'C' opposés par le sommet. Leurs faces sont égales deux à deux comme angles opposés par le sommet. Quant à leurs angles dièdres, ils sont égaux, car ils sont formés par les mêmes plans prolongés.

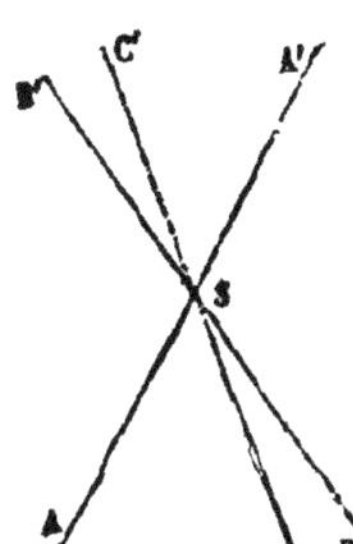

Donc deux trièdres opposés par le sommet ont toutes leurs parties égales, mais de tels trièdres ne sont pas en général superposables. En effet, si l'on fait tourner le trièdre SA'B'C' autour du point S de telle sorte que la face A'SB' vienne s'appliquer sur son égale ASB, les deux arêtes SC', SC étant amenées d'un même côté des faces superposées, on voit que les faces égales CSB, C'SB' seront placées l'une à droite, l'autre à gauche, et qu'il en sera de même des faces égales A'SC', ASC, de telle sorte qu'il ne saura exister de coïncidence entre les deux figures, à moins que les faces BSC, ASC ne soient égales entre elles.

Les trièdres SABC, SA'B'C' sont dits *trièdres symétriques*.

384. On nomme en général *angles polyèdres symétriques* deux angles polyèdres dont tous les éléments, faces et dièdres, sont égaux, et non disposés dans le même ordre, de telle sorte que les figures ne sont pas superposables.

THÉORÈME XXXVIII.

385. *Chaque face d'un angle trièdre est plus petite que la somme des deux autres.*

Il n'y a évidemment à démontrer le théorème que dans le cas où la face que l'on considère est plus grande que chacune des deux autres.

Soit donc le trièdre SABC et ASB la plus grande de ses faces. Menons dans cette face la droite SD faisant avec SB l'angle DSB = CSB. Menons dans la même face la droite AB qui rencontre les lignes SA, SD, SB ; prenons SC = SD et joignons AC, BC.

Les triangles BSD, BSC ont les angles BSD, BSC égaux, le côté SB commun et le côté SC = SD, donc ils sont égaux et le côté BD = BC. Or dans le triangle ABC on a AB ou AD + BD < AC + BC, il en résulte donc AD < AC. Maintenant dans les triangles ASD, ASC on a le côté AS commun, le côté SD = SC et le côté AD < AC, donc l'angle ASD est moindre que l'angle ASC (33), d'où il suit que ASD + DSB, c'est-à-dire la face ASB, est moindre que la somme ASC + CSB des deux autres faces du trièdre.

THÉORÈME XXXIX.

386. *La somme des faces d'un angle polyèdre convexe est moindre que quatre angles droits.*

Soit SABCDE, un angle polyèdre convexe. Coupons-le par un plan qui rencontre toutes les arêtes du même côté du sommet S, et ayant pris un point quelconque O dans l'intérieur de la section ABCDE, joignons-le aux sommets A, B, C, D, E. Nous formons ainsi autour du point O autant de triangles qu'il en existe autour du point S.

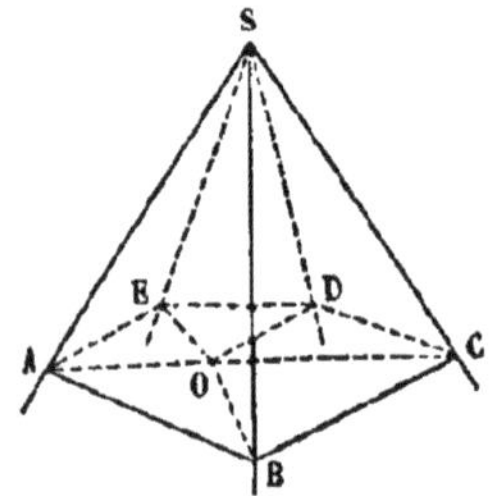

La somme des angles de chacun de ces groupes de triangles est donc la même. Or, si nous considérons l'angle trièdre ayant son sommet en A, nous avons d'après le théorème précédent (385)

$$\text{BAE ou BAO} + \text{OAE} < \text{BAS} + \text{SAE},$$

de même, l'angle trièdre ayant son sommet en B, nous donne

$$ABC \text{ ou } ABO + OBC < ABS + SBC$$

et ainsi de suite.

Donc la somme des angles à la base des triangles ayant leur sommet en O, est moindre que la somme des angles à la base des triangles ayant leur sommet au point S. Il faut donc, puis que dans les deux groupes de triangles la somme des angles est la même, que les angles autour du point S aient une somme moindre que celle des angles autour du point O. Or cette dernière somme vaut quatre droits, donc enfin la somme des angles en S, c'est-à-dire la somme des faces de l'angle polyèdre, est moindre que quatre droits.

THÉORÈME XL.

387. *Lorsque deux angles trièdres ont un angle dièdre égal compris entre deux faces égales chacune à chacune, ils sont égaux dans toutes leurs parties.*

Soit l'angle dièdre SB égal à l'angle dièdre S'B', la face ASB = A'S'B' et la face BSC = B'S'C'. Supposons d'abord que les faces égales sont disposées dans le même ordre.

Plaçons la face A'S'B' sur son égale ASB de telle sorte que S'A' s'applique sur SA et S'B' sur SB. A cause de l'égalité des dièdres S'B', SB, la face B'S'C' s'appliquera sur BSC, et comme ces faces sont égales, S'C' tombera sur SC. Les deux trièdres coïncidant dans toute leur étendue sont donc égaux.

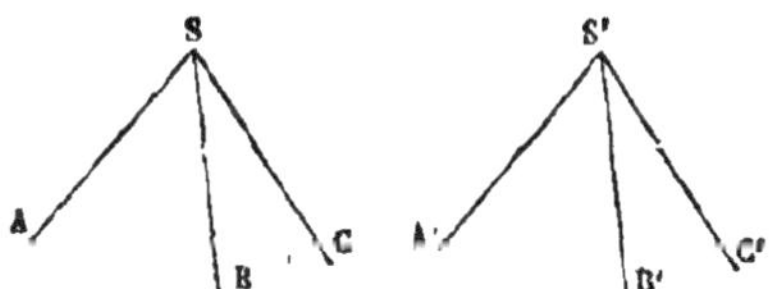

Si maintenant nous supposons les faces égales disposées en ordre inverse, nous formerons le symétrique de l'un des angles trièdres donnés en prolongeant ses faces au delà du sommet et nous pourrons superposer le second trièdre sur ce symétrique. Nous déduirons aisément de là, que les deux trièdres donnés ont encore toutes leurs parties égales.

THÉORÈME XLI.

388. *Lorsque deux angles trièdres ont une face égale adjacente à deux angles dièdres égaux chacun à chacun, ils sont égaux dans toutes leurs parties.*

Soient la face ASC = A'S'C', l'angle dièdre AS = A'S' et l'angle dièdre SC=S'C'. Supposons d'abord les éléments égaux disposés dans le même ordre.

Plaçons la face A'S'C' sur son égale ASC de telle sorte que S'A' s'applique sur SA et S'C' sur SC. En vertu de l'égalité des angles dièdres S'A', SA, la face A'S'B' tombera sur ASB et pour une raison semblable la face B'S'C' tombera sur BSC. Donc l'arête S'B' devant se placer à la fois dans les deux faces ASB, BSC s'appliquera sur leur intersection SB, et les deux trièdres coïncideront.

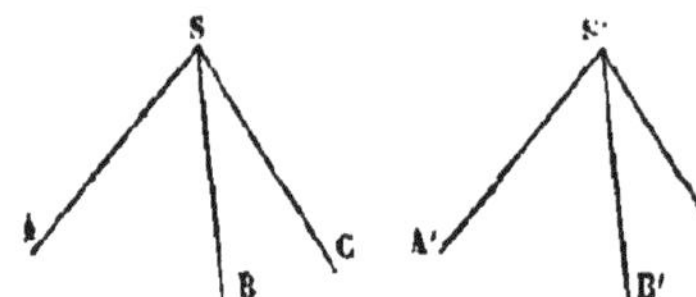

Dans le cas où les éléments égaux seraient disposés en ordre inverse, l'un des trièdres serait superposable avec le symétrique de l'autre. Les deux figures auraient donc encore toutes leurs parties égales.

THÉORÈME XLII.

389. *Lorsque deux angles trièdres ont leurs faces égales chacune à chacune, les angles dièdres opposés aux faces égales sont égaux.*

Soient les deux trièdres SABC, S'A'B'C' et supposons les faces ASB, BSC, ASC respectivement égales aux faces A'S'B', B'S'C', A'S'C'. Prenons sur les arêtes six longueurs arbitraires égales entre elles SA, SB, SC, S'A', S'B', S'C'; joignons AB,

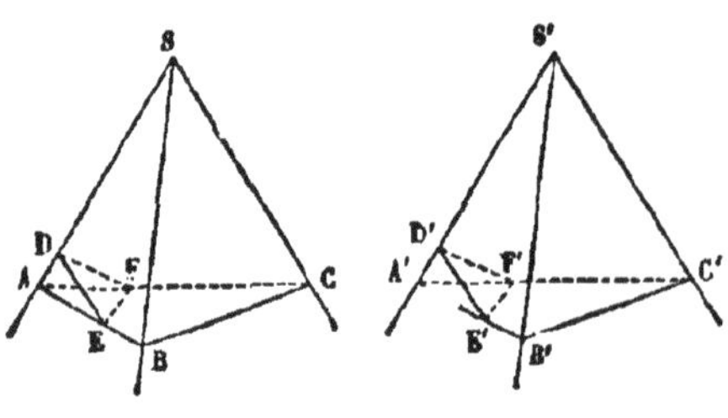

BC, AC, A′B′, B′C′, A′C′. Les triangles ASB, A′S′B′ sont égaux comme ayant un angle égal compris entre deux côtés égaux chacun à chacun, il en est de même des triangles BSC, B′S′C′ et des triangles ASC, A′S′C′. Donc les triangles ABC, A′B′C′ sont égaux comme ayant leurs trois côtés égaux chacun à chacun.

Ceci posé, prenons sur l'arête SA opposée à la face BSC un point quelconque D et menons par ce point dans les faces qui forment le dièdre SA les perpendiculaires DE, DF à l'arête SA : ces perpendiculaires, qui forment l'angle plan EDF correspondant à l'angle dièdre SA, rencontreront les droites AB et AC ou leurs prolongements, car les triangles ASB, ASC étant par construction des triangles isocèles, leurs angles à la base sont aigus.

Ayant pris sur l'arête S′A′ opposée à la face B′S′C′ qui est égale à la face BSC, une distance A′D′ = AD, construisons l'angle E′D′F′ qui mesure l'angle dièdre S′A′. Joignons EF, E′F′. Les triangles AED, A′E′D′ sont rectangles en D et D′ ; ils ont le côté AD = A′D′ et l'angle en A égal à l'angle en A′ par suite de l'égalité des triangles SAB, S′A′B′ : donc ils sont égaux et l'on a AE = A′E′, DE = D′E′. Les triangles ADF, A′D′F′ égaux pour la même raison que les précédents, donnent de même AF = A′F′, DF = D′F′. Enfin les deux triangles EAF, E′A′F′ qui ont un angle égal compris entre deux côtés égaux donnent EF = E′F′. On voit ainsi que les deux triangles EDF, E′D′F′ ont les trois côtés égaux chacun à chacun, donc leurs angles en D et D′ sont égaux et par suite les angles dièdres SA, S′A′ mesurés par les angles D, D′ sont égaux. On établirait de même l'égalité des angles dièdres SB, S′B′ opposés aux faces égales ASC, A′S′C′ et celle des angles dièdres SC, S′C′ opposés aux faces égales ASB, A′S′B′.

Si les faces égales des deux angles trièdres sont disposées dans le même ordre, les deux figures sont superposables. Dans le cas contraire, elles sont symétriques.

THÉORÈME XLIII.

390. *Si d'un point* E *pris sur l'arête d'un angle dièdre* AB *on élève sur la face* ABC *une perpendiculaire* EF *du même côté du plan* ABC *que la face* ABD, *et sur la face* ABD *une* *perpendiculaire* EG *du même côté de cette face que le plan* ABC, *l'angle* FEG *formé par les deux perpendiculaires est le supplément de l'angle plan correspondant à l'angle dièdre* AB.

Par les deux droites EF, EG faisons passer un plan KEH : ce plan sera perpendiculaire à chacune des faces du dièdre AB (369) et par suite à leur intersection AB (372). Donc la droite AB est perpendiculaire aux droites EK, EH et l'angle KEH est l'angle plan correspondant à l'angle dièdre AB.

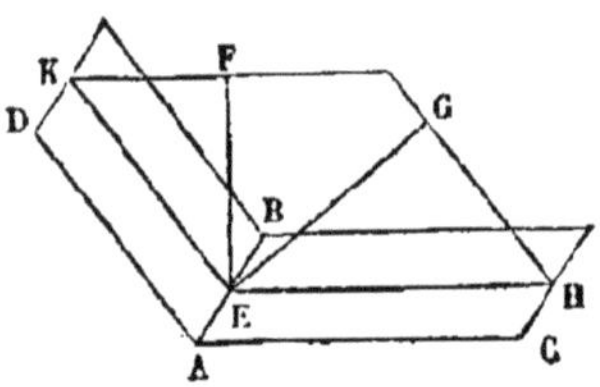

Or chacun des angles KEG, FEH est droit et leur somme est égale à celle des angles KEH, FEG ; ces deux derniers sont donc supplémentaires.

THÉORÈME XLIV.

391. *Si du sommet* S *d'un angle trièdre on élève des perpendiculaires* SA′, SB′, SC′ *sur ses trois faces, de telle sorte que chacune de ces perpendiculaires se trouve par rapport à la face sur laquelle elle a été élevée, du même côté que l'arête de l'angle trièdre opposée à cette face, les faces de l'angle trièdre ayant* SA′, SB′, SC′ *pour arètes, sont supplémentaires des angles plans correspondants aux angles dièdres de l'angle trièdre* SABC, *et réciproquement les faces de ce dernier angle trièdre sont supplémentaires des angles plans correspondant aux angles dièdres de l'angle* SA′B′C′.

La droite SA′ élevée perpendiculairement sur la face BSC du même côté que l'arète SA est aussi par rapport à la face BSC du même côté que la face ASC. De même l'arête SB′ se trouve par rapport à la face ASC du même côté que la face BSC ; donc l'angle A′SB′ est, d'après le théorème précédent (390), le supplément de l'angle plan correspondant à l'angle dièdre ayant SC pour arête.

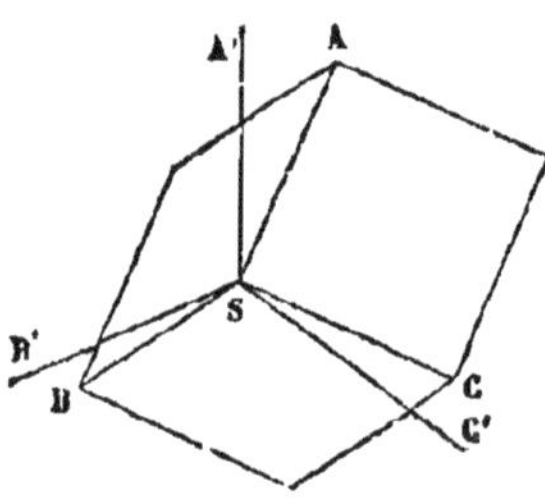

On reconnaîtrait par des considérations tout à fait semblables que l'angle A'SC' est supplémentaire de l'angle plan correspondant à l'angle dièdre SB et que l'angle B'SC' est supplémentaire de l'angle plan correspondant à l'angle dièdre SA. Donc déjà les faces de l'angle trièdre SA'B'C' sont les suppléments des angles plans correspondants aux angles dièdres de l'angle trièdre SABC.

En second lieu, l'arête SC est perpendiculaire aux droites SA', SB' : elle est donc perpendiculaire à la face A'SB'; de plus, cette arête SC est située par rapport à cette face du même côté que l'arête SC', car ces deux droites SC, SC' sont placées du même côté de la face ASB et comme SC' est perpendiculaire à cette face, l'angle CSC' est un angle aigu. On établirait de même que l'arête SA est perpendiculaire à la face B'SC' et se trouve située avec SA' du même côté de cette face, et enfin que l'arête SB est perpendiculaire à la face A'SC' et est située du même côté de cette face que l'arête SB'. Il résulte de là que l'angle trièdre SABC peut être regardé comme construit par rapport à l'angle trièdre SA'B'C' comme celui-ci a été construit par rapport à SABC. Donc les faces de l'angle trièdre SABC sont les suppléments des angles plans correspondants aux angles dièdres de l'angle trièdre SA'B'C'.

Les deux angles trièdres SABC, SA'B'C' se nomment *angles trièdres supplémentaires.*

THÉORÈME XLV.

392. *Lorsque deux angles trièdres ont leurs angles dièdres égaux chacun à chacun, leurs faces sont égales chacune à chacune.*

Soient deux angles trièdres S, S' dont les angles dièdres sont égaux chacun à chacun. Supposons que l'on ait construit leurs angles trièdres supplémentaires. Ces derniers auront leurs faces égales chacune à chacune comme suppléments d'angles plans correspondants à des angles dièdres égaux chacun à chacun.

Mais on a vu (389) que deux angles trièdres dont les faces sont égales ont aussi leurs angles dièdres égaux. Donc les trièdres supplémentaires des trièdres donnés ont leurs angles dièdres égaux et par suite les angles S, S′ ont leurs faces égales comme supplémentaires d'angles plans correspondants à des angles dièdres égaux.

Les trièdres S et S′ sont superposables ou symétriques suivant que leurs éléments égaux sont disposés dans le même ordre ou en ordre inverse.

THÉORÈME XLVI.

393. *La somme des trois angles dièdres d'un angle trièdre est comprise entre deux et six droits ; de plus, chaque angle dièdre augmenté de deux droits est plus grand que la somme des deux autres angles dièdres.*

1° Soient A, B, C les angles dièdres de l'angle trièdre donné, et a, b, c les faces de l'angle trièdre supplémentaire : on a (391):

$$A = 2^{dts} - a, \quad B = 2^{dts} - b, \quad C = 2^{dts} - c.$$

Donc

$$A + B + C = 6^{dts} - (a + b + c).$$

Mais la somme des trois faces d'un angle trièdre est plus grande que zéro et moindre que 4^{dts} (386), on a donc

$$A + B + C < 6^{dts} \quad \text{et} \quad A + B + C > 2^{dts}.$$

2° On sait que dans un trièdre chaque face est moindre que la somme des deux autres (385), on a donc

$$a < b + c,$$

ou

$$2^{dts} - A < 2^{dts} - B + 2^{dts} - C,$$

d'où

$$A + 2^{dts} > B + C.$$

394. Remarque.—De l'ensemble des théorèmes relatifs aux angles trièdres, il résulte que ces figures présentent avec les triangles rectilignes des analogies et des différences qu'il est bon de constater.

Ainsi nous ferons remarquer particulièrement qu'on a établi pour les angles trièdres des cas d'égalité tout à fait analogues à ceux des triangles rectilignes. Il suffit pour passer des cas d'égalité des triangles aux cas d'égalité relatifs aux angles trièdres de remplacer le mot *côté* par le mot *face*, et le mot *angle* par le mot *angle dièdre*.

Par exemple à ce théorème : *Deux triangles sont égaux lorsqu'ils ont un côté égal adjacent à deux angles égaux chacun à chacun*, correspond celui-ci : *Deux angles trièdres sont égaux dans toutes leurs parties lorsqu'ils ont une face égale adjacente à deux angles dièdres égaux chacun à chacun.* Et ainsi des autres théorèmes.

D'autre part, on a établi que *deux angles trièdres qui ont leurs angles dièdres égaux ont aussi leurs faces égales*, tandis que *deux triangles qui ont leurs angles égaux sont seulement semblables.* Cette différence tient à ce que, tandis que la somme des angles d'un triangle est constante, la somme des angles dièdres d'un angle trièdre est variable, et par conséquent a une valeur particulière pour chaque angle trièdre considéré.

On peut établir sur les angles trièdres d'autres théorèmes que ceux que nous avons démontré, et qui ont une analogie complète avec des théorèmes sur les triangles. Ainsi par exemple :

Si dans un trièdre deux faces sont égales, les angles dièdres opposés à ces faces sont égaux et réciproquement.

Dans tout angle trièdre à un plus grand angle dièdre est opposée une plus grande face et réciproquement, etc.

Nous laissons au lecteur le soin d'établir la démonstration de ces théorèmes.

THÉORÈME XLVII.

395. *On peut former un angle trièdre avec trois faces données, pourvu que la plus grande des trois faces soit moindre que la somme des deux autres et que la somme des trois faces soit moindre que quatre droits.*

Soient ASB, BSC, ASC′ les trois faces données ; supposons-les placées sur un même plan et soit ASB la plus grande. Du point S comme centre avec un rayon arbitraire, décrivons une circonférence et des points C et C′ abaissons les perpendiculaires CD sur SB et C′E sur SA. La face ASB étant moindre que la somme des deux autres, l'arc AB est plus petit que la somme des arcs BC, AC′ et comme l'arc BD = BC, il s'ensuit que l'arc AD est moindre que l'arc AC′ : donc le point E sera situé au delà du point D par rapport au point A. D'un autre côté, comme la somme des trois faces est moindre que quatre droits, le point C se trouve sur la circonférence à droite du point S et le point C′ à gauche. Les cordes CD, C′E se coupent donc dans l'intérieur du cercle en un certain point H.

Au point H élevons une perpendiculaire HM au plan ASB et dans le plan C′HM décrivons du point G comme centre avec GC′ pour rayon un arc de cercle qui coupera nécessairement la perpendiculaire en un certain point M. Joignons SM : l'angle trièdre SAMB est formé avec les trois faces données.

En effet, joignons MG, MK : les triangles C′SG, GSM sont égaux car ils sont rectangles en G, ils ont le côté SG commun et le côté GM = GC′. Donc l'angle GSM = C′SG. De même les triangles MSK, CSK sont égaux, car ils sont rectangles en K, ils ont le côté SK commun et les côtés SM, SC égaux, car chacun d'eux est égal à SC′. Donc l'angle MSK = BSC, et les trois faces de l'angle trièdre SAMB ne sont autres que les trois faces données.

396. Remarque. — On peut construire un angle trièdre avec trois angles dièdres donnés pourvu que la somme de ces trois angles dièdres soit comprise entre deux et six droits, et que le plus petit augmenté de deux droits soit plus grand que la somme des deux autres. On reconnaît en effet aisément que moyennant ces conditions, on peut construire l'angle trièdre supplémentaire de l'angle trièdre demandé, et par suite ce dernier lui-même.

LIVRE VI

LES POLYÈDRES

DEFINITIONS.

397. On nomme *polyèdre* un solide terminé de toutes parts par des plans que l'on nomme *faces* du polyèdre.

Les intersections des faces sont *les arêtes* du polyèdre, les points de rencontre des arêtes en sont *les sommets*. Toute droite qui joint deux sommets non situés sur la même face est une *diagonale* de polyèdre.

Les polyèdres qui ont quatre, six, huit, douze, vingt faces se désignent sous les noms particuliers de *tétraèdre, hexaèdre, octaèdre, dodécaèdre, icosaèdre.*

398. On dit qu'un polyèdre est *régulier* lorsque toutes ses faces sont des polygones réguliers égaux et que tous ses angles solides sont égaux entre eux.

Il n'existe que cinq polyèdres réguliers qui sont : le *tétraèdre,* l'*octaèdre* et l'*icosaèdre régulier* dont les faces sont des triangles équilatéraux, l'*hexaèdre régulier* dont les faces sont des carrés, et le *dodécaèdre régulier* dont les faces sont des pentagones réguliers.

Il ne saurait d'ailleurs exister un plus grand nombre de polyèdres réguliers. En effet, l'angle d'un triangle équilatéral valant $\frac{2}{3}$ d'angle droit, on peut associer seulement 3, 4 et 5 triangles équilatéraux pour former l'angle solide d'un polyèdre, car la somme des faces d'un angle solide doit être inférieure à quatre droits (386). L'angle d'un carré étant droit, on ne peu prendre plus de trois carrés pour former l'angle solide d'un polyèdre. Enfin, l'angle d'un pentagone régulier valant $\frac{6}{5}$ d'angle droit, on peut encore réunir trois pentagones réguliers pour former un angle solide ; mais au delà du pentagone, la construction devient impossible, car l'angle de l'hexagone régulier vaut $\frac{4}{3}$ de droit, de telle sorte que trois de ces angles font déjà quatre droits et ne peuvent par conséquent former les faces d'un angle solide ; à plus forte raison en est-il ainsi pour les polygones réguliers de plus de six côtés.

399. Un polyèdre *convexe* est celui qui reste tout entier d'un même côté d'une quelconque de ses faces prolongée indéfiniment.

400. On nomme *prisme* un polyèdre qui a deux faces égales et parallèles et dont les autres faces sont des parallélogrammes.

Les deux faces égales et parallèles sont les *bases* du prisme, les autres faces se nomment *faces latérales*, leur ensemble constitue la *surface latérale* du solide. La distance des deux bases est la *hauteur* du prisme ; elle se mesure par la perpendiculaire abaissée d'un point quelconque de l'une des bases sur l'autre.

Pour construire un prisme, on prend un polygone quelconque ABCDE et par chacun de ses sommets, on mène d'un même côté de son plan des droites parallèles et égales entre elles AF, BG, CH.... et l'on joint leurs extrémités de manière à former la figure FGHIK. Le polyèdre compris sous les faces limitées par les droites ainsi construites est un prisme.

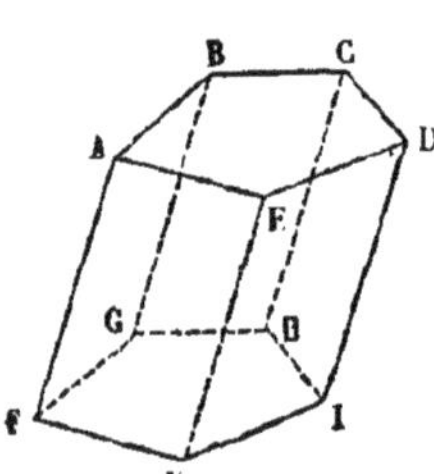

En effet, chacun des quadrilatères ABGF, BCGH ... est un parallélogramme puisqu'il a deux côtés égaux et parallèles ; donc les côtés des polygones ABCDE, FGHIK sont égaux et parallèles ; ces polygones sont donc égaux et le solide répond à la définition du prisme.

401. Un prisme est *droit* lorsque ses arêtes latérales sont perpendiculaires aux plans des bases ; autrement il est *oblique*. Dans un prisme droit la hauteur est égale à l'une quelconque des arêtes latérales et les faces latérales sont des rectangles.

402. On dit qu'un prisme est *triangulaire*, *quadrangulaire*, *pentagonal*, *hexagonal*, etc., suivant que sa base est un triangle, un quadrilatère, un pentagone, un hexagone, etc.

403. On nomme *parallélipipède* un prisme dont les bases sont des parallélogrammes. Tel est le solide ABCDEFGH. On voit ainsi que le parallélipipède est un solide compris sous six faces qui sont des parallélogrammes.

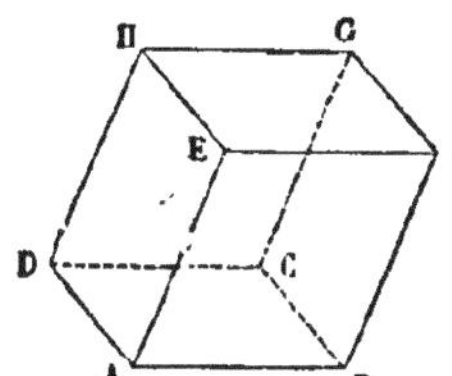

Lorsque les arêtes d'un parallélipipède sont perpendiculaires aux plans des bases, le parallélipipède est *droit*. Un parallélipipède droit dont les bases sont des rectangles est un parallélipipède *rectangle*. Ce dernier a donc toutes ses faces rectangulaires. Tel est le *cube* ou *hexaèdre régulier*.

404. On nomme *pyramide* un polyèdre compris sous plusieurs plans partant d'un même point et aboutissant aux différents côtés d'un polygone. Ce polygone est la *base* de la pyramide; le point où se réunissent les plans en est le *sommet*, la *surface latérale* du solide est l'ensemble des triangles formés par les plans partant du sommet. La *hauteur* de la pyramide est la distance de son sommet à sa base.

La figure SABCDE est une pyramide ayant S pour sommet et ABCDE pour base. Sa surface latérale est formée par les triangles ASB, BSC.... Sa hauteur est la perpendiculaire SF abaissée du sommet S sur le plan de la base.

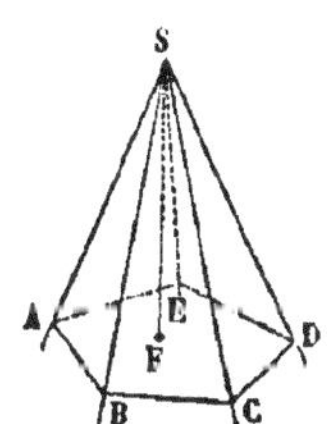

405. Une pyramide est *triangulaire*, *quadrangulaire*, *pentagonale*, etc., suivant que sa base est un triangle, un quadrilatère, un pentagone, etc. La pyramide triangulaire étant limitée par quatre faces porte le nom de *tétraèdre*.

406. On nomme *pyramide régulière* toute pyramide dont la base est un polygone régulier et dont la hauteur abaissée du sommet tombe au centre de la base. La surface latérale d'une pyramide régulière est formée de triangles isocèles égaux entre eux.

407. Deux polyèdres sont dits *équivalents* lorsqu'ils ont le même volume.

PRISMES ET PARALLÉLIPIPÈDES

THÉORÈME I.

408. *Deux prismes sont égaux lorsqu'ils ont un angle solide compris sous trois faces respectivement égales et semblablement placées.*

Soient les deux prismes ABCDEK, A'B'C'D'E'K' dans lesquels on suppose les trois faces qui comprennent l'angle solide en A respectivement égales aux faces qui comprennent l'angle solide en A' et placées semblablement à ces dernières : je dis que ces deux prismes sont égaux.

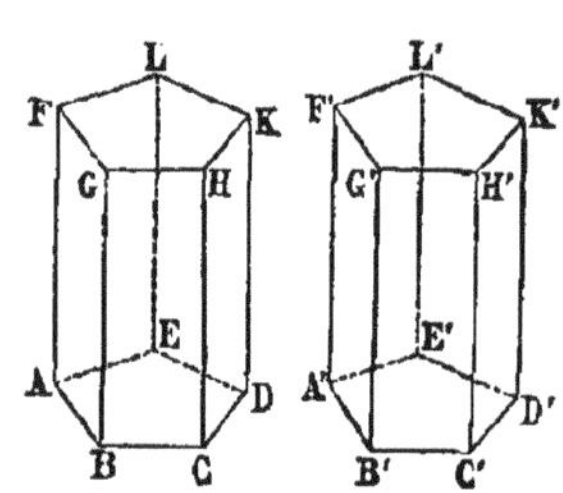

Plaçons la base A'B'C'D'E' sur son égale ABCDE de manière à les faire coïncider. Les trois faces qui forment l'angle trièdre en A' étant égales à celles qui forment l'angle trièdre en A et disposées semblablement, l'angle trièdre en A' est égal à l'angle trièdre en A (389) et l'arête A'F' s'appliquera sur son égale AF. De même B'G' s'appliquera sur BG, C'H' sur CH et ainsi de suite, car ces arêtes sont parallèles aux premières ; donc les polygones FGHKL, F'G'H'K'L' coïncideront dans toute leur étendue et les deux prismes sont égaux.

409. Remarque. — *Deux prismes droits qui ont des bases égales et des hauteurs égales sont égaux.*

En effet, si l'on porte l'un des prismes sur l'autre de manière à faire coïncider les bases inférieures, par exemple, toutes les arêtes étant perpendiculaires aux plans des bases et égales entre elles, les deux solides coïncideront.

THÉORÈME II

410. *Les faces opposées d'un parallélipipède sont égales et parallèles.*

Soit le parallélipipède ABCDG ayant pour base les parallélogrammes ABCD, EFGH : par définition, ces figures sont égales et leurs plans sont parallèles. Je dis qu'il en est de même pour les faces latérales opposées l'une à l'autre. Considérons les faces ADEH, BCGF, elles ont le côté AE = BF et le côté AD = BC comme côtés opposés de parallélogrammes. De plus, les angles DAE, CBF sont égaux, car ils ont leurs côtés parallèles et dirigés dans le même sens. Donc les parallélogrammes ADEH, BCGF sont égaux (88) et leurs plans sont parallèles (354).

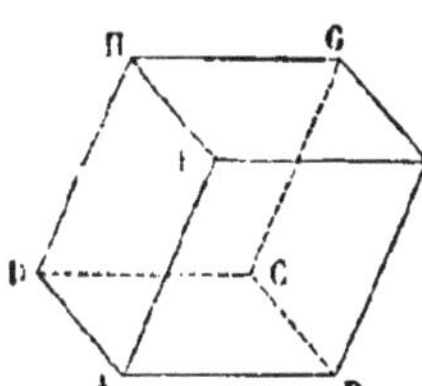

On démontrerait de même que les faces ABEF, DCGH sont égales et parallèles.

411. Corollaire. — Deux faces opposées quelconques d'un parallélipipède peuvent être prises pour bases du solide.

THÉORÈME III.

412. *Les diagonales d'un parallélipipède se coupent en un même point.*

Soit le parallèlipipède ABCDH ; menons deux quelconques de ses diagonales AH, CE ; elles se coupent mutuellement en parties égales au point O, car si l'on suppose menées les droites EH, AC, la figure ACEH ayant deux côtés AE, CH égaux et parallèles est un parallélogramme. Chacune des deux autres diagonales DG, BF du parallélipipède doit donc couper l'une quelconque des deux premières en son milieu ; par suite toutes les diagonales du solide se coupent au même point O.

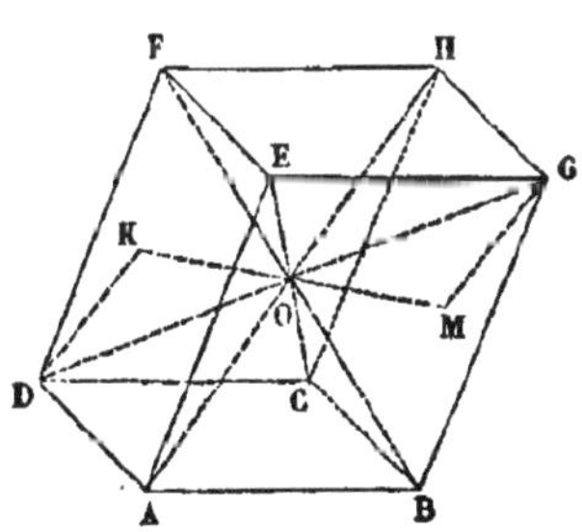

413. Remarque. — Toute droite MK passant par le point O, et terminée aux points M et K où elle rencontre les faces du solide, est partagée au point O en deux parties égales. En effet, joignons GM, DK : les triangles OGM, ODK ont le côté OG = OD, les angles en O égaux comme opposés au sommet et les angles OGM, ODK égaux comme alternes internes, attendu que les droites GM, DK sont parallèles comme intersections de deux faces parallèles par le plan des droites DG, MK. Les triangles OGM, ODK sont donc égaux et l'on a OM = OK. Le point O se nomme *le centre de figure* du parallélipipède.

THÉORÈME IV.

414. *Dans un parallélipipède rectangle, le carré d'une diagonale est égal à la somme des carrés des trois arêtes issues d'un même sommet.*

Soit le parallélipipède rectangle ABCDG ; menons la diagonale BH et joignons BD. Dans le triangle rectangle BDH, on a :

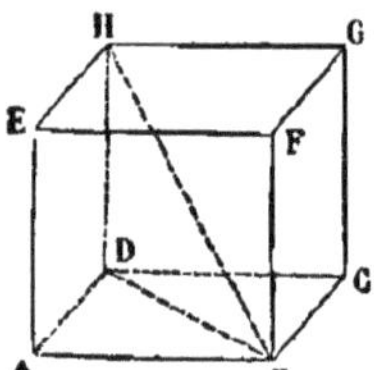

$$\overline{BH}^2 = \overline{BD}^2 + \overline{DH}^2,$$

mais dans le triangle rectangle ABD, on a également :

$$\overline{BD}^2 = \overline{AD}^2 + \overline{AB}^2 \quad \text{ou} \quad = \overline{AD}^2 + \overline{DC}^2.$$

Donc enfin

$$\overline{BH}^2 = \overline{AD}^2 + \overline{DC}^2 + \overline{DH}^2.$$

THÉORÈME V.

415. *Les sections faites dans un prisme par des plans parallèles qui rencontrent toutes les faces latérales sont des polygones égaux.*

Soient les plans parallèles MO, RT qui coupent toutes les faces latérales du prisme ABCDEK. Les droites MN, RS sont parallèles comme intersections de deux plans parallèles par un troisième (347) et de plus elles sont égales comme parallèles comprises entre deux parallèles. Il en est de même des droites NO, ST, OP, TU, etc. Donc les deux polygones MNOPQ, RSTUV qui ont leurs côtés égaux et parallèles, ont aussi leurs angles égaux et par suite sont égaux.

416. Corollaire. — Toute section faite dans un prisme, par un plan parallèle à sa base, est égale à cette base.

417. Remarque. — On nomme *section droite* d'un prisme toute section faite dans le solide par un plan perpendiculaire aux arêtes latérales.

THÉORÈME VI.

418. *Tout prisme oblique est équivalent à un prisme droit ayant pour base la section droite du prisme oblique et pour hauteur l'une de ses arêtes latérales.*

Soit le prisme oblique ABCDH. Par un point I de l'arête AE, menons le plan IKLM perpendiculaire sur AE. Imaginons les faces latérales du solide prolongées ; prenons IN = AE et par le point N menons le plan NOPQ perpendiculaire à l'arête AE. Le solide NOPQL est un prisme droit, car ses bases sont des polygones égaux et parallèles (415) et ses arêtes sont perpendiculaires aux plans des bases. Ce prisme droit a pour base la section droite et pour hauteur l'arête du prisme oblique donné. Il s'agit de démontrer qu'il lui est équivalent.

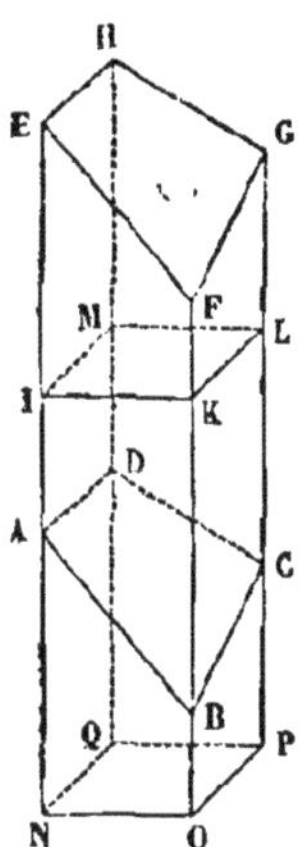

Pour cela, considérons les deux solides IKLMH, NOPQD : leurs faces IKLM, NOPQ sont égales, leurs arêtes IE, KF... AN, OB... sont perpendiculaires aux plans de ces faces et ces arêtes sont deux à deux égales entre elles, car de AE = IN, on tire AE — AI = IN — AI ou IE = AN, et l'on a de même pour les autres arêtes KF = OB, LG = PC, MH = DQ.

Les deux solides IKLMH, NOPQD sont donc égaux, puisqu'on peut les superposer.

Si maintenant on retranche successivement de la figure totale les deux solides égaux NOPQD, IKLMH, il reste successivement le prisme oblique donné et le prisme droit. Donc ce dernier est équivalent au prisme oblique.

THÉORÈME VII.

419. *Le plan qui passe par deux arêtes opposées d'un parallélipipède divise le solide en deux prismes triangulaires équivalents.*

Menons par les deux arêtes opposées BF, DH du parallélipipède AG le plan BDFH. Ce plan partage la figure en deux solides qui sont des prismes triangulaires, car pour chacun de ces solides, les bases sont des triangles égaux comme moitiés de parallélogrammes égaux et sont situées dans des plans parallèles; de plus, les faces latérales sont des parallélogrammes. Si le parallélipipède proposé est droit, on voit immédiatement que ces deux prismes sont égaux comm ayant bases égales et même hauteur (409). Si maintenant nous supposons que le parallélipipède est oblique, menons le plan MNOP perpendiculaire aux arêtes latérales : le prisme oblique ABDEFH est équivalent au prisme droit qui aurait pour base sa section droite MNP et pour hauteur son arête DH (418). De même le prisme oblique BCDFGH est équivalent au prisme droit qui aurait pour base sa section droite NOP et pour hauteur l'arête DH. Mais ces deux prismes droits sont égaux comme ayant des bases égales MNP, NOP et même hauteur DH, donc les deux prismes obliques, qui leur sont respectivement équivalents, sont équivalents entre eux.

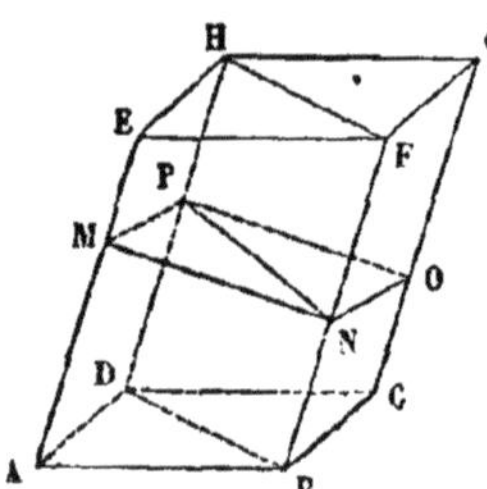

THÉORÈME VIII

420. *Deux parallélipipèdes rectangles de même base sont entre eux comme leurs hauteurs.*

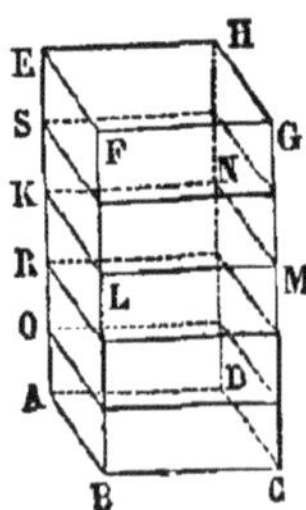

Soient ABCDE, ABCDK deux parallélipipèdes rectangles ayant même base ABCD et pour hauteurs AE, AK. Supposons que ces hauteurs aient une commune mesure contenue cinq fois dans AE et trois fois dans AK, nous aurons alors

$$\frac{AE}{AK} = \frac{5}{3}.$$

Divisons AE en cinq parties égales, AK contiendra trois de ces parties : par les points O, R, S de division menons des plans parallèles à la base ABCD, ces plans déterminent des sections égales à la base (416) et donnent naissance à des parallélipipèdes rectangles égaux, car ils ont leurs bases égales et leurs hauteurs égales (409). Le parallélipipède AE contient cinq de ces solides partiels et le parallélipipède AK en contient trois, donc on a

$$\frac{\text{ABCDE}}{\text{ABCDK}} = \frac{5}{3}$$

d'où il résulte

$$\frac{\text{ABCDE}}{\text{ABCDK}} = \frac{\text{AE}}{\text{AK}}.$$

Si les hauteurs n'avaient pas de commune mesure, on ferait usage, pour démontrer le théorème, du raisonnement déjà employé (126).

THÉORÈME IX.

421. *Deux parallélipipèdes rectangles de même hauteur sont entre eux comme leurs bases.*

Soient P, P′ deux parallélipipèdes rectangles ayant même hauteur h et dont les bases B, B′ ont pour dimensions la première a et b, la seconde a' et b'. Imaginons un troisième parallélipipède rectangle P″ ayant même hauteur h que les deux premiers et pour dimensions de sa base, a et b'. Les deux parallélipipèdes P et P″ ont chacun une face dont les dimensions sont h et a ; on peut considérer cette face comme étant leur base (411) ; ces parallélipipèdes sont donc entre eux comme leurs hauteurs b, b' (420), et l'on a

$$\frac{\text{P}}{\text{P}''} = \frac{b}{b'}. \qquad (1)$$

De même les deux parallélipipèdes P″, P′ ont chacun une face ayant pour dimensions h et b' ; considérant cette face comme étant leur base, ces parallélipipèdes sont entre eux comme leurs hauteurs a, a' et l'on a

$$\frac{P''}{P'} = \frac{a}{a'}. \quad (2)$$

Multipliant membre à membre les égalités (1) et (2), et supprimant ensuite le facteur P″ commun aux deux termes du premier produit, il vient :

$$\frac{P}{P'} = \frac{a \times b}{a' \times b'},$$

Or on a vu (227) que deux rectangles B, B′ sont proportionnels aux produits $a \times b$, $a' \times b'$ de leurs bases par leurs hauteurs, donc

$$\frac{P}{P'} = \frac{B}{B'}.$$

THÉORÈME X.

422. *Deux parallélipipèdes rectangles quelconques sont entre eux comme les produits de leurs bases par leurs hauteurs.*

Soient P, P′ deux parallélipipèdes rectangles ayant, le premier, pour base B et pour hauteur h ; le second, pour base B′ et pour hauteur h'. Imaginons un troisième parallélipipède rectangle P″ ayant pour base B′ et pour hauteur h. Les deux parallélipipèdes P, P″ ayant même hauteur sont entre eux comme leurs bases (421) et l'on a

$$\frac{P}{P''} = \frac{B}{B'}.$$

D'autre part, les parallélipipèdes P″, P′ ayant même base B′ sont entre eux comme leurs hauteurs h, h', donc

$$\frac{P''}{P'} = \frac{h}{h'};$$

multipliant membre à membre les deux égalités qui précèdent

et supprimant ensuite le facteur P'' commun aux deux termes du premier produit, il vient :

$$\frac{P}{P'} = \frac{B \times h}{B' \times h'},$$

ce qu'il fallait démontrer.

THÉORÈME XI.

423. *Le volume d'un parallélipipède rectangle est égal au produit de sa base par sa hauteur, si l'on prend pour unités de volume et de surface le cube et le carré construits sur l'unité de longueur.*

On vient d'établir la proportion

$$\frac{P}{P'} = \frac{B \times h}{B' \times h'},$$

laquelle peut s'écrire

$$\frac{P}{P'} = \frac{B}{B'} \times \frac{h}{h'}.$$

Supposons que P' soit un cube ayant pour arête l'unité de longueur, sa base B' sera un carré ayant pour côté l'unité de longueur : si donc nous prenons P' pour unité de volume et B' pour unité de surface, l'égalité qui précède deviendra

$$\frac{P}{1} = \frac{B}{1} \times \frac{h}{1}$$

ou

$$P = B \times h, \qquad (1)$$

mais P, B et h sont les mesures respectives du parallélipipède rectangle P, de sa base et de sa hauteur ; donc le nombre qui représente le volume d'un parallélipipède rectangle est égal au produit de deux nombres représentant l'un la mesure de la base et l'autre celle de la hauteur. Ce résultat s'exprime ordinairement de la façon suivante : *Le volume du parallélipipède rectangle est égal au produit de sa base par sa hauteur.*

424. Remarque I. — En nommant a et b les dimensions

de la base B du parallélipipède P, on a $B = a \times b$, l'égalité (1) devient donc en y remplaçant B par le produit $a \times b$,

$$P = a \times b \times c.$$

On peut donc dire encore que le volume du *parallélipipède rectangle est égal au produit de ses trois dimensions*, ce qui signifie que si l'on prend pour unité de volume le cube construit sur l'unité de longueur, le nombre qui représente la mesure du parallélipipède rectangle est égal au produit de trois nombres représentant respectivement les longueurs des trois dimensions.

425. **Remarque II.** — Suivant que l'on prend pour unité de longueur le mètre, le décimètre, le centimètre, etc., l'unité de surface est le mètre carré, le décimètre carré, le centimètre carré, etc., l'unité de volume est le mètre cube, le décimètre cube, le centimètre cube, etc.

THÉORÈME XII.

426. *Le volume d'un parallélipipède droit est égal au produit de sa base par sa hauteur.*

Soit le parallélipipède droit ABCDG ayant le parallélogramme ABCD pour base et la droite AE pour hauteur. Par un point A de l'arête AB menons un plan perpendiculaire à cette arête, la section AED'H' sera un rectangle, car EA étant perpendiculaire sur la face ABCD est perpendiculaire sur la droite AD'. Or le parallélipipède proposé est équivalent à un parallélipipède qui aurait pour base sa section droite AED'H' et pour hauteur son arête AB (418). Ce dernier parallélipipède est rectangle, puisque AED'H' est un rectangle : il a donc pour mesure AB $\times$ AD' $\times$ AE (424). Mais AB $\times$ AD' représente l'aire du parallélogramme ABCD et AE est la hauteur du parallélipipède ABCDG. Ce dernier a donc pour mesure le produit de sa base par sa hauteur.

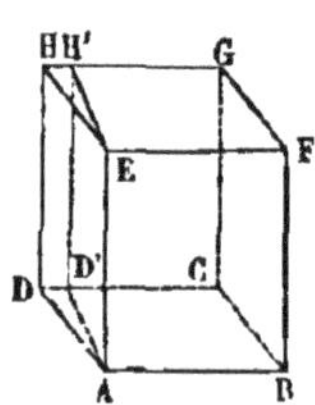

THÉORÈME XIII.

427. *Le volume d'un parallélipipède oblique est égal au produit de sa base par sa hauteur.*

Soit le parallélipipède oblique ABCDG ayant pour base le parallélogramme ABCD. Par un point E quelconque pris sur l'arête EF menons un plan perpendiculaire à cette arête : le parallélipipède oblique sera équivalent au parallélipipède droit ayant pour base la section droite EKNO et pour hauteur l'arête EF. Or, ce parallélipipède droit a pour mesure le produit de sa base OENK par sa hauteur EF, et la base OENK est un parallélogramme dont la mesure est égale au produit de sa base NK par sa hauteur, c'est-à-dire par la droite ER abaissée du point E perpendiculairement sur NK. Le parallélipipède droit, et par suite aussi le parallélipipède oblique, a donc pour mesure le produit NK×ER×EF ou NK×AB×ER. Mais NK × AB est la mesure de la base ABCD du parallélipipède oblique et ER est la hauteur de ce parallélipipède, car la droite ER menée perpendiculairement sur NK est perpendiculaire sur le plan ABCD auquel le plan NKEO est perpendiculaire (370). Le parallélipipède oblique a donc enfin pour mesure le produit de sa base par sa hauteur.

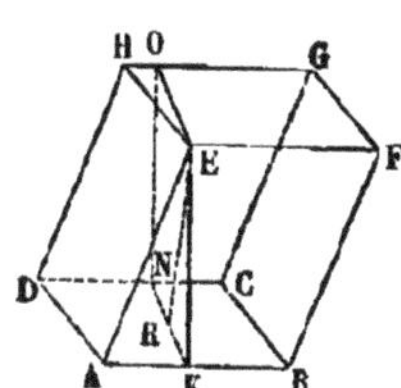

428. Corollaires. — Deux parallélipipèdes quelconques de bases équivalentes sont entre eux comme leurs hauteurs. — Deux parallélipipèdes quelconques de même hauteur sont entre eux comme leurs bases. — Deux parallélipipèdes quelconques de bases équivalentes et de même hauteur sont équivalents.

THÉORÈME XIV.

429. *Le volume d'un prisme est égal au produit de sa base par sa hauteur.*

Considérons d'abord un prisme triangulaire ABCDEF ayant ABC pour base et FG pour hauteur.

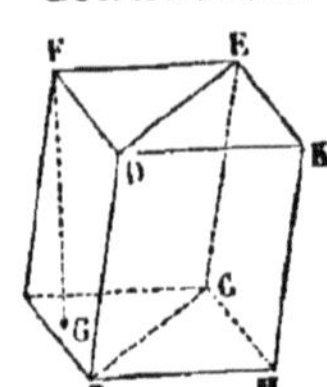

Construisons le parallélipipède ABCHK ayant A pour l'un de ses angles solides. Ce parallélipipède peut être regardé comme formé de deux prismes triangulaires ayant pour face commune le plan qui passe par les arêtes opposées BD, CE. Or on a vu (419) que les prismes ainsi formés sont équivalents. Donc le prisme triangulaire proposé est la moitié du parallélipipède, et comme ce dernier a pour mesure le produit de sa base ABCH par sa hauteur FG, le prisme ABCDEF a pour mesure le produit de sa base ABC moitié de ABCH par sa hauteur FG.

Soit maintenant un prisme polygonal ABCDEH : menons les diagonales AC, AD de la base ABCDE; par

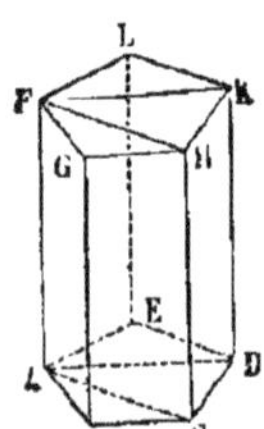

l'arête AF et chacune de ces diagonales faisons passer des plans. Nous partageons ainsi le solide en prismes triangulaires ayant tous pour hauteur la hauteur du prisme total et pour bases les triangles dont la réunion forme la base ABCDE. Le volume de chacun de ces prismes triangulaires étant égal au produit de sa base par sa hauteur, le volume total sera égal au produit de la somme des bases, c'est-à-dire de la base ABCDE par la hauteur du prisme.

430. Corollaires. — Deux prismes qui ont des bases équivalentes sont entre eux comme leurs hauteurs. — Deux prismes qui ont des hauteurs égales sont entre eux comme leurs bases. — Deux prismes de bases équivalentes et de hauteurs égales sont équivalents.

PYRAMIDES

THÉORÈME XV.

431. *Tout plan mené dans une pyramide parallèlement à la base partage la hauteur et les arêtes latérales en parties proportionnelles, et détermine une section semblable à la base.*

Soit la pyramide SABCDE coupée par un plan *abcde* parallèle

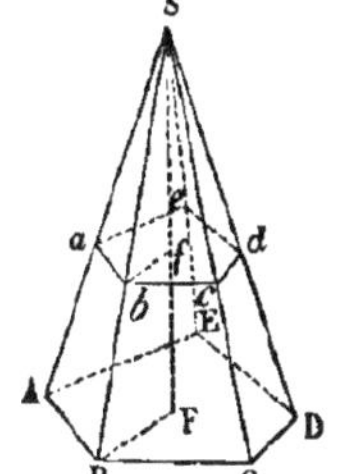

à la base. Les droites AB, *ab* sont parallèles comme intersections de deux plans parallèles par un troisième, il en est de même des droites BC, *bc*, des droites CD, *cd*, etc. On a par suite

$$\frac{Sa}{SA}=\frac{Sb}{SB}=\frac{Sc}{SC}, \text{ etc.};$$

donc les arêtes latérales sont divisées par le plan *abcde* en parties proportionnelles. Il en est de même de la hauteur SF, car si l'on joint BF, *bf*, ces deux droites sont parallèles (347), et l'on a

$$\frac{Sf}{SF}=\frac{Sb}{SB}.$$

De plus, les côtés *ab*, *bc*, *cd*.... parallèles aux côtés AB, BC, CD... sont dirigés dans le même sens; les angles des polygones ABCDE, *abcde* sont donc égaux (354). D'ailleurs, on a les proportions

$$\frac{ab}{AB}=\frac{Sb}{SB}, \quad \frac{bc}{BC}=\frac{Sb}{SB},$$

d'où l'on déduit :

$$\frac{ab}{AB}=\frac{bc}{BC},$$

et l'on a de même en comparant les triangles semblables S*bc* et SBC, S*cd* et SCD....

$$\frac{bc}{BC}=\frac{cd}{CD}\cdots\cdots$$

Donc les polygones ABCDE, *abcde* qui ont leurs angles égaux et leurs côtés homologues proportionnels sont semblables.

THÉORÈME XVI.

432. *Lorsque deux pyramides ont même hauteur, les sections faites dans ces pyramides par des plans parallèles aux bases, menés à la même distance des sommets, sont entre elles comme les bases.*

Soient les deux pyramides S, S′ ayant pour hauteurs les lignes égales SE, S′E′. Prenons $Se = S'e'$ et menons par les points e, e' des plans respectivement parallèles aux bases des deux pyramides. Les triangles ABC, abc sont semblables (431) et donnent (244)

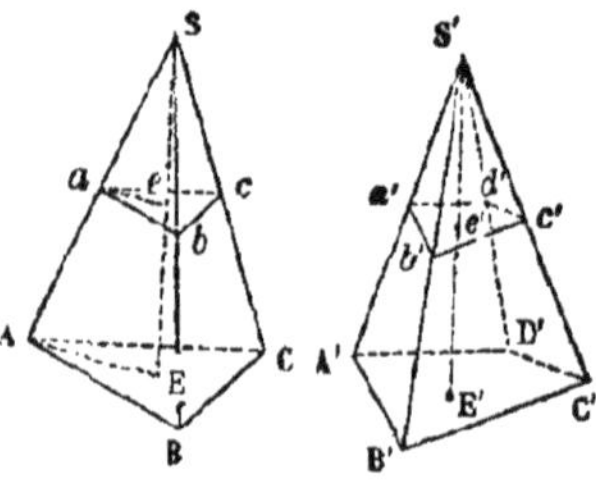

$$\frac{ABC}{abc} = \frac{\overline{AB}^2}{\overline{ab}^2},$$

Mais on a

$$\frac{AB}{ab} = \frac{SA}{Sa} = \frac{SE}{Se},$$

donc

$$\frac{ABC}{abc} = \frac{\overline{SE}^2}{\overline{Se}^2} \qquad (1)$$

On a de même dans la pyramide S′A′B′C′D′ :

$$\frac{A'B'C'D'}{a'b'c'd'} = \frac{\overline{S'E'}^2}{\overline{S'e'}^2},$$

Or $SE = S'E'$ et $Se = S'e'$, donc

$$\frac{ABC}{abc} = \frac{A'B'C'D'}{a'b'c'd'}.$$

433. Corollaire. — Si les bases des deux pyramides sont équivalentes, les sections sont aussi équivalentes.

434. Remarque. — On voit par l'égalité (1) que la base d'une pyramide et la section faite dans cette pyramide par un plan parallèle à la base sont dans le même rapport que les carrés de leurs distances au sommet.

THÉORÈME XVII.

435. *Deux pyramides triangulaires qui ont des bases équivalentes et des hauteurs égales sont équivalentes.*

Soient les pyramides SABC, S'A'B'C' dont les bases sont équivalentes et dont les hauteurs sont égales. Supposons que l'on ait placé les bases ABC, A'B'C' sur le même plan ; partageons la hauteur commune des deux solides en un certain nombre de parties égales, et par les points de division faisons passer des plans parallèles aux bases.

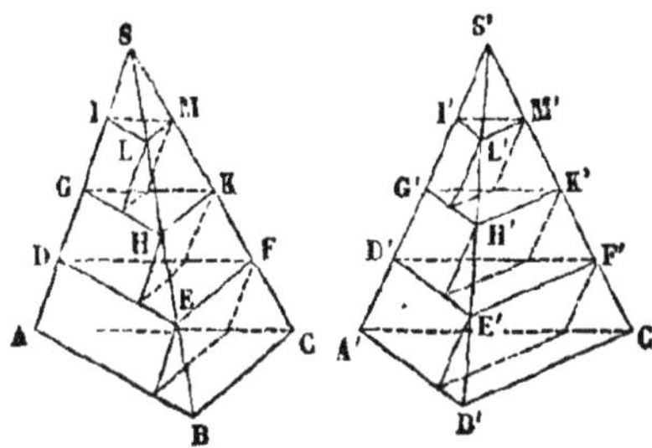

Ces plans détermineront des sections DEF, D'E'F', GHK, G'H'K'... deux à deux équivalentes comme situées à égale distance des sommets S, S' (433). Construisons sur ces sections comme bases des prismes triangulaires ayant pour arêtes DA, D'A', GD, G'D'... Ces prismes en même nombre dans chacune des pyramides seront deux à deux équivalents comme ayant bases équivalentes et hauteurs égales (430) ; donc leurs sommes sont équivalentes. Or si l'on divise la hauteur commune des deux pyramides en un nombre de parties égales de plus en plus grand, les sommes des prismes s'approchent de plus en plus du volume de l'une et l'autre pyramide, et comme ces sommes sont toujours équivalentes quel que soit le nombre des prismes qui les composent, leurs limites (*), c'est-à-dire les deux pyramides, sont équivalentes.

THÉORÈME XVIII.

436. *Le volume d'une pyramide triangulaire est égal au tiers du produit de sa base par sa hauteur.*

Soit la pyramide SABC. Construisons sur sa base ABC un prisme triangulaire ABCDSE ayant ses arêtes parallèles à l'arête SB. Nous allons démontrer que la pyramide est le tiers de ce prisme.

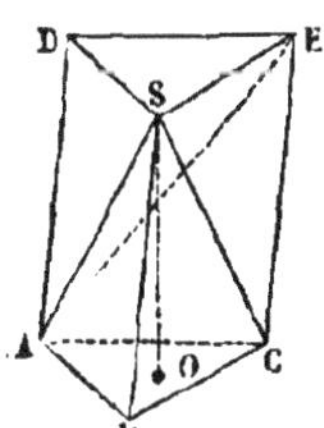

Le prisme se compose de la pyramide SABC et de la pyramide quadrangulaire SACDE. Si l'on fait passer un plan par les trois points A,S,E, on décompose la pyramide SACDE, en deux pyramides triangulaires SACE, SADE qui sont

(*) Nous admettons, en nous conformant à l'esprit du programme, que chaque pyramide est la limite vers laquelle tend la somme des prismes inscrits lorsque le nombre de ces prismes croît indéfiniment.

équivalentes, car elles ont des bases ACE, ADE égales comme moitiés d'un parallélogramme ACDE, et même hauteur, laquelle n'est autre que la perpendiculaire abaissée de leur sommet commun S sur le plan ACDE de leurs bases (435).

Or la pyramide SADE est équivalente à la pyramide SABC, car ces deux solides ont des bases ABC, DSE égales et pour hauteur commune la hauteur du prisme (435). Il résulte de là que le prisme est formé de trois pyramides équivalentes à la pyramide SABC. Cette pyramide SABC est donc le tiers du prisme, et comme le volume de celui-ci est égal au produit de sa base ABC par sa hauteur SO (429), il en résulte que le volume de la pyramide est égal au tiers du produit de sa base ABC par sa hauteur SO.

THÉORÈME XIX.

437. *Le volume d'une pyramide quelconque est égal au tiers du produit de sa base par sa hauteur.*

Soit la pyramide polygonale SABCDE : partageons la base en triangles au moyen de diagonales menées d'un même sommet, A par exemple, puis faisons passer des plans par le sommet S et chacune des diagonales.

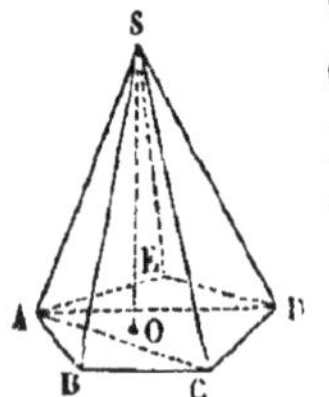

Le solide est ainsi partagé en pyramides triangulaires ayant toutes pour hauteur la hauteur SO de la pyramide totale. Chacune de ces pyramides a pour volume le tiers du produit de sa base par sa hauteur SO (436). Donc leur somme, c'est-à-dire le volume de sa pyramide totale, est égal au tiers du produit de la somme de leurs bases, c'est-à-dire de la base ABCDE par la hauteur SO.

438. Corollaire I. — Toute pyramide est le tiers d'un prisme de base équivalente et de même hauteur.

439. Corollaire II. — Deux pyramides de même hauteur sont entre elles comme leurs bases. — Deux pyramides de bases équivalentes sont entre elles comme leurs hauteurs. — Deux pyramides quelconques de bases équivalentes et de même hauteur sont équivalentes.

440. Corollaire III. — Pour mesurer le volume d'un polyèdre quelconque, on peut le décomposer en pyramides ayant pour bases ses différentes faces et pour sommet un point quelconque pris dans l'intérieur de ce polyèdre. On évalue le volume de chacune des pyramides, la somme de ces volumes donne le volume du polyèdre.

THÉORÈME XX.

441. *Si l'on coupe une pyramide par un plan parallèle à la base et qu'on enlève la petite pyramide ainsi formée, le volume restant, ou tronc de pyramide à bases parallèles, est égal à la somme de trois pyramides ayant chacune pour hauteur la hauteur du tronc et pour bases respectives la base inférieure du tronc, sa base supérieure et la moyenne proportionnelle entre les deux bases.*

Considérons d'abord un tronc de pyramide triangulaire ABCDEF. Par les trois sommets AEC, faisons passer un plan; le tronc est décomposé en deux pyramides, l'une triangulaire EABC, l'autre quadrangulaire EACDF. La première a pour base ABC, c'est-à-dire la base inférieure du tronc et pour hauteur la hauteur du tronc puisque son sommet E est situé sur la base supérieure. L'autre pyramide EACDF peut être décomposée au moyen d'un plan passant par les points D, E, C, en deux pyramides triangulaires EDCF, EACD. La pyramide EDCF peut être regardée comme ayant pour base DEF, c'est-à-dire la base supérieure du tronc; elle a alors même hauteur que le tronc puisque son sommet C est situé sur la base inférieure.

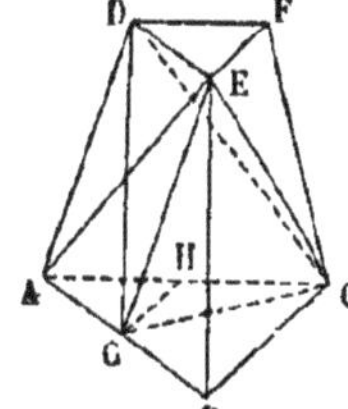

Quant à la troisième pyramide EACD, ayant mené EG parallèle à DA, nous la transformerons en une pyramide GACD qui lui est équivalente comme ayant même base ACD et aussi même hauteur (435), attendu que son sommet G est avec le sommet E sur une même droite menée parallèlement à AD et par suite parallèle au plan de la base ACD (341). Or la pyramide GACD peut être regardée comme ayant AGC pour base et D pour sommet : elle a alors même hauteur que le tronc, puisque le point D est situé sur la base supérieure. Il reste donc à démontrer que la base AGC est moyenne proportionnelle entre les bases ABC, DEF.

Menons GH parallèle à BC : elle sera aussi parallèle à EF (340) : les triangles AGH, DEF sont égaux, car ils ont le côté AG = DE comme parallèlee comprises entre parallèles, et les angles adjacents à ces côtés, égaux comme ayant leurs côtés parallèles et dirigés dans le même sens (354).

Ceci posé, les triangles ABC, AGC qui ont le sommet C commun et les bases AB, AG sur une même droite, ont même hauteur ; ils sont donc entre eux comme leurs bases et l'on a

$$\frac{ABC}{AGC}=\frac{AB}{AG}.$$

D'autre part, les triangles AGC, AGH ont un sommet commun G et les bases AC, AH sur une même droite, ils ont donc même hauteur et sont entre eux comme leurs bases ; donc :

$$\frac{AGC}{AGH}=\frac{AC}{AH}.$$

Mais les droites BC, GH étant parallèles, on a.

$$\frac{AB}{AG}=\frac{AC}{AH}.$$

Donc :

$$\frac{ABC}{AGC}=\frac{AGC}{AGH}$$

On voit ainsi que le triangle AGC est moyenne proportionnelle entre ABC et AGH, c'est-à-dire entre les deux bases du tronc, puisque AGH = DEF.

Considérons maintenant une pyramide polygonale SABCD, et coupons-la par un plan EFGH parallèle à la base, nous obtiendrons ainsi le tronc à bases polygonales ABCDEFGH.

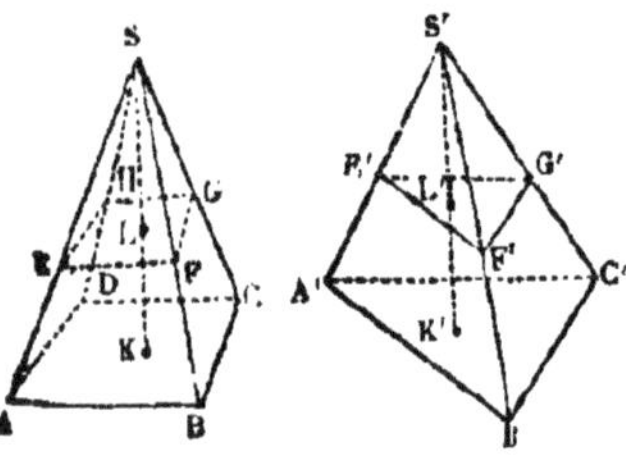

Construisons une pyramide S'A'B'C' ayant pour base un triangle A'B'C' équivalent au polygone

ABCD et pour hauteur la hauteur de la pyramide SABCD : cette pyramide sera équivalente à la première (437). Ayant placé les bases des deux pyramides sur le même plan, prolongeons le plan qui a déterminé la section EFGH ; il coupera la pyramide triangulaire suivant le triangle E′F′G′ qui sera équivalent au polygone EFGH (433) de telle sorte que les deux petites pyramides SEFGH S′E′F′G′ sont équivalentes puisqu'elles ont même hauteur et bases équivalentes. Les deux troncs, différences de volumes équivalents sont donc équivalents. Or le tronc de pyramide triangulaire est équivalent à la somme de trois pyramides ayant pour hauteur commune la hauteur du tronc et pour bases respectives la base inférieure du tronc, sa base supérieure et la moyenne proportionnelle entre les bases, donc il en est de même du tronc à bases polygonales.

442. Remarque. — En nommant B et b les bases d'un tronc de pyramide à bases parallèles et h sa hauteur, on a pour l'expression du volume V du tronc :

$$V = \frac{1}{3} h \left(B + b + \sqrt{Bb}\right).$$

THÉORÈME XXI

443. *Si l'on coupe un prisme triangulaire par un plan* DEF *oblique à la base* ABC *et qu'on enlève la partie supérieure du solide, le volume restant* ABCDEF, *ou tronc de prisme, est égal à la somme de trois pyramides ayant pour base commune la base* ABC *et pour sommets respectifs les trois sommets* D, E, F *de la section.*

Par les trois sommets A, E, C, faisons passer un plan ; il partage le tronc en deux pyramides dont l'une EABC a pour base ABC et pour sommet le point E. L'autre EACDF peut être partagée en deux pyramides triangulaires ECAD, ECDF par un plan mené par les sommets D,E,C.

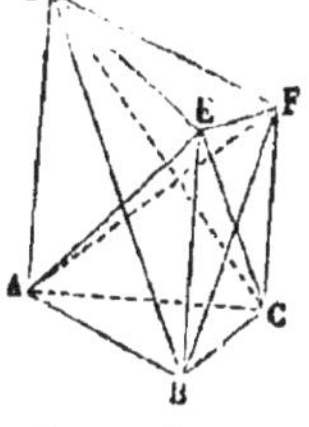

La pyramide ECAD est équivalente à une pyramide BCAD qui a même base CAD et aussi même hauteur, car les sommets E et B sont situés sur une parallèle au plan de la base CAD. Or la pyramide BCAD peut être regardée comme ayant ABC pour base et le point D pour sommet.

Enfin la pyramide EDCF peut être remplacée par la pyramide BDCF qui a même base DCF et même hauteur puisque les sommets E et B sont sur une même parallèle à la base DCF. Cette pyramide BDCF est elle-même équivalente à une pyramide BACF de même base BCF et de même hauteur puisque les points A et D sont sur une parallèle au plan BCF. Or la pyramide BACF peut être regardée comme ayant ABC pour base et le point F pour sommet. Le tronc de prisme est donc équivalent à la somme de trois pyramides ayant toutes trois pour base la base du tronc et pour sommets les trois sommets de la section.

444. Remarque I. — Si l'on nomme B la base du tronc et h, h', h'' les distances des trois sommets de la section au plan de la base, on a pour l'expression du volume V du tronc

$$V = B\left(\frac{h + h' + h''}{3}\right).$$

445. Remarque II. — Si les arêtes du tronc sont perpendiculaires au plan de la base, elles deviennent les hauteurs h, h', h''. On déduit de cette remarque que *le volume d'un tronc de prisme triangulaire est égal au produit de sa section droite par le tiers de la somme de ses arêtes latérales.*

POLYÈDRES SYMÉTRIQUES.

DÉFINITIONS.

446. On dit que deux points a, a' sont *symétriques par rapport à un plan* MN lorsqu'il sont placés sur une même perpendiculaire à ce plan et à égale distance du pied de cette perpendiculaire

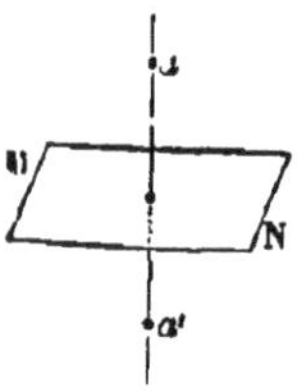

Deux figures sont symétriques par rapport à un plan, lorsque tous leurs points sont deux à deux symétriques par rapport à ce plan qui porte le nom de *plan de symétrie.*

447. Deux points a, a' sont *symétriques par rapport à un point* c lorsque la ligne qui les joint est partagée en deux parties égales par le point c.

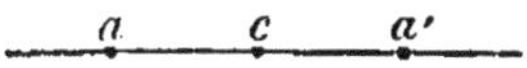

Deux figures sont symétriques par rapport à un point lorsque leurs points sont deux à deux symétriques par rapport à ce point que l'on nomme *centre de symétrie.*

448. Les points symétriques se nomment points *homologues.*

449. L'étude de la symétrie par rapport à un point se ramène à celle de la symétrie par rapport à un plan, en imprimant une rotation de 180° à l'une des deux figures autour d'un axe perpendiculaire à ce plan et passant par le centre de symétrie.

Soient a, a'' deux points homologues de deux figures P, P symétriques par rapport à un point o. Menons par le point o un plan quelconque MN ; élevons au point o une perpendiculaire xy sur ce plan, abaissons ab perpendiculaire sur le plan MN, prolongeons cette perpendiculaire d'une longueur $ba'=ba$: le point a' sera le symétrique du point a par rapport au plan MN.

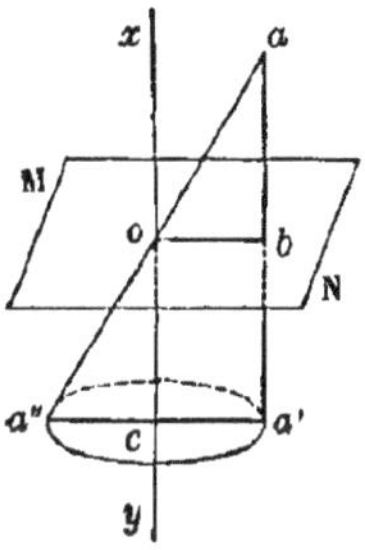

Ceci posé, joignons $a''a'$, ob. La droite $a'a''$ rencontre xy en un certain point c, car xy parallèle à ab est dans le plan $aa'a''$. Or $ao = oa''$ et $ab = ba'$, donc la ligne $a''a'$ est parallèle à ob et, par suite, est perpendiculaire sur xy. De plus $ca' = ca''$, car $oa = oa''$ et oc est parallèle à aa'. On voit par là que si l'on fait tourner la figure P' à laquelle appartient le point a'' d'un angle de 180° autour de xy, le point a'' décrira une demi-circonférence de rayon ca'' et viendra s'appliquer sur le point a' symétrique du point a par rapport au plan MN. Ce raisonnement étant évidemment applicable à tous les points de la figure P', celle-ci viendra après la rotation se placer symétriquement à la figure P par rapport au plan MN.

450. Il nous suffit d'après ce qui précède de nous occuper des figures symétriques par rapport à un plan. Il existe bien encore la symétrie par rapport à un axe, dans laquelle les points des deux figures considérées sont situés deux à deux aux extrémités d'une perpendiculaire à l'axe partagée par celui-ci en deux parties égales, mais nous nous contenterons de mentionner ce genre de symétrie, car en imprimant à l'une des figures un mouvement de 180° autour de l'axe, il est facile de reconnaître qu'elle vient coïncider avec sa symétrique, de telle sorte que deux figures symétriques par rapport à un axe sont égales

THÉORÈME XXII.

451. *Une ligne droite a pour symétrique par rapport à un lan une ligne droite.*

Soient une droite AB et un plan MN, des points A et B abaissons sur le plan les perpendiculaires Aa, Bb que nous prolongerons de longueurs aA′ $=$ aA, bB′ $=$ bB ; nous obtiendrons ainsi les points A′ et B′ respectivement symétriques des points A et B par rapport au plan MN. Joignons A′B′, ab et prenons un point C quelconque aur la droite AB : nous allons prouver que le symétrique du point C est situé sur A′B′. Abaissons Cc perpendiculaire sur le plan MN, puis ayant prolongé cette ligne jusqu'à sa rencontre en C′ avec A′B′, faisons tourner la figure AB ab autour de ab pour l'appliquer sur la figure ab A′B′ : e point A tombera en A′ et le point B en B′. La perpendiculaire Cc abaissée du point C sur le plan MN prendra la direction cC′ et le point C tombera en C′ point de rencontre des droites A′B′ cC′ ; donc cC′ $=$ cC et le point C′ situé sur A′B′ est le symétrique du point C.

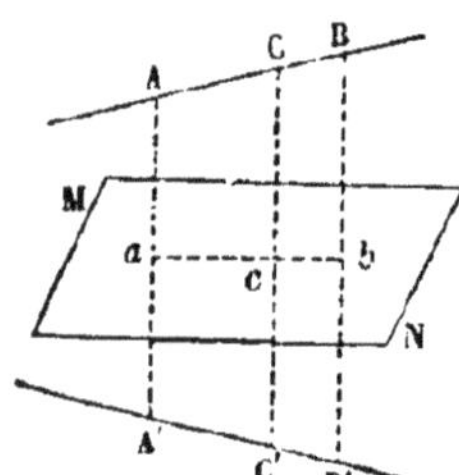

452. Remarque. — La droite AB est égale à la droite A′B′ qui réunit les points A′ et B′ symétriques des points A et B.

THÉORÈME XXIII.

453. *L'angle formé par deux droites est égal à l'angle formé par leurs symétriques.*

Soient AB, AC deux droites formant l'angle BAC; A'B', A'C' leurs symétriques. Prenons sur AB et AC deux points B et C, et déterminons leurs symétriques B' et C'. Joignons BC, B'C'. Les points A et A' sont symétriques, car le point A appartenant aux droites AB, AC doit avoir son symétrique à la fois sur les droites A'B', A'C' symétriques de AB et AC: donc en vertu de la remarque qui précède (452) les deux triangles BAC, B'A'C' ont leurs trois côtés égaux chacun à chacun et l'angle BAC est égal à l'angle B'A'C'.

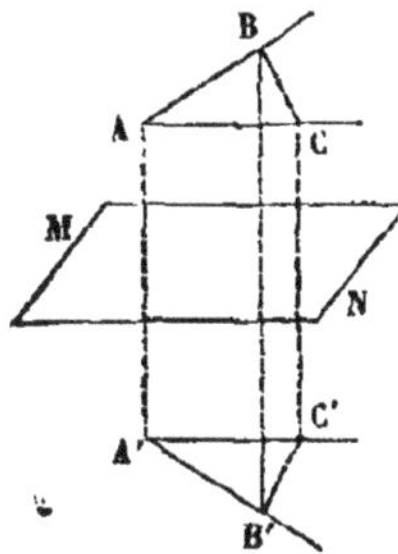

THÉORÈME XXIV.

454 *Un plan a pour surface symétrique un autre plan.*

Soit P un plan qui rencontre le plan de symétrie MN suivant la droite BC; imaginons un second plan P' formant avec le plan de symétrie et d'un autre côté que le plan P un angle égal au dièdre PBCN. Prenons sur le plan P un point quelconque A, abaissons Aa perpendiculaire sur le plan MN et prolongeons cette ligne jusqu'à la rencontre du plan P' en A'. Nous allons prouver que le point A' est le symétrique du point A. Pour cela, abaissons aH perpendiculaire sur CB; joignons AH, A'H. Les droites AH, A'H sont perpendiculaires sur CB (336) et les angles AHa, A'Ha sont égaux comme angles plans correspon-

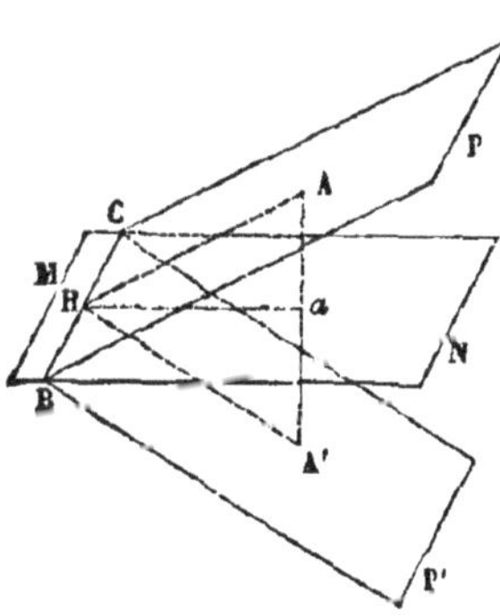

dant à des angles dièdres égaux. Les triangles rectangles AHa, A'Ha sont donc égaux et A'a = Aa.

Tout point du plan P ayant son symétrique dans le plan P', ce dernier plan est le symétrique du premier.

455. Remarque I. — Il résulte de la démonstration qui précède que deux plans symétriques par rapport à un troisième, font avec celui-ci des angles égaux.

456. Remarque II. — Si un plan P est parallèle à un plan Q, son symétrique par rapport à ce plan est un plan P' également parallèle au plan Q et situé à la même distance du plan Q que le plan P.

THÉORÈME XXV.

457. *L'angle dièdre formé par deux plans est égal à l'angle dièdre formé par leurs symétriques.*

Soient ABC, ABD deux plans formant le dièdre AB, MN le plan de symétrie et A'B'C', A'B'D' les plans symétriques des plans ABC, ABD.

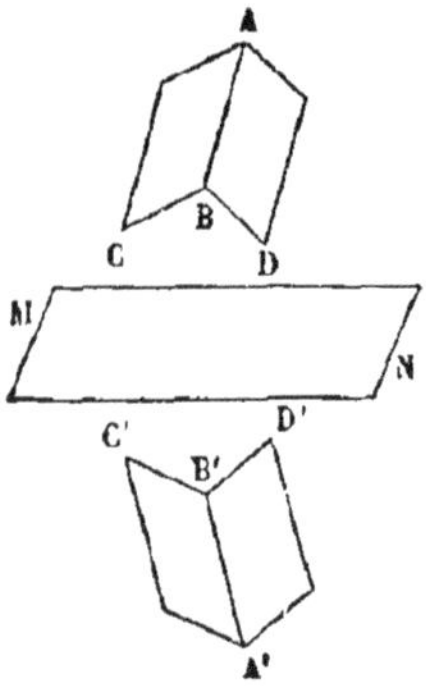

Formons au point B l'angle plan CBD correspondant au dièdre AB, et au point B', symétrique du point B, l'angle plan C'B'D' correspondant au dièdre A'B'. Les droites BC, B'C' sont symétriques, car elles sont situées dans des plans symétriques et elles forment avec les droites symétriques AB, A'B' des angles égaux comme droits (453). Pour une raison semblable, les droites BD, B'D' sont symétriques. Donc l'angle CBD = C'B'D' (453) et les dièdres AB, A'B' sont égaux.

THÉORÈME XXVI.

458. *Lorsque deux polyèdres sont symétriques par rapport à un plan, ils ont les faces égales chacune à chacune et les angles solides homologues, symétriques.*

Soient ABCF, A'B'C'F' deux polyèdres symétriques par rapport au plan MN. Considérons deux faces quelconques ABCDE, A'B'C'D'E' dont les sommets sont symétriques; ces faces sont égales car elles ont les côtés égaux (452) et les angles égaux (453).

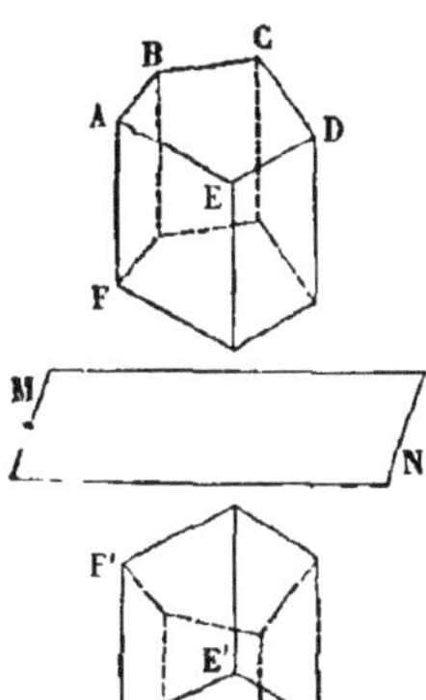

Considérons maintenant deux angles solides homologues, c'est-à-dire deux angles solides ayant leurs sommets A et A' par exemple, symétriques; ces angles solides ont leurs faces égales (453) et ont de plus leurs dièdres égaux (457), mais si l'on fait coïncider la face BAF avec son égale B'A'F' de manière à amener les arêtes A'E', AE du même côté, les deux autres faces de chacun des angles trièdres se trouvent disposées en ordre inverse. Donc les angles solides homologues des deux polyèdres sont symétriques.

459. **Remarque I.** — *Deux polyèdres symétriques sont décomposables en un même nombre de tétraèdres symétriques chacun à chacun.*

Car si l'on décompose l'un des polyèdres en tétraèdres au moyen de plans passant par un même sommet, une décomposition faite au moyen de plans passant par les sommets homologues donnera dans le second polyèdre des tétraèdres symétriques chacun à chacun des tétraèdres du premier.

460. **Remarque II.** — Lorsque deux polyèdres ont leurs faces égales chacune à chacune et leurs angles solides symétriques on dit toujours qu'ils sont symétriques quelle que soit la position qu'ils occupent l'un par rapport à l'autre. Il y a alors symétrie seulement de forme et non de position.

THÉORÈME XXVII.

461. *Deux polyèdres symétriques sont équivalents.*

Soient d'abord deux tétraèdres SABC, S'ABC, que nous supposons symétriques; prenons pour plan de symétrie, leur base

ABC. Les sommets S et S′ sont symétriques par rapport à cette base, donc S′H = SH. Les tétraèdres ayant même base et hauteur égales sont donc équivalents.

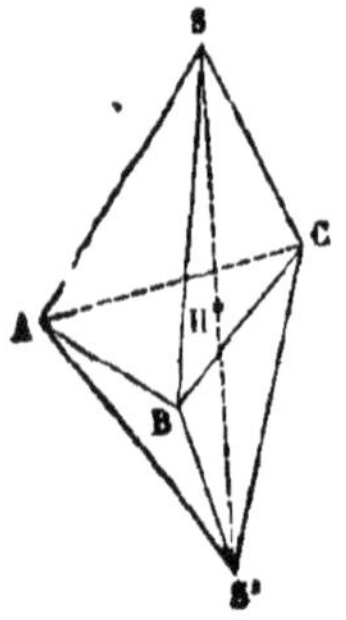

Si maintenant nous considérons deux polyèdres symétriques quelconques, comme on peut les décomposer en un même nombre de tétraèdres symétriques, ceux-ci étant deux à deux équivalents, les deux polyèdres sont eux-mêmes équivalents.

POLYÈDRES SEMBLABLES.

DÉFINITIONS.

462 On nomme *polyèdres semblables* ceux qui sont compris sous un même nombre de faces semblables chacune à chacune et dont *les angles solides homologues* sont égaux.

On entend par angles solides homologues les angles qui sont formés par des faces semblables.

463. Dans deux polyèdres semblables les arêtes des faces semblables sont proportionnelles et comme deux faces adjacentes ont une arête commune, il s'en suit que le rapport de similitude (rapport de deux arêtes homologues dans deux faces semblables) est le même pour toutes les arêtes.

THÉORÈME XXVIII.

464. *Lorsque l'on coupe une pyramide par un plan parallèle à la base, on forme une seconde pyramide semblable à la première.*

Coupons la pyramide SABCD par le plan *abcd* parallèle à la base : les deux pyramides SABCD, S*abcd* sont comprises sous un même nombre de faces semblables, car les faces latérales sont des triangles équiangles puisque les droites *ab*, *bc*.... sont respectivement parallèles aux droites AB, BC, etc. (347) ; en outre les bases ABCD, *abcd* sont des polygones semblables (431). D'autre part les angles solides des deux pyramides sont égaux : d'abord l'angle en S est commun, de plus si l'on considère deux autres angles solides homologues A et *a* par exemple, on voit qu'ils sont égaux comme ayant leurs faces égales et semblablement placées. Donc les deux pyramides SABCD, S*abcd* sont semblables.

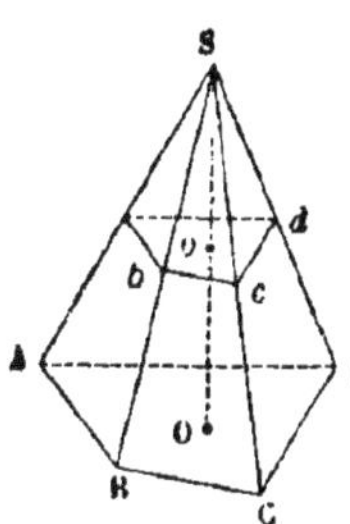

THÉORÈME XXIX.

465. *Deux tétraèdres qui ont un angle dièdre égal compris entre deux faces semblables chacune à chacune et semblablement placées, sont semblables.*

Soient les deux tétraèdres SABC, S'A'B'C' dans lesquels on a les dièdres SB, S'B' égaux, les faces ABS, CBS semblables respectivement aux faces A'B'S', C'B'S' et disposées dans le même ordre que celles-ci. Je dis que ces deux tétraèdres sont semblables.

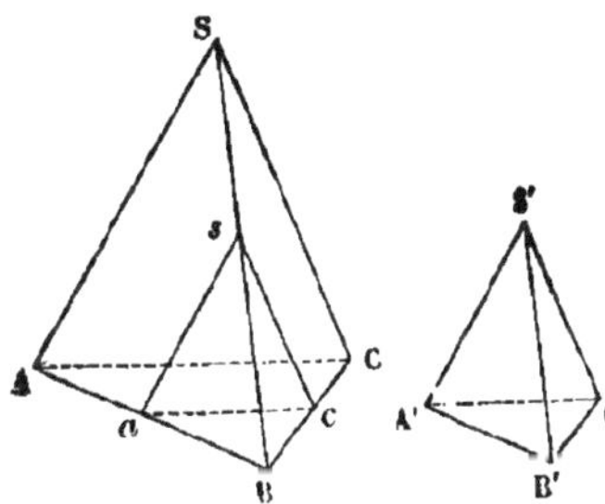

Prenons sur l'arête SB à partir du point B une longueur B*s* = B'S' et par le point *s* menons le plan *asc* parallèle à la face ASC. Ce plan détermine une pyramide *sa*B*c* semblable à la pyramide SABC (464). Or si l'on compare cette pyramide, avec la pyramide S'A'B'C', on remarque que le dièdre B*s* est égal au dièdre B'S' ; la face *as*B semblable à la face ASB, est égale à la face A'S'B' avec laquelle elle a les angles égaux et le côté B*s* = B'S' ; pour une raison semblable les faces *s*B*c*, S'B'C' sont égales et enfin les angles solides en B' et B ayant un angle dièdre égal compris entre deux faces égales et semblablement placées sont égaux.

Donc si l'on porte la pyramide S'A'B'C' sur *sac*B, on pourra la faire coïncider avec cette dernière. La pyramide S'A'B'C' égale à *sa*B*c* est donc semblable à la pyramide SABC.

THÉORÈME XXX.

466. *Deux polyèdres semblables peuvent être décomposés en un même nombre de tétraèdres semblables et semblablement placés.*

Soient les deux polyèdres semblables ABCDEG, *abcdeg*. Prenons deux sommets homologues G, *g* et partageons en triangles au moyen de diagonales homologues, toutes les faces des polyèdres qui n'aboutissent pas aux points G, *g*. Ces triangles pourront être considérés comme étant les bases de tétraèdres ayant tous pour sommets G et *g*. Nous allons prouver que ces tétraèdres qui sont d'ailleurs en même nombre et semblablement placés dans les deux polyèdres, sont semblables.

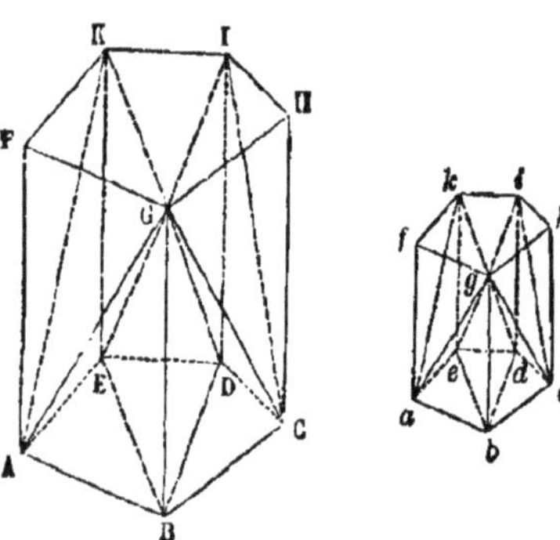

Considérons d'abord les deux tétraèdres GABE, *gabe :* ils ont les angles dièdres AB, *ab* égaux d'après la similitude des polyèdres donnés ; de plus les faces AGB, ABE sont respectivement semblables aux faces *agb*, *abe* comme triangles provenant de la décomposition de polygones semblables. Donc les deux tétraèdres ayant un angle dièdre égal compris entre deux faces semblables et semblablement placées sont semblables (465).

Examinons maintenant les tétraèdres, GBDE, *gbde*, ils sont encore semblables pour la même raison que les deux premiers, car les angles dièdres DBEG, *dbeg*, sont égaux comme supplémentaires des dièdres ABEG, *abeg* lesquels sont égaux par suite de la similitude des tétraèdres GABE, *gabe* ; en outre les faces BEG, *beg* sont semblables en vertu de la même similitude, et les faces BDE, *bde* sont semblables comme provenant de la décomposition en triangles des faces semblables ABCDE, *abcde*.

On démontrerait de même la similitude des autres tétraèdres. Les deux polyèdres sont donc décomposés en un même nombre de tétraèdres semblables et semblablement placés.

467. Remarque. — Les droites telles que GD, *gd* qui joignent deux sommets homologues de deux polyèdres semblables sont dans le même rapport que deux arêtes homologues.

THÉORÈME XXXI.

468. *Réciproquement, deux polyèdres composés d'un même nombre de tétraèdres semblables et semblablement placés sont semblables.*

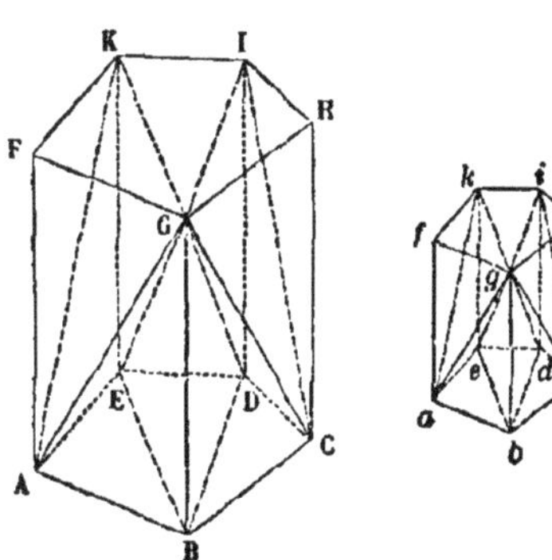

Supposons les polyèdres ABCDEG, *abcdeg* composés d'un même nombre de tétraèdres semblables chacun à chacun et semblablement placés. Les triangles BAE, *bae*, BED, *bed*, BDC, *bdc* sont semblables chacun à chacun en vertu de la similitude des tétraèdres et sont semblablement placés. De plus si les triangles ABE, EBD, BDC sont situés dans un même plan, il en est de même des triangles *abe*, *bed*, *bdc*. En effet si les triangles ABE et EBD sont dans un même plan, les dièdres adjacents GEBA, GEBD, ayant pour arête EB sont supplémentaires. Or les dièdres adjacents *geba*, *gebd*, ayant pour arête *eb* leur sont respectivement égaux en vertu de la similitude des tétraèdres, donc ils sont aussi supplémentaires, et les faces *abe*, *ebd* sont sur un même plan (360). On raisonnerait de même pour les triangles EBD, BDC, *ebd*, *bdc*.

On voit par là que les faces ABCDE, *abcde* des deux polyèdres sont semblables, et la similitude des autres faces s'établirait de la même façon.

Quant aux angles solides homologues des deux polyèdres

les uns comme F et f sont égaux par suite de la similitude des tétraèdres, les autres comme B et b sont égaux comme sommes d'angles égaux (toujours d'après la similitude des tétraèdres) et semblablement disposés.

Les deux polyèdres donnés ayant leurs faces semblables et leurs angles solides homologues égaux sont semblables.

THÉORÈME XXXII

469. *Les volumes de deux pyramides semblables sont proportionnels aux cubes de leurs arêtes homologues.*

Soient SABCD, S*abcd* deux pyramides semblables : supposons qu'on les ait placées l'une dans l'autre, de telle sorte que les angles solides en S coïncident. La base *abcd* sera alors parallèle à ABCD, car il résulte de la similitude des faces latérales que les droites *ab* et AB, *bc* et BC.. sont parallèles. Les hauteurs des deux solides SO, S*o* se mesureront alors sur la perpendiculaire abaissée du point S sur ABCD.

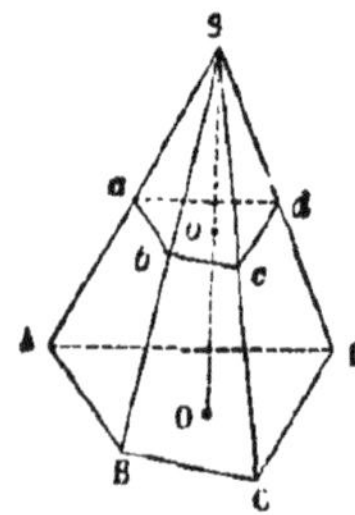

Ceci posé, le volume V de la pyramide SABCD est égal à

$$ABCD \times \frac{1}{3} SO$$

et le volume v de la pyramide S*abcd* est égal à

$$abcd \times \frac{1}{3} So$$

On a donc,

$$\frac{V}{v} = \frac{ABCD \times \frac{1}{3} SO}{abcd \times \frac{1}{3} So}$$

ou supprimant le facteur $\frac{1}{3}$ commun aux deux termes du second membre de l'égalité :

$$\frac{V}{v} = \frac{ABCD}{abcd} \times \frac{SO}{So}. \qquad (1)$$

Mais bases ABCD, *abcd* étant semblables, on a :

$$\frac{ABCD}{abcd} = \frac{\overline{AB}^2}{\overline{ab}^2}$$

et comme $\frac{AB}{ab} = \frac{SA}{Sa}$, il vient :

$$\frac{ABCD}{abcd} = \frac{\overline{SA}^2}{\overline{Sa}^2}.$$

D'un autre côté les hauteurs SO, So sont proportionnelles aux arêtes (431), et l'on a :

$$\frac{SO}{So} = \frac{SA}{Sa}.$$

Remplaçant dans l'égalité (1) les rapports contenus dans le second membre par leurs valeurs, il vient :

$$\frac{V}{v} = \frac{\overline{SA}^3}{\overline{Sa}^3}.$$

Les volumes de deux pyramides semblables sont donc entre eux comme les cubes des arêtes homologues.

THÉORÈME XXXIII.

470. *Les volumes de deux polyèdres semblables sont proportionnels aux cubes de deux arêtes homologues.*

Soient P, P′ deux polyèdres semblables ; supposons qu'on les ait partagés en tétraèdres semblables chacun à chacun (466); soient T_1, T_2, T_3 ...., les tétraèdres qui composent le polyèdre P et T_1', T_2', T_3' ...., les tétraèdres respectivement semblables qui forment le polyèdre P′. On a en nommant a, a', b, b'. c, c' .... les arêtes homologues de ces tétraèdres.

$$\frac{T_1}{T_1'} = \frac{a^3}{a'^3}$$
$$\frac{T_2}{T_2'} = \frac{b^3}{b'^3}$$
$$\frac{T_3}{T_3'} = \frac{c^3}{c'^3}.$$
. . . .

Mais les arêtes homologues de deux polyèdres semblables étant proportionnelles, les seconds rapports sont tous égaux entre eux, on a donc :

$$\frac{T_1}{T'_1} = \frac{T_2}{T'_2} = \frac{T_3}{T'_3} = \ldots\ldots$$

d'où

$$\frac{T_1 + T_2 + T_3 + \ldots}{T_1' + T_2' + T_3' + \ldots} = \frac{T_1}{T_1'} = \frac{a^3}{a'^3}.$$

Dans le premier de ces rapports le numérateur n'est autre que P et le dénominateur que P', donc enfin

$$\frac{P}{P'} = \frac{a^3}{a'^3}.$$

LIVRE VII

LE CYLINDRE ET LE CONE.

CYLINDRE

DÉFINITIONS.

471. On nomme *cylindre droit à base circulaire* le solide engendré par la révolution d'un rectangle ACDK tournant autour d'un de ses côtés CD.

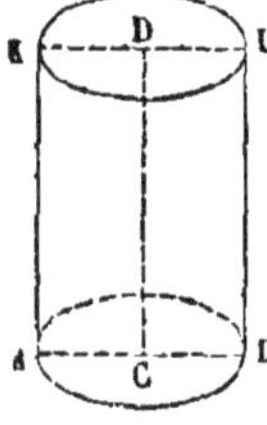

Dans ce mouvement, les côtés AC, DK perpendiculaires à l'axe CD décrivent deux cercles égaux et parallèles qui sont les *bases* du cylindre. L'axe CD en est la *hauteur*. Le côté AK engendre en tournant la *surface latérale* ou *convexe* du cylindre.

472. Toute section faite dans un cylindre droit à base circulaire par un plan parallèle à la base est un cercle égal aux bases, car si l'on prend un point quelconque sur la droite AK on voit aisément que dans le mouvement de rotation du rectangle la perpendiculaire abaissée de ce point sur l'axe décrit un cercle parallèle aux bases et égal à celles-ci, puisqu'il a pour rayon une droite égale et parallèle aux droites AC et DK.

Toute section faite dans un cylindre droit à base circulaire par un plan passant par l'axe est un rectangle double du rectangle générateur ACDK. Toute section faite par un plan parallèle à l'axe est un rectangle dont la base varie de longueur avec la distance de l'axe à laquelle a été mené le plan sécant et dont la hauteur est égale à celle du cylindre.

473. On nomme en général *surface cylindrique* la surface engendrée par une droite AA′ nommée *génératrice* assujettie à se mouvoir parallèlement à une direction donnée MN en s'appuyant sur une ligne courbe ABC nommée *directrice*.

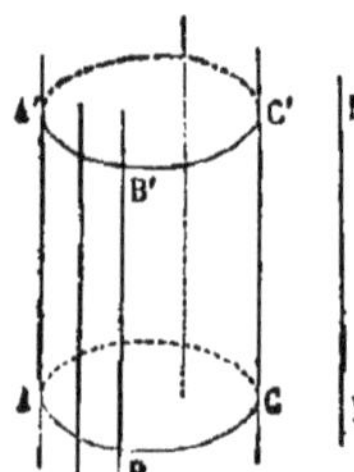

Lorsque la directrice est une courbe fermée et que l'on coupe la surface cylindrique par deux plans parallèles ABC, A′B′C′ rencontrant toutes les génératrices, le solide compris entre ces plans et la surface cylindrique se nomme *cylindre*. Il a pour *bases* les plans parallèles ABC, A′B′C′ et pour *hauteur* la distance de ces plans.

Lorsque les génératrices sont perpendiculaires aux plans des bases, ont dit que le cylindre est *droit;* dans le cas contraire, il est *oblique*.

474. Deux cylindres droits à base circulaire sont *semblables* lorsque leurs hauteurs sont proportionnelles aux rayons de leurs bases, c'est-à-dire lorsqu'ils sont engendrés par des rectangles semblables tournant autour de deux côtés homologues.

475. Si l'on inscrit dans l'nne des bases d'un cylindre droit à base circulaire ABC′D′ un polygone régulier ABCD et si l'on construit sur ce polygone comme base un prisme droit ABCDA′ de même hauteur que le cylindre, ce prisme est dit *inscrit* dans le cylindre et réciproquement le cylindre est dit *circonscrit* au prisme.

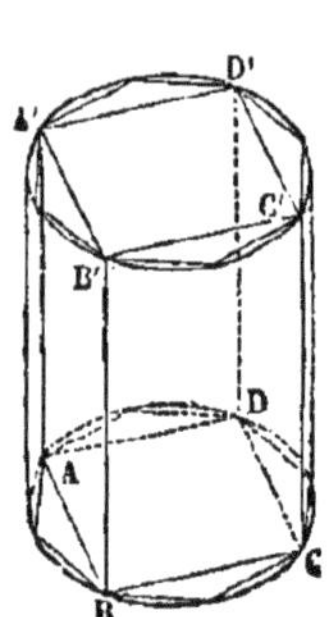

Si l'on double indéfiniment le nombre des côtés de la base du prisme inscrit, la surface latérale de ce prisme augmente tout en restant moindre que la surface convexe du cylindre dont elle va sans cesse en s'approchant, et en même temps le volume du prisme s'approche indéfiniment de celui du cylindre.

D'après cela, nous considérerons la surface latérale et le volume d'un cylindre droit à base circulaire comme les limites vers lesquelles tendent respectivement la surface latérale et le volume d'un prisme inscrit dont le nombre des côtés de la base croît indéfiniment.

THÉORÈME I.

476. *La surface latérale d'un prisme droit a pour mesure le produit du périmètre de sa base par sa hauteur.*

Soit le prisme droit ABCDEA′ : sa surface latérale se compose des rectangles ABA′B′, BCB′C′... dont chacun a pour base l'un des côtés de la base du prisme et pour hauteur la hauteur de ce solide. La somme des aires de ces rectangles, c'est-à-dire la surface latérale du prisme, est donc égale à

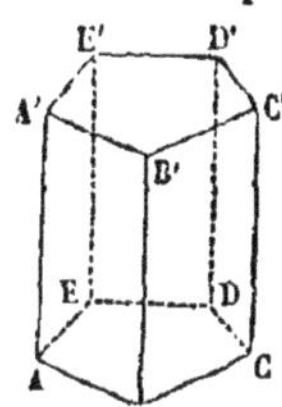

$$(AB+BC+...)\times AA',$$

c'est-à-dire au périmètre de la base multiplié par la hauteur.

THÉORÈME II.

477. *La surface latérale d'un cylindre droit à base circulaire est égale au produit de la circonférence de sa base par sa hauteur.*

Inscrivons dans le cylindre droit à base circulaire ABC′D′ un prisme droit ayant pour base un polygone régulier ABCD et supposons que l'on inscrive ensuite les prismes droits dont le nombre des côtés de bases est 2, 4, 8... fois plus grand. La surface latérale du cylindre est la limite vers laquelle tendent les surfaces latérales de ces prismes (475). Or l'une quelconque d'entre elles a pour mesure le produit du périmètre de sa base par sa hauteur, donc la surface latérale du cylindre a également pour mesure la circonférence de sa base qui est la limite du périmètre de la base du prisme, multipliée par sa hauteur.

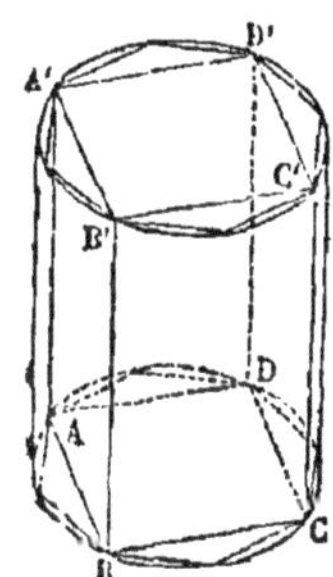

478. Remarque I. — En nommant r le rayon de base et h la hauteur du cylindre, on a :

$$\text{surf. lat. cyl.} = 2\pi rh.$$

479. Remarque II. — Si l'on ajoute à la surface latérale les surfaces des deux bases du cylindre qui valent chacune πr^2, on a :

$$\text{surf. totale cyl.} = 2\pi rh + 2\pi r^2 = 2\pi r(h + r).$$

THÉORÈME III.

480. *Le volume d'un cylindre droit à base circulaire est al au produit de sa base par sa hauteur.*

Inscrivons dans le cylindre un prisme droit ayant pour base le polygone régulier ABCD, puis les prismes droits dont les côtés de bases sont en nombre 2, 4, 8... fois plus grand. La limite des volumes de ces prismes est le volume du cylindre (475). Or l'un quelconque de ces volumes a pour mesure le produit de sa base par sa hauteur, donc le volume du cylindre a également pour mesure sa base qui est la limite des bases des prismes inscrits, multipliée par sa hauteur.

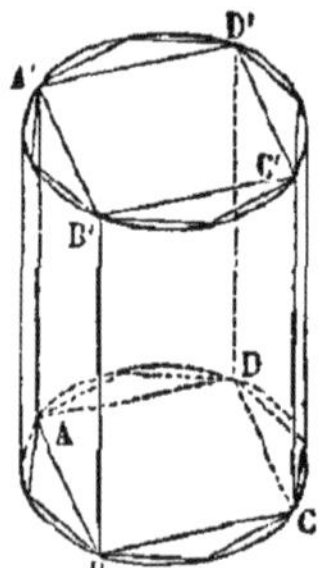

481. Remarque. — En nommant r le rayon de base et h la hauteur du cylindre, on a :

$$\text{vol. cyl.} = \pi r^2 h.$$

THÉORÈME IV.

482. *Les surfaces latérales des cylindres semblables sont entre elles comme les carrés des hauteurs ou des rayons de bases; les volumes sont entre eux comme les cubes des hauteurs ou des rayons de bases.*

Soient C, C' deux cylindres semblables; h, h' leurs hauteurs, r, r' les rayons de leurs bases : on a puisque les solides sont semblables (474) :

$$\frac{h}{h'} = \frac{r}{r'}. \qquad (1)$$

1° En nommant S, S′ les surfaces latérales des deux cylindres, on a :

$$S = 2\pi rh, \quad S' = 2\pi r'h',$$

d'où

$$\frac{S}{S'} = \frac{r}{r'} \times \frac{h}{h'},$$

et en vertu de la proportion (1) :

$$\frac{S}{S'} = \frac{r^2}{r'^2} = \frac{h^2}{h'^2};$$

2° Représentant par V, V′ les volumes des cylindres, on a :

$$V = \pi r^2 h, \quad V' = \pi r'^2 h',$$

d'où

$$\frac{V}{V'} = \frac{r^2}{r'^2} \times \frac{h}{h'},$$

et en vertu de la proportion (1) :

$$\frac{V}{V'} = \frac{r^3}{r'^3} = \frac{h^3}{h'^3}.$$

483. Remarque. — Les surfaces totales de deux cylindres semblables sont aussi entre elles comme les carrés des hauteurs ou des rayons de bases.

THÉORÈME V

484. *La surface latérale d'un cylindre droit à base non circulaire est égale au produit de son périmètre de base par sa hauteur. Le volume d'un tel cylindre est égal au produit de sa base par sa hauteur.*

Ces propositions s'établissent comme les théorèmes II et III en regardant la surface et le volume du cylindre en question comme les limites vers lesquelles tendent les surfaces et les volumes d'une suite de prismes droits inscrits dans le cylindre et dont le nombre des côtés de base va en doublant indéfiniment.

CONE.

DÉFINITIONS.

485. On nomme *cône droit à base circulaire* le solide engendré par la révolution d'un triangle rectangle SAO tournant autour d'un des côtés SO de l'angle droit. Dans ce mouvement, l'autre côté OA de l'angle droit décrit un cercle qui est la *base* du cône. Le point S est le *sommet* du cône, le côté SO en est l'*axe* ou la *hauteur* et l'hypoténuse SA se nomme le *côté* ou l'*apothème* du cône. Cette hypoténuse engendre en tournant la *surface latérale* ou *convexe* du cône.

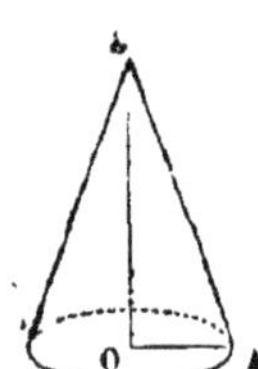

486. Toute section faite dans un cône droit à base circulaire par un plan parallèle à la base est un cercle, car si d'un point B quelconque pris sur l'hypoténuse SA on abaisse une perpendiculaire sur l'axe SO, cette perpendiculaire engendrera dans le mouvement de rotation du triangle un cercle dont le plan sera perpendiculaire à l'axe SO et par suite parallèle à la base AO.

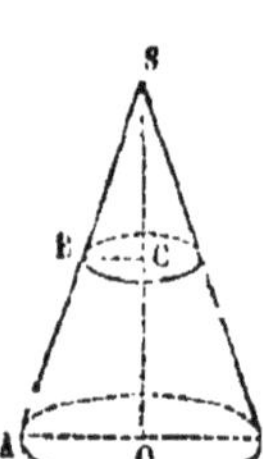

Toute section faite par un plan passant par l'axe d'un cône droit à base circulaire est un triangle double du triangle générateur,

487. On nomme en général *surface conique* la surface engendrée par une droite AB nommée *génératrice* assujettie à passer par un point fixe A et à se mouvoir autour de ce point en s'appuyant sur une courbe donnée nommée *directrice.*

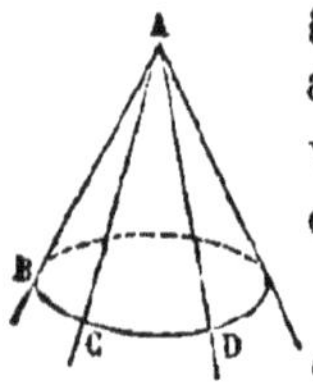

Lorsque la directrice est une courbe fermée et que l'on coupe la surface conique par un plan BCD qui rencontre toutes les génératrices d'un même côté du sommet A, le solide compris entre ce plan et la surface conique se

nomme *cône*. Il a pour *base* le plan BCD et pour hauteur la distance du *sommet* A à la base.

Lorsque le cône étant circulaire, la droite qui joint le sommet au centre de la base est perpendiculaire sur le plan de cette dernière, le cône est *droit* : dans le cas contraire, il est *oblique*.

488. Deux cônes droits à bases circulaires sont *semblables* lorsque leurs hauteurs sont proportionnelles aux rayons de leurs bases, c'est-à-dire lorsqu'ils sont engendrés par des triangles semblables tournant autour de deux côtés homologues.

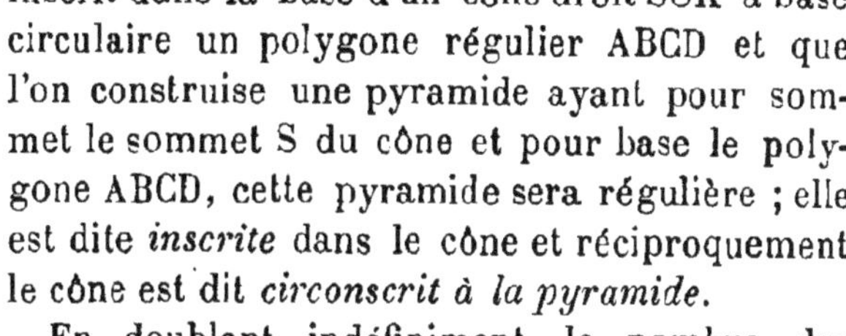

489. Si l'on inscrit dans la base d'un cône droit SOK à base circulaire un polygone régulier ABCD et que l'on construise une pyramide ayant pour sommet le sommet S du cône et pour base le polygone ABCD, cette pyramide sera régulière ; elle est dite *inscrite* dans le cône et réciproquement le cône est dit *circonscrit à la pyramide*.

En doublant indéfiniment le nombre des côtés de base de la pyramide inscrite, l'*apothème* SL de cette pyramide (on nomme ainsi la hauteur d'un des triangles égaux qui forment les faces latérales du solide) s'approchera indéfiniment de l'apothème SK du cône; en même temps la surface latérale de la pyramide s'approchera de plus en plus de celle du cône, et le volume de la pyramide, du volume du cône.

D'après cela, nous considérerons l'apothème, la surface latérale et le volume du cône comme les limites vers lesquelles tendent respectivement l'apothème, la surface latérale et le volume d'une pyramide régulière inscrite dans le cône, lorsque le nombre des côtés de base croît indéfiniment.

THÉORÈME VI.

490. *La surface latérale d'une pyramide régulière a pour mesure le produit du périmètre de sa base par la moitié de son apothème.*

Soit SABCDE une pyramide régulière ayant SG pour apothème. La surface latérale de cette pyramide se compose de triangles isocèles égaux ayant pour bases les côtés AB, BC,... de la base de la pyramide et pour hauteur commune l'apothème SG : la somme des surfaces de ces triangles ou la surface latérale de la pyramide est donc égale à la somme de leurs bases, c'est-à dire au périmètre de la base du solide, multiplié par la moitié de l'apothème SG.

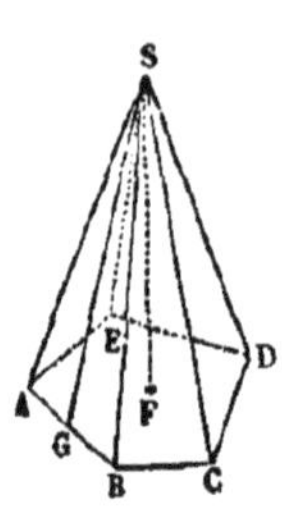

THÉORÈME VII.

491. *La surface latérale d'un cône droit à base circulaire est égale au produit de la circonférence de sa base par la moitié de son apothème.*

Inscrivons dans le cône droit à base circulaire SOK une pyramide régulière quelconque SABCD, puis les pyramides régulières dont le nombre des côtés de la base est 2, 4, 8.... fois plus grand. Les surfaces latérales de ces pyramides ont pour limite la surface latérale du cône (489), et l'une quelconque d'entre elles a pour mesure le produit du périmètre de sa base par la moitié de son apothème; donc, comme la circonférence de base du cône et son apothème sont les limites respectives des périmètres de base et des apothèmes des pyramides inscrites, la surface latérale du cône a pour mesure le produit de la circonférence de sa base par la moitié de son apothème.

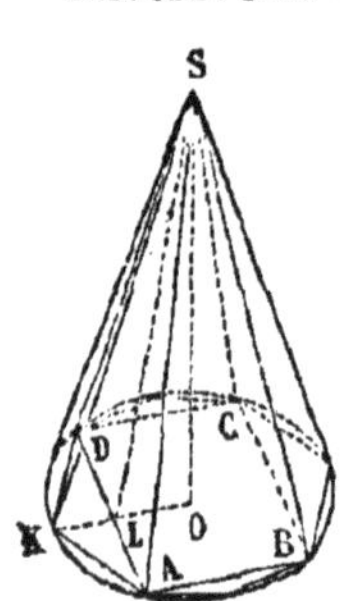

492. Remarque. I. — En nommant r le rayon de la base du cône et a l'apothème, on a :

$$\text{Surf. lat. cône} = \pi r a.$$

493. Remarque II. — Si l'on ajoute à la surface latérale celle de la base ou πr^2, on a :

$$\text{Surf. totale cône} = \pi r a + \pi r^2 = \pi r (a + r).$$

494. **Remarque III.** — Par le milieu D de la hauteur SC d'un cône droit à base circulaire SCB, menons un plan parallèle à la base : il coupera le cône suivant un cercle ayant pour rayon DE. Ce rayon DE est égal à la moitié du rayon CB de la base, donc $2\pi DE = \pi BC$; or surf. lat. cône $SBC = \pi BC \times SB$. Donc aussi surf. lat. cône $SBC = 2\pi DE \times SB$; par suite, on peut dire que *la surface latérale du cône droit à base circulaire est égale au produit de son apothème par la circonférence du cercle mené parallèlement à la base du solide par le milieu de sa hauteur.*

THÉORÈME VIII.

495. *Le volume d'un cône droit à base circulaire est égal au tiers du produit de sa base par sa hauteur.*

Inscrivons dans le cône droit à base circulaire SOK une pyramide régulière SABCD, puis les pyramides régulières dont le nombre des côtés de base est 2, 4, 8... fois plus grand. Les volumes de ces pyramides vont en croissant et ont pour limite le volume du cône (489). Or, le volume de l'une quelconque d'entre elles est égal au tiers du produit de sa base par sa hauteur ; donc le volume du cône est aussi égal au tiers du produit de sa base qui est la limite des bases des pyramides, par sa hauteur.

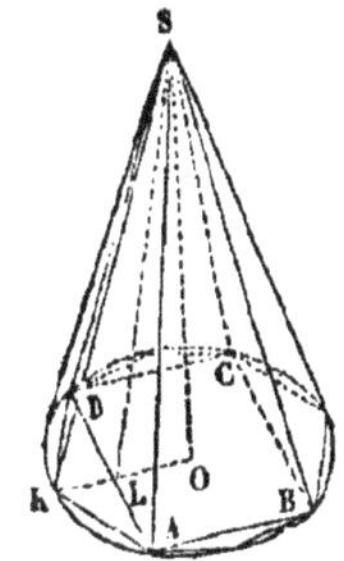

496. **Remarque I.** — En nommant r le rayon de la base et h la hauteur d'un cône droit à base circulaire, on a

$$\text{volume cône} = \frac{1}{3}\pi r^2 h.$$

497. **Remarque II.** — Un cône droit à base circulaire est le tiers d'un cylindre droit de même base et de même hauteur.

THÉORÈME IX.

498. *Les surfaces latérales de deux cônes semblables sont entre elles comme les carrés des hauteurs, des rayons de bases, ou des apothèmes; les volumes des deux cônes sont entre eux comme les cubes des hauteurs, des rayons de bases ou des apothèmes.*

La démonstration de ce théorème est tout à fait semblable à celle du théorème IV (482).

499. Les surfaces totales de deux cônes semblables sont aussi entre elles comme les carrés des hauteurs, des rayons de bases, ou des apothèmes.

TRONC DE CONE.

DÉFINITIONS.

500. Lorsque l'on coupe un cône droit à base circulaire SOA par un plan BC parallèle à sa base, la partie du solide comprise entre la base et la section se nomme *cône tronqué* ou encore *tronc de cône à bases paralèlles*. Les cercles OA, BC sont les *bases* du tronc, OC en est la *hauteur* et AB l'*apothème*.

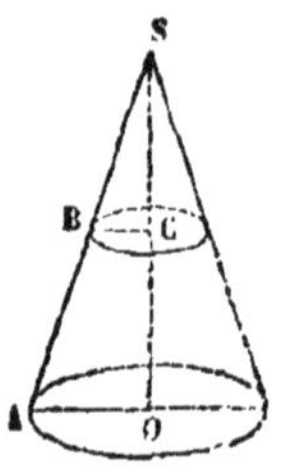

501. On peut considérer le tronc du cône comme engendré par la révolution du trapèze ABCO autour de son côté OC perpendiculaire aux bases. Dans ce mouvement, les bases OA, BC engendrent deux cercles qui sont les bases du tronc, le côté AB engendre la surface latérale ou convexe du solide.

THÉORÈME X.

502. *La surface latérale d'un tronc de cône à bases parallèles a pour mesure le produit de la demi-somme des circonférences de ses bases par son apothème.*

Soit le cône tronqué ABDE obtenu en coupant le cône droit à base circulaire SAB par un plan DE parallèle à la base AB. Au point A élevons sur SA la perpendiculaire AG que nous prendrons égale à la longueur de la circonférence ayant AC pour rayon. Joignons SG et menons par le point D la droite DH parallèle à AG : nous allons d'abord démontrer que cette droite est égale à la circonférence de la base DE.

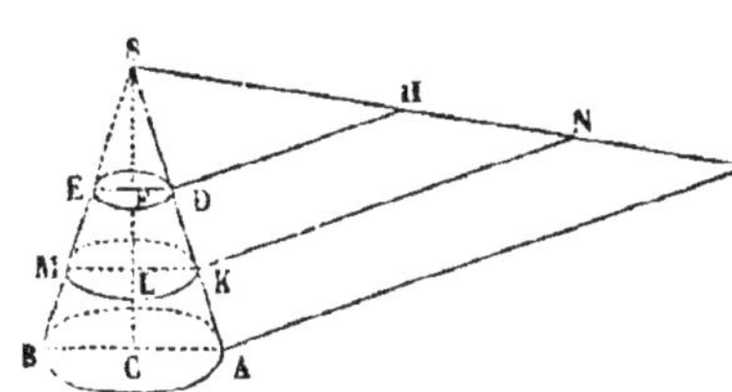

En effet, les triangles semblables SDH, SAG donnent

$$\frac{DH}{AG}=\frac{SD}{SA},$$

mais les triangles semblables SFD, SCA donnent aussi

$$\frac{SD}{SA}=\frac{DF}{CA}.$$

donc on a

$$\frac{DH}{AG}=\frac{DF}{CA}=\frac{\text{circ } DF}{\text{circ } CA},$$

car les circonférences sont entre elles comme leurs rayons. Mais par construction AG = circ. CA, donc DH = circ. DF.

Ceci posé, nous remarquerons que la surface latérale du cône SAB est équivalente à la surface du triangle SAG : en effet la première de ces surfaces a pour mesure circ. $AC \times \frac{1}{2} AS$, la seconde a pour mesure $AG \times \frac{1}{2} AS$: et par construction

AG = circ. AC. De même la surface latérale du petit cône SDE est équivalente à la surface du triangle SDH, car DH étant égale à circ DF, les mesures de ces surfaces sont égales. Donc la surface latérale du tronc de cône ACDF, différence des surfaces latérales des deux cônes, est équivalente à la surface du trapèze AGDH, différence des surfaces des deux triangles. Or l'aire du trapèze est égale à $\frac{AG + DH}{2} \times AD$, donc comme AG et DH valent respectivement les circonférences AC et DF, la surface latérale du tronc de cône a pour mesure le produit de la demi-somme des circonférences de ses bases par son apothème AD.

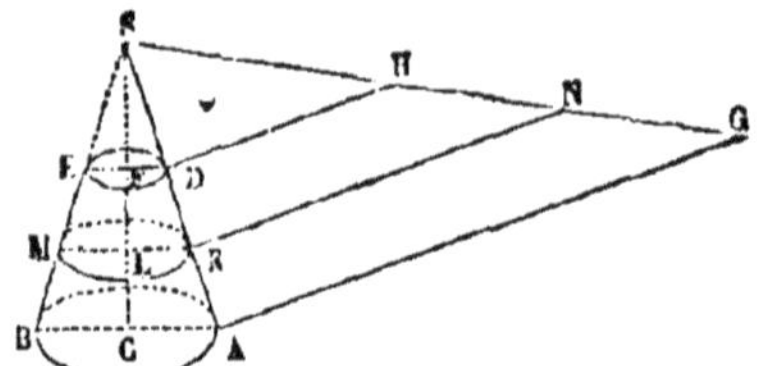

503. Remarque I. — En nommant r, r' les rayons des bases du tronc de cône et a son apothème, on a :

$$\text{surf. lat. tr. de cône} = \pi(r + r')a.$$

504. Remarque II. — Si l'on ajoute à la surface latérale les aires des deux bases qui valent respectivement πr^2, et $\pi r'^2$, on a :

$$\text{surf. totale tr. de cône} = \pi(r + r')a + \pi(r^2 + r'^2).$$

505. Remarque III. — Par le point K milieu de l'apothème AD, menons un plan parallèle aux bases du tronc qui détermine le cercle LK, puis menons KN parallèle à AG. Nous pourrons démontrer, comme nous l'avons fait pour la ligne DH, que la droite KN est égale à la circonférence LK. Or la mesure du trapèze ADGH peut être exprimée par KN $\times$ AD (235), donc on peut dire que *la surface latérale d'un tronc de cône droit à bases parallèles a pour mesure le produit de son apothème par la circonférence d'une section faite parallèlement aux bases et à égale distance de chacune d'elles.*

THÉORÈME XI.

506. *Le volume d'un tronc de cône droit à bases parallèles est égal à la somme des volumes de trois cônes droits ayant pour hauteur commune la hauteur du tronc et pour bases respectives la base inférieure du tronc, sa base supérieure et la moyenne proportionnelle entre ces bases.*

Soit le tronc de cône ABDF déterminé en coupant le cône droit à base circulaire SAB par un plan parallèle à sa base. Construisons une pyramide triangulaire GHKL ayant même hauteur que le cône SAB et ayant pour base un triangle HKL équivalent au cercle BC; coupons cette pyramide par un plan MNO parallèle à la base, mené à une distance de celle-ci égale à la hauteur du tronc de cône. Je dis d'abord que la section MNO est équivalente au cercle EF.

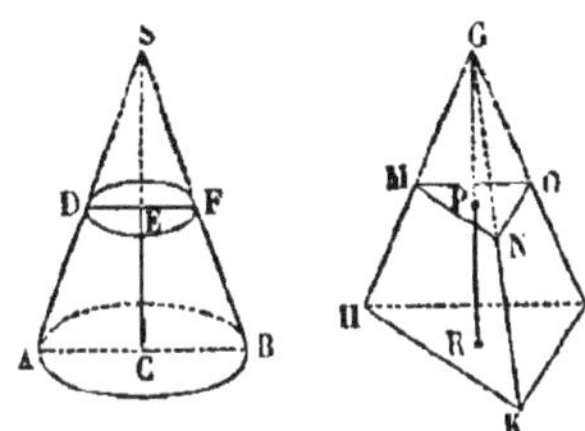

En effet, on a (434) :

$$\frac{\text{MNO}}{\text{HKL}} = \frac{\overline{\text{GP}}^2}{\overline{\text{GR}}^2},$$

et aussi (309) :

$$\frac{\text{cercle EF}}{\text{cercle BC}} = \frac{\overline{\text{EF}}^2}{\overline{\text{BC}}^2} = \frac{\overline{\text{SE}}^2}{\overline{\text{SC}}^2}.$$

Mais on a pris GR = SC, et aussi GP = SE, on a donc

$$\frac{\text{MNO}}{\text{HKL}} = \frac{\text{cercle EF}}{\text{cercle BC}},$$

et comme le triangle HKL est par construction équivalent au cercle BC, il s'ensuit que le triangle MNO est équivalent au cercle EF.

Ceci posé, remarquons que le cône SAB et la pyramide GHKL sont équivalents, car leurs bases étant équivalentes et leurs hauteurs égales, ils ont même volume. Pour la même raison le cône SDF est équivalent à la pyramide GMNO; donc le tronc de cône, différence des deux cônes, est équivalent au tronc de pyramide, différence des deux pyramides. Or ce dernier a pour volume (441)

$$\frac{1}{3}\mathrm{PR}\,(\mathrm{HKL} + \mathrm{MNO} + \sqrt{\mathrm{HKL} \times \mathrm{MNO}}),$$

donc le tronc de cône a pour mesure

$$\frac{1}{3}\mathrm{CE}\,(\text{cercle BC} + \text{cercle EF} + \sqrt{\text{cercle BC} \times \text{cercle EF}}),$$

Il est donc équivalent à la somme de trois cônes ayant pour hauteur commune la hauteur du tronc et pour bases respectives les bases du tronc et la moyenne proportionnelle entre ces bases.

507. Remarque. — En représentant par h, r, r' la hauteur et les rayons des bases d'un tronc de cône droit à bases parallèles, on a :

$$\text{vol. tronc} = \frac{1}{3}\pi h(r^2 + r'^2 + rr').$$

THÉORÈME XII.

508. *Si l'on fait tourner autour d'un axe* xy *une droite limitée* AB *située dans le même plan avec l'axe et tout entière d'un même côté de cet axe, la surface qu'elle engendre a pour mesure le produit de la ligne* AB *par la circonférence ayant pour rayon la perpendiculaire abaissée de son milieu* M *sur l'axe.*

1° Supposons la droite AB parallèle à l'axe xy. Abaissons les perpendiculaires AC, MO, BD sur l'axe; le rectangle ABCD engendre un cylindre droit à base circulaire dont AB engendre la surface latérale. On a donc (477) en représentant par surface AB la surface engendrée par la droite AB.

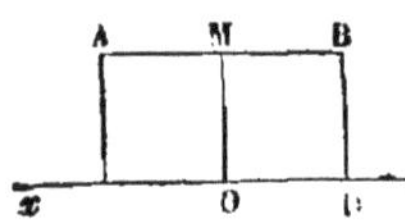

$$\text{surf. AB} = \text{AB} \times 2\pi\text{OM}.$$

2° Supposons la droite AB oblique à l'axe sans le rencontrer.

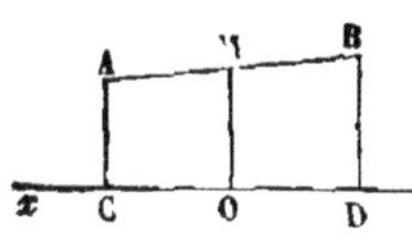

Abaissons encore les perpendiculaires AC, MO, BD sur l'axe. Le trapèze ABCD tournant autour de xy engendre un tronc de cône droit à bases parallèles dont AB engendre la surface latérale, donc (505) :

$$\text{surf. AB} = \text{AB} \times 2\pi\text{OM}.$$

3° Soit maintenant l'une des extrémités A de la droite AB

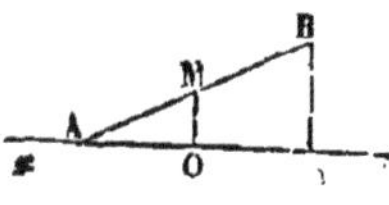

située sur l'axe xy. Abaissons sur celui-ci les perpendiculaires MO, BD : le triangle ABD engendre en tournant autour de xy un cône droit à base circulaire dont AB engendre la surface latérale, donc encore (494)

$$\text{surf. AB} = \text{AB} \times 2\pi\text{OM}.$$

509. Remarque. — Il est à remarquer que l'on obtient

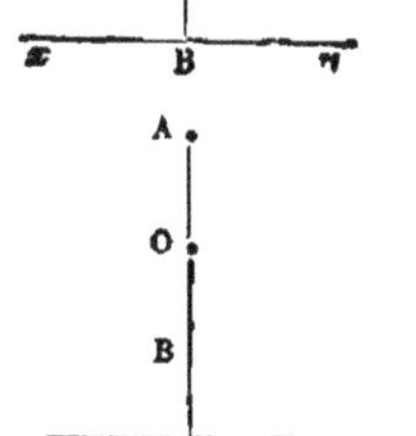

encore la même expression pour surface AB lorsque la droite AB est perpendiculaire à l'axe.

En effet, si elle le rencontre en B, on a surf. $\text{AB} = \pi\overline{\text{AB}}^2$, mais O étant le milieu de AB, on a $\text{AB} = 2\text{OB}$, donc surf. $\text{AB} = \text{AB} \times 2\pi\text{OB}$.

Si AB ne rencontre pas l'axe, on a surf. $\text{AB} = \pi(\overline{\text{AM}}^2 - \overline{\text{BM}}^2)$,

mais

$$\overline{\text{AM}}^2 - \overline{\text{BM}}^2 = (\text{AM} + \text{BM})\,\text{AB},$$

et

$$\text{AM} = \text{AO} + \text{OM},\ \text{BM} = \text{OM} - \text{OB},$$

donc

$$\text{AM} + \text{BM} = 2\text{OM},$$

et par suite encore

$$\text{surf. AB} = \text{AB} \times 2\pi\text{OM}$$

LIVRE VIII

LA SPHÈRE.

DÉFINITIONS.

510. On nomme *sphère* le solide engendré par la révolution d'un demi-cercle AMB tournant autour de son diamètre AB. Dans ce mouvement la demi-circonférence AMB engendre la surface qui limite la sphère. Cette surface a par suite tous ses points situés à égale distance du centre C de la demi-circonférence. Le point C se nomme le *centre* de la sphère.

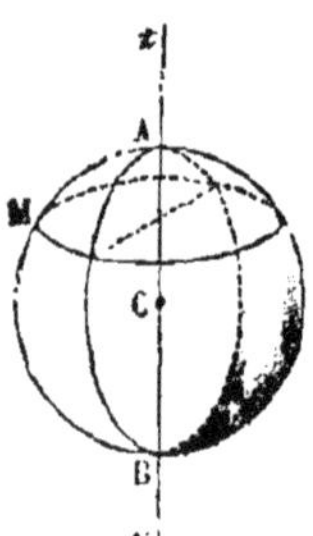

Le cylindre, le cône et la sphère se désignent sous le nom de *corps ronds*.

511. Toute ligne droite qui joint le centre d'une sphère à un point de sa surface est un rayon. Tous les rayons d'une même sphère sont égaux.

On nomme *diamètre* toute droite passant par le centre de la sphère et terminée de part et d'autre à sa surface. Tous les diamètres d'une même sphère sont égaux puisque chacun d'eux vaut deux rayons.

512. On nomme *plan tangent* à une sphère un plan qui n'a qu'un point commun avec la surface de cette sphère.

Le point commun se nomme *point de contact.*

513. On dit que deux sphères sont *tangentes* lorsque leurs surfaces n'ont qu'un point commun.

THÉORÈME I.

514. *Toute section faite par un plan dans une sphère est un cercle.*

Soit ABD la section faite par un plan dans une sphère ayant O pour centre : abaissons OC perpendiculaire sur le plan sécant et menons les droites OA, OB... aux différents points A, B... qui limitent la section. Ces droites sont égales comme rayons d'une même sphère et elles sont obliques par rapport à la ligne OC, donc elles s'écartent également du pied de cette ligne. Les points A, B... étant par suite situés à des distances égales du point C, appartiennent à une circonférence ayant C pour centre.

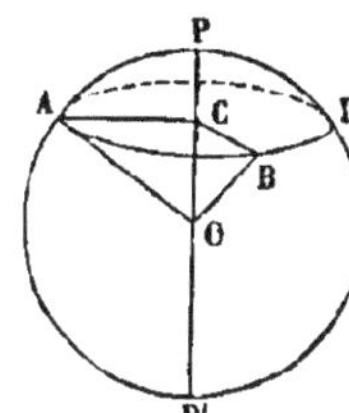

515. Remarques. — Lorsque le plan sécant passe par le centre de la sphère, la section est un cercle ayant même centre et même rayon que la sphère. Tous les cercles qui se trouvent dans ces conditions se nomment *grands cercles*, et par opposition, on nomme *petits cercles* les cercles déterminés par des plans qui ne passent pas par le centre de la sphère.

Il est évident que tous les grands cercles sont égaux. Les petits cercles varient de grandeur : leur rayon diminue au fur et à mesure que le plan sécant s'éloigne du centre de la sphère.

Deux grands cercles se coupent mutuellement en deux parties égales, car leur intersection commune, passant par le centre de la sphère, est un diamètre. Tout grand cercle partage la sphère et sa surface en deux parties égales.

516. Corollaire I. — Le centre C d'un cercle de la sphère et le centre O de cette sphère sont situés sur une même perpendiculaire au plan du cercle. Si l'on prolonge la droite OC jusqu'à sa rencontre avec la surface de la sphère en P et P', ces points P et P' sont dits *les pôles* du cercle ABD.

On nomme en général *pôles* d'un cercle grand ou petit, les

extrémités du diamètre de la sphère mené perpendiculairement au plan de ce cercle.

517. Corollaire II. — Par deux points pris sur la surface d'une sphère, on peut faire passer une circonférence de grand cercle et on n'en peut faire passer qu'une, car les deux points et le centre de la sphère déterminent un plan. Néanmoins, si les deux points donnés étaient en ligne droite avec le centre, il y aurait une infinité de grands cercles passant par ces points.

THÉORÈME II.

518. *Tous les points de la circonférence d'un cercle* ABC *de la sphère sont également distants des pôles* P, P′ *de ce cercle.*

Menons les droites PA, PC... du pôle P aux différents points de la circonférence ACB ; joignons le centre I de cette circonférence aux points A, C... Les droites IA, IC... sont égales comme rayons d'un même cercle, donc les obliques PA, PC... qui s'écartent également du pied de la perpendiculaire PI sont égales. Les points A, C... de la circonférence ACB sont donc équidistants du pôle P. On démontrerait de même qu'ils sont à égale distance du pôle P′.

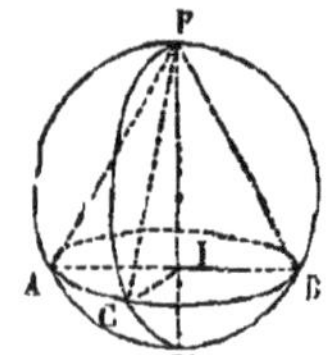

Les droites PA, PC... sont des cordes égales menées dans des cercles égaux PAP′, PCP′..., donc les arcs PA, PC... de ces cercles sont égaux.

519. Corollaire I. — Si l'on considère les pôles P, P′ d'un grand cercle ABC et que l'on mène les rayons OA, OB, OC... de ce grand cercle, les angles droits POA, POB, POC... sont des angles au centre ; ils ont donc pour mesures les arcs PA, PB, PC... Il en résulte que ces arcs sont des quarts de circonférence ou des *quadrants.*

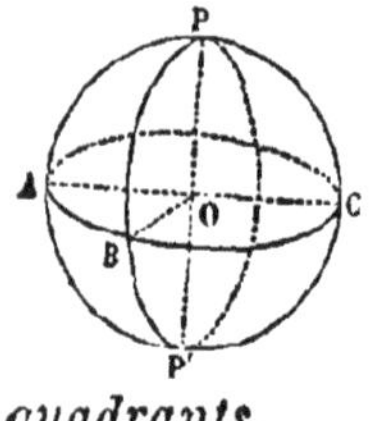

520. Corollaire II. — La droite PP′ étant perpendiculaire sur le plan ABC, les plans des grands cercles passant par les pôles P, P′ du cercle ABC sont perpendiculaires sur le plan de ce cercle. Réciproquement, lorsque les plans de deux grands cercles sont perpendiculaires l'un sur l'autre, chacun de ces cercles passe par les pôles de l'autre. En effet, si les plans des deux grands cercles ABC, PBP′ sont perpendiculaires l'un sur l'autre, le diamètre PP′, perpendiculaire au plan ABC, est contenu tout entier dans le plan PBP′ et de même le diamètre AC, perpendiculaire au plan PBP′, est tout entier contenu dans le plan ABC (371).

521. Remarque I. — On nomme *angle* de deux cercles tracés sur une sphère et qui se rencontrent, l'angle que forment leurs tangentes menées au point d'intersection. Lorsqu'il s'agit de deux arcs de grands cercles PAP′, PBP′ dont les plans se coupent suivant un diamètre PP′, les tangentes menées à ces arcs au point P sont perpendiculaires l'une et l'autre au diamètre PP′ et leur angle n'est autre que l'angle plan correspondant au dièdre APP′B. *L'angle de deux arcs de grands cercles est donc l'angle dièdre formé par leurs plans.* Ainsi on dira que deux arcs de grands cercles ou deux grands cercles sont perpendiculaires l'un sur l'autre lorsque leurs plans sont perpendiculaires.

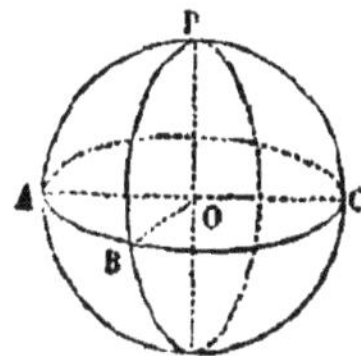

522 Remarque II. — Les propriétés des pôles permettent de tracer sur la surface de la sphère des arcs de cercle. On se sert pour cela d'un compas à branches courbes nommé *compas sphérique*. On place l'une des pointes du compas sur le pôle du cercle que l'on veut tracer sur la sphère et l'on décrit la circonférence de ce cercle avec l'autre pointe. Lorsque l'on veut décrire un grand cercle, l'intervalle des deux pointes du compas sphérique doit être égale à la corde d'un quadrant. Pour déterminer cette corde, on a besoin de connaître le rayon de la sphère sur laquelle on opère. Nous indiquons dans le problème qui suit le moyen de trouver ce rayon.

PROBLÈME I.

523. *Étant donnée une sphère trouver son rayon.*

Première méthode. — Du point A comme pôle avec une ouverture arbitraire de compas sphérique on décrit un cercle BCE sur la sphère donnée. On prend sur la circonférence de ce cercle trois points B, C, D dont on mesure les distances rectilignes à l'aide du compas sphérique, puis on construit sur un plan un triangle ayant pour côtés ces trois distances. On détermine le rayon du cercle circonscrit à ce triangle et l'on a ainsi le rayon BI du cercle BCD. Ce rayon étant connu, on trace une ligne indéfinie A'K'; en un point I' quelconque de cette ligne on élève une perpendiculaire sur laquelle on prend une longueur I'B' = IB; du point B' comme centre avec un rayon égal à l'ouverture AB du compas sphérique, on décrit un arc de cercle qui coupe la droite A'K' en A'. On joint A'B' et l'on mène B'K' perpendiculaire sur A'B'. On forme ainsi le triangle rectangle A'B'K', dont l'hypoténuse A'K' est égale au diamètre de la sphère.

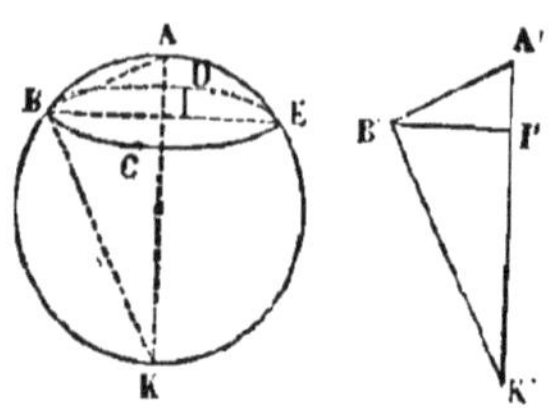

En effet, imaginons dans la sphère un triangle ABK ayant pour sommets les pôles A et K du cercle BCD et l'un des points B de la circonférence de ce cercle. L'angle en A de ce triangle est égal à l'angle en A' du triangle A'B'K', car les deux triangles rectangles ABI, A'B'I' qui ont l'hypoténuse égale et un côté égal sont égaux. Donc les deux triangles ABK, A'B'K' sont égaux comme ayant le côté AB = A'B', l'angle droit en B = l'angle droit en B' et l'angle A = l'angle A'. Par suite A'K' = AK ou le diamètre de la sphère.

Deuxième méthode. — On prend sur la surface de la sphère deux points quelconques M et N ; de chacun de ces points comme pôle avec une ouverture arbitraire du compas sphérique on décrit deux arcs de cercle qui se coupent en un point A, et l'on détermine par le même procédé deux autres points B et C. Les trois points A, B, C situés à égale distance des points M et N appartiennent au plan qui serait mené perpendiculairement sur le milieu de MN (335). Or ce plan contient le centre de la sphère, car ce centre est également distant des points M et N, donc si l'on construit sur un plan un triangle ayant pour côtés les distances rectilignes AB, AC, BC, le rayon du cercle circonscrit à ce triangle sera égal au rayon de la sphère.

THÉORÈME III.

524. *L'angle de deux arcs de grands cercles* AP, PB *a pour mesure l'arc de grand cercle* AB *décrit de son sommet* P *comme pôle et compris entre ses côtés.*

En effet, les deux arcs PA, PB valent chacun un quadrant,

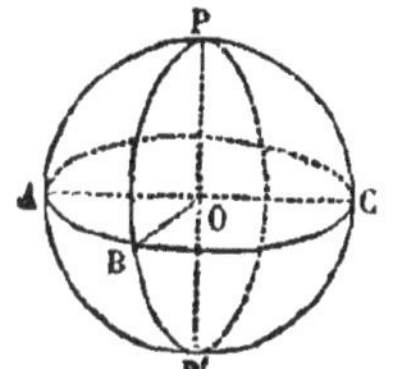

donc les droites OA, OB sont perpendiculaires sur OP, et leur angle AOB est l'angle plan correspondant au dièdre APP'B. Or cet angle AOB a pour mesure l'arc AB : donc l'arc AB mesure aussi l'angle formé par les deux arcs de grands cercles PA, PB (521).

PROBLÈME II.

525. *Tracer une circonférence de grand cercle passant par deux points donnés sur la surface d'une sphère.*

Soient A et B les deux points donnés. De ces deux points

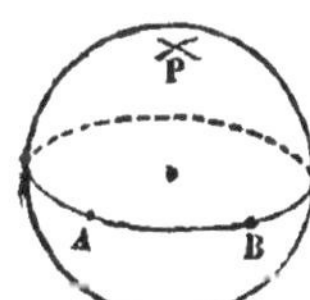

comme pôles avec un intervalle égal à la corde d'un quadrant, on décrit deux arcs de grands cercles qui se coupent en P. Puis du point P comme pôle, on décrit un grand cercle qui passera par les points A et B.

526. Remarque. — Si les points donnés A et B sont situés aux extrémités d'un diamètre de la sphère, le problème admet une infinité de solutions, car alors les arcs de grands cercles décrits des points A et B comme pôles coïncident.

PROBLÈME III.

527. *Abaisser d'un point* A *de la surface d'une sphère un arc de grand cercle perpendiculaire sur un grand cercle donné* CBD.

Du point A comme pôle, on décrit un arc de grand cercle qui coupe la circonférence CD en un point P; puis du point P comme pôle, on décrit un arc de grand cercle AB passant par le point A. Cet arc est l'arc demandé puisque son pôle est situé sur le grand cercle CBD (520).

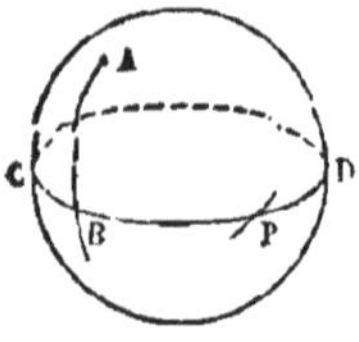

PROBLÈME IV

528. *Partager un arc de grand cercle en deux parties égales.*

Soit AB l'arc donné : de chacune de ses extrémités comme pôle avec une ouverture de compas quelconque, on décrit des arcs de cercle qui déterminent deux points D et C également distants des points A et B. Il reste à faire passer un arc de grand cercle par les points D et C (525). Cet arc est perpendiculaire sur l'arc AB et le coupe en son milieu E, car son plan est perpendiculaire sur le milieu de la droite qui joindrait les points A et B (335).

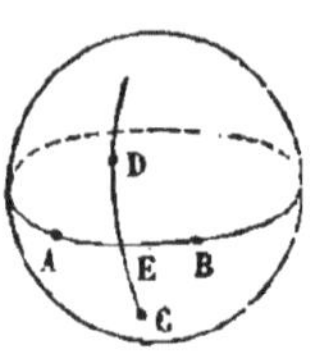

PROBLÈME V.

529. *Par trois points donnés sur la surface d'une sphère faire passer un cercle*

Soient A, B, C les points donnés. On décrit un arc de grand cercle DE perpendiculaire sur le milieu de l'arc de grand cercle qui joindrait les points A et B et aussi un arc de grand cercle GF perpendiculaire sur le milieu de l'arc de grand cercle qui joindrait B et C. (528). Le point P de rencontre des arcs DE, GF est également distant des points A, B, C : on n'a donc plus qu'à décrire une circonférence de ce point P comme pôle avec une ouverture de compas égale à la corde PA.

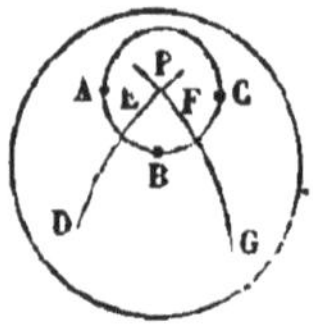

THÉORÈME IV.

530. *Tout plan perpendiculaire à l'extrémité d'un rayon de la sphère est tangent à cette sphère.*

Soit le plan CAB perpendiculaire à l'extrémité du rayon

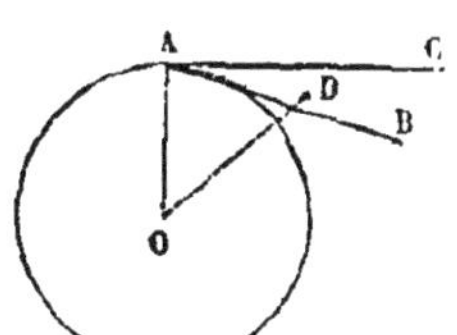

OA : si l'on joint le centre O de la sphère à un point D quelconque du plan CAB, autre que le point A, la droite OD est une oblique sur ce plan, et est par suite plus grande que la perpendiculaire OA : donc son extrémité D est située hors de la sphère. Il en résulte qne le plan CAB est tangent à la sphère puisqu'il n'a avec elle de commun que le point A.

531. Réciproquement, tout plan BAC tangent à la sphère est perpendiculaire au rayon OA mené au point de contact A.

En effet, toute droite telle que OD menée du centre à un point D du plan autre que le point de contact est plus grande que OA, puisque le point D est situé hors de la sphère, donc le rayon OA est la plus courte droite qu'on puisse mener du point O sur le plan CAB. Ce rayon est donc perpendiculaire sur le plan.

532. Corollaire. — D'un point A pris sur une sphère, on ne peut mener qu'un plan tangent à cette sphère, car il n'existe qu'un seul plan mené par le point A qui soit perpendiculaire au rayon OA.

THÉORÈME V.

533. *Par quatre points* A, B, C, D *non situés dans un même plan, on peut toujours faire passer une sphère et on n'en peut faire passer qu'une seule.*

Ayant joint AB et chacun des points A et B aux points C

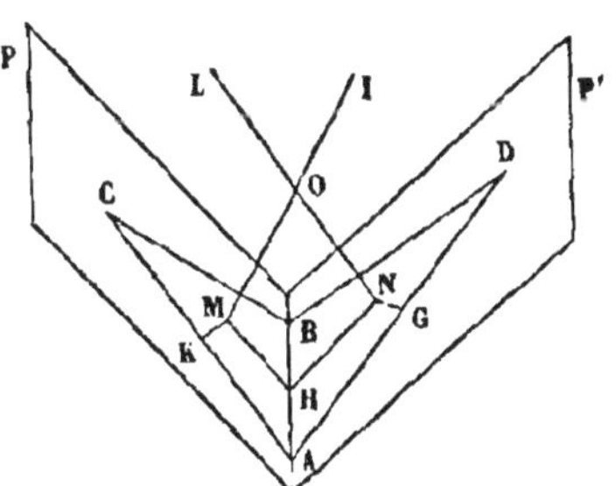

et D, élevons dans le plan ABC sur le milieu de AB la perpendiculaire HM et sur le milieu de AC la perpendiculaire KM Ces deux droites se rencontrent en un point M qui est le centre du cercle circonscrit au triangle ABC. Si au point M nous élevons MI perpendiculaire sur le plan P du triangle ABC, cette droite MI est le lieu géométrique des points équidistants des points A, B, C (333). Déterminons de même le centre N du cercle circonscrit au triangle ABD au moyen des perpendiculaires HN, GN élevées dans le plan ABD sur les milieux des côtés AB et AD; puis au point N élevons NL perpendiculaire au plan P′ du triangle ABD; cette droite NL est le lieu géométrique des points équidistants des points A, B, D.

Or les deux droites MI, NL se coupent. En effet, si l'on imagine un plan passant par HM et HN, ce plan sera perpendiculaire sur la droite AB et par suite sur chacun des plans P, P′ qui contiennent AB (369) : donc chacune des perpendiculaires MI, NL sera située dans ce plan (371). Ces deux droites étant dans le même plan et étant perpendiculaires à deux droites MH, NH qui se coupent, se coupent elles-mêmes en un certain point O, lequel se trouve par suite à égale distance des quatre points A, B, C, D. Le point O est donc le centre d'une sphère passant par les quatre points donnés. Ce point est d'ailleurs le seul qui jouisse de cette propriété puisqu'il est le seul commun aux droites MI, NL.

534. Remarque.—Étant donnés quatre points situés dans le même plan, il est impossible de faire passer une sphère par ces points à moins qu'ils ne soient situés sur une même circonférence. Dans ce cas, il existe une infinité de sphères qui répondent à la question et dont les centres sont tous situés sur une droite élevée au centre de la circonférence passant par les points donnés, perpendiculairement au plan qui renferme ces points.

THÉORÈME V.

535. *Lorsque deux sphères se coupent, leur intersection est un cercle dont le plan est perpendiculaire à la droite qui joint leurs centres et dont le centre est situé sur cette droite.*

Par la droite AB joignant les centres de deux sphères qui se coupent, menons un plan : ce plan coupera les sphères suivant deux grands cercles dont les circonférences se rencontreront en C et D. Or, si nous faisons tourner les deux demi-cercles autour de AB, chacune de leurs circonférences engendrera la surface d'une des sphères et le point C décrira une circonférence dont tous les points seront communs aux deux sphères ; l'intersection de celles-ci est donc un cercle. Le rayon EC de ce cercle étant perpendiculaire à AB, le plan du cercle est perpendiculaire à la droite qui joint les centres des deux sphères.

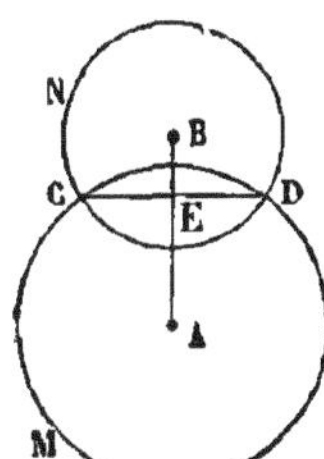

536. Remarque. — Deux sphères peuvent occuper l'une par rapport à l'autre cinq positions différentes : elles peuvent être extérieures ou intérieures, tangentes extérieurement, tangentes intérieurement ou sécantes. On peut établir pour ces différentes positions des théorèmes tout à fait analogues à ceux établis pour les positions correspondantes de deux circonférences situées dans le même plan (118, 119, 120, 121, 122).

SURFACE DE LA SPHÈRE

DÉFINITIONS.

537. On nomme *ligne brisée régulière* un ligne brisée plane qui a tous ses côtés et tous ses angles égaux. Une telle ligne est inscriptible dans le cercle et peut lui être circonscrite. Elle a comme les polygones réguliers un centre, un rayon et un apothème qui sont le centre, le rayon du cercle circonscrit et celui du cercle inscrit. — Une ligne brisée régulière ne fait partie du périmètre d'un polygone régulier que si son angle au centre (276) est une partie aliquote de 4 angles droits.

538. On nomme *zone* la portion de la *surface* de la sphère comprise entre deux plans parallèles qui en sont les *bases*. La distance des deux bases est la *hauteur* de la zone.

Lorsque l'un des plans parallèles est tangent à la sphère, la zone n'a qu'une base. On lui donne alors le nom de *calotte sphérique*.

539. Pendant que la demi-circonférence CBD tournant autour du diamètre CD engendre la surface de la sphère, l'arc AB engendre la zone ayant pour bases les cercles décrits par les perpendiculaires AA', BB' abaissées sur l'axe de rotation CD ; de même l'arc CA engendre la calotte sphérique ayant pour base le cercle AA'. La hauteur de cette calotte est CA', celle de la zone engendrée par l'arc AB est A'B' : on peut donc dire que *la hauteur d'une zone quelconque est la projection sur l'axe de rotation, de l'arc qui engendre la zone.*

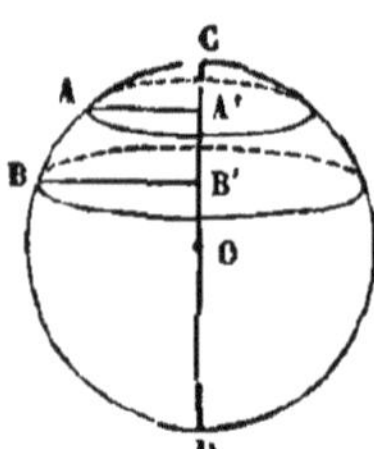

THÉORÈME VI.

540. *La surface engendrée par une ligne brisée régulière* BCDE *tournant autour d'un axe* xy *mené dans son plan par son centre* O, *et qui la laisse tout entière d'un même côté, a pour mesure le produit de la circonférence inscrite dans la ligne brisée par la projection de cette ligne sur l'axe.*

La surface engendrée par la ligne BCDE est égale à la somme des surfaces engendrées par les droites BC, CD, DE.

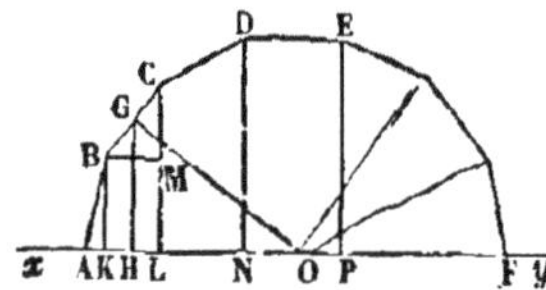

Or, si du milieu G de la droite BC, nous abaissons GH perpendiculaire sur l'axe, nous aurons (508) :

$$\text{surf. } BC = BC \times 2\pi GH.$$

Abaissons BK, CL perpendiculaires sur xy, joignons OG et menons BM parallèle à xy. Les triangles BCM, GHO ont leurs côtés perpendiculaires chacun à chacun, donc ils sont semblables, et l'on a :

$$\frac{BC}{OG} = \frac{BM}{GH},$$

d'où

$$BC \times GH = BM \times OG.$$

Remplaçant $BC \times GH$ par sa valeur dans l'expression de surf. BC, et remarquant que $BM = KL$, il vient :

$$\text{surf. } BC = KL \times 2\pi OG$$

Ayant abaissé DN, EP perpendiculaires sur l'axe xy, on trouverait de même :

$$\text{surf. } CD = LN \times 2\pi OG$$
$$\text{surf. } DE = NP \times 2\pi OG$$

Donc

$$\text{surf. } BCDE = (KL + LN + NP)\, 2\pi OG$$

ou enfin

$$\text{surf. } BCDE = KP \times 2\pi OG.$$

541. Remarque. — De l'expression surf. $BC = KL \times 2\pi OG$ on déduit que *la surface engendrée par une droite* BC *tournant autour d'un axe* xy *situé avec elle dans le même plan, et la laissant d'un même côté, a pour mesure le produit de la projection de cette droite sur l'axe par la circonférence ayant pour rayon la perpendiculaire élevée au milieu de la droite jusqu'à sa rencontre avec l'axe.*

THÉORÈME VII.

542. *L'aire d'une zone est égale au produit de la circonférence d'un grand cercle par sa hauteur.*

Soit la zone engendrée par l'arc BD tournant autour du diamètre AM : cette zone a pour hauteur la projection EF de l'arc BD sur le diamètre. Inscrivons dans l'arc BD une ligne brisée régulière DCB et menons l'apothème OI de cette ligne. Si nous imaginons que l'on fasse tourner la ligne BCD autour de AM, elle engendrera une surface moindre que celle de la zone, puisque celle-ci l'enveloppe. Mais si l'on double indéfiniment le nombre des côtés de la ligne brisée, la surface qu'elle engendre ira en s'approchant de plus en plus de la surface de la zone. Celle-ci est donc la limite vers laquelle tend la surface engendrée par la ligne BCD lorsque le nombre des côtés de cette ligne croît indéfiniment.

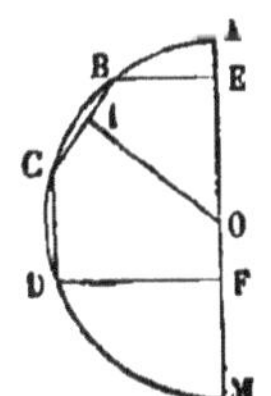

Or, quel que soit le nombre des côtés de la ligne brisée que l'on considère, la surface engendrée par cette ligne a toujours pour mesure le produit de sa projection EF sur l'axe par la circonférence ayant pour rayon son apothème (540). Donc, comme l'apothème a pour limite le rayon OA de la sphère, la zone elle-même a pour mesure le produit de sa hauteur EF par la circonférence ayant pour rayon OA, c'est-à-dire par la circonférence d'un grand cercle de la sphère à laquelle elle appartient.

543. Remarque I. — Si l'on nomme r le rayon de la sphère et h la hauteur de la zone, on a

$$\text{surf. zone} = 2\pi rh.$$

544. Remarque II. — Deux zones appartenant à la même sphère ou à des sphères égales sont entre elles comme leurs hauteurs.

THÉORÈME VIII.

545. *La surface d'une sphère est égale au produit de la circonférence d'un grand cercle par son diamètre.*

Soit la sphère engendrée par le demi-cercle ABG tournant autour du diamètre AG. On peut considérer la demi-circonférence ABG comme étant la somme de deux arcs AB, BG qui engendrent chacun une zone. La somme de ces deux zones n'est autre que la surface de la sphère. Or, en désignant par r le rayon du cercle CA, on a :

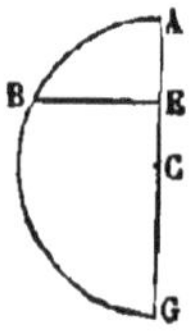

$$\text{zone AB} = 2\pi r \times \text{AE}$$
$$\text{zone BG} = 2\pi r \times \text{EG}$$

Donc additionnant membre à membre, on a

$$\text{surf. sphère} = 2\pi r \times (\text{AE} + \text{EG}).$$

Mais $\text{AE} + \text{EG} = 2r$, donc

$$\text{surf. sphère} = 2\pi r \times 2r \text{ ou } = 4\pi r^2.$$

546. Remarque I. — L'expression surf. sphère $= 4\pi r^2$ montre que *la surface d'une sphère est quadruple de celle d'un grand cercle.*

547. Remarque II. — En nommant d le diamètre de la sphère, on a $d = 2r$; par suite $d^2 = 4r^2$, donc :

$$\text{surf. sphère} = \pi d^2.$$

548. Remarque III. — Les surfaces de deux sphères sont entre elles comme les carrés de leurs rayons ou de leurs diamètres.

VOLUME DE LA SPHÈRE.

DÉFINITIONS.

549. On nomme *secteur polygonal régulier* la surface comprise entre une ligne brisée régulière et deux rayons menés aux extrémités de cette ligne.

550. On nomme *secteur sphérique* le volume engendré par un secteur circulaire DCE tournant autour d'un diamètre AB qui lui est extérieur. L'arc ED du secteur engendre en tournant une zone qui est la *base* du secteur sphérique. — Le secteur circulaire DAC engendre également en tournant autour de AB, un secteur sphérique ayant pour base la calotte sphérique engendrée par l'arc AD.

THÉORÈME IX.

551. *Le volume engendré par un triangle* ABC *tournant autour d'un axe mené dans son plan par un de ses sommets* A *et le laissant tout entier d'un même côté, est égal à la surface engendrée par le côté* BC *opposé au sommet* A *multipliée par le tiers de la hauteur* AD *correspondante au côté* BC.

1° Le côté AB est situé sur l'axe.

Abaissons CE perpendiculaire sur AB. Le volume engendré par le triangle ABC est égal à la somme des volumes engendrés par les deux triangles ACE, ECB tournant autour de xy. Chacun de ces triangles rectangles engendre un cône droit à base circulaire et l'on a en désignant par vol. ACE, vol. ECB les volumes engendrés :

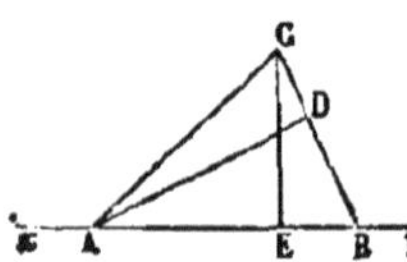

$$\text{vol. ACE} = \frac{1}{3}\pi\overline{CE}^2 \times AE$$

$$\text{vol. ECB} = \frac{1}{3}\pi\overline{CE}^2 \times EB$$

d'où additionnant :

$$\text{vol. ABC} = \frac{1}{3}\pi\overline{CE}^2 \times AB$$

Mais $CE \times AB$ est égal à $CB \times AD$, car chacun de ces produits représente le double de l'aire du triangle ABC ; on peut donc écrire :

$$\text{vol. ABC} = \frac{1}{3}\pi CE \times CB \times AD,$$

ou

$$\text{vol. ABC} = \pi CE \times CB \times \frac{1}{3} AD.$$

Or $\pi CE \times CB$ est la mesure de la surface engendrée par la droite CB tournant autour de xy (491), donc enfin

$$\text{vol. ABC} = \text{surf. BC} \times \frac{1}{3} AD.$$

2° Le côté AB n'a de commun avec l'axe que le point A et le côté opposé BC n'est pas parallèle à l'axe.

Prolongeons BC jusqu'à la rencontre de l'axe au point F. Le triangle ABC est égal à la différence des triangles ACF, ABF ; donc le volume qu'il engendre en tournant autour de xy est égal à la différence des volumes engendrés par les triangles ACF, ABF.

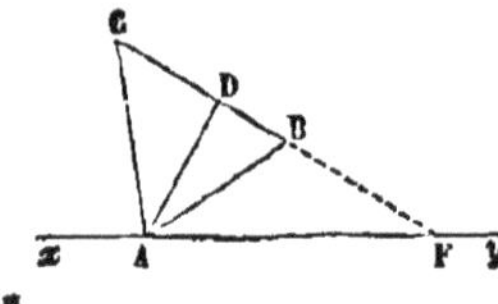

Or

$$\text{vol. CAF} = \text{surf. CF} \times \frac{1}{3}\,\text{AD}$$

$$\text{vol. ABF} = \text{surf. BF} \times \frac{1}{3}\,\text{AD},$$

donc :

$$\text{vol. ABC} = (\text{surf. CF} - \text{surf. BF}) \times \frac{1}{3}\,\text{AD} ;$$

ou enfin

$$\text{vol. ABC} = \text{surf. CB} \times \frac{1}{3}\,\text{AD}.$$

3° Le côté BC est parallèle à l'axe xy. 1

Abaissons les perpendiculaires CG, BH sur xy. Le triangle ABC est égal au rectangle CGBH diminué de la somme des triangles CGA, BAH. Donc le volume engendré par ABC tournant autour de xy est égal au volume engendré par le rectangle, moins la somme des volumes engendrés par les deux triangles. Ces volumes sont ceux d'un cylindre et de deux cônes. On a donc :

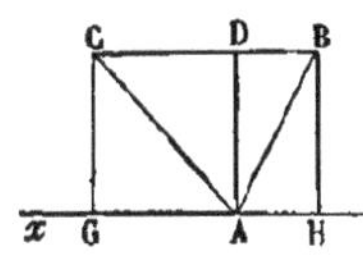

$$\text{vol. CGBH} = \pi\overline{\text{AD}}^2 \times \text{GH}$$

$$\text{vol. CGA} = \frac{1}{3}\,\pi\overline{\text{AD}}^2 \times \text{AG}$$

$$\text{vol. BAH} = \frac{1}{3}\,\pi\overline{\text{AD}}^2 \times \text{AH}.$$

Retranchant du premier volume la somme des deux autres, il vient :

$$\text{vol ABC} = \pi\overline{\text{AD}}^2 \times \frac{2}{3}\,\text{GH},$$

ce qui peut s'écrire

$$\text{vol. ABC} = 2\pi\text{AD} \times \text{GH} \times \frac{1}{3}\,\text{AD} ;$$

mais $2\pi\text{AD} \times \text{GH}$ est la surface engendrée par BC tournant autour de xy (477), donc enfin

$$\text{vol. ABC} = \text{surf. BC} \times \frac{1}{3}\,\text{AD}.$$

THÉORÈME X.

552. *Le volume engendré par un secteur polygonal régulier* OBCDE *tournant autour d'un diamètre* xy, *situé en dehors de sa surface, est égal au produit de la surface engendrée par la ligne brisée régulière* BCDE *par le tiers de l'apothème* OG.

Menons les rayons OC, OD, nous décomposons ainsi le secteur en triangles isocèles BOC, COD, DOE égaux entre eux et ayant OG pour hauteur commune. Le volume engendré par le secteur polygonal en tournant autour de xy est égal à la somme des volumes engendrés par les triangles ; or

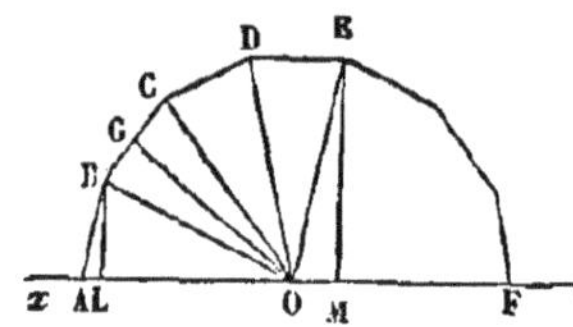

$$\text{vol. BOC} = \text{surf. BC} \times \frac{1}{3}\text{OG}$$

$$\text{vol. COD} = \text{surf. CD} \times \frac{1}{3}\text{OG}$$

$$\text{vol. DOE} = \text{surf. DE} \times \frac{1}{3}\text{OG}.$$

Donc, additionnant, on a :

$$\text{vol. OBCDE} = (\text{surf. BC} + \text{surf. CD} \times \text{surf. DE}) \times \frac{1}{3}\text{OG} ;$$

ou

$$\text{vol. OBCDE} = \text{surf. BCDE} \times \frac{1}{3}\text{OG}.$$

THÉORÈME XI.

553. *Le volume d'un secteur sphérique est égal au produit de la zone qui lui sert de base par le tiers du rayon de la sphère.*

Considérons le secteur sphérique engendré par le secteur circulaire AOD tournant autour du diamètre MN : dans l'arc AD qui sert de base à la figure, inscrivons une ligne brisée régulière ABCD. Le volume engendré par le secteur polygonal régulier OABCD tournant autour de MN sera moindre que le volume du secteur sphérique, mais ira sans cesse en s'approchant de celui-ci si l'on double indéfiniment le nombre des côtés de la ligne brisée régulière. Le secteur sphérique est donc la limite vers laquelle tend le volume engendré par le secteur polygonal lorsque le nombre des côtés de la base croît indéfiniment : or la mesure de ce dernier volume est égale, quel que soit le nombre des côtés de sa base, au produit de la surface engendrée par cette base ABCD, par le tiers de l'apothème OI. Donc, comme la limite de la surface ABCD est la zone engendrée par l'arc AD et que la limite de l'apothème OI est le rayon OA, le volume du secteur sphérique est égal au produit de la zone engendrée par l'arc AD, par le tiers du rayon OA.

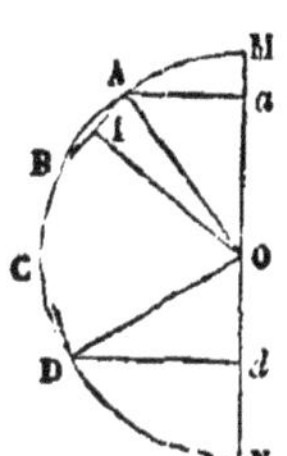

554. Remarque. — En nommant r le rayon de la sphère et h la hauteur ad de la zone décrite par l'arc AD, on a :

$$\text{zone AD} = 2\pi rh\ ;$$

donc :

$$\text{vol. sect. sphérique} = 2\pi rh \times \frac{r}{3} = \frac{2}{3}\pi r^2 h.$$

555. Remarque II. — Les secteurs sphériques appartenant à la même sphère ou à des sphères égales sont entre eux comme les hauteurs des zones qui leur servent de bases.

THÉORÈME XII.

556. *Le volume d'une sphère est égal au produit de sa surface par le tiers de son rayon.*

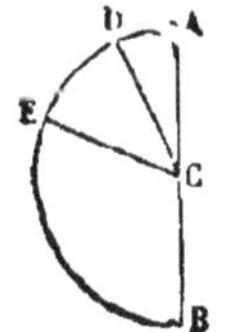

Soit la sphère engendrée par le demi-cercle ABD. Menons le rayon CB. La sphère peut être regardée comme étant la somme des secteurs sphériques engendrés par les secteurs circulaires ACB, BCD.

Or :

$$\text{vol. sect. ACB} = \text{zone AB} \times \frac{1}{3}\,\text{CB}.$$

$$\text{vol. sect. BCD} = \text{zone BD} \times \frac{1}{3}\,\text{CB},$$

donc :

$$\text{vol. sphère} = (\text{zone AB} + \text{zone BD}) \times \frac{1}{3}\,\text{CB}.$$

ou

$$\text{vol. sphère} = \text{surface sphère} \times \frac{1}{3}\,\text{CB}.$$

557 Remarque I. — La surface de la sphère vaut $4\pi r^2$, r désignant son rayon, donc :

$$\text{vol. sphère} = 4\pi r^2 \times \frac{1}{3} r = \frac{4}{3}\pi r^3$$

558. Remarque II. — Soit d le diamètre de la sphère, on a $r = \frac{d}{2}$ et $r^3 = \frac{d^3}{8}$; remplaçant r^3 par cette valeur dans la formule qui précède, on a :

$$\text{vol. sphère} = \frac{1}{6}\pi d^3.$$

559 Remarque III. — Les volumes de deux sphères sont entre eux comme les cubes des rayons ou des diamètres.

THÉORÈME XIII.

560. *Le volume engendré par un segment circulaire* BMD *tournant autour d'un diamètre* AH *extérieur à ce segment (anneau sphérique), est égal à la sixième partie du volume d'un cylindre qui aurait pour rayon de base la corde* BD *du segment et pour hauteur la projection* EF *de cette corde sur le diamètre* AH.

Joignons BC, CD et abaissons CG perpendiculaire sur BD.

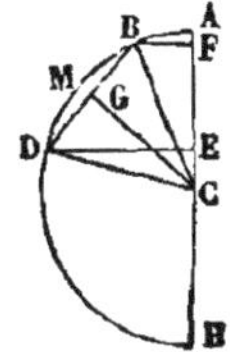

Le volume engendré par le segment BMD tournant autour de AH est égal à la différence des volumes engendrés par le secteur circulaire CBMD et le triangle CBD. Or on a (554) :

$$\text{vol. sect. CBMD} = \frac{2}{3}\pi\overline{CD}^2 \times EF$$

et (551)

$$\text{vol. tr. CBD} = \text{surf. BD} \times \frac{1}{3}\,CG\,;$$

mais surf. BD $= 2\pi CG \times EF$ (541), donc

$$\text{vol. tr. CBD} = \frac{2}{3}\pi\overline{CG}^2 \times EF$$

Par suite :

$$\text{vol. BMD} = \frac{2}{3}\pi\left(\overline{CD}^2 - \overline{CG}^2\right) \times EF,$$

mais dans le triangle rectangle GCD on a :

$$\overline{CD}^2 - \overline{CG}^2 = \overline{DG}^2 = \frac{\overline{BD}^2}{4},$$

donc enfin,

$$\text{vol. BMD} = \frac{1}{6}\pi\overline{BD}^2 \times EF.$$

THÉORÈME XIV.

561. *Le volume d'un segment de sphère compris entre deux plans parallèles est égal au volume d'une sphère ayant pour diamètre la hauteur du segment, plus la demi somme des volumes de deux cylindres ayant pour hauteur commune la hauteur et pour bases les bases du segment.*

Considérons la sphère engendrée par le demi cercle ADG tournant autour du diamètre AG. De deux points B, D de la demi circonférence, abaissons sur AG les perpendiculaires BE, DF. La figure EBMDF tournant autour de AG, engendrera un segment de sphère ayant EF pour hauteur et BE, DF pour rayons de bases.

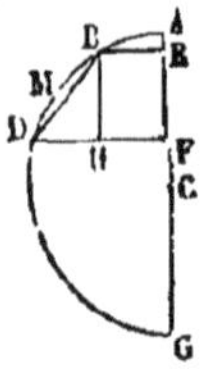

Joignons BD. Le volume du segment de sphère est égal à la somme des volumes engendrés par le segment circulaire BMD et le trapèze BDEF tournant autour de AG.

Or :

$$\text{vol. BMD} = \frac{1}{6}\pi\overline{BD}^2 \times EF \ (560)$$

$$\text{vol. BDEF} = \frac{1}{3}\pi EF(\overline{DF}^2 + \overline{BE}^2 + DF \times BE). \ (507)$$

Donc, ajoutant :

$$\text{vol. EBMDF} = \frac{1}{6}\pi EF(\overline{BD}^2 + 2\overline{DF}^2 + 2\overline{BE}^2 + 2DF \times BE). \quad (1)$$

Abaissons BH perpendiculaire sur DF, nous aurons :

$$\overline{BD}^2 = \overline{BH}^2 + \overline{DH}^2 = \overline{EF}^2 + (DF - BE)^2,$$

et en développant :

$$\overline{BD}^2 = \overline{EF}^2 + \overline{DF}^2 + \overline{BE}^2 - 2DF \times BE.$$

Substituant à $\overline{BD}^2$ cette valeur dans l'expression (1) du volume du segment de sphère, et simplifiant, il vient :

$$\text{volume segment} = \frac{1}{6}\pi EF(\overline{EF}^2 + 3\overline{DF}^2 + 3\overline{BE}^2),$$

ce qui peut encore s'écrire :

$$\text{vol. segment} = \frac{1}{6}\pi\overline{EF}^3 + \frac{1}{2}\pi(\overline{DF}^2 + \overline{BE}^2) \times EF. \ (2)$$

Or $\frac{1}{6}\pi\overline{EF}^3$ représente le volume d'une sphère qui aurait EF pour diamètre (558) et $\frac{1}{2}\pi(\overline{DF}^2 + \overline{BE}^2) \times EF$ est la demi somme de deux cylindres ayant l'un et l'autre pour hauteur EF et pour bases respectives les bases du segment de sphère, donc le théorème est démontré.

562. Remarque I. — Si le segment n'avait qu'une seule base, c'est-à-dire s'il était engendré par la figure AMDF tournant autour du diamètre AG, son volume se déduirait aisément du précédent en faisant $BE = 0$ dans la formule (2). On aurait ainsi :

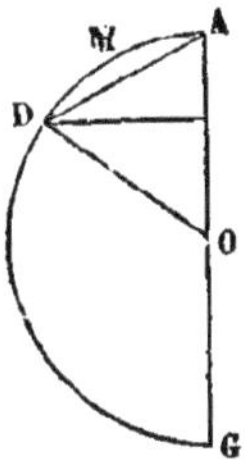

$$\text{vol. segm. AMDF} = \frac{1}{6}\pi\overline{AF}^3 + \frac{1}{2}\pi\overline{DF}^2 \times AF. \quad (3)$$

Donc le volume du segment sphérique à une base est égal au volume d'une sphère ayant pour diamètre la hauteur du segment, plus la moitié du volume d'un cylindre ayant même base et même hauteur que le segment.

Il est clair d'ailleurs que cette mesure peut être établie directement en considérant le volume du segment de sphère comme étant la somme des volumes engendrés par le segment circulaire AMD et le triangle ADF tournant autour du diamètre AG.

563. Remarque II. — On peut se proposer de trouver une expression du volume du segment de sphère à une base en fonction de sa hauteur et du rayon de la sphère. Il suffit pour cela de remarquer que dans le demi cercle ADG on a $\overline{DF}^2 = AF \times FG$ (200) et de remplacer dans la formule (3) $\overline{DF}^2$ par cette valeur puis FG par $AG - AF$. On peut encore y arriver directement comme il suit.

Nommons h la hauteur AF et r le rayon de la sphère. Le volume du segment peut être regardé comme la différence des volumes engendrés par le secteur AOMD et le triangle ODF tournant autour du diamètre. Or :

$$\text{vol. AOMD} = \frac{2}{3}\pi r^2 h$$

$$\text{vol. ODF} = \frac{1}{3}\pi\overline{DF}^2(r - h)$$

mais $\overline{DF}^2 = h(2r - h)$, donc

$$\text{vol. ODF} = \frac{1}{3}\pi h(2r - h)\ (r - h)$$

et

$$\text{vol. segm.} = \frac{2}{3}\pi r^2 h - \frac{1}{3}\pi h(2r - h)(r - h)$$

simplifiant, il vient

$$\text{vol. segm.} = \frac{1}{3}\pi h^2(3r - h)$$

ou encore

$$\text{vol. segm.} = \pi h^2\left(r - \frac{h}{3}\right).$$

Le volume du segment est donc égal au volume d'un cylindre ayant pour rayon de base la hauteur du segment, et pour hauteur la différence entre le rayon de la sphère et le tiers de la hauteur du segment.

NOTIONS SUR LES TRIANGLES SPHÉRIQUES.

DÉFINITIONS.

564. On nomme *triangle sphérique* une portion ABC de la surface de la sphère comprise entre trois arcs de grands cercles. Ces arcs AB, AC, BC se nomment les *côtés* du triangle : on suppose toujours chacun d'eux moindre qu'une demi-circonférence. Les angles formés par les côtés sont les *angles* du triangle sphérique. Nous rappellerons à ce sujet que l'angle de deux arcs de grands cercles est l'angle dièdre formé par les plans de ces grands cercles (521).

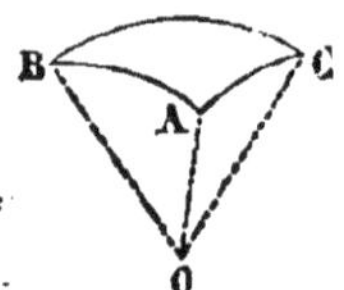

565. On nomme *polygone sphérique* la portion de la surface de la sphère comprise entre plusieurs arcs de grands cercles. Un polygone sphérique est dit *convexe* lorsque ce polygone est tout entier d'un même côté de l'une quelconque des circonférences de grands cercles auxquelles appartiennent ses côtés.

566. Si l'on imagine le centre O d'une sphère joint aux sommets A, B, C d'un triangle sphérique appartenant à cette sphère, et que l'on conçoive les plans passant par les droites OA, OB, OC, on formera un angle trièdre OABC dont les faces auront respectivement pour mesures les arcs AB, AC, BC et dont les angles dièdres ne seront autres que les angles du triangle. Il existe donc une analogie parfaite entre les angles trièdes et les triangles sphériques. De cette analogie, résultent les propositions suivantes.

567. Dans tout triangle sphérique, un côté quelconque est moindre que la somme des deux autres (385).

568. La somme des trois côtés d'un triangle sphérique est moindre qu'une circonférence de grand cercle (386).

569. Si l'on prolonge les rayons OA, OB, OC menés aux sommets d'un triangle sphérique ABC, jusqu'à leurs rencontres en A', B', C' avec la surface de la sphère, on obtient les sommets A', B', C' d'un second triangle sphérique qui correspond à un trièdre OA'B'C' symétrique du trièdre OABC (383). Les deux triangles sphériques ABC, A'B'C' sont dits symétriques; tous leurs éléments, angles et côtés, sont égaux, sans qu'il soit possible de faire coïncider les deux figures à moins que les triangles ne soient *isocèles*, c'est-à-dire aient deux côtés égaux, car lors les trièdres ayant deux faces égales sont superposables.

570. Deux triangles sphériques ABC, A'B'C' étant donnés, le triangle A'B'C' est *le polaire* du triangle ABC lorsque les points A, B, C sont respectivement les pôles des côtés B'C', A'C', A'B', avec cette condition que le sommet A' soit du même coté que le sommet A par rapport au côté BC, le sommet B' du même côté que le sommet

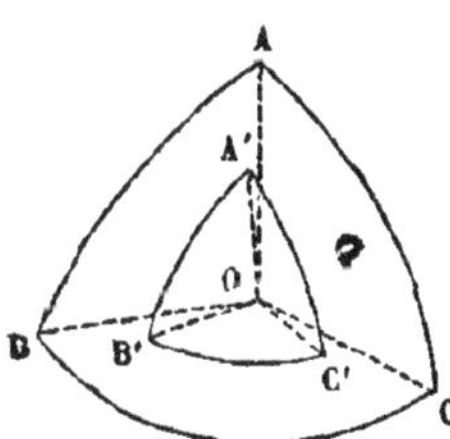

B par rapport au côté AC et le sommet C' du même côté que

le sommet C par rapport au côté AB. Réciproquement, le triangle ABC est le polaire du triangle A'B'C'. Les deux trièdres OABC, O'A'B'C' qui correspondent aux triangles considérés ne sont autres que des trièdres supplémentaires, car les intervalles A'B, A'C étant des quadrants, OA' est perpendiculaire sur le plan BOC, pour la même raison OB' est perpendiculaire sur le plan AOC, et OC' sur le plan AOB (391). Il résulte de là que chaque angle d'un des triangles ABC, A'B'C' est le supplément du côté opposé de l'autre triangle.

571. Deux triangles sphériques situés sur la même sphère ou sur des sphères égales sont égaux dans toutes leurs parties :

1° Lorsqu'ils ont un angle égal compris entre deux côtés égaux chacun à chacun (387);

2° Lorsqu'ils ont un côté égal adjacent à deux angles égaux chacun à chacun (388);

3° Lorsqu'ils ont les trois côtés égaux chacun à chacun (389);

4° Lorsqu'ils ont les trois angles égaux chacun à chacun (392).

Lorsque, dans chacun de ces cas, les éléments égaux des triangles sont semblablement disposés, les triangles sont superposables ; dans le cas contraire, ils sont symétriques.

572. La somme des angles de tout triangle sphérique est comprise entre deux et six droits et chaque angle augmenté de deux droits est plus grand que la somme des deux autres (393).

AIRE DES TRIANGLES SPHÉRIQUES.

DÉFINITIONS.

573. On nomme *fuseau* la partie de la surface de la sphère comprise entre deux demi-grands cercles qui se terminent à un diamètre commun. On nomme *angle du fuseau* l'angle de ces deux grands cercles.

574. On nomme *onglet sphérique* la partie du volume de la sphère comprise entre deux demi-grands cercles et leur fuseau.

575. Une *pyramide sphérique* est la partie du volume de la sphère ayant pour base un polygone sphérique et comprise entre les faces de l'angle solide formé en joignant le centre de la sphère aux différents sommets du polygone.

THÉORÈME XV.

576. *Le rapport d'un fuseau à la surface de la sphère est égal au rapport de son angle à quatre angles droits.*

Soit le fuseau ABDE : du point B comme pôle, décrivons la circonférence de grand cercle AE : l'angle du fuseau a pour mesure l'arc AE. Supposons que cet arc et la circonférence aient une commune mesure contenue trois fois dans AE et seize fois dans la circonférence, nous aurons

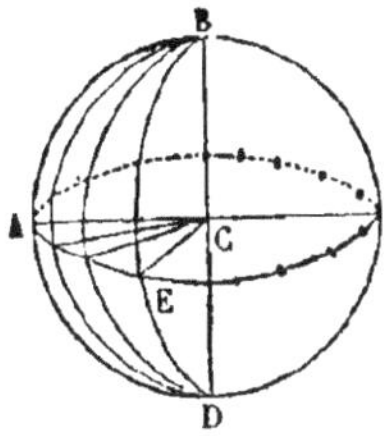

$$\frac{\text{arc AE}}{\text{circonf.}} = \frac{3}{16}.$$

Par le diamètre BD et les points de division de l'arc et de la circonférence, menons des plans : ces plans détermineront sur la surface de la sphère seize fuseaux égaux comme ayant même angle, et le fuseau ABDE en contiendra trois, nous aurons donc

$$\frac{\text{fuseau ABDE}}{\text{surface sphère}} = \frac{3}{16}.$$

Donc

$$\frac{\text{fuseau ABD}}{\text{surface sphère}} = \frac{\text{arc ACE}}{\text{circonférence}};$$

mais le rapport de l'arc AE à la circonférence est égal au rapport de l'angle ACE à 4 droits, donc enfin

$$\frac{\text{fuseau ABDE}}{\text{surface sphère}} = \frac{\text{ACE}}{4^{\text{dts}}} \qquad (1)$$

Si l'arc AE et la circonférence n'avaient pas de commune mesure, on emploierait, pour démontrer le théorème, le raisonnement dont on a déjà fait usage (126).

577. Corollaire. — Si l'on considère trois grands cercles BD AG, ABDG perpendiculaires l'un sur l'autre deux à deux, ils partagent la surface de la sphère en huit triangles égaux entre eux et dont tous les angles sont droits. Chacun de ces triangles (que l'on nomme triangles *trirectangles*) est la moitié d'un fuseau dont l'angle est droit. En désignant par T la surface du triangle trirectangle, la surface de la sphère se représentera par 8T; on aura donc en désignant par fuseau A un fuseau ayant pour angle un certain angle A :

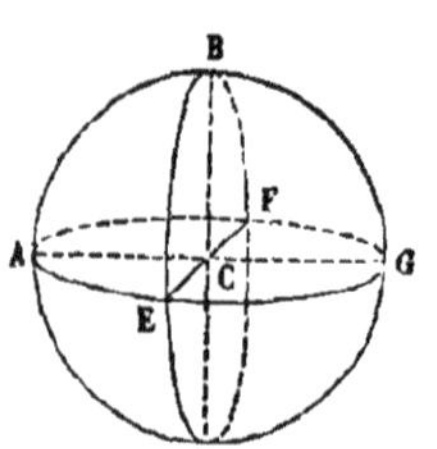

$$\frac{\text{fuseau A}}{8T} = \frac{A}{4^{dr}},$$

ou

$$\frac{\text{fuseau A}}{T} = \frac{2A}{1^{dr}},$$

Donc, si l'on prend pour unité de surface la surface du triangle trirectangle et pour unité d'angle l'angle droit, le fuseau aura pour mesure le double de son angle. Ainsi, par exemple, un fuseau dont l'angle est de 30° ou vaut $\frac{1}{3}$ d'angle droit est égal à $\frac{2}{3}$ de triangle trirectangle ou aux $\frac{2}{3}$ de la huitième partie de la surface de la sphère à laquelle il appartient.

578. Remarque. — On démontrerait comme on l'a fait pour le fuseau, que le rapport d'un onglet sphérique au volume de la sphère est égal au rapport de son angle à quatre angles droits. On en déduit que si l'on prend pour unité de volume la pyramide sphérique ayant pour base un triangle trirectangle et pour unité d'angle l'angle droit, un onglet a pour mesure le double de son angle.

THÉORÈME XVI.

579. *Deux triangles sphériques symétriques sont équivalents.*

Soient ABC, A'B'C' deux triangles sphériques symétriques, et P le pôle du petit cercle qui passe par les points A, B et C : menons les arcs de grands cercles PA, PB, PC. Décrivons l'arc de grand cercle C'P' qui fait l'angle A'C'P' = l'angle ACP ; prenons l'arc C'P' = l'arc CP et menons les arcs de grands cercles A'P', B'P'.

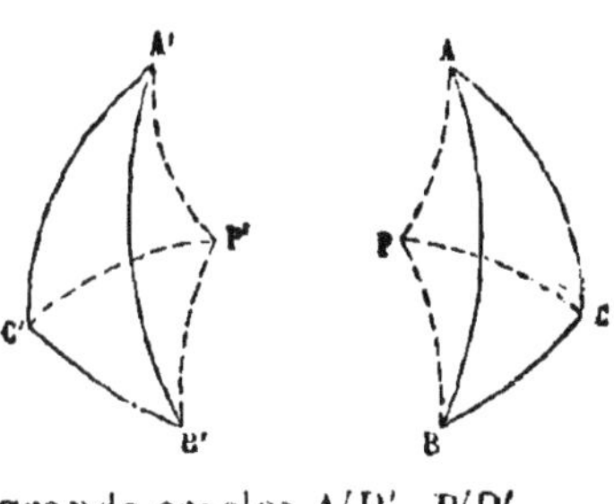

Les triangles ACP, A'C'P' sont égaux dans toutes leurs parties, car l'angle ACP = A'C'P', le côté AC = A'C' et le côté CP = C'P' (571, 1°); donc l'angle APC = A'P'C' et le côté AP = A'P'.

Or les angles ACB, A'C'B' sont égaux comme opposés aux côtés égaux AB, A'B' dans les triangles proposés, donc si nous en retranchons les angles égaux ACP, A'C'P', les restes, c'est-à-dire les angles PCB, P'C'B' seront égaux et comme les côtés PC, BC sont respectivsment égaux aux côtés P'C', B'C', les triangles PCB, P'C'B' sont égaux dans toutes leurs parties, et le côté PB = P'B'.

Les triangles PAB, P'A'B' ont donc les trois côtés égaux chacun à chacun et par suite sont égaux dans toutes leurs parties.

Les triangles ACP, A'C'P', égaux dans toutes leurs parties, sont isocèles et peuvent se superposer, ils ont donc même aire ; il en est de même des triangles PCB, P'C'B' et aussi des triangles APB, A'P'B'. Donc l'aire du triangle ABC, égale à la somme des aires des triangles APC, BPC diminuée de l'aire du triangle APB, est égale à l'aire du triangle A'B'C', laquelle vaut A'C'P' + B'C'P' — A'P'B'.

580. Remarque. — Le pôle P pourrait se trouver dans l'intérieur du triangle ABC ; la démonstration serait la même, mais on aurait alors à faire la somme de trois triangles pour composer chacun des triangles proposés.

THÉORÈME XVII

581. *Deux triangles sphérique* ABC, DBE, *qui ont un angle* B *opposé par le sommet et dont les côtés* AC, DE *opposés à cet angle sont situés sur une même circonférence de grand cercle ont leur somme équivalente au fuseau ayant pour angle* ABC.

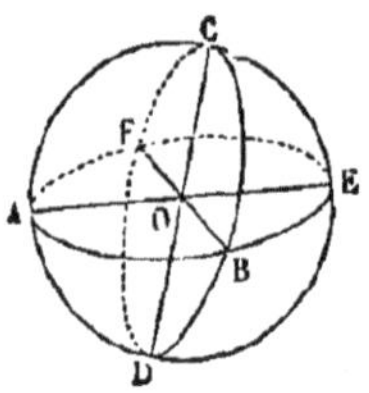

En effet, les triangles ACF, DBE sont symétriques et par suite équivalents (579), donc le fuseau ABCF égal à la somme des triangles ABC, ACF est équivalent à la somme des triangles ABC, DBE.

THÉORÈME XVIII.

582. *L'aire d'un triangle sphérique est à l'aire de la sphère, comme l'excès de la somme des angles du triangle sur deux angles droits est à huit angles droits*

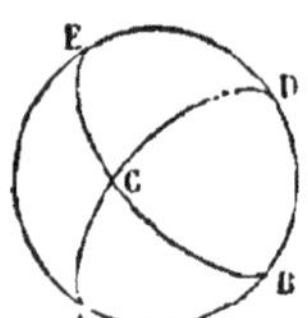

Soit ABC un triangle sphérique ; traçons la circonférence de grand cercle à laquelle appartient le côté AB et prolongeons les côtés AC, CB jusqu'à la rencontre de cette circonférence en E et D. Nous aurons :

$$\begin{aligned} ABC + BCD &= \text{fuseau } A \\ ABC + ACE &= \text{fuseau } B \\ ABC + ECD &= \text{fuseau } C. \qquad (581) \end{aligned}$$

Ajoutant membre à membre et remarquant que la somme des six triangles surpasse la surface de la demi-sphère de deux fois le triangle ABC, nous aurons

$$2ABC + \frac{1}{2} \text{ surf. sphère} = \text{fuseau } A + \text{fuseau } B + \text{fuseau } C$$

d'où

$$ABC = \frac{\text{fuseau } A + \text{fuseau } B + \text{fuseau } C}{2} - \frac{1}{4} \text{ surf. sphère.}$$

Divisant les deux membres de l'égalité par la surface de la sphère et remplaçant le rapport de chaque fuseau à la surface de la sphère par le rapport de l'angle de ce fuseau à quatre droits (576) il vient, A, B, C désignant les rapports des angles du triangle ABC à l'angle droit :

$$\frac{ABC}{\text{surf. sphère}} = \frac{A + B + C - 2}{8}.$$

583. Remarque. — Si nous remplaçons la surface de la sphère par huit fois l'aire d'un triangle trirectangle T, il vient :

$$\frac{ABC}{T} = A + B + C - 2.$$

Le nombre A + B + C — 2 se nomme l'*excès sphérique* du triangle. On peut donc dire que si l'on prend pour unité de surface le triangle trirectangle ou huitième partie de la surface de la sphère, un triangle sphérique a pour mesure *le rapport de son excès sphérique à l'angle droit.*

584. Corollaire. — L'aire d'un polygone sphérique convexe est à l'aire de la sphère comme l'excès de la somme des angles de ce polygone sur autant de fois deux angles droits qu'il a de côtés moins deux, est à huit angles droits.

THÉORÈME XIX.

585. *Le plus court chemin entre deux points situés sur la surface d'une sphère est l'arc de grand cercle, moindre qu'une demi-circonférence, qui joint ces deux points.*

Nous commencerons par établir que le plus court chemin du pôle P d'un cercle AB de la sphère à l'un quelconque des points de la circonférence de ce cercle est le même pour tous ces points.

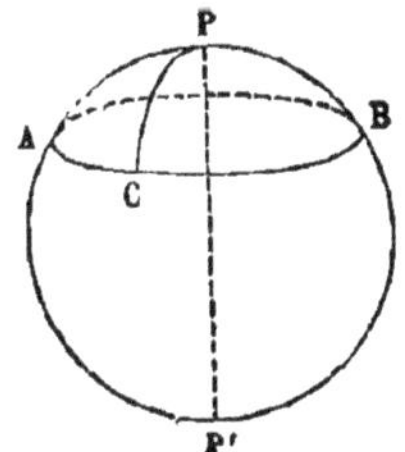

En effet, le plus court chemin de P en A par exemple est, quel qu'il soit, le même que le plus court chemin de P en C, car si l'on fait tourner la portion de sphère PACB autour de PP', il arrivera un moment où le point A viendra se placer sur le point C, et alors le plus court chemin de P en A devra coïncider avec le plus court chemin de P en C.

Ceci posé, soient A et B deux points situés sur la surface d'une sphère, AB l'arc de grand cercle, moindre qu'une demi-circonférence, qui les joint, et M un point quelconque pris sur cet arc de cercle. Des points A et B comme pôles, décrivons deux petits cercles passant l'un et l'autre par le point M. Ces deux cercles n'auront pas d'autre point commun que le point M, car un second point K du cercle B par exemple étant joint aux points B et A par des arcs de grands cercles, on a dans le triangle sphérique ABK, le côté AB ou AM + MB < AK + BK (567), d'où l'on tire AM < AK, car MB = BK : de là résulte que le point K est situé en dehors du cercle A.

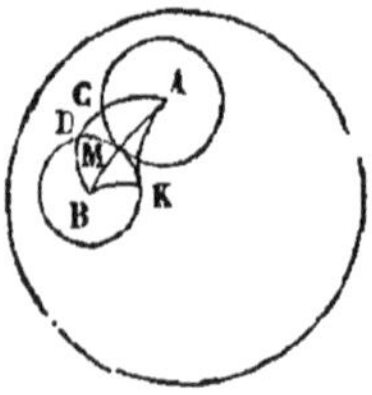

On voit par là que tout chemin autre que AMB mené de A en B rencontre les deux circonférences A et B en deux points différents C, D et peut ainsi être considéré comme formé de trois parties, l'une AC, l'autre CD et la troisième DB. Or le plus court chemin de A en C est le même que celui de A en M et le plus court chemin de B en D est le même que celui de B en M, donc le chemin de A en B passant par le point M est plus court que le chemin de A en B passant par les points C et D.

Le point M ayant été pris quelconque sur l'arc AB, on voit que le plus court chemin de A en B doit passer par tous les points de l'arc AB, il n'est donc autre que cet arc AB.

NOTIONS

SUR

QUELQUES COURBES USUELLES

DÉFINITIONS.

1. On dit que deux points sont *symétriques* par rapport à une droite lorsqu'ils sont placés aux extrémités d'une perpendiculaire à cette droite divisée par celle-ci en deux parties égales.

2. Lorsque les points d'une courbe plane sont placés symétriquement deux à deux par rapport à une droite menée dans le plan de la courbe, cette droite porte le nom d'*axe de symétrie.*

Un axe de symétrie d'une courbe partage cette courbe en deux parties égales.

3. On nomme *centre* d'une courbe un point tel que toute droite joignant deux points de la courbe et passant par ce point, y est partagée en deux parties égales.

4. On nomme *tangente* à une courbe la limite des positions que prend une sécante en tournant autour d'un de ses points d'intersection avec la courbe, jusqu'à ce qu'un second point d'intersection, se rapprochant indéfiniment du premier, vienne se confondre avec lui.

5. On appelle *normale* à une courbe la perpendiculaire élevée à une tangente à la courbe au point de contact.

ELLIPSE.

6. Définition. — On nomme *ellipse* une courbe plane telle que la somme des distances de chacun de ses points à deux points fixes situés dans son plan est constante. Les deux points fixes se nomment les *foyers* de l'ellipse, les droites qui joignent les foyers à un point quelconque de la courbe sont les *rayons vecteurs* de ce point. La distance des deux foyers se nomme *la distance focale.*

PROBLÈME I.

7. *Construire une ellipse par points connaissant les foyers* F, F′ *et la somme constante* 2a *des rayons vecteurs menés à un point quelconque de la courbe.*

On joint FF′ et l'on porte à partir du point O, milieu de cette ligne, des longueurs OA, OA′ égales chacune à a ; les points A, A′ appartiennent à l'ellipse, car on a $AF + AF' = A'F' + AF' = 2a$ et aussi $A'F' + A'F = AF + FA' = 2a$. On prend ensuite sur la droite AA′ un point C quelconque, *situé entre les foyers,* et de ceux-ci comme centres avec des rayons respectivement égaux à CA et CA′ on décrit des arcs de cercle qui se coupent en M, M′ ; on obtient ainsi des points de l'ellipse, car la somme de leurs distances aux foyers est égale à $CA + CA'$ ou $2a$. En faisant varier la position du point C entre les foyers, on obtient autant de points de la courbe que l'on veut et il ne reste plus qu'à les joindre par un trait continu.

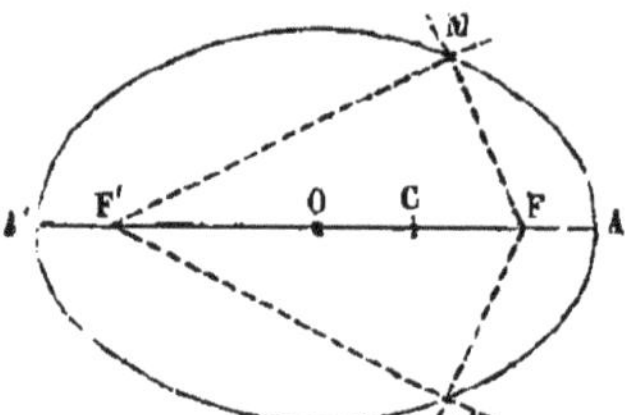

Le point C doit être pris entre les foyers, car s'il était situé en dehors, la distance FF′ des centres des deux arcs de cercle ayant CA et CA′ pour rayons serait moindre que la différence des rayons et les arcs de cercle ne se couperaient pas.

PROBLÈME II.

8. *Tracer d'un mouvement continu une ellipse dont on donne les foyers* F, F' *et la somme constante* $2a$ *des rayons vecteurs menés à un point quelconque de la courbe,*

On attache aux foyers F, F' les extrémités d'un fil ayant pour longueur $2a$ et l'on fait glisser la pointe d'un crayon le long de ce fil que l'on maintient tendu. La courbe ainsi décrite est une ellipse, car la somme des distances FM, F'M de chacun de ses points M aux foyers est toujours égale à la longueur du fil, c'est-à-dire à $2a$.

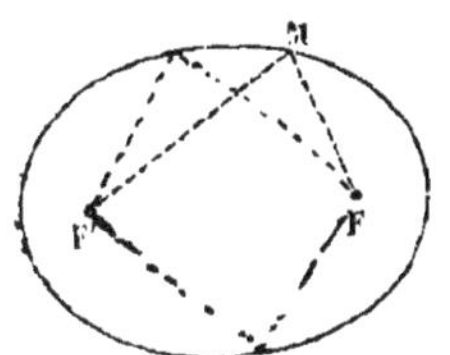

THÉORÈME I.

9. *L'ellipse a deux axes de symétrie.*

1° Soient F, F' les foyers d'une ellipse, A, A' les points de la courbe situés sur la droite qui joint les foyers : la droite AA' est un axe de symétrie.

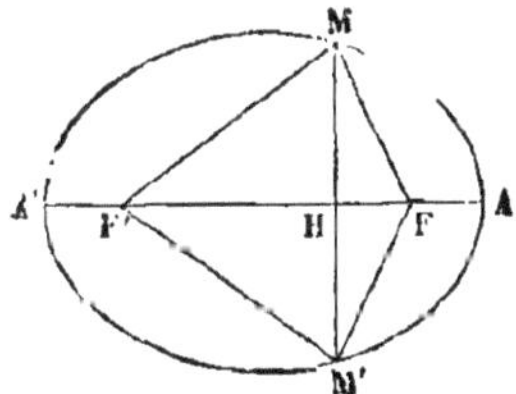

En effet, soit M un point de l'ellipse, abaissons MH perpendiculaire sur AA' et prolongeons-la d'une quantité HM' $=$ HM. Le point M' est le symétrique du point M par rapport à AA' et je dis qu'il appartient à l'ellipse, car ayant joint FM, FM', F'M F'M', on voit que FM $=$ FM' et aussi que F'M $=$ M'F' comme obliques s'écartant également du pied de la perpendiculaire FF'. Or MF $+$ MF' $= 2a$, donc FM' $+$ F'M' $= 2\,a$ et le point M' appartient à l'ellipse. Il résulte de là que AA' est un axe de symétrie. On l'appelle le *grand axe.*

2° Des foyers F, F' comme centres avec un rayon égal à a décrivons deux arcs de cercles qui se coupent en B et en B' ; joignons BB′ : cette droite qui est par construction perpendiculaire sur le milieu de FF′ est un axe de symétrie.

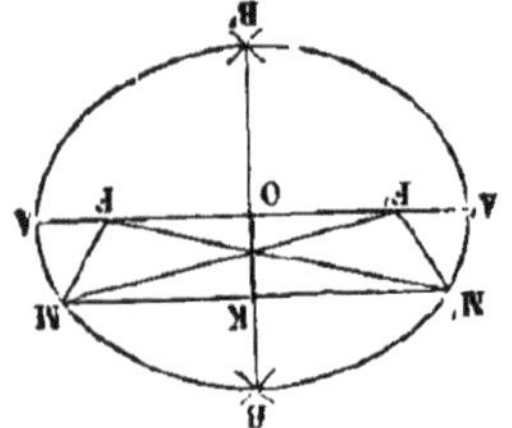

En effet, soit M un point de l'ellipse ; déterminons son symétrique par rapport à BB′ en abaissant MK perpendiculaire sur BB′ et la prolongeant d'une longueur KM′ = KM : je dis que le point M′ appartient à l'ellipse, car si l'on joint MF, MF′, M′F, M′F′, les quadrilatères OKFM, OKF′M′ sont superposables et donnent F′M′ = FM ainsi que l'angle MFF′ = M′F′F ; donc les triangles MFF′, M′F′F sont égaux comme ayant un angle égal compris entre côtés égaux et par suite MF′ = M′F. Or MF + MF′ = $2a$, donc aussi M′F + M′F′ = $2a$ et le point M′ appartient à l'ellipse. La droite BB′ est par suite un axe de symétrie de la courbe. On l'appelle le *petit axe* et l'on représente sa longueur par $2b$.

10, Remarque I. — Joingnons BF et représentons par $2c$ la distance focale FF′ : le triangle rectangle OBF donne $c^2 = a^2 - b^2$, relation qui permet de déterminer la distance focale d'une ellipse dont on connaît les deux axes.

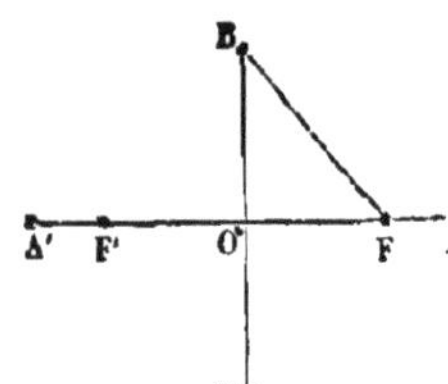

Le rapport $\frac{c}{a}$ se nomme l'*excentricité* de l'ellipse. Ce rapport peut varier de 0 à 1. Lorsqu'il est nul, les foyers se confondent avec le point O et l'ellipse devient un cercle. Lorsqu'il est peu considérable, les foyers sont peu éloignés du point O et la forme de la courbe diffère peu de celle d'un cercle. Enfin lorsque le rapport $\frac{c}{a}$ s'approche de l'unité, les foyers sont très-rapprochés des points A, A′ et la courbe prend une forme très-aplatie.

11. Remarque II. — Les extrémités A, A′, B, B′ des deux axes se nomment les *sommets* de l'ellipse.

THÉORÈME II.

12. *L'ellipse a un centre situé à l'intersection* O *de ses axes.*

Soit M un point de la courbe ; joignons OM et prolongeons d'une longueur ON = OM. En joignant MF, MF', NF, NF' on forme un quadrilatère dont les diagonales se coupent en parties égales. Ce quadrilatère est donc un parallélogramme et par suite on a MF = NF', MF' = NF. Or MF + MF' = $2a$, donc aussi NF + NF' = $2a$ et le point N appartient à l'ellipse. Le point O est donc le centre de la courbe.

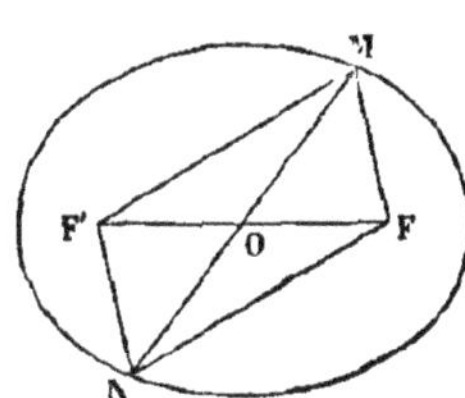

THÉORÈME III.

13. *Lorsqu'un point situé sur le plan d'une ellipse est extérieur ou intérieur à la courbe, la somme de ses distances aux foyers est supérieure ou inférieure au grand axe* 2a.

Soit un point N extérieur à l'ellipse : joignons FN, F'N, MF. On a dans le triangle FMN, FN + MN > FM : ajoutant de part et d'autre MF', il vient

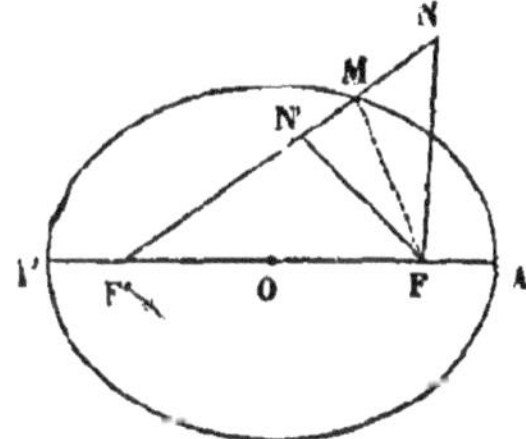

$$FN + F'N > FM + MF'.$$

Mais comme le point M appartient à l'ellipse, FM + MF' = $2a$, on a donc

$$FN + F'N > 2a.$$

Soit maintenant un point N' intérieur à l'ellipse, joignons FN', F'N' ; prolongeons F'N' jusqu'à sa rencontre en M avec l'ellipse et joignons MF. Le triangle FMN' donne FN' < FM + MN', d'où ajoutant de part et d'autre F'N',

$$FN' + F'N' < FM + MF'$$

Mais $FM + MF' = 2a$, on a donc

$$FN' + F'N' < 2a.$$

THÉORÈME IV.

14. *La tangente à l'ellipse fait des angles égaux avec les rayons vecteurs menés au point de contact.*

Considérons d'abord une sécante AB coupant l'ellipse en deux points M, M' : abaissons d'un des foyers, F' par exemple, une perpendiculaire sur la droite AB et prolongeons-la d'une quantité $IG = F'I$; joignons GF, OF'.

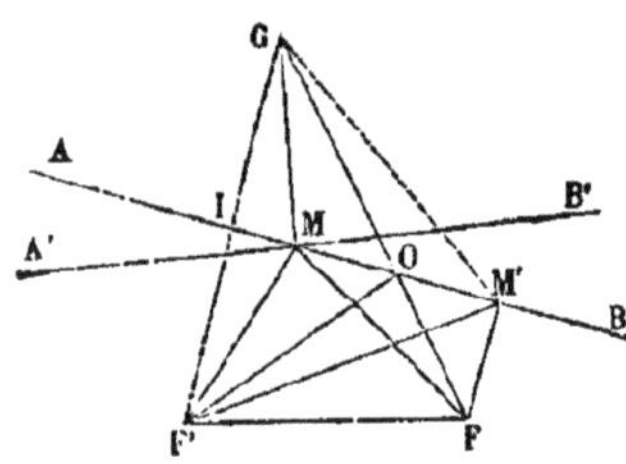

La droite AB étant perpendiculaire sur la base du triangle isocèle OGF', on a l'angle $GOI = IOF'$, mais les angles GOI, M'OF sont égaux comme opposés par le sommet, donc les angles IOF', M'OF sont égaux.

Or le point O est toujours situé entre les points M et M'. En effet, si l'on joint MF, MF', MG, M'F, M'F' M'G, on a $MF' = MG$ et par suite $MF + MG = 2a$; de même $M'F' = M'G$ et par suite $M'F + M'G = 2a$. Les deux lignes brisées FMG, FM'G sont donc égales, ce qui exige que leurs sommets M, M' soient situés de part et d'autre de la ligne GF qui joint leurs extrémités. Il en résulte que le point O est nécessairement placé entre eux.

Ceci posé, imaginons que la sécante tourne autour du point M de telle sorte que le point M' s'en approche indéfiniment : à la limite elle devient tangente en M en prenant la position A'B', et le point O, assujetti à être placé entre les points M, M', se confond avec eux, c'est-à-dire avec le point de contact M. Le théorème est donc démontré puisqu'il a été établi que les angles formés avec la droite A'B' par les droites menées des foyers au point O sont égaux entre eux.

PROBLÈME III.

15. *Mener une tangente à l'ellipse par un point* M *pris sur la courbe.*

Il suffit pour résoudre le problème de joindre les deux foyers F, F' au point M, de prolonger l'une des droites, FM par exemple, d'une longueur MH égale à MF', et ayant joint HF', d'abaisser MT perpendiculaire sur F'H. Cette droite MT est la tangente demandée, car les angles T'MF', TMF tous deux égaux à l'angle HMT', sont égaux entre eux (14).

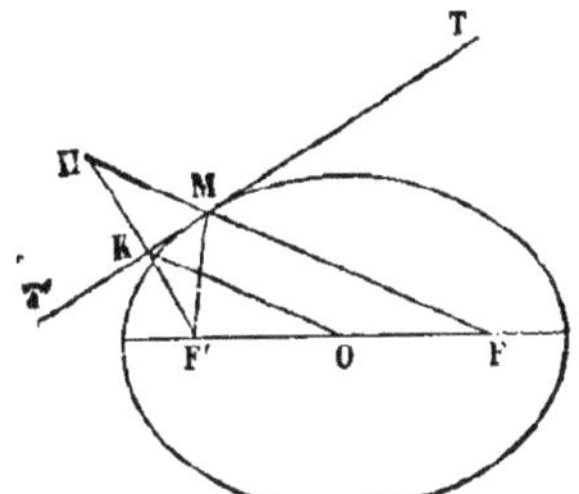

PROBLÈME IV

16. *Mener une tangente à l'ellipse par un point extérieur* R.

Supposons le problème résolu et soit RT la ligne demandée, tangente au point M. Menons les rayons vecteurs FM, F'M ; prolongeons F'M d'une quantité MH = MF et joignons FH. La ligne RT étant tangente en M, les angles TMF', RMF sont égaux (14) ; or l'angle TMF' = HMR comme opposés par le sommet, donc les angles RMF, HMR sont égaux, et la tangente RT, bissectrice de l'angle au sommet du triangle isocèle HMF est perpendiculaire sur FH. Si donc on connaissait le point H, il suffirait pour résoudre le problème de joindre FH et d'abaisser du point R, une perpendiculaire sur FH, laquelle serait la tangente demandée.

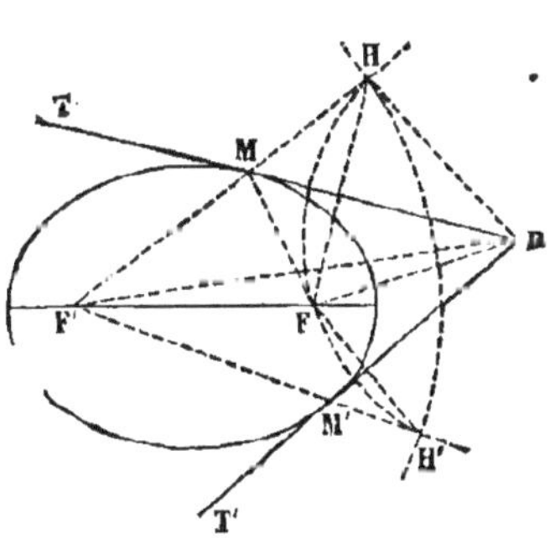

+ discussion. 1° R extérieur. C'est ce cas qu'explique l'auteur

Pour déterminer le point H, on remarquera que $F'H = 2a$ et que $RH = RF$. On décrira donc deux arcs de cercle, l'un du foyer F′ comme centre avec $2a$ pour rayon, l'autre du point R comme centre avec RF pour rayon : l'intersection de ces deux arcs de cercle donnera le point H.

Les deux cercles se coupent en un second point H′ car la distance RF′ de leurs centres est moindre que la somme des rayons et plus grande que leur différence. On a en effet dans le triangle FF′R, $RF' < RF + FF'$ et *a fortiori* $RF' < RF + 2a$. D'autre part, le point R étant extérieur à la courbe, on a (13) $RF + RF' > 2a$, d'où $RF' > 2a - RF$.

Le point H′ fournit une seconde tangente RT′ : on peut donc mener deux tangentes à l'ellipse par un point extérieur. (1)

17. Remarque. — La construction qui vient d'être indiquée est encore applicable lorsque l'ellipse n'est pas tracée. Dans ce cas, ayant déterminé les tangentes RT, RT′, on a leurs points de contact M, M′ à leurs intersections avec les droites F′H, F′H′.

PROBLÈME V.

18. *Mener une tangente à l'ellipse parallèlement à une droite donnée* PQ.

Supposons le problème résolu et soit TT′ la ligne demandée, tangente en M. En menant FM, prolongeant cette ligne d'une longueur $MH = MF'$ et joignant F′H, on reconnaît comme dans le problème précédent que la tangente TT′ est perpendiculaire sur F′H. Il s'agit donc encore de déterminer le point H.

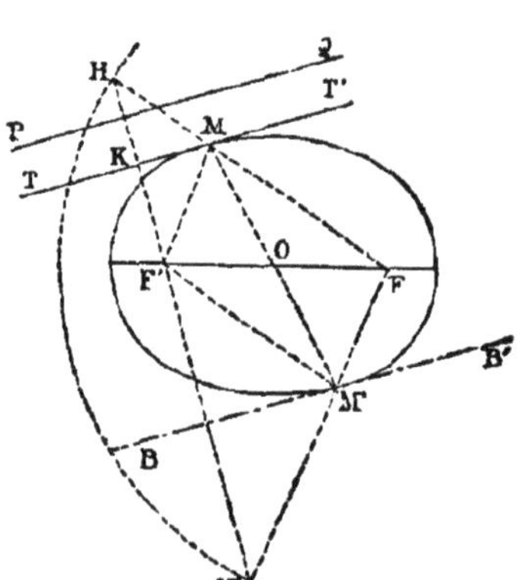

Pour cela, on remarquera que F′H perpendiculaire sur TT′ est aussi perpendiculaire sur PQ : on aura donc le point H à la rencontre de la perpendiculaire abaissée du foyer F′ sur la droite PQ avec une circonférence décrite du foyer F comme centre avec $2a$ pour

(1) 2ème cas. R sur l'ellipse. On a RF + RF′ = 2a donc RF′ = 2a − RF donc la distance des centres des circonférences de construction

rayon. Une fois le point H déterminé, on élèvera sur le milieu de F'H une perpendiculaire qui sera la tangente demandée.

La circonférence décrite du point F comme centre avec $2a$ pour rayon, coupe la perpendiculaire F'H en un second point H' car la distance du point F à la ligne F'H est toujours moindre que $2a$. Il y a donc une seconde tangente BB' répondant à la question.

La remarque (17) est applicable au problème qui vient d'être résolu.

La droite MM' *qui joint les deux points de contact, passe par le centre* O *de la courbe.*

En effet, les triangles HMF', F'M'H', HFH' sont isocèles : donc les angles HF'M, F'H'F sont égaux et il en est de même des angles H'F'M', F'HM. De l'égalité des deux premiers on déduit le parallélisme des droites F'M, FM' et de l'égalité des deux autres, le parrallélisme des droites FM', F'M'. La figure MFM'F' est donc un parallélogramme et sa diagonale MM' passe par le milieu O de FF'.

19. Remarque. — Le cercle décrit d'un foyer d'une ellipse comme centre avec le grand axe pour rayon se nomme *cercle directeur* de l'ellipse. Chaque point de la courbe est situé à égale distance d'un des foyers et du cercle directeur décrit de l'autre foyer comme centre.

THÉORÈME V.

20. *Le lieu géométrique des pieds des perpendiculaires abaissées des foyers d'une ellipse sur les tangentes à la courbe, est un cercle ayant pour diamètre le grand axe.*

Soit la droite TT' tangente en M ; joignons FM, F'M : prolongeons FM d'une longueur MH = MF' ; joignons HF', OK. La tangente est perpendiculaire sur le milieu de F'H et la ligne OK qui joint les milieux des droites FF', F'H est parallèle à HF et est égale à la moitié de cette droite, c'est-à-dire à a. Donc la distance du point K, pied de la perpendiculaire menée sur la tangente, au centre de l'ellipse est constante

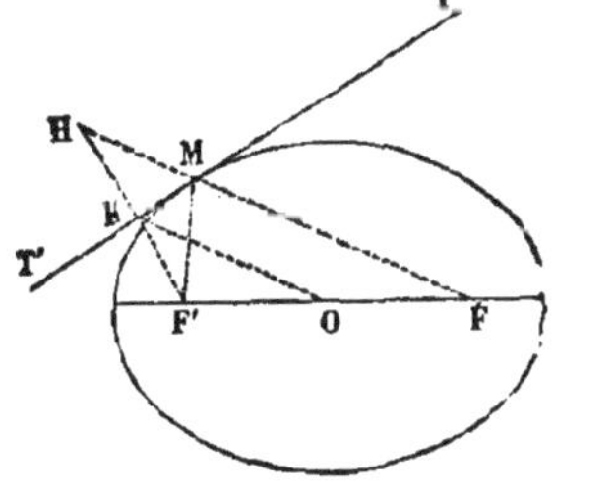

RF. C'est-à-dire distance des centres + petite que diff des rayons. Donc les circonf de construction sont intérieures l'une à l'autre et n'ont de point commun. Donc

et égale à a. Le lieu des points K est donc une circonférence ayant O pour centre et a pour rayon.

THÉORÈME VI

21. *La normale en un point de l'ellipse est bissectrice de l'angle des rayons vecteurs menés à ce point.*

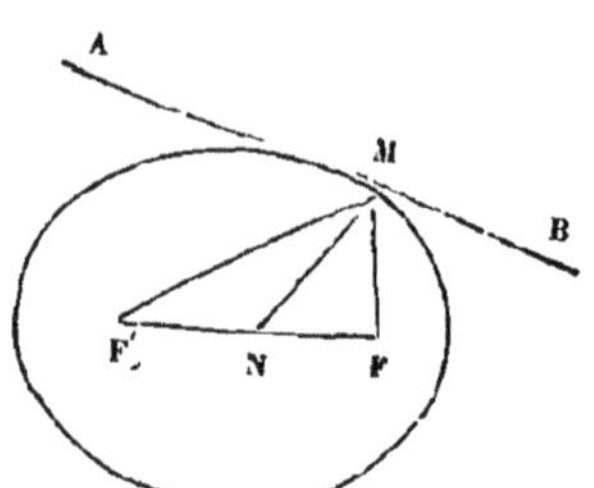

Soit la normale MN. Construisons la tangente AB ayant M pour point de contact et menons les rayons vecteurs FM, F'M. Les angles BMF, AMF' sont égaux (14), donc leurs compléments FMN, F'MN sont égaux.

THÉORÈME VII

22. *Si sur le grand axe d'une ellipse comme diamètre, on décrit une circonférence, les ordonnées* (*) *correspondantes de l'ellipse et du cercle sont entre elles comme le petit axe de l'ellipse est au grand.*

Soient MP, NP deux ordonnées correspondantes d'une ellipse et d'un cercle ayant pour diamètre le grand axe AA' de l'ellipse. Joignons MF, MF' et posons $OA = a$, $OB = b$, $OF = c$, $OP = d$, $MF = r$, $MF' = r'$.

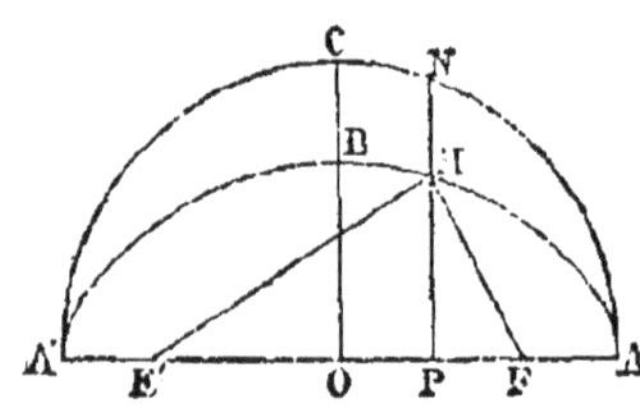

Les triangles rectangles PMF, PMF' donnent :

$$\overline{MP}^2 = r^2 - (c-d)^2 = r'^2 - (c+d)^2,$$

d'où

$$r'^2 - r^2 = (c+d)^2 - (c-d)^2 = 4cd;$$

ou encore,

$$(r'-r)(r'+r) = 4cd;$$

(*) On nomme *ordonnée* d'un point d'une ellipse ou d'un cercle, la perpendiculaire abaissée de ce point sur le grand axe ou le diamètre.

mais $r' + r = 2a$, donc

$$r' - r = \frac{2cd}{a}.$$

Connaissant $r' + r$ et $r' - r$, on en déduit

$$r = a - \frac{cd}{a} = \frac{a^2 - cd}{a};$$

et par suite :

$$\overline{\mathrm{MP}}^2 = \frac{(a^2 - cd)^2}{a^2} - (c - d)^2.$$

Réduisant au même dénominateur dans le second membre, puis développant et simplifiant, il vient :

$$\overline{\mathrm{MP}}^2 = \frac{(a^2 - c^2)(a^2 - d^2)}{a^2}.$$

Mais $a^2 - c^2 = b^2$ (10), et $a^2 - d^2 = (a + d)(a - d) = \mathrm{A'P} \times \mathrm{AP}$, donc :

$$\overline{\mathrm{MP}}^2 = \frac{b^2}{a^2} \times \mathrm{A'P} \times \mathrm{AP}\ ;$$

Mais d'un autre côté, NP étant perpendiculaire sur le diamètre AA′, on a

$$\overline{\mathrm{NP}}^2 = \mathrm{A'P} \times \mathrm{AP},$$

donc

$$\frac{\overline{\mathrm{MP}}^2}{\overline{\mathrm{NP}}^2} = \frac{b^2}{a^2}, \quad \text{d'où} \quad \frac{\mathrm{MP}}{\mathrm{NP}} = \frac{b}{a};$$

ce qu'il fallait démontrer.

THÉORÈME VIII.

23. Réciproquement, *si sur les ordonnées d'un cercle de rayon* $= \mathrm{a}$, *on prend des points dont les distances au diamètre soient avec les ordonnées entières dans un rapport constant* $\frac{\mathrm{b}}{\mathrm{a}}$, (b *étant une longueur arbitraire* OB *moindre que* a), *ces points appartiennent à une ellipse ayant pour axes* 2a *et* 2b.

Soit NP une ordonnée du cercle OA : prenons un point M tel que l'on ait $\frac{MP}{NP} = \frac{b}{a}$. Du point B comme centre avec un rayon égal à a décrivons un arc de cercle qui coupe le diamètre AA' aux points F, F'; joignons MF, MF' et posons OF = OF' $= c$, OP $= d$.

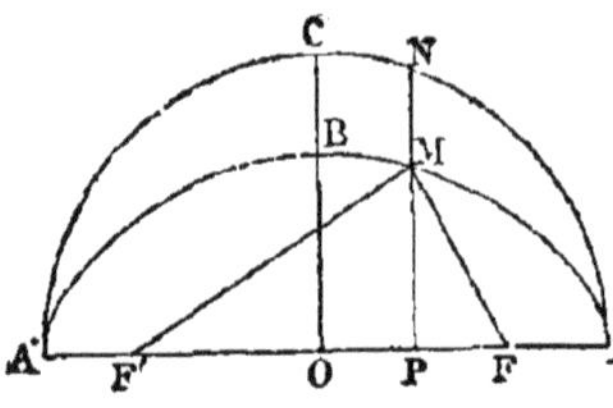

Les triangles MPF, MPF' donnent :

$$\overline{MF}^2 = \overline{MP}^2 + (c-d)^2$$
$$\overline{MF'}^2 = \overline{MP}^2 + (c+d)^2.$$

Or $\frac{MP}{NP} = \frac{b}{a}$, donc $\overline{MP}^2 = \overline{NP}^2 \times \frac{b^2}{a^2}$, et comme d'autre part on a $\overline{NP}^2 = A'P \times AP = (a+d)(a-d) = a^2 - d^2$, il vient :

$$\overline{MP}^2 = (a^2 - d^2)\frac{b^2}{a^2}.$$

Remplaçant $\overline{MP}^2$ par sa valeur dans les expressions de $\overline{MF}^2$ et de $\overline{MF'}^2$, il vient :

$$\overline{MF}^2 = \frac{(a^2-d^2)b^2}{a^2} + (c-d)^2$$
$$\overline{MF'}^2 = \frac{(a^2-d^2)b^2}{a^2} + (c+d)^2.$$

Mais $b^2 = a^2 - c^2$: remplaçant b^2 par cette valeur et simplifiant : on a :

$$\overline{MF}^2 = \frac{(a^2-cd)^2}{a^2}$$
$$\overline{MF'}^2 = \frac{(a^2+cd)^2}{a^2}.$$

D'où extrayant les racines et additionnant :

$$MF + MF' = 2a.$$

Le point M appartient donc à une ellipse ayant pour grand axe $2a$, pour foyers les points F, F', et pour petit axe $2b$.

24. Remarque. — On peut se baser sur ce qui précède pour *construire une ellipse par points, lorsqu'on en connaît les deux axes.*

Pour cela, on décrit sur chacun des axes comme diamètre une circonférence. Menant ensuite un rayon quelconque ON on abaisse du point N la perpendiculaire NP sur le grand axe et par le point H de rencontre du rayon ON avec la petite circonférence, on mène HM parallèle à AA'. Le point M ainsi déterminé est un point de l'ellipse, car il résulte du parallélisme des droites OP, HM : $\frac{MP}{NP} = \frac{OH}{ON} = \frac{b}{a}$.

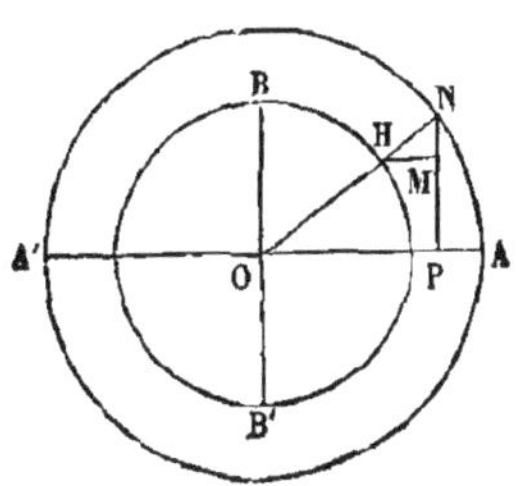

THÉORÈME IX.

25. *L'aire d'une ellipse est moyenne proportionnelle entre les aires de deux cercles décrits sur ses axes comme diamètres.*

Pour le prouver, décrivons sur le grand axe AA' d'une ellipse une demi-circonférence et inscrivons une suite de cordes AN, NN'..... abaissons les perpendiculaires NP, N'P'..... et joignons AM, MM'..... Nous formons ainsi dans la demi-ellipse et dans le demi-cercle une suite de triangles et trapèzes se correspondant deux à deux. Les aires de ces figures sont entre elles dans le rapport $\frac{b}{a}$. En effet, les triangles AMP, ANP ont même hauteur AP et sont entre eux comme leurs bases MP, NP, c'est-à-dire comme $\frac{b}{a}$ (22); de même les trapèzes MM'PP', NN'PP' qui ont même hauteur PP' sont entre eux comme $\frac{MP + M'P'}{NP + N'P'}$, mais on a :

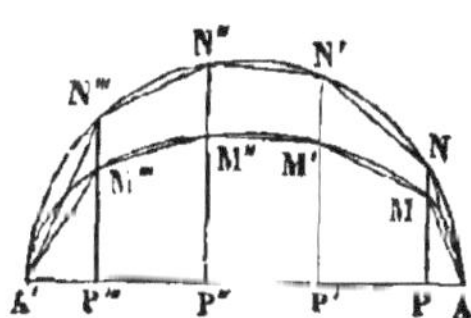

$$\frac{MP}{NP}=\frac{M'P'}{N'P'}=\frac{b}{a},$$

d'où

$$\frac{MP+M'P'}{NP+N'P'}=\frac{b}{a},$$

donc

$$\frac{MM'PP'}{NN'PP'}=\frac{b}{a}.$$

et ainsi de suite.

La somme des triangles et trapèzes inscrits dans la demi-ellipse est donc avec la somme des triangles et trapèzes du demi-cercle dans le rapport $\frac{b}{a}$. Ceci étant indépendant du nombre des cordes inscrites, aura encore lieu lorsque leur nombre croîtra indéfiniment, c'est-à-dire, lorsque les sommes des triangles et trapèzes iront en se rapprochant de leurs limites qui sont l'aire de la demi-ellipse et celle du demi-cercle. On doit en conclure que ces deux aires et par suite celles de l'ellipse entière et du cercle entier sont dans le rapport $\frac{b}{a}$; on a donc :

$$\frac{\text{surf. ellipse}}{\text{surf. cercle}}=\frac{b}{a},$$

$$\text{d'où surf. ellipse}=\pi a^2\times\frac{b}{a}=\pi ab.$$

THÉORÈME X.

26. *La projection d'un cercle sur un plan est une ellipse.*

En effet, soit O un cercle situé dans un plan P faisant avec le plan de projection H un certain angle α. Menons deux diamètres, l'un AA' parallèle au plan H, l'autre BB' perpendiculaire au premier. L'un se projette en vraie grandeur, suivant aa', l'autre suivant la droite bb' perpendiculaire sur aa'. Il s'agit de démontrer que la projection m de tout point M du cercle appartient à une ellipse ayant pour axes aa' et bb'.

Abaissons la perpendiculaire MC sur AA′, sa projection est *mc*. Menons B′K parallèle à *bb′* et CI parallèle à *cm*; les triangles semblables MCI, BB′K donnent $\frac{CI}{MC}=\frac{B'K}{BB'}$. Or CI $= mc$, B′K $= bb'$ et BB′ $= aa'$, on a donc : $\frac{mc}{MC}=\frac{bb'}{aa'}$.

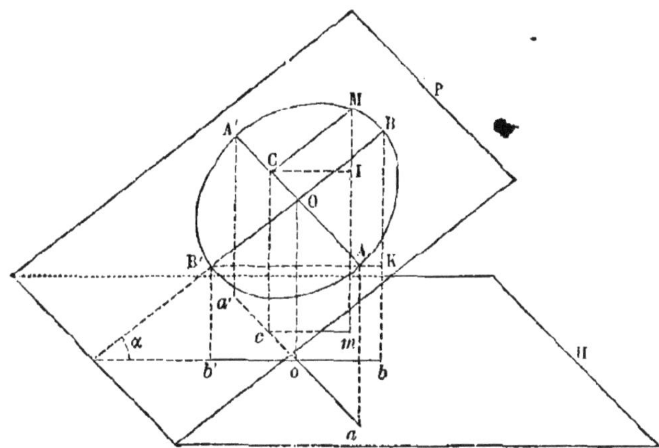

D'ailleurs le point *m* peut être regardé comme pris sur une ordonnée du cercle que l'on décrirait sur *aa′* comme diamètre, laquelle ordonnée serait égale à MC; donc ce point *m* appartient à une ellipse ayant pour axes *aa′* et *bb′* (23).

27. Remarque. — Si le plan du cercle était parallèle au plan H, le cercle se projetterait en vraie grandeur. Il se projetterait suivant une droite égale au diamètre si son plan était perpendiculaire au plan H.

HYPERBOLE (*)

28. Définition. — L'*hyperbole* est une courbe plane telle que la différence des distances de chacun de ses points à deux points fixes nommés *foyers* est constante.

(*) Non exigé des candidats au baccalauréat ès sciences

PROBLÈME I.

29. *Construire par points une hyperbole dont on donne les foyers* F, F′ *et la différence constante* $2a$ *des rayons vecteurs menés à un point quelconque de la courbe.*

On joint FF′ et l'on porte à partir du point O, millieu de cette ligne, des longueurs $OA = OA' = a$; les points A, A′ appartiennent à l'hyperbole, car on a $AF' - AF = AF' - A'F' = 2a$, et aussi $A'F - A'F' = A'F - AF = 2a$.

On prend ensuite sur FF′ un point C quelconque *en dehors des foyers;* de ceux-ci comme centres avec des rayons respectivement égaux à CA et CA′ on décrit des arcs de cercle dont les intersections M, M′ sont des points de l'hyperbole, car la différence de leurs distances aux foyers est égale à $CA' - CA$ ou $2a$. En faisant varier la position du point C en dehors des foyers, on obtient autant de points de la courbe que l'on veut. Comme le point C peut être pris à droite de F ou à gauche de F′ et peut s'éloigner indéfiniment de chacun de ces points, il en résulte que l'hyperbole est composée de deux branches coupant la ligne FF′ en A et A′ et s'étendant indéfiniment à droite et à gauche.

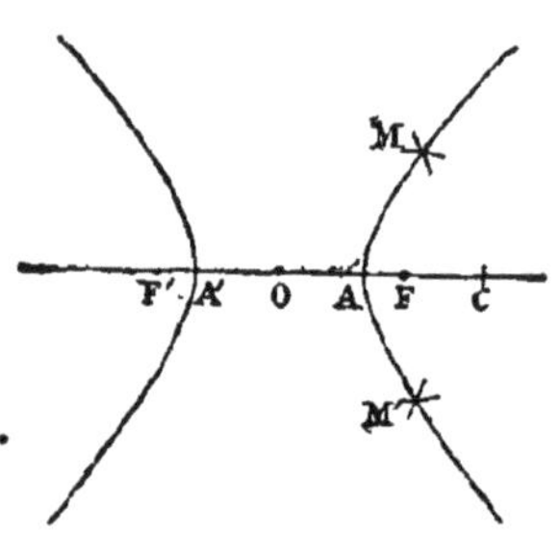

Le point variable C doit toujours être pris en dehors des foyers; car autrement la distance des centres des deux arcs de cercle de rayons CA, CA′ serait plus grande que la somme des rayons et il n'y aurait pas d'intersection.

PROBLÈME II

30. *Tracer d'un mouvement continu une hyperbole dont on donne les foyers et la constante* $2a$.

On attache à l'un des foyers F′ l'une des extrémités G d'une règle dont la longueur GH excède de $2a$ celle d'un fil fixé à l'une de ses extrémités en H et à l'autre au foyer F. On fait tourner la règle autour du point F′ en maintenant le fil appliqué contre elle à l'aide d'un crayon : la pointe du crayon décrit un arc d'hyperbole. En effet pour chaque position M qu'elle occupe, on a $F'M - MF = F'H' - (H'M + MF) = 2a$.

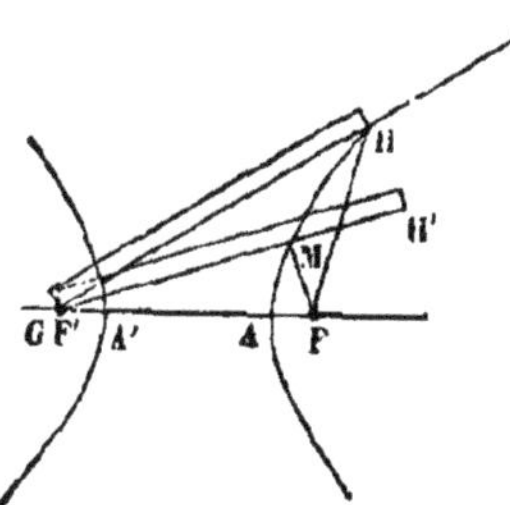

THÉORÈME I.

31. *L'hyperbole a deux axes de symétrie.*

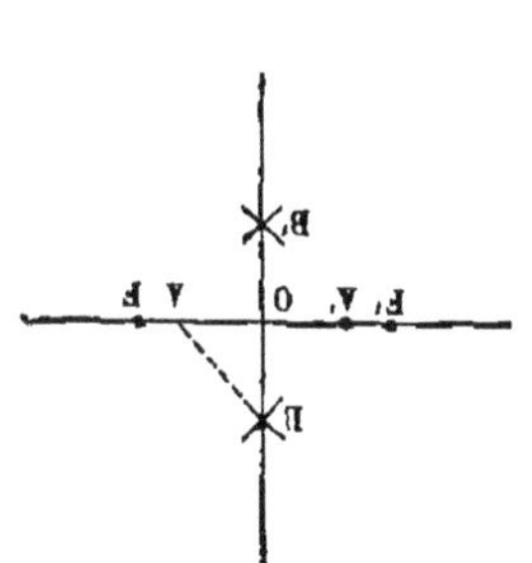

L'un $AA' = 2a$ s'appelle l'*axe transverse.* Pour déterminer l'autre, on décrit des points A, A′ comme centres avec OF pour rayon des arcs de cercle qui déterminent sur la perpendiculaire élevée en O deux points B, B′ : la longueur BB′ est l'*axe non transverse*, on désigne cet axe par $2b$. Lorsque $a = b$ l'hyperbole est dite *équilatère*.

Pour prouver que AA′ est un axe de symétrie on détermine le symétrique N′ d'un point N de la courbe et ayant mené NF, NF′, N′F N′F″, on reconnaît de la même façon qu'on a fait pour l'ellipse (9), que le point N′ est sur l'hyperbole.

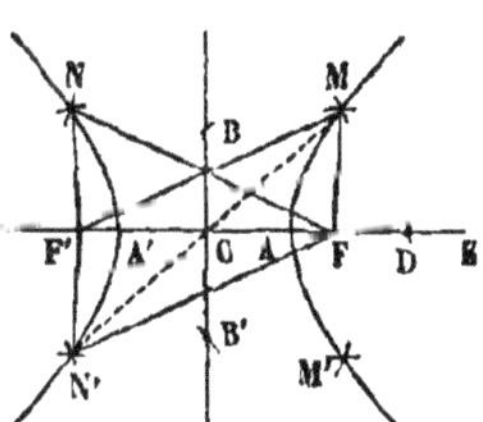

On prouve de même que BB′ est un axe de symétrie en prenant un point de la courbe, déterminant son symétrique par rapport à BB′ et établissant comme on l'a fait pour l'ellipse (9) que ce symétrique est sur l'hyperbole.

32. Remarque. — En représentant la distance focale FF′ par

$2c$ on a : $c^2 = a^2 + b^2$. Cette relation permet de déterminer la distance focale d'une hyperbole dont on connaît les axes.

Les points A, A′ sont les *sommets* de l'hyperbole.

THÉORÈME II.

33. *L'hyperbole a un centre situé au milieu C de l'axe transverse.*

On le démontre comme pour l'ellipse en joignant un point M de la courbe au point C et prolongeant d'une longueur CN′ = CM. Ayant mené MF, MF′, N′F, N′F′ on a un parallélogramme à l'aide duquel on reconnaît que le point N′ appartient à l'hyperbole.

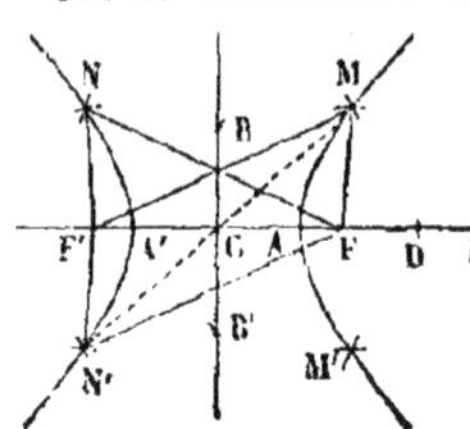

THÉORÈME II.

34. *Lorsqu'un point situé sur le plan d'une hyperbole est intérieur ou extérieur à la courbe, la différence de ses distances aux foyers est supérieure ou inférieure à l'axe transverse* 2a.

Soit un point N intérieur à l'hyperbole : joignons NF, NF′ MF. Le triangle NMF donne NF < MN′ + MF. On déduit de là

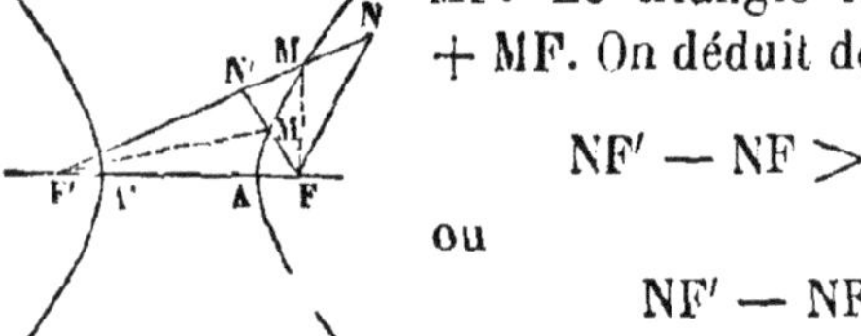

$$NF' - NF > NF' - MN - MF$$

ou

$$NF' - NF > MF' - MF$$

Mais le point M étant sur l'hyperbole, $MF' - MF = 2a$, donc on a

$$NF' - NF > 2a.$$

Soit maintenant un point N′ extérieur à l'hyperbole : joignons N'F, N'F', M'F'. Le triangle N'M'F' donne $N'F' < N'M' + M'F'$: on déduit de là

$$N'F' - N'F < N'M' + M'F' - N'F$$

ou

$$N'F' - N'F < M'F' - M'F.$$

Mais le point M' étant sur l'hyperbole, $M'F' - M'F = 2a$, donc on a

$$N'F' - N'F < 2a.$$

THÉORÈME IV.

35. *La tangente à l'hyperbole est bissectrice de l'angle formé par les rayons vecteurs menés au point de contact.*

Considérons d'abord une sécante AB coupant l'hyperbole aux points M, M'. Du foyer F abaissons FI perpendiculaire sur AB, prolongeons d'une quantité IG = IF ; joignons F'G dont le prolongement coupe la sécante en un point O et menons OF. Les angles F'OA, AOF sont égaux, car la droite MI est par construction perpendiculaire sur le milieu de GF. Or le point O est toujours situé entre les points M et M'. En effet, ces points étant situés l'un et l'autre sur l'hyperbole, on a $MF' - MF = 2a$ et $M'F' - M'F = 2a$: mais $MG = MF$ et $M'G = M'F$, donc $MF' - MG = 2a$ et $M'F' - M'G = 2a$, par suite on a $MF' - MG = M'F' - M'G$. Or si le point O laissait d'un même côté les points M et M', l'égalité qui précède ne saurait avoir lieu (*), donc le point O est situé entre les points M et M'.

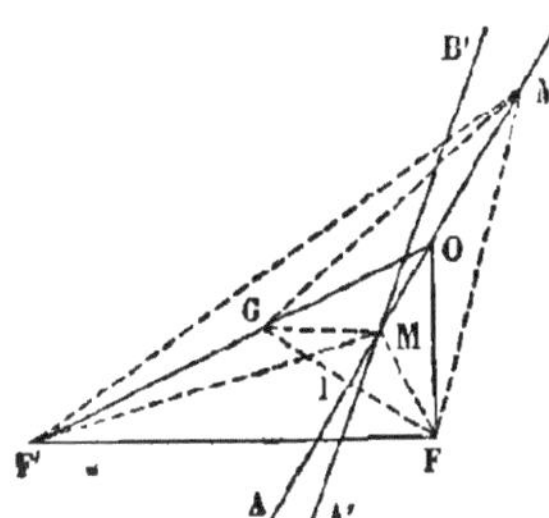

Ceci posé, si l'on fait tourner la sécante AB autour du point

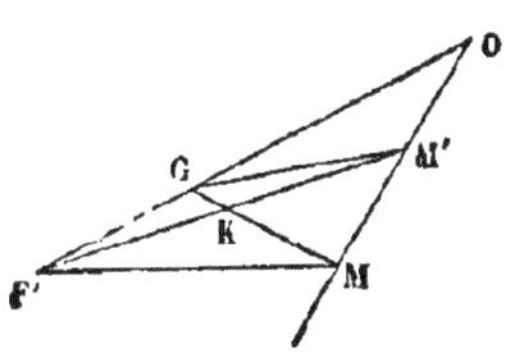

(*) En effet, on aurait alors :

$MF' < F'K + KM$ et $M'G < GK + KM'$

d'où $MF' + M'G < M'F' + MG$

et enfin $MF' - MG < M'F' - M'G$.

M jusqu'à ce que prenant la position A'B', le point M' vienne se confondre avec le point M, le point O viendra se confondre avec ce dernier point et deviendra ainsi point de contact. Donc comme les rayons vecteurs menés au point O font avec la droite AB des angles égaux, le théorème est démontré.

PROBLÈME III.

36. *Mener une tangente à l'hyperbole par un point* M *pris sur la courbe.*

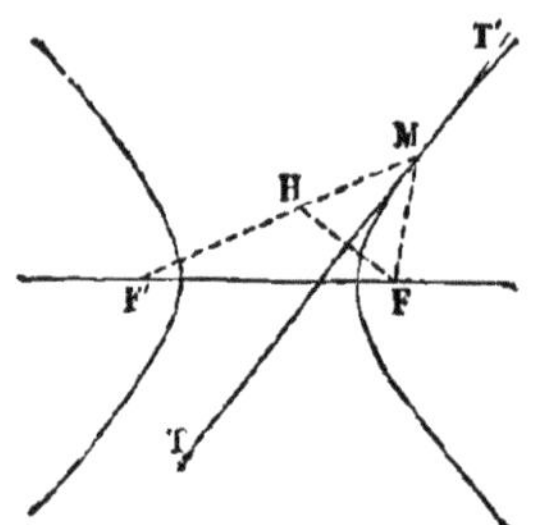

Il suffit pour résoudre le problème de joindre les deux foyers F, F' au point M, de prendre MH = MF, et ayant joint FH, d'abaisser MT perpendiculaire sur FH.

Cette droite est la tangente demandée, car elle est bissectrice de l'angle F'MF formé par les rayons vecteurs menés au point M (35).

PROBLEME IV.

37. *Mener une tangente à l'hyperbole par un point extérieur* P.

Supposons le problème résolu et soit PM la tangente demandée ayant en M son point de contact. Menons MF, MF'; prenons sur MF' une longueur MN = MF et joignons NF. La ligne PM étant tangente, est bissectrice de l'angle NMF et par suite est perpendiculaire sur FN. Si donc le point N était connu, il suffirait de le joindre au foyer F et d'abaisser du point P sur FN une perpendiculaire qui serait la tangente demandée.

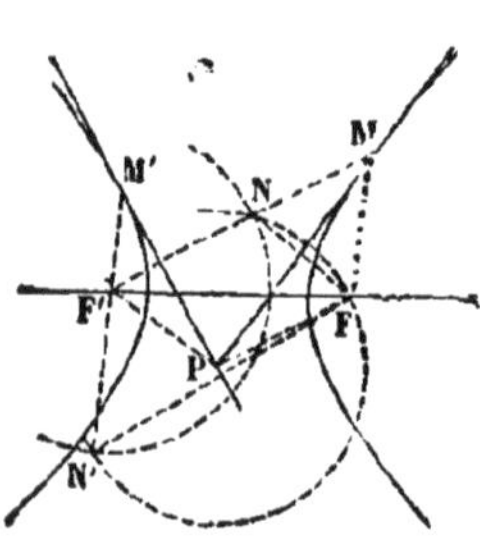

Pour déterminer le point N on décrit deux arcs de cercle

l'un du foyer F′ comme centre avec $2a$ comme rayon, l'autre du point P comme centre avec PF pour rayon : leur intersection est le point cherché.

Il y a deux solutions. En effet, la distance des centres PF′ est plus grande que FF′ — PF et *à fortiori* est plus grande que la différence des rayons $2a$ — PF; elle est aussi plus petite que leur somme, car il résulte de la position du point P que l'on a $PF' - PF < 2a$ (34), d'où $PF' < 2a + PF$. Il y a donc un second point d'intersection des circonférences en N′ et par suite une seconde tangente PM′ à la courbe.

38. Remarque. — La construction qui précède ne suppose pas nécessairement que l'hyperbole soit tracée. Le point de contact de chaque tangente est à son intersection avec le rayon vecteur mené de F′ en N et de F′ en N′.

PROBLÈME V.

39. *Mener une tangente à l'hyperbole parallèlement à une droite donnée* PQ.

On abaisse du foyer F, FH perpendiculaire sur PQ, du foyer F′ comme centre avec $2a$ pour rayon on décrit un cercle qui coupe FH en H et on élève MT perpendiculaire sur le milieu de HF. Cette ligne est la tangente demandée et son point de contact est à l'endroit où elle est coupée par le rayon vecteur F′H prolongé. Dans le cas indiqué sur la figure il y a deux solutions, car l'arc de cercle coupe FH en un second point H′.

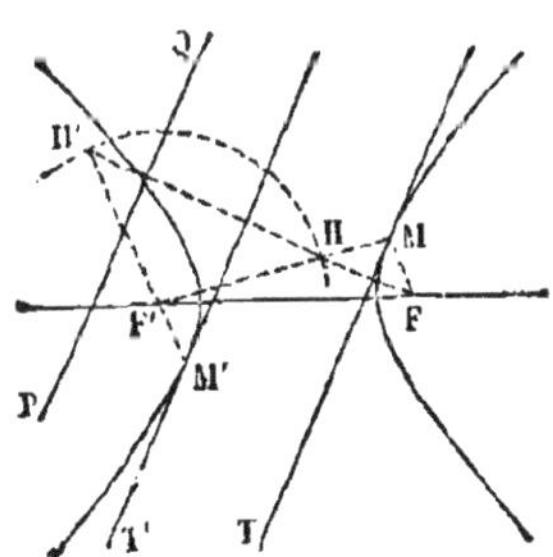

40. Cas particulier. — *La ligne* PQ *est parallèle à la diagonale* CC′ *du rectangle construit sur les axes de l'hyperbole.*

Du foyer F abaissons sur PQ la perpendiculaire FK qui sera

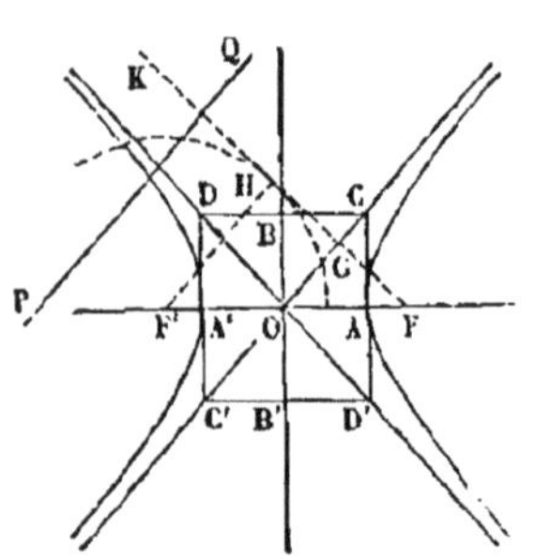

ausssi perpendiculaire sur CC'. La ligne OG=OA ou a, car les deux triangles OGF, OAC sont égaux comme rectangles, ayant les hypoténuses OF, OC égales (32) et l'angle aigu GOA commun. La perpendiculaire F'H abaissée du foyer F' sur FK est donc égale à $2a$ a cause de la similitude des triangles FOG, FF'H. Il en résulte que la circonférence décrite du point F' comme centre avec $2a$ pour rayon est tangente à FK au point H. Or la tangente demandée doit être perpendiculaire sur le milieu de FH et son point de contact doit se trouver à sa rencontre avec F'H prolongée (39) : cette tangente est donc ici la diagonale CC' elle-même et elle a son point de contact à l'infini.

L'autre diagonale DD' représente également une tangente ayant son point de contact à l'infini.

Les deux lignes CC', DD' se nomment les *asymptotes* de l'hyperbole.

41 Remarque. — Il résulte de ce qui précède que pour pouvoir mener une tangente à l'hyperbole parallèlement à une droite donnée, il faut que cette droite fasse avec l'axe transverse un angle supérieur ou au moins égal à la moitié de l'angle des diagonales du rectangle construit sur les axes de la courbe.

THÉORÈME V

42. *Le lieu géométrique des pieds des perpendiculaires abaissées des foyers d'une hyperbole sur les tangentes à la courbe est une circonférence ayant pour diamètre l'axe transverse.*

En effet, soit une tangente MT; joignons MF, MF', prenons MH = MF, menons HF et OK. Dans le triangle FHF' on a OF = OF' et KF = KH, donc OK est parallèle à F'H et de plus est égale à la moitié de cette ligne, c'est-à-dire à *a*, ce qui démontre le théorème énoncé.

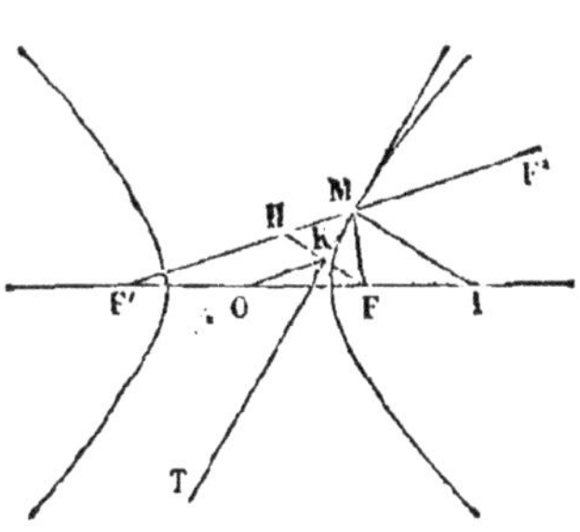

43. Remarque. — La *normale* à l'hyperbole est la perpendiculaire MI élevée sur la tangente au point M de contact. Elle jouit de la propriété de former avec le rayon vecteur FM et le prolongement MF'' de l'autre des angles égaux.

PARABOLE

44. Définition. — La parabole est une courbe plane telle que chacun de ses points est également distant d'un point fixe nommé *foyer,* et d'une droite fixe nommée *directrice.*

PROBLÈME 1

44. *Construire une parabole par points connaissant le foyer et la directrice.*

On abaisse du foyer F une perpendiculaire FD sur la directrice : le milieu A de la ligne FD appartient évidemment à la courbe. On élève ensuite en un point P pris sur FD, *à droite du point* A, une perpendiculaire à la droite FD, et l'on décrit du foyer comme centre avec DP pour rayon un arc de cercle qui coupe la perpendiculaire aux points M, M' : ces points appartiennent à la courbe puisque par cons-

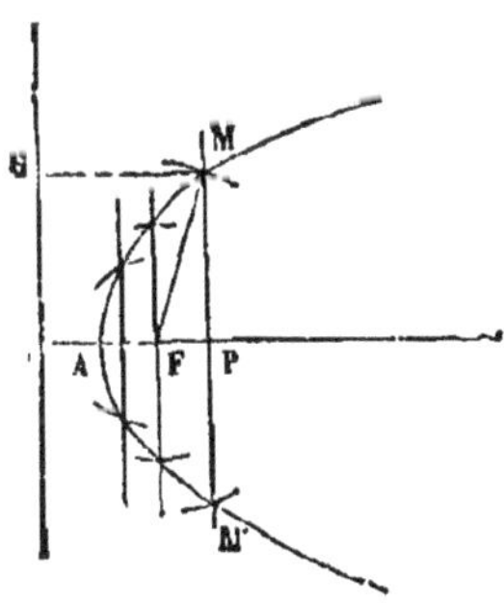

truction, ils sont également éloignés du foyer et de la directrice.

En faisant varier la position du point P, on obtient autant de points de la parabole que l'on veut. Comme le point P peut occuper toutes les positions possibles à droite du point A sur la ligne FD, on voit que la parabole se compose de deux branches s'étendant indéfiniment au dessus et au dessous de FD.

Le point P doit être situé à droite du point A, car s'il en était autrement, l'arc de cercle décrit du point F comme centre avec DP pour rayon ne couperait pas la perpendiculaire élevée en P.

46. Corollaire. — La perpendiculaire abaissée du foyer de la parabole sur la directrice est un axe de symétrie. C'est le seul que possède la courbe.

47. Remarque. — La parabole n'a pas de *centre*. Le point A où la courbe rencontre l'axe se nomme le *sommet*. La distance FD du foyer à la directrice est le *paramètre* de la parabole.

PROBLÈME II.

48. *Tracer d'un mouvement continu une parabole dont on donne le foyer et la directrice.*

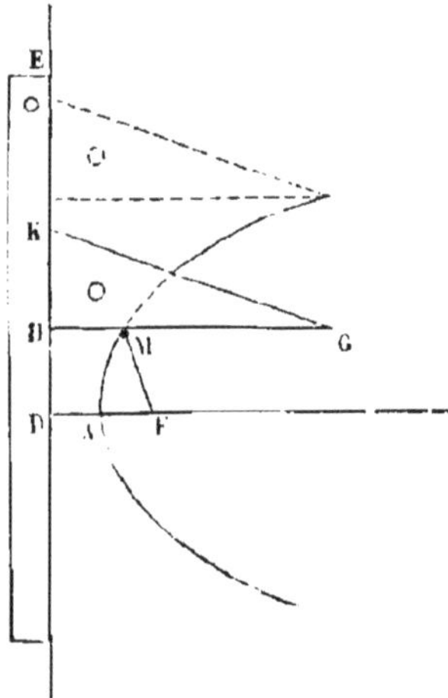

On prend une équerre GHK ; on attache en G et au foyer F les extrémités d'un fil ayant pour longueur le côté GH de l'équerre. On fait ensuite glisser l'équerre le long d'une règle appliquée contre la directrice DE, en maintenant avec un crayon le fil tendu le long de GH. Dans ce mouvement la pointe du crayon décrit un arc de parabole. On a en effet dans chacune de ses positions M, MG+MF=MG+MH, d'où MF = MH.

THÉORÈME I.

49. *Lorsqu'un point situé sur le plan d'une parabole est extérieur ou intérieur à la courbe, la distance de ce point au foyer est plus grande ou plus petite que sa distance à la directrice.*

Soit N un point extérieur à la parabole ; menons parallèlement à l'axe DF la droite NQ qui rencontre la courbe au point M ; joignons NF, MF. Dans le triangle MNF, on a $NF > MF - MN$: mais le point M étant sur la parabole, $MF = MQ$, donc on a $NF > NQ$.

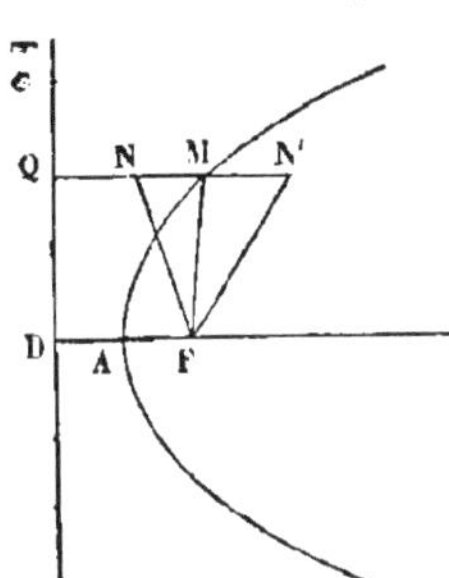

Soit maintenant un point N′ intérieur à la parabole. Menons N′Q parallèle à l'axe, joignons N′F, MF. Le triangle MN′F donne $N'F < MF + MN'$. Mais le point M étant sur la parabole, $MF = MQ$, donc on a $N'F < MQ + MN'$ ou $N'F < N'Q$.

THÉORÈME II.

50. *La parabole peut être considérée comme la limite vers laquelle tend une ellipse dont un des foyers et le sommet voisin restent fixes tandis que l'autre foyer s'éloigne indéfiniment du premier.*

Soit une ellipse ayant pour foyers F, F′ et pour grand axe AA′. Du point F′ comme centre décrivons le cercle directeur (19) ; chaque point M de l'ellipse est à égale distance du foyer F et du cercle directeur : on a donc $MF = MN$. Supposons maintenant que les points F et A restant fixes le foyer F′ s'éloigne de plus en plus du foyer F : le rayon du cercle directeur prendra des valeurs de plus en plus

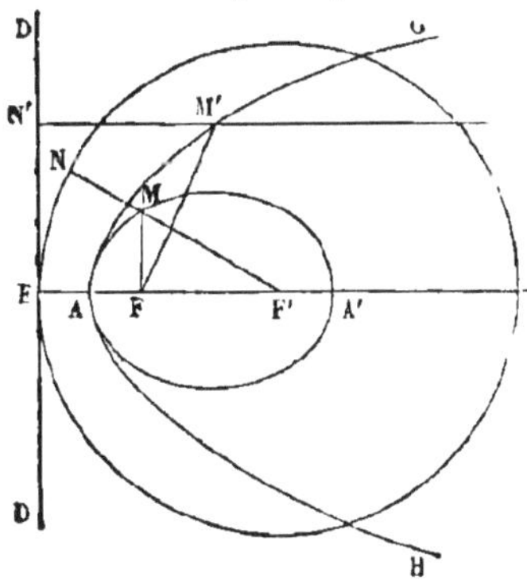

grandes et le cercle directeur tendra à se confondre avec sa tangente DD′ au point E, en conservant toujours d'ailleurs sa propriété. A la limite, F′ est à l'infini, le cercle directeur est devenu la droite DD′ et l'ellipse est transformée en une courbe non fermée dont tous les points sont à égale distance du point F et de la ligne DD′. Cette courbe est donc une parabole, ce qu'il fallait démontrer.

THÉORÈME III.

51. *La tangente à la parabole fait des angles égaux avec le rayon vecteur et la parallèle à l'axe menés au point de contact.*

La propriété de la tangente à l'ellipse (14) permet de déduire ce théorème du précédent. Nous en donnerons néanmoins une démonstration directe.

Considérons une sécante MM′ rencontrant la directrice au point E ; joignons MF, M′F et abaissons MC, M′C′ perpendiculaires sur la directrice. Les triangles semblables ECM, EC′M′ donnent $\frac{EM}{EM'} = \frac{CM}{C'M'}$, mais $CM = MF$, et $C'M' = M'F$, donc $\frac{EM}{EM'} = \frac{MF}{M'F}$. Il résulte de cette proportion que FE est bissectrice de l'angle extérieur MFN du triangle MFM′. Si nous supposons maintenant que la sécante tourne autour du point M jusqu'à ce que le point M′ vienne se confondre avec lui, elle devient TE′ tangente en M, mais alors l'angle MFN est égal à deux droits et sa bissectrice FE est perpendiculaire sur FM en prenant la position FE′. Les deux triangles FE′M, CE′M sont donc égaux comme étant rectangles, ayant l'hypoténuse E′M commune et le côté $MC = MF$. Il en résulte que les angles CME′, E′MF ou TMG, E′MF sont égaux.

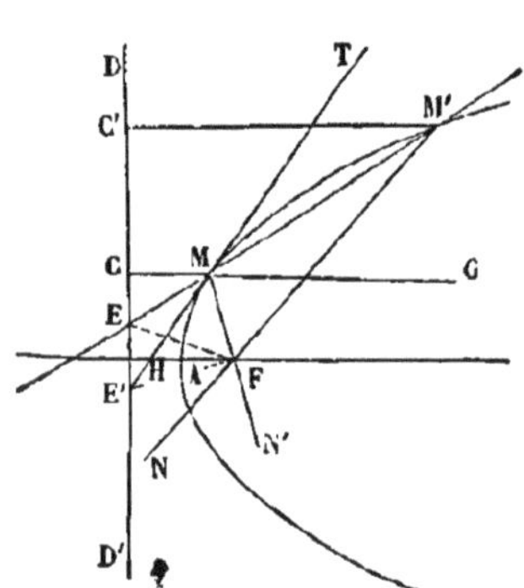

PROBLÈME III.

52. *Mener une tangente à la parabole par un point* M *pris sur la courbe.*

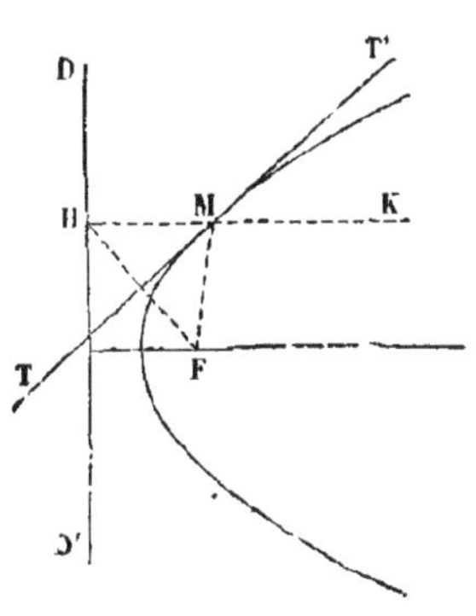

On mène le rayon vecteur FM, on abaisse MH perpendiculaire sur la directrice et l'on joint HF. La perpendiculaire MT abaissée du point M sur HF est la tangente demandée. En effet, les angles T'MK, TMF tous deux égaux à l'angle HMT sont égaux entre eux (51).

PROBLÈME IV.

53. *Mener une tangente à la parabole par un point* R *extérieur à la courbe*

Supposons le problème résolu et soit RT la ligne demandée tangente en M. Menons MF, abaissons MH perpendiculaire sur DD' et joignons FH. Les angles, RMF TMK sont égaux puisque RT est tangente (51). Mais TMK=HMR comme opposés par le sommet, donc RT est bissectrice de l'angle HMF et par suite est perpendiculaire sur FH. Si donc le point H était connu, on n'aurait, pour résoudre le problème, qu'à abaisser du point donné une

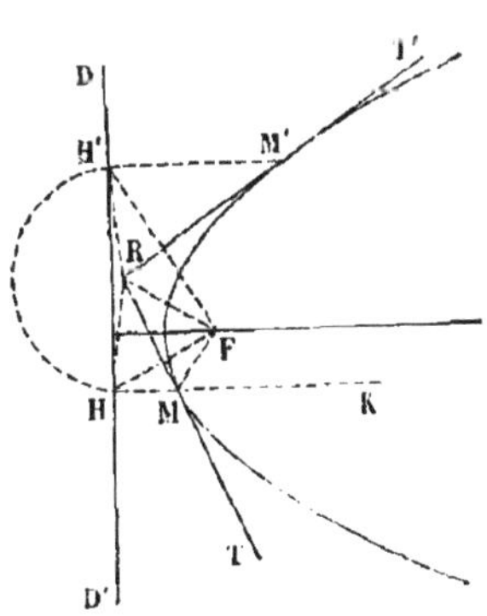

perpendiculaire sur la ligne joignant H au foyer F : cette perpendiculaire serait la tangente demandée.

Les deux obliques RF, RH étant égales, on trouvera le point H à l'intersection de la directrice avec un arc de cercle décrit du point R comme centre avec RF pour rayon. Cet arc de cercle rencontre DD′ en un second point H′ attendu que le point R étant extérieur à la parabole est plus rapproché de la directrice que du foyer (49). On a donc deux tangentes RT, RT′ répondant à la question.

54. Remarque. — La construction précédente ne suppose pas nécessairement la parabole tracée. Le point de contact de chaque tangente est à l'intersection de cette tangente avec la perpendiculaire à la directrice menée en H et en H′.

PROBLÈME V.

55. *Mener une tangente à la parabole parallèlement à une droite donnée* PQ.

On abaisse du foyer F sur la ligne PQ une perpendiculaire qui coupe la directrice en H, et sur le milieu de HF on élève une perpendiculaire TT′ qui est la tangente demandée. En effet, si l'on mène HK parallèle à l'axe et que l'on joigne MF, les obliques égales MH, MF forment avec HF un triangle isocèle dans lequel l'angle HMT = TMF, d'où l'angle T′MK = TMF, ce qui prouve que TT′ est tangente en M (51).

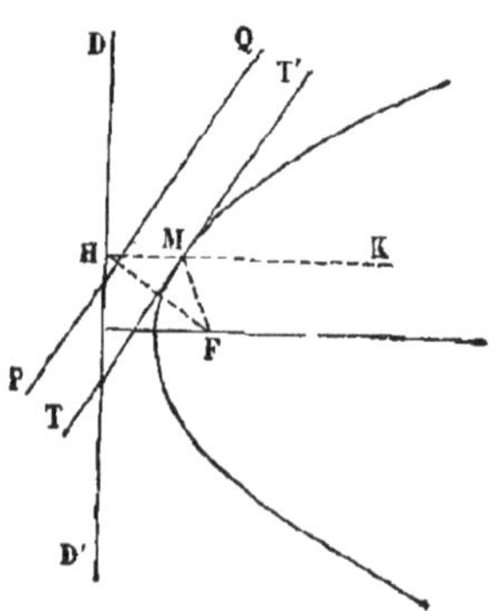

Le problème n'admet qu'une solution ; il est impossible lorsque la ligne PQ est parallèle à l'axe. On voit aisément qu'il n'est pas nécessaire pour le résoudre que la parabole soit tracée.

THÉORÈME IV

56. *Le lieu géométrique des pieds des perpendiculaires abaissées du foyer d'une parabole sur les tangentes à la courbe est la perpendiculaire à l'axe élevée au sommet* A.

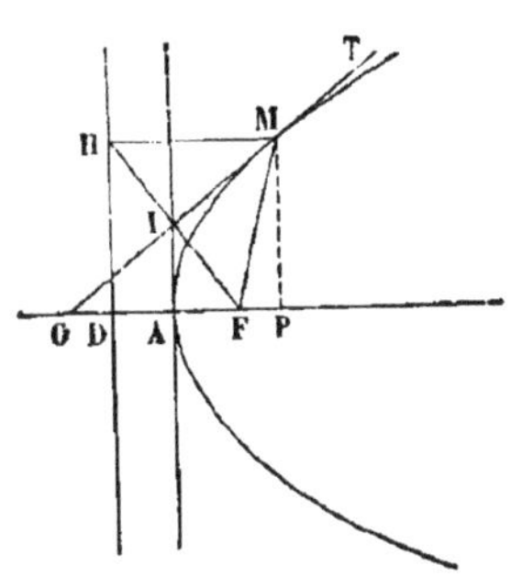

Soit une tangente MT, M son point de contact; joignons MF, abaissons MH perpendiculaire sur la directrice et joignons HF. La tangente est perpendiculaire sur HF en son milieu I, donc si l'on joint AI, cette ligne passant par les milieux des côtés FD, HF du triangle DHF est parallèle à la directrice et par suite perpendiculaire à l'axe, ce qui démontre le théorème énoncé.

THÉORÈME V

57. *L'angle formé par deux tangentes à la parabole issues d'un même point de la directrice est un angle droit.*

Soient les droites OM, OM′ issues du point O pris sur la directrice et tangentes à la parabole en M, M′. Abaissons sur la directrice les perpendiculaires MH, M′H′ et joignons MF, OF, M′F.

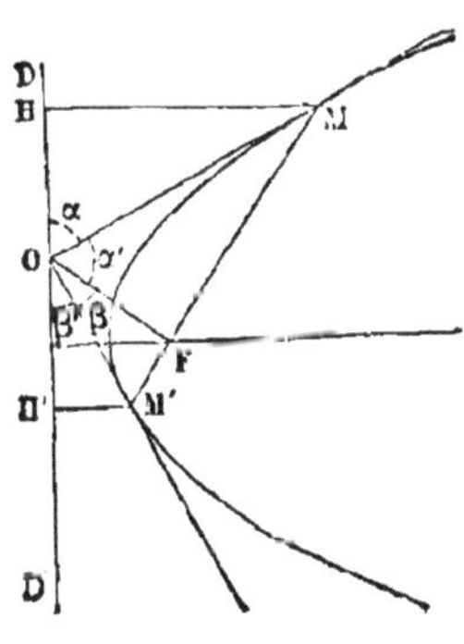

Les triangles MHO, MOF sont égaux comme ayant l'angle HMO = OMF (51) le côté MO commun et le côté MH=MF; donc les deux angles α, α' sont égaux. On reconnaît de même l'égalité des angles β, β'. L'angle MOM′ $= \alpha' + \beta$ est donc droit puisqu'il est la moitié de la somme des quatre angles adjacents en O.

58. **Remarque.** — Il résulte de

l'égalité des triangles considérés que MFM' est une ligne droite sur laquelle OF est perpendiculaire. Donc la droite qui joint les points de contact de deux tangentes issues d'un point de la directrice, passe par le foyer et est perpendiculaire sur la ligne qui joint le point au foyer.

THÉORÈME VI.

59. *Dans la parabole, la sous-normale est constante et égale au paramètre, c'est-à-dire à la distance* DF *du foyer à la directrice.*

Soit MN la normale au point M. Abaissons MP perpendiculaire sur l'axe, la longueur NP est la *sous-normale*. Pour prouver qu elle est égale au paramètre FD, il suffit de faire remarquer que les triangles HDF, MPN sont égaux comme ayant DH = MP, l'angle D = l'angle P comme droits et l'angle DHF = PMN attendu le parallélisme de leurs côtés.

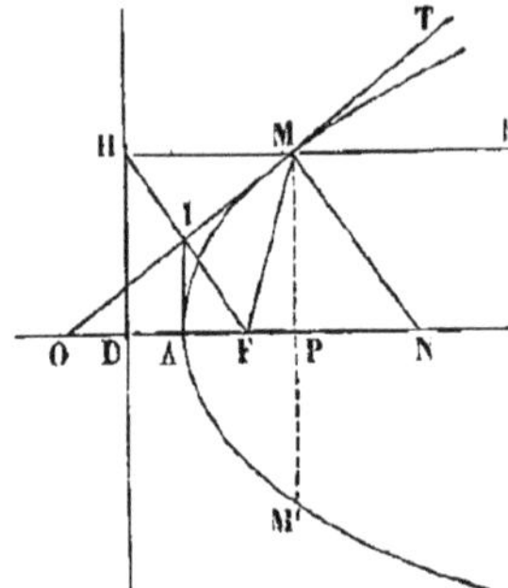

60. Remarque. — La ligne OP se nomme la *sous-tangente* : elle est égale à 2AP. En effet, $IA = \frac{DH}{2}$ et par conséquent est égale à $\frac{MP}{2}$; donc en vertu de la similitude des triangles AOI, OMP, on a $OA = \frac{OP}{2}$, d'où $OP = 2AP$.

THÉORÈME VII.

61. *Le carré d'une corde perpendiculaire à l'axe de la parabole est proportionnel à la distance de cette corde au sommet.*

Le triangle OMN rectangle en M donne en effet : $\overline{MP}^2 = OP \times PN$. Or $MP = \frac{MM'}{2}$, $OP = 2AP$, $PN = p$ (p désignant le paramètre), donc $\frac{\overline{MM'}^2}{4} = 2AP \times p$, d'où $\overline{MM'}^2 = 8p \times AP$, ce qui démontre le théorème énoncé, car $8p$ est une constante.

La proposition peut être établie encore de la façon suivante. Le triangle rectangle MPF donne :

$$\overline{MP}^2 = \overline{MF}^2 - \overline{PF}^2 = (MF - PF)(MF + PF).$$

Or

$$MF = MH = PD = AP + \frac{1}{2}p \; (p = \text{le paramètre DF})$$

et

$$PF = AP - \frac{1}{2}p.$$

Donc

$$MF + PF = 2AP \quad \text{et} \quad MF - PF = p;$$

remplaçant dans la valeur de $\overline{MP}^2$, il vient :

$$\overline{MP}^2 = p \times 2AP, \quad \text{d'où} \quad \overline{MM'}^2 = 8p \times AP.$$

Réciproquement, étant données deux droites perpendiculaires DD′, DC, si l'on prend sur DC un point F et le point A milieu de DF, puis que l'on élève en un point quelconque P de DC situé à droite du point A une perpendiculaire MP telle que l'on ait $\overline{MP}^2 = DF \times 2AP$, le point M appartiendra à une parabole ayant F pour foyer et DD′ pour directrice.

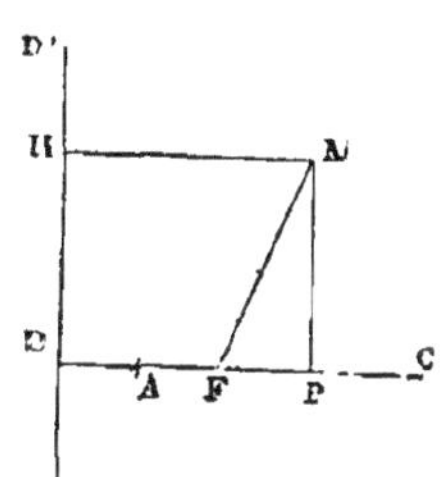

Il suffit pour le démontrer de faire voir que MF = MH, MH étant la distance du point M à la droite DD′.

On a

$$MF = \sqrt{\overline{MP}^2 + \overline{FP}^2};$$

Or

$$\overline{MP}^2 = DF \times 2AP \quad \text{et} \quad \overline{FP}^2 = \left(AP - \frac{DF}{2}\right)^2$$

Remplaçant dans la valeur de MF, il vient, simplifications faites,

$$MF = \sqrt{\left(AP + \frac{DF}{2}\right)^2} = MH.$$

Ce qu'il fallait démontrer.

HÉLICE.

62. Définitions. — Soit ABCD un cylindre droit à base circulaire, et APDQ un rectangle ayant pour hauteur une des génératrices du cylindre et pour base une ligne AP égale à la circonférence de base développée. Si après avoir divisé la hauteur AD en parties égales AE, EF, FD et après avoir

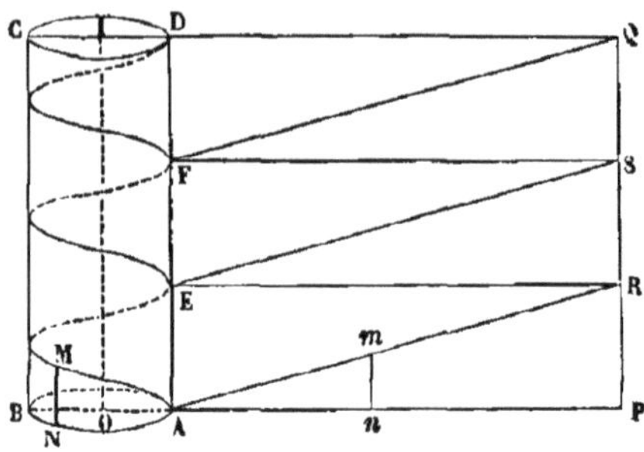

mené les diagonales AR, ES, FQ des rectangles formés en menant ER et FS parallèles à AP, on enroule le plan du rectangle sur la surface latérale du cylindre, les diagonales donneront naissance à une courbe que l'on appelle *hélice*. Chaque partie de la courbe, engendrée par une diagonale, est une *spire* et la distance AE comprise entre deux spires consécutives est dite la *hauteur* ou le *pas de l'hélice*.

On appelle *ordonnée* d'un point M de l'hélice la perpendiculaire MN abaissée de ce point sur le plan de base du cylindre. La portion AN de la circonférence de base comprise entre l'origine de l'hélice et le pied de l'ordonnée du point M se nomme *l'abscisse curviligne* de ce point. Si le point M était situé sur la seconde, la troisième, etc. spire, l'abscisse curviligne serait égale à AN augmentée de une, deux, etc. circonférences.

THÉORÈME I.

63. *L'ordonnée d'un point quelconque* M *de l'hélice est proportionnelle à l'abscisse curviligne de ce point.*

En effet, le point M (voir la figure qui précède) est la position prise sur la surface du cylindre par un point *m* de la diagonale AR dont la distance mn à la base du rectangle est égale à MN ; l'abscisse curviligne AN est donc égale à An.

Or les triangles semblables Amn, ARP donnent

$$\frac{mn}{RP} = \frac{An}{AP}, \quad \text{d'où} \quad mn = An \times \frac{RP}{AP}.$$

En appelant h le pas de l'hélice, r le rayon de la base du cylindre, on a en remplaçant mn et An par leurs valeurs respectives MN, *arc* AN :

$$MN = arc\ AN \times \frac{h}{2\pi r}.$$

Le théorème est donc démontré car $\frac{h}{2\pi r}$ est une constante.

THÉORÈME II.

64. *La sous-tangente à l'hélice est égale à l'abscisse curviligne du point de contact.*

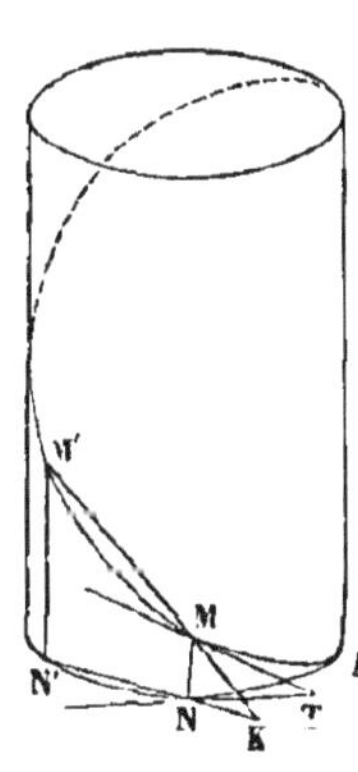

On nomme *sous-tangente* la droite NT comprise entre le pied N de l'ordonnée MN du point de contact d'une tangente MT et le point T ou la tangente rencontre le plan de base du cylindre. Pour prouver que NT= *arc* AN, considérons d'abord une sécante MM'K; menons les ordonnées MN, M'N'; joignons NN' et prolongeons jusqu'à la rencontre de la sécante au point K. Les triangles semblables MNK, M'N'K donnent

$$\frac{NK}{N'K} = \frac{MN}{M'N'} \quad \text{d'où} \quad \frac{NK}{N'K - NK} = \frac{MN}{M'N' - MN}$$

Mais $N'K - NK = $ corde NN', $M'N' = \text{arc } AN' \times \frac{h}{2\pi r}$,

$MN = \text{arc } AN \times \frac{h}{2\pi r}$ (63).

Remplaçant et simplifiant, il vient :

$$\frac{\text{NK}}{\text{corde NN}'}=\frac{\text{arc AN}}{\text{arc NN}'},\ \text{d'où}\ \ \text{NK}=\text{arc AN}\times\frac{\text{corde NN}'}{\text{arc NN}'},$$

mais lorsque la sécante tourne autour du point M pour devenir tangente, le rapport $\frac{\text{corde NN}'}{\text{arc NN}'}$ tend vers l'unité. On a donc lorsque la ligne MK est devenue la tangente MT et la ligne NK la sous-tangente NT :

$$\text{NT}=\text{arc AN}.$$

THÉORÈME III.

65. *La tangente à l'hélice forme un angle constant avec la génératrice du cylindre menée au point de contact.*

Soient TM une tangente, MN la génératrice qui passe par le point de contact, NT la sous-tangente et m le point de la diagonale génératrice AB qui s'est placé en M lors de l'enroulement sur le cylindre. Les triangles MNT, Amn sont égaux, car ils sont rectangles en N et n, ils ont le côté MN $=mn$, et le côté NT égal à l'arc AN (64) est égal à An. Il en résulte que l'angle NMT $=$ Amn, c'est-à-dire est un angle constant.

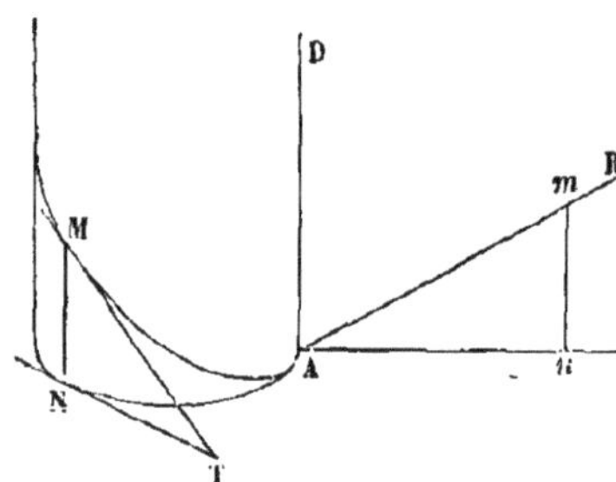

PROBLÈME I.

66. *Construire les projections d'une hélice.*

Nous prendrons pour plan horizontal de projection, le plan de base du cylindre sur lequel est tracée l'hélice et nous supposerons le plan vertical mené parallèlement au plan qui passerait par l'axe du cylindre et l'origine de l'hélice. Il est évident d'après ce choix que le cylindre et aussi la courbe tracée sur sa surface se projettent horizontalement suivant le cercle de base. La projection verticale du cylindre est un rectangle, nous en considérerons seulement la portion sur laquelle est tracée une spire.

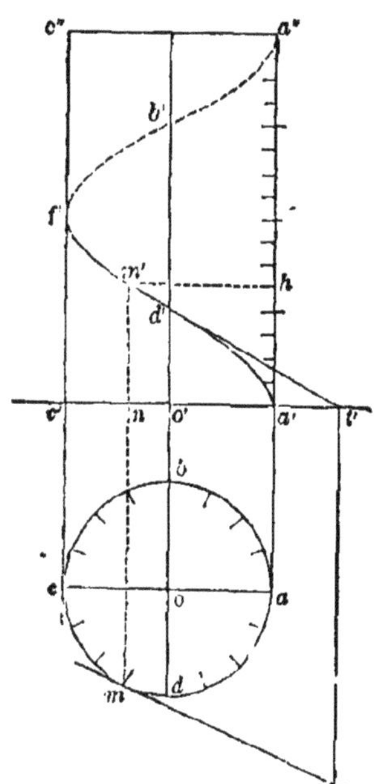

Ayant construit le rectangle $a'c'$ $a''c''$ dont la hauteur est égale au pas de l'hélice, nous allons déterminer les projections verticales de différents points de la spire dont les extrémités se projettent verticalement en a' et en a'' et horizontalement en a. Pour cela, nous nous baserons sur ce que *les ordonnées sont proportionnelles aux abscisses curvilignes correspondantes* (63). Ces ordonnées se projettent en vraie grandeur sur le plan vertical : il suffira donc de partager la circonférence à partir du point a, origine de l'hélice, en un certain nombre de parties égales et de diviser la hauteur $a'a''$ en le même nombre de parties égales. On trouvera ensuite les projections verticales des différents points de la spire à l'intersection de deux perpendiculaires, l'une à la ligne de terre, l'autre à a' a'' menées par les points de division correspondants, ainsi que le montre la figure.

Pour avoir les projections d'une tangente dont le point de contact se projecte en m, m', on n'a qu'à mener mt tangente à la circonférence de base et qu'à prendre la longueur mt égale à l'arc am développé (64). Le point t est la trace horizontale de la tangente; ce point se projette verticalement en t'. La tangente a donc tm pour projection horizontale en $t'm'$ pour projection verticale.

SECTIONS CONIQUES (*)

67. Lorsque l'on fait tourner autour d'un axe XY une droite SA qui rencontre l'axe en un point S, on engendre la surface latérale d'un cône circulaire droit. En supposant la généra-

(*) Non exigé des candidats au baccalauréat es sciences.

trice SA prolongée au delà du point S, on voit que la surface engendrée se compose de deux parties ou *nappes* ayant le sommet S pour point commun.

Lorsque l'on coupe par un plan un cône circulaire droit, la section est une ellipse, une hyperbole ou une parabole, suivant que le plan sécant rencontre toutes les génératrices sur une même nappe, rencontre les deux nappes, ou enfin est parallèle à l'une des génératrices.

Nous examinerons successivement les trois cas.

Premier cas. — *Le plan sécant rencontre toutes les génératrices du cône sur une même nappe.*

Soit un cône coupé par un plan AA′ qui rencontre toutes les génératrices sur la nappe NSN′. Imaginons par l'axe XY de ce cône un plan perpendiculaire au plan sécant : il coupera le cône suivant les génératrices SN, SN′ et le plan sécant suivant la droite AA′. Construisons les cercles O et O′ tangents aux droites SN, SN′, AA′, puis imaginons que la figure tourne autour de XY. Les cercles O et O′ engendreront deux sphères tangentes au cône suivant les parallèles BB′, CC′ et tangentes au plan sécant en F′ et en F.

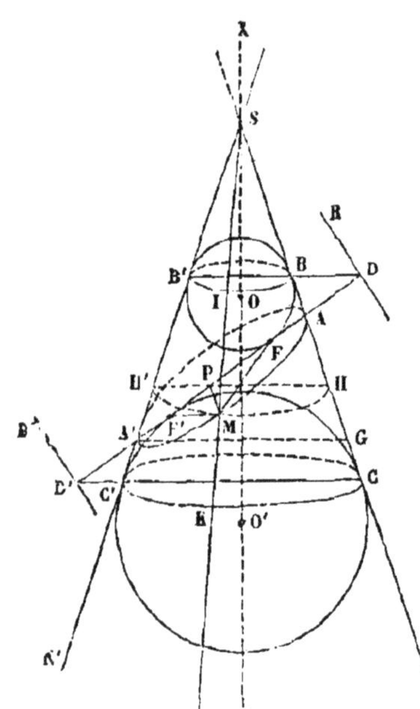

Prenons un point quelconque M sur la courbe qui limite la section, menons la génératrice SM qui rencontre les parallèles BB′, CC′ aux points I et K, puis joignons MF, MF′.

Les droites de la figure, MF, MI, MF′, MK, AF, AB, etc., sont deux à deux des tangentes menées à une même sphère et issues du même point, on a donc :

$$MF + MF' = MI + MK = KI = BC = B'C'$$

et aussi

$$BC = AB + AC = AF + AF'$$
$$B'C' = A'B' + A'C' = A'F + A'F'$$

donc

$$AF + AF' = A'F + A'F'$$

ou encore

$$2AF + FF' = 2A'F' + FF',$$

d'où il résulte

$$AF = A'F'$$

et par suite

$$MF + MF' = AA'.$$

La courbe d'intersection de la surface conique avec le plan sécant est donc une ellipse ayant AA' pour grand axe et les points F, F' pour foyers.

Soit maintenant DR l'intersection du plan sécant AA' avec le plan du cercle BB' : menons par le point M le plan HMH' perpendiculaire sur l'axe XY : la droite MP intersection de ce plan avec celui de l'ellipse est perpendiculaire sur AA' et par suite DR lui est parallèle. Nous allons démontrer que le rapport $\frac{MF}{PD}$ est égal à l'excentricité de l'ellipse.

Menons A'G parallèle à HH', les triangles semblables ABD, PAH, A'AG donnent

$$\frac{AB}{AD} = \frac{AH}{AP} = \frac{BH}{PD} = \frac{AG}{AA'}.$$

Mais BH = IM = MF, et d'un autre côté AG = FF', on a donc

$$\frac{MF}{PD} = \frac{FF'}{AA'} = \frac{c}{a}.$$

La droite D'R', intersection du plan sécant avec le plan du cercle CC' jouit de la même propriété, c'est-à-dire que l'on a $\frac{MF'}{PD'} = \frac{c}{a}$.

Les droites DR, D'R' se nomment les *directrices* de l'ellipse.

Deuxième cas. — *Le plan sécant rencontre les deux nappes de cône.*

Soit un cône coupé par un plan AA′ qui rencontre les deux nappes. Menons par l'axe XY un plan perpendiculaire au plan sécant : il coupe ce dernier suivant la droite AA′ et le cône suivant les génératrices CB, C′B′. Construisons les cercles O et O′ tangents aux droites CB, C′B′, AA′, puis imaginons que la figure tourne autour de XY. Les cercles O et O′ engendreront deux sphères tangentes à la surface conique suivant les parallèles CC′, BB′, et tangentes au plan sécant aux points F′ et F.

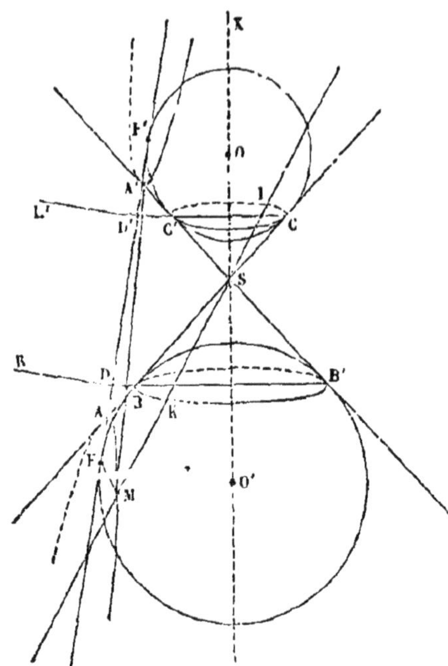

Menons la génératrice SM passant par un point M quelconque de la courbe d'intersection et rencontrant les parallèles CC′, BB′, aux points I et K. Joignons enfin MF, MF′.

En considérant les lignes de la figure qui sont égales deux à deux comme tangentes à une même sphère et issues d'un même point, on a :

$$\mathrm{MF'} - \mathrm{MF} = \mathrm{MI} - \mathrm{MK} = \mathrm{IK} = \mathrm{CB} = \mathrm{C'B'},$$

et aussi :

$$\mathrm{CB} = \mathrm{AC} - \mathrm{AB} = \mathrm{AF'} - \mathrm{AF}$$
$$\mathrm{C'B'} = \mathrm{A'B'} - \mathrm{A'C'} = \mathrm{A'F} - \mathrm{A'F'}.$$

Donc :

$$\mathrm{AF'} - \mathrm{AF} = \mathrm{A'F} - \mathrm{A'F'}$$

ou

$$\mathrm{AA'} + \mathrm{A'F'} - \mathrm{AF} = \mathrm{AA'} + \mathrm{AF} - \mathrm{A'F'}$$

d'où

$$\mathrm{AF} = \mathrm{A'F'}.$$

Par suite

$$MF' - MF = AA'.$$

La courbe d'intersection est donc une hyperbole ayant F, F' pour foyers et AA' pour axe transverse.

On peut établir comme on l'a fait pour l'ellipse, que les droites DR, D'R' intersections du plan sécant AA' avec les plans des cercles BB', CC' sont les *directrices* de l'hyperbole, c'est-à-dire que le rapport des distances d'un point de la courbe à l'un des foyers et à la droite voisine est égal à $\frac{c}{a}$.

Troisième cas. — *Le plan sécant est parallèle à une génératrice du cône.*

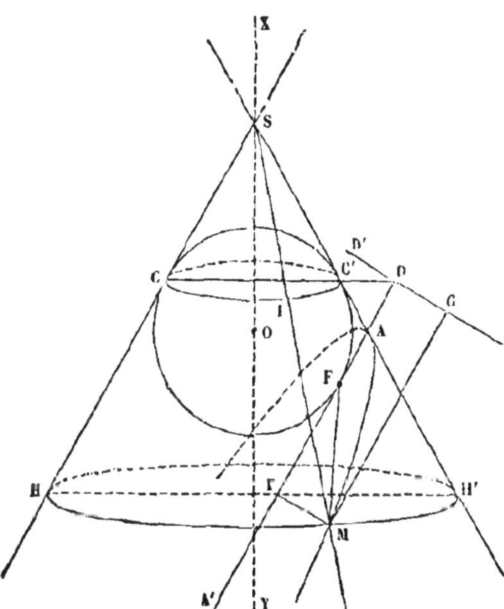

Soit un cône coupé par un plan AA' mené parallèlement à une génératrice SH. Menons par l'axe XY, un plan perpendiculaire au plan sécant, il coupe ce dernier suivant AA' et la surface conique suivant les génératrices SH, SH'. Construisons ensuite le cercle O tangent aux droites SH, SH', AA', et imaginons que la figure tourne autour de XY. Le cercle O engendrera une sphère tangente à la surface conique suivant le parallèle CC', et tangente au plan sécant au point F. Menons la génératrice SM passant par un point M quelconque de la courbe d'intersection; traçons le cercle HH' passant par ce point et mené perpendiculairement à l'axe du cône. Ce cercle coupe le plan sécant suivant la droite MP perpendiculaire à AA' et d'un autre côté le plan sécant et le parallèle CC′ se coupent suivant une droite DD′ parallèle à MP et par suite perpendiculaire sur AA′.

Joignons enfin MF et menons MG parallèle à AA′.

Les droites MF, MI sont égales comme tangentes à la même sphère et issues du même point.

Or

$$MI = C'H' = C'A + AH'.$$

Mais

$$C'A = AD \quad \text{et} \quad AH' = AP,$$

car les triangles C′AD, PAH′ sont isocèles, donc :

$$MI = PD,$$

et par suite

$$MF = PD = MG.$$

La section est donc une parabole ayant F pour foyer et DD′ pour directrice.

EXERCICES

LIVRE PREMIER.

1. Démontrer que les bissectrices de deux angles adjacents supplémentaires sont perpendiculaires l'une sur l'autre.

2. Démontrer que les bissectrices de deux angles opposés par le sommet sont sur le prolongement l'une de l'autre.

3. Démontrer que la somme des droites qui joignent un point pris à l'intérieur d'un triangle aux trois sommets est moindre que le périmètre du triangle et plus grande que la moitié de ce périmètre.

4. Démontrer que dans tout triangle une médiane est moindre que la demi-somme des côtés entre lesquels elle est menée.

5. Démontrer que si, dans un triangle, la droite qui joint un sommet au milieu du côté opposé est bissectrice de l'angle du sommet, le triangle est isocèle.

6. Étant donné un triangle isocèle ABC, on prend un point P sur la base et l'on élève en ce point une perpendiculaire PMN qui rencontre l'un des côtés égaux en M et le prolongement de l'autre côté en N : démontrer que la somme PM + PN est constante.

7. D'un point pris sur la base d'un triangle isocèle on abaisse des perpendiculaires sur les côtés égaux, démontrer que la somme de ces perpendiculaires est constante.

8. Démontrer que la somme des perpendiculaires abaissées d'un point pris à l'intérieur d'un triangle équilatéral sur les trois côtés de ce triangle est constante.

9. Démontrer que si d'un point pris sur la base d'un triangle isocèle on abaisse des perpendiculaires sur les côtés égaux, le périmètre du quadrilatère ainsi formé est constant.

10. Démontrer que les perpendiculaires abaissées des sommets d'un triangle sur les côtés opposés se rencontrent au même point.

11. Démontrer que la droite qui joint les milieux de deux côtés d'un triangle est parallèle au troisième côté et est égale à la moitié de ce côté.

12. Démontrer que les médianes d'un triangle se coupent au même point.

13. Démontrer que dans tout triangle au plus grand côté correspond la plus petite médiane.

14. Démontrer que dans tout quadrilatère la somme de deux côtés opposés est moindre que la somme des diagonales.

15. Démontrer que dans tout quadrilatère la somme des diagonales est moindre que la somme des côtés.

16. Démontrer que si d'un point pris sur la base d'un triangle isocèle on mène des parallèles aux côtés égaux, on forme un parallélogramme dont le périmètre est constant.

17. Démontrer que les bissectrices des angles d'un quadrilatère forment un second quadrilatère dont les angles opposés sont supplémentaires.

18. Démontrer que, lorsque deux angles ont leurs côtés parallèles ou perpendiculaires, les bissectrices de ces angles sont parallèles ou perpendiculaires:

19. Démontrer que les bissectrices des suppléments de deux angles d'un triangle et la bissectrice du troisième angle concourent au même point (B)*.

20. Les bissectrices de deux angles d'un triangle se coupent en un point O, les bissectrices de leurs suppléments se coupent en un point O' : démontrer que la droite OO' prolongée passe par le sommet du troisième angle du triangle (B).

21. Étant données deux parallèles AB, CD, un point O extérieur et une droite quelconque MN, mener entre les deux parallèles une sécante parallèle à MN et dont les extrémités soient équidistantes du point O.

22. Étant donnés un angle et un point, mener par le point une droite qui détermine sur les côtés de l'angle à partir de son sommet des segments égaux (B).

(*) Les questions marquées (B) ont été données en composition aux examens du baccalauréat ès-sciences.

23. Étant donnés deux parallèles et un point extérieur, mener par ce point une sécante dont la partie comprise entre les deux parallèles soit égale à une ligne donnée (B).

24. Inscrire un carré dans un carré donné.

25. Inscrire un rectangle dans un carré donné.

26. Étant donnés un angle et une droite, mener une parallèle à la droite telle que la partie de cette parallèle comprise entre les côtés de l'angle soit égale à une ligne donnée.

27. Mener par un point donné une droite également distante de deux points donnés.

28. Construire un triangle connaissant le périmètre et les angles.

29. Construire un triangle connaissant deux côtés et une médiane.

30. Construire un triangle connaissant un côté et deux médianes.

31. Construire un triangle connaissant les trois médianes.

32. Construire un triangle isocèle connaissant un angle et un côté.

33. Construire un trapèze connaissant les 4 côtés.

34. Étant donnés une droite CD et deux points A, B situés du même côté de cette droite, construire la plus courte des lignes brisées qui vont de A à B en touchant la droite CD.

35. Construire la bissectrice de l'angle formé par deux droites concourantes qu'on ne peut prolonger jusqu'à leur rencontre.

36. Trouver le lieu des points dont la somme des distances aux deux côtés d'un angle est égale à une longueur donnée.

37. Trouver le lieu des points O tels qu'en menant les parallèles OM, ON aux côtés d'un angle donné BAC jusqu'à la rencontre des côtés de l'angle, la somme OM + ON soit égale à une longueur donnée.

LIVRE II.

38 Étant donnés un cercle et un point, démontrer que la plus grande et la plus petite des droites que l'on peut mener du point à la circonférence, passent par le centre.

39. Démontrer que lorsque plusieurs cordes d'un cercle étant prolongées vont concourir au même point, leurs milieux sont sur une circonférence (B).

40. Démontrer que le diamètre du cercle inscrit dans un triangle rectangle est égal à l'excès de la somme des deux côtés de l'angle droit sur l'hypoténuse (B).

41. Étant donnés un cercle et deux tangentes issues du même point, on mène une troisième tangente par un point quelconque du plus petit des deux arcs limités par les points de contact : démontrer que le périmètre du triangle ainsi formé est constant (B).

42. Par un point pris sur une circonférence, on mène des cordes que l'on prolonge de quantités respectivement égales à elles-mêmes : démontrer que les extrémités des prolongements appartiennent à une circonférence (B).

43. Par le point de contact de deux circonférences tangentes, on même deux cordes communes, prouver que les droites qui joignent leurs extrémités sont parallèles (B).

44. Étant données deux circonférences sécantes, on mène une corde commune par l'un des points d'intersection et l'on joint l'autre point d'intersection aux deux extrémités de la corde commune : prouver que l'angle ainsi formé est constant.

45. Démontrer sans s'appuyer sur la mesure des angles qu'un angle inscrit dans une demi-circonférence est un angle droit.

46. Démontrer que, dans un quadrilatère circonscrit, la somme de deux côtés opposés est égale à la somme des deux autres côtés.

47. Étant donnés un arc AMB et sa corde AB, on mène par le milieu M de l'arc deux cordes MC, MD qui rencontrent la corde AB aux points E et F et l'on joint CD : démontrer que le quadrilatère CDEF est inscriptible.

48. Démontrer que deux triangles rectangles qui ont les hypoténuses égales et les hauteurs correspondantes égales sont égaux.

49. Démontrer que si sur les deux côtés d'un triangle comme diamètres on décrit deux demi-circonférences, elles se coupent sur le troisième côté.

50. Démontrer que les hauteurs d'un triangle sont les bissectrices des angles d'un second triangle formé en joignant entr'eux les pieds de ces hauteurs.

51. Par l'un des deux points d'intersection de deux circonférences sécantes, on mène deux diamètres : démontrer que les extrémités de ces diamètres et le second point d'intersection des circonférences sont en ligne droite.

52. Démontrer que le cercle circonscrit à un triangle ABC est égal au cercle circonscrit à un second triangle ayant pour sommet le point O de rencontre des hauteurs du premier et pour base l'un des côtés de celui-ci.

53. Étant données deux circonférences tangentes extérieurement, on leur mène une tangente commune extérieure et l'on joint chacun des points de contact au point de contact des deux circonférences : démontrer que l'angle formé par les deux cordes ainsi menées est un angle droit.

54. Trouver le centre d'un cercle tangent en un point donné d'une droite et passant par un autre point donné en dehors de la droite (B).

55. Élever une perpendiculaire à l'extrémité d'une droite qu'on ne peut prolonger (B).

56. Étant donné un triangle, décrire de ses trois sommets comme centres des cercles tangents entre eux deux à deux, et déterminer les rayons de ces cercles en fonction des côtés a, b, c du triangle (B).

57. Mener une tangente à un cercle parallèlement à une droite donnée.

58. Étant donnés un cercle et un point intérieur, mener par ce point une corde égale à une droite donnée.

59. Étant donnés un cercle et un point extérieur, mener par ce point une sécante telle que la corde interceptée soit égale à une ligne donnée (B).

60. Étant données deux circonférences extérieures, mener une sécante telle que les cordes interceptées aient chacune une longueur donnée.

61. Étant données une circonférence et un angle, mener par un point donné en dehors de la circonférence une droite qui détermine sur la circonférence un segment capable de l'angle donné.

62. Étant donnés un cercle et une droite extérieure, trouver sur la droite un point tel que la tangente menée de ce point au cercle ait une longueur donnée.

63. Étant donnés un cercle et une droite extérieure, trouver sur la droite un point tel que les tangentes menées au cercle de ce point forment entre elles un angle donné.

64. Étant données deux droites de longueur limitée, trouver dans

leur plan un point d'où l'on voit chacune de ces droites sous un angle droit.

65. Inscrire un cercle dans un secteur dont l'angle est droit.

66. Partager un angle droit en trois parties égales.

67. Construire avec un rayon donné une circonférence tangente à une circonférence et à une droite données.

68. Construire une circonférence tangente à une circonférence donnée et à une droite donnée en un point donné.

69. Décrire une circonférence de rayon donné, tangente à deux droites données.

70. Étant donnés deux cercles de rayons différents, trouver un point A tel que les tangentes menées de ce point aux deux cercles soient égales et forment entre elles un angle donné.

71. Construire un triangle rectangle connaissant l'hypoténuse et la somme ou la différence des côtés de l'angle droit.

72. Construire un triangle rectangle connaissant un angle aigu et la somme ou la différence des côtés de l'angle droit.

73. Construire un triangle connaissant la base, la hauteur et l'angle au sommet.

74. Construire un triangle connaissant un côté, l'angle opposé et la somme ou la différence des deux autres côtés.

75. Construire un triangle connaissant un côté et les distances du milieu de ce côté aux deux autres côtés.

76. Construire un triangle connaissant un côté, un des angles adjacents à ce côté et le rayon du cercle inscrit.

77. Construire un triangle isocèle connaissant la hauteur et le rayon de cercle inscrit.

78. Construire un triangle connaissant un angle, la hauteur et la médiane partant l'une et l'autre du sommet de cet angle.

79. Construire un triangle connaissant les pieds des trois hauteurs.

80. Étant donnés un cercle et une corde AB, on joint l'un quelconque des points de l'arc AMB aux points A et B, puis on mène les bissectrices des angles ainsi formés en A et B ; ces bissectrices se coupent en un point O : trouver le lieu des points O.

81. Étant donnés un cercle et une corde AB, on joint l'un quel-

conque des points de l'arc AMB aux points A et B, puis on abaisse de chacun de ces points une perpendiculaire sur le côté opposé du triangle formé : trouver le lieu des intersections de ces perpendiculaires.

82. D'un point pris hors d'un cercle on lui mène des sécantes : trouver le lieu des milieux des cordes interceptées (B).

83. On décrit sur une droite AB un segment capable d'un angle α donné ; par le point A on mène des cordes que l'on prolonge de quantités égales à la distance de leurs extrémités au point B : trouver le lieu géométrique des extrémités des prolongements.

PROBLÈMES NUMÉRIQUES.

84. L'angle d'un polygone équiangle vaut 175° : combien ce polygone a-t-il de côtés ?

85. Trouver l'angle formé par deux côtés consécutifs d'un polygone régulier de 17 côtés. Y a-t-il dans un tel polygone deux côtés parallèles ? Trouver l'angle le plus petit que forment deux côtés de la figure prolongés (B).

86. Quelle fraction de la circonférence est un arc de 27° 17′ 32″ (B).

87. Calculer le rapport de deux arcs d'une même circonférence sachant que l'un est de 321° 22′ et l'autre de 27° 21′ 1″ (B).

88. Les rayons de deux cercles valent respectivement 0m,05 et 0m,02 : calculer la distance de leurs centres sachant qu'une tangente commune intérieure menée à ces deux cercles fait un angle de 30° avec la ligne qui joint leurs centres (B).

89. Calculer les valeurs des six segments déterminés sur les côtés d'un triangle par les points de contact du cercle inscrit, les côtés du triangle valant respectivement 412m, 506m et 514m.

LIVRE III.

90. On mène une droite par les milieux des côtés parallèles d'un trapèze : démontrer que cette ligne et les côtés non-parallèles du trapèze étant prolongés iront se rencontrer au même point (B).

91. Par l'un des points d'intersection de deux circonférences sécantes, on mène trois cordes communes : démontrer que les triangles

formés en joignant entre elles les extrémités de ces cordes situées sur la même circonférence, sont semblables (B).

92. Étant donné un triangle rectangle, on abaisse du sommet de l'angle droit une perpendiculaire sur l'hypoténuse : démontrer que les rayons des cercles inscrits dans les trois triangles ainsi déterminés sont les côtés d'un triangle rectangle semblable aux trois premiers.

93. Démontrer que deux triangles rectangles qui ont l'hypoténuse et un côté de l'angle droit proportionnels sont semblables.

94. Démontrer que la droite qui joint les milieux des diagonales d'un trapèze est égale à la demi-différence des bases.

95. Démontrer que les médianes d'un triangle se coupent au même point.

96. Démontrer que la figure formée en joignant les milieux des côtés d'un quadrilatère quelconque est un parallélogramme.

97. Démontrer que les perpendiculaires abaissées d'un point quelconque de la diagonale d'un parallélogramme sur les côtés adjacents sont inversement proportionnelles à ces côtés.

98. Démontrer que si des quatre sommets d'un trapèze et du milieu O de la droite qui joint les milieux des côtés non parallèles de la figure, on abaisse des perpendiculaires sur un axe situé dans le plan et en dehors du trapèze, la perpendiculaire abaissée du point O est moyenne arithmétique entre les quatre perpendiculaires abaissées des sommets.

99. Démontrer que si l'on joint un point quelconque O aux sommets d'un polygone ABCD... et qu'on prenne sur les droites ainsi menées ou sur leurs prolongements des longueurs OA', OB', OC'.... telles que l'on ait $\frac{OA}{OA'} = \frac{OB}{OB'} = \frac{OC}{OC'} = \ldots$, le polygone A'B'C'D'... formé en joignant les points A', B', C'... est semblable au polygone ABCD...(*)

(*) Le point O se nomme *centre de similitude*. Lorsque les points A', B', C',... sont situés sur les droites OA, OB, OC... les polygones ABC.., A'B'C'.., sont dits *semblablement placés*. Lorsque les points A', B', C'... sont pris sur les prolongements des droites OA, OB, OC... les polygones sont dits *inversement placés*. On dit encore qu'ils sont *homothétiques directs* dans le premier cas, et *homothétiques inverses* dans le second.

On nomme en général polygones *homothétiques* deux polygones semblables qui ont leurs côtés homologues parallèles.

100. Démontrer que si deux polygones semblables ont leurs côtés homologues parallèles, les droites qui joignent leurs sommets homologues concourent en un même point.

101. Démontrer qu'étant donnés deux cercles, si l'on mène des rayons parallèles et de même sens, les droites joignant les extrémités de ces rayons vont concourir en un même point (*centre de similitude directe*). Démontrer que si l'on mène des rayons parallèles et dirigés en sens contraires, les droites qui joignent les extrémités de ces rayons passent également par un même point (*centre de similitude inverse*).

102. Étant données deux circonférences tangentes, on mène une sécante par le point de contact : prouver que le rapport des cordes interceptées est constant.

103. La droite BC étant perpendiculaire sur xy, on mène par le point A une sécante quelconque DE : démontrer que le produit $AD \times AE$ est constant.

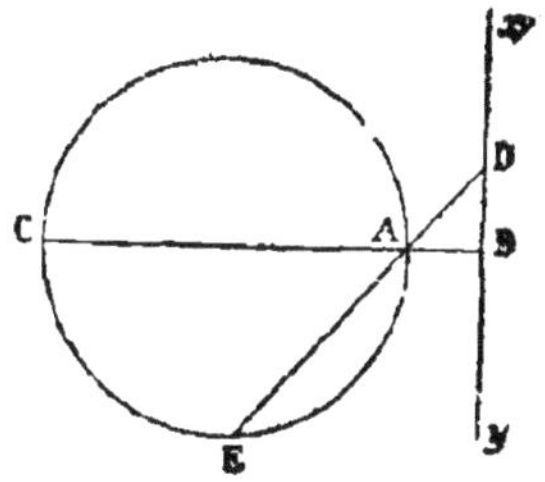

104. Étant donnée une circonférence de centre O, on prend sur un diamètre deux longueurs OA, OB égales entre elles; par le point B on mène une corde quelconque CD et l'on joint les points C et D au point A : démontrer que la somme $\overline{CD}^2 + \overline{AC}^2 + \overline{AD}^2$ est constante.

105. On mène dans un cercle deux cordes perpendiculaires l'une sur l'autre : démontrer que la somme des carrés des quatre segments est constante.

106. Étant donnés deux cercles sécants égaux, démontrer que la corde qui joint l'un des points d'intersection au point où la droite qui joint les centres rencontre l'une quelconque des circonférences, est moyenne proportionnelle entre le rayon et la partie de la ligne des centres comprise dans la partie commune aux deux cercles.

107. Démontrer que la somme des carrés des côtés non parallèles d'un trapèze est égale à la somme des carrés des diagonales, moins deux fois le rectangle des bases.

108. Démontrer que si dans un triangle, une droite allant d'un sommet au côté opposé partage ce côté en moyenne et extrême raison, elle partagera de la même façon toute droite menée dans le triangle parallèlement à ce côté.

109. Démontrer que si l'on joint le sommet A d'un triangle isocèle

à un point M quelconque de sa base BC, on a la relation $\overline{AB}^2 = \overline{AM}^2 + BM \times MC$.

110. Démontrer qu'étant données deux lignes de longueur différente, leur moyenne arithmétique est plus grande que leur moyenne géométrique.

111. Démontrer que dans tout triangle le produit de deux côtés est égal au produit de la hauteur correspondante au troisième côté, par le diamètre du cercle circonscrit.

112. Démontrer que dans tout quadrilatère inscriptible le produit des diagonales est égal à la somme des produits des côtés opposés.

113. Démontrer que dans tout quadrilatère non inscriptible, le produit des diagonales n'est pas égal à la somme des produits des côtés opposés.

114. Démontrer que les milieux des diagonales d'un quadrilatère et le point de rencontre des droites qui joignent les milieux des côtés opposés sont en ligne droite.

115. Démontrer que dans un quadrilatère inscriptible, les diagonales sont entre elles comme les sommes des produits des côtés qui aboutissent à leurs extrémités.

116. Étant donnés un cercle et un point extérieur, mener par le point une sécante telle que la partie comprise dans le cercle soit moyenne proportionnelle entre la sécante entière et sa partie extérieure.

117. Trouver le lieu géométrique des points d'un plan dont la somme des carrés des distances à deux points donnés est égale à une quantité donnée.

118. Trouver le lieu géométrique des points d'un plan dont la différence des carrés des distances à deux points donnés est égale à une quantité donnée.

119. Étant donnés un cercle et un point P extérieur, on mène par le point P des sécantes : déterminer le lieu géométrique des points milieux des sécantes entières et de leurs parties extérieures.

120. Étant données deux circonférences extérieures, on mène deux rayons parallèles et l'on joint l'extrémité de chacun d'eux au centre de l'autre circonférence : déterminer le lieu géométrique des points de rencontre des droites ainsi obtenues.

121. Étant données deux circonférences, déterminer le lieu des

points d'où les tangentes menées aux deux circonférences sont égales.

122. Trouver le lieu géométrique des points d'un plan deux fois plus éloignés d'un point A donné que d'un autre point B également donné dans ce plan.

123. Déterminer le lieu des points d'où l'on voit deux circonférences données sous le même angle.

124. Déterminer le lieu des points d'où l'on voit deux longueurs AB, BC prises sur une même droite, sous le même angle.

125. Dans un cercle on mène à partir d'un point A de la circonférence, des cordes que l'on prolonge de quantités telles que le produit de chaque ligne entière par sa partie comprise dans le cercle est une quantité donnée m^2 : trouver le lieu géométrique des extrémités de ces droites.

126. Étant donnés deux points A et B sur une circonférence, trouver sur cette circonférence un point C tel que ses distances aux points A et B soient dans un rapport donné.

127. Démontrer que l'aire d'un trapèze est égale au produit d'un des côtés non parallèles par la perpendiculaire abaissée sur ce côté du milieu de l'autre côté non parallèle.

128. Démontrer que le triangle qui a pour base l'un des côtés non parallèles d'un trapèze et pour sommet le milieu du côté opposé, a sa surface égale à la moitié de celle du trapèze (B).

129. Démontrer que les triangles formés en joignant le centre de gravité d'un triangle aux trois sommets de ce triangle sont équivalents.

130. Décrire une circonférence passant par deux points donnés et tangente à une droite donnée.

131. Décrire une circonférence passant par un point donné et tangente à deux droites données.

132. Trouver sur une droite donnée le centre d'une circonférence passant par un point donné et tangente à une droite donnée.

133. Construire un triangle connaissant un côté, l'angle opposé et le rapport des deux autres côtés.

134. Construire un triangle connaissant deux côtés et la bissectrice de l'angle compris.

135. Construire un triangle connaissant les trois hauteurs.

136. Inscrire dans un cercle un rectangle semblable à un rectangle donné.

137. Inscrire dans un cercle un triangle semblable à un triangle donné.

138. Étant donnés trois points A, B, C, mener par le point A une droite telle que les distances des points B et C à cette droite soient dans un rapport donné.

139. Étant donnés une droite et deux points situés du même côté de la droite, trouver sur celle-ci un point tel qu'en le joignant aux deux points donnés, l'angle ainsi formé soit le plus grand possible.

140. Construire un carré connaissant l'excès de la diagonale sur le côté.

141. Construire un carré connaissant la somme de la diagonale et du côté.

142. Partager un triangle en deux parties équivalentes au moyen d'une parallèle à l'un des côtés.

143. Partager un triangle en deux parties qui soient entre elles dans un rapport donné, au moyen d'une parallèle à l'un des côtés.

144. Étant donnés un triangle et un point situé sur l'un de ses côtés, mener par ce point une droite qui partage le triangle en deux parties équivalentes.

145. Partager un triangle en moyenne et extrême raison au moyen d'une parallèle à l'un des côtés.

146. Trouver dans l'intérieur d'un triangle un point tel qu'en le joignant aux trois sommets, les trois triangles ainsi formés soient entre eux comme des lignes ou des nombres donnés m, n, p.

147. Construire un triangle équilatéral équivalent à un carré donné (B).

148. Construire un triangle équilatéral équivalent à un hexagone régulier donné (B).

149. Construire un carré équivalent aux deux tiers d'un polygone donné (B).

150. Construire un triangle semblable à un triangle donné et dont la surface soit à celle du triangle donné comme une ligne M est à une ligne N (B).

151. Construire une droite parallèle aux bases d'un trapèze donné

et qui le divise en deux parties qui soient entre elles comme deux est à trois (B).

152. Partager une droite de longueur donnée en deux parties dont les carrés soient entre eux comme deux est à trois (B).

153. Mener par un des sommets d'un trapèze une droite qui le partage en deux parties équivalentes.

154. Mener dans un triangle une parallèle à l'un des côtés de telle sorte que la surface du triangle ainsi déterminé soit équivalente à celle d'un carré donné.

155. Construire un triangle semblable à un triangle donné et ayant un périmètre donné.

156. Construire un triangle connaissant ses angles et sa surface.

157. Partager un triangle en deux parties équivalentes au moyen d'une droite parallèle à une direction donnée.

158. Inscrire dans un carré un carré de surface minimum.

159. Construire un triangle isocèle connaissant l'angle au sommet et sachant que ce triangle est équivalent à un triangle donné.

160. Construire un triangle connaissant la somme de la base et de la hauteur, la surface et l'angle opposé à la base.

161. Transformer un quadrilatère quelconque en un triangle équilatéral équivalent.

162. Partager un trapèze en deux parties équivalentes au moyen d'une droite partant de l'une des extrémités de la grande base.

163. Couper un angle donné parallèlement à une droite donnée, de telle sorte que le triangle ainsi formé soit équivalent à un carré donné.

164. Construire deux carrés ayant leur somme équivalente à un carré donné et qui soient entre eux dans un rapport donné.

165. Construire un rectangle équivalent à un carré donné et dont les dimensions soient proportionnelles à deux droites données.

166. Mener dans un triangle rectangle une perpendiculaire à l'hypoténuse qui partage le triangle en deux parties équivalentes.

167. Étant donnés un triangle équilatéral et un point P pris sur l'un de ses côtés, mener une parallèle à ce côté comprise dans le triangle et telle qu'on la voie du point P sous un angle droit.

168. Étant donné un pentagone quelconque, construire un pentagone régulier équivalent.

169. Étant donné un angle et sa bissectrice, mener une perpendiculaire à la bissectrice, de telle sorte que le triangle ainsi formé soit équivalent à un carré donné.

170. Construire un polygone semblable à un polygone donné et dont la surface soit à celle d'un autre polygone donné comme une ligne M est à une ligne N.

171. Construire un carré qui soit à un carré donné dans le rapport de $\sqrt[4]{3}$ à $\sqrt[4]{5}$.

172. Les lettres a et b représentant des lignes droites, construire une ligne x telle que l'on ait $x^2 = \frac{a^3}{b} + \frac{b^3}{a}$.

PROBLÈMES NUMÉRIQUES.

173. Deux observateurs placés à bord de deux navires et élevés l'un et l'autre de 3 mètres au-dessus du niveau de la mer, cessent de se voir à une distance de 12600 mètres. Déduire de là une valeur approchée du rayon de la terre (B).

174. A quelle distance en pleine mer s'étend la vue d'un homme placé à 60 mètres au-dessus du niveau de la mer. On supposera le rayon de la surface de la mer égal à 6366198 mètres (B).

175. Calculer à $0^m,001$ près la longueur d'une tangente commune à deux cercles ayant pour rayons 58 mètres et 13 mètres, et pour distance des centres 126 mètres (B).

176. On a deux cercles dont les rayons valent 62 mètres et 48 mètres; la distance des centres vaut 165 mètres: calculer à $0^m,001$ près la portion comprise entre les deux cercles d'une parallèle à la ligne des centres menée à une distance de 30 mètres de celle-ci.

177. Dans un triangle rectangle, les deux côtés de l'angle droit valent 1 mètre et 2 mètres : calculer à $0^m,01$ près le rayon du cercle inscrit (B).

178. Dans un triangle rectangle un angle aigu vaut 60° et le côté opposé est égal à 1 mètre: calculer à $0^m,01$ près la valeur de l'autre côté de l'angle droit (B).

179. Les deux bases d'un trapèze valent 738 mètres et 548 mètres; les deux côtés non parallèles valent chacun 203 mètres. Calculer à

$0^m,001$ près la longueur des diagonales du trapèze (B)

180. Du sommet de l'angle droit d'un triangle rectangle on abaisse une perpendiculaire sur l'hypoténuse : calculer la longueur de cette perpendiculaire et celle de chacun des segments de l'hypoténuse, sachant que les côtés de l'angle droit du triangle valent $5^m,5$ et $8^m,2$ (B).

181. Dans un cercle de 26 mètres de rayon, on mène un diamètre et une corde perpendiculaires l'un sur l'autre ; la longueur de la corde est 24 mètres : calculer la longueur de chacun des segments qu'elle détermine sur le diamètre (B).

182. Le rayon d'un cercle vaut $5^m,7$; on le prolonge d'une quantité égale à $2^m,4$; par l'extrémité du prolongement on mène deux tangentes au cercle et l'on joint entre eux les points de contact. Calculer la longueur de la corde ainsi formée ainsi que sa distance au centre du cercle (B).

183. Les côtés de l'angle droit d'un triangle rectangle valent $3^m,128$ et $4^m,275$: calculer à $0^m,001$ près les segments que la bissectrice de l'angle droit de ce triangle détermine sur l'hypoténuse (B).

184. L'hypoténuse d'un triangle rectangle vaut $3^m,24$ et la perpendiculaire abaissée du sommet de l'angle droit sur l'hypoténuse est égale à $1^m,15$: calculer à $0^m,01$ près la valeur de chacun des côtés de l'angle droit du triangle (B).

185. Sur une droite AB dont la longueur est égale à $0^m,25$, on élève aux points A et B des perpendiculaires AC, BD dont les longueurs valent : AC = $0^m,13$, BD = $0^m,07$. On prend ensuite sur AB un point O tel que les angles COA, DOB soient égaux : calculer les longueurs OA, OB (B).

186. Deux cordes d'un cercle se coupent : les deux parties de l'une valent respectivement $1^m,2$ et $2^m,1$; de plus la différence entre les deux parties de l'autre vaut $1^m,81$. Calculer la longueur de cette dernière corde (B).

187. Étant donnés une circonférence de 1 mètre de rayon et un point distant de 8 mètres du centre, mener par ce point une sécante telle que la corde interceptée soit égale à un mètre. On calculera à $0^m,01$ près la longueur de la partie extérieure de la sécante (B).

188. Déterminer sur une tangente à un cercle de $3^m,015$ de rayon un point tel qu'une sécante menée au cercle par ce point et le centre soit partagée en deux parties égales au point où elle rencontre le cercle (B).

189. Étant données deux droites parallèles, on prend sur ces droites deux systèmes de trois points A, B, C, A', B', C' tels que l'on ait AB = 2^m, BC = 5^m, A'B' = 1^m,24, B'C' = 3^m,10 : dire si les droites obtenues en joignant AA', BB', CC', étant prolongées, iront concourir au même point (B).

190. La surface d'un rectangle vaut 23^mq,85 ; sa base est à sa hauteur dans le rapport de 5 à 3; calculer à 0^m,001 près les dimensions du rectangle (B).

191. Les deux côtés de l'angle droit d'un triangle rectangle valent 5^m,7 et 8^m,2 ; du sommet de l'angle droit on abaisse une perpendiculaire sur l'hypoténuse. Calculer l'aire de chacun des triangles ainsi formés (B).

192. Calculer l'aire d'un triangle dont les côtés ont pour longueurs respectives 285^m, 308^m, 231^m (B).

193. Trouver le côté d'un pentagone formé par un carré et un triangle équilatéral ayant un côté commun, sachant que la surface de ce pentagone est égale à 2 hectares 36 ares.

194. Dans un trapèze ABCD, on mène une droite IK ; on a AB = 3^m,15, DC = 1^m,65, DI = 0^m,70 et la hauteur du trapèze = 2 mètres : on sait de plus que la partie IKCB est le tiers de la partie DAKI. Calculer la longueur KB.

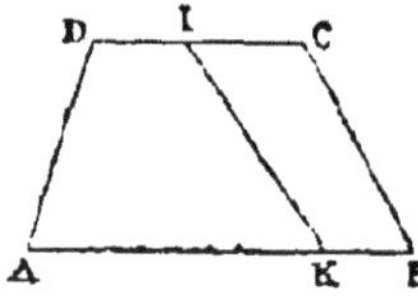

195. Calculer la surface du trapèze ABCD sachant que AB = 612^m, CD = 417^m, AD = 376^m et l'angle A = 30°.

196. Les côtés parallèles d'un trapèze valent 5^m,17 et 3^m,121 ; les deux autres côtés, également inclinés sur la base, valent chacun 2^m,2. Calculer l'aire du trapèze (B).

197. Dans un trapèze, la grande base = 18 mètres, les angles adjacents valent chacun 45° et les côtés parallèles sont égaux l'un et l'autre à 7 mètres : calculer l'aire du trapèze ainsi que l'aire du triangle formé par la petite base et les côtés non parallèles prolongés (B).

198. Calculer l'aire d'un trapèze sachant que : 1° la hauteur est moyenne arithmétique entre les deux bases ; 2° la différence de celles-ci est égale à un mètre ; 3° la grande base est égale à l'hypoténuse d'un triangle rectangle dont les côtés de l'angle droit vaudraient respectivement la petite base et la hauteur du trapèze (B).

199. Les deux bases d'un trapèze valent 18 mètres et 12 mètres, la

hauteur = 7 mètres : à quelle distance de la grande base faut-il lui mener une parallèle pour que cette parallèle partage la surface du trapèze en deux parties équivalentes (B).

200. L'une des bases d'un trapèze vaut 10 mètres, la hauteur de la figure = 4 mètres et sa surface = 32^{mq} : calculer la longueur d'une parallèle à la base menée dans le trapèze à une distance de un mètre de la base donnée (B).

201. Les deux bases d'un trapèze valent 12 mètres et 7 mètres : calculer la longueur d'une parallèle aux bases qui divise le trapèze en deux parties équivalentes (B).

202. On donne un trapèze ABCD ; on partage les côtés non parallèles AC et BD à partir des points A et B dans le rapport de 2 à 3 et l'on joint entre eux les points de division. Démontrer que la droite ainsi obtenue est parallèle aux bases du trapèze, et calculer sa longueur sachant que AB = 1245 mètres et CD = 3850 mètres (B).

203. Dans un trapèze ABCD on a AB = 3 mètres et CD = 5 mètres : trouver la position que le point I doit occuper sur la diagonale BC pour qu'en menant par ce point la droite KG parallèle à AC, cette parallèle partage la surface du trapèze en deux parties ACGK, GKDB qui soient entre elles comme 3 est à 2 (B).

204. Dans le trapèze ABCD on donne AB = 1 mètre, AC = 2 mètres, CD = 3 mètres : déterminer dans quel rapport la droite AC est partagée par la parallèle IK aux bases, sachant que cette parallèle partage le trapèze en deux parties équivalentes (B).

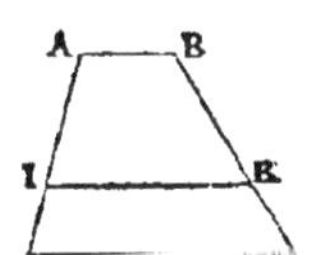

205. Les côtés d'un triangle valent 32 mètres, 28 mètres, 37 mètres : calculer à 0^{m},001 près les côtés d'un triangle semblable au premier et ayant sa surface trois fois plus grande (B).

206. Deux triangles équilatéraux ont respectivement pour côtés 43^{m},57 et 68^{m},35 : calculer à 0^{m},01 près le côté d'un troisième triangle équilatéral ayant sa surface égale à la somme des surfaces des deux premiers (B).

LIVRE IV.

207. Démontrer que dans un pentagone régulier les diagonales se coupent mutuellement en moyenne et extrême raison.

208. A un cercle on mène des tangentes perpendiculaires entre elles deux à deux : prouver que le lieu de leurs rencontres est une circonférence (B).

209. On donne un hexagone régulier dont on joint les sommets entre eux deux à deux : démontrer que l'hexagone intérieur au premier ainsi formé est un hexagone régulier et a sa surface égale au tiers de celle du premier hexagone (B).

210. Démontrer que si l'on circonscrit des polygones à une même circonférence, les surfaces de ces polygones sont dans le même rapport que leurs périmètres.

211. Démontrer que si l'on prend un point quelconque dans l'intérieur d'un polygone régulier, la somme des distances de ce point aux côtés du polygone est constante.

212. Étant donné un carré, on prolonge dans tous les sens les côtés de ce carré d'une quantité égale à eux-mêmes et l'on joint les extrémités de ces prolongements de manière à former un polygone convexe : démontrer que ce polygone est inscriptible dans une circonférence.

213. Étant donnés une circonférence et un point extérieur, mener par le point une sécante qui partage la circonférence en deux parties qui soient entre elles comme les nombres 3 et 7.

214. Partager un cercle en deux parties équivalentes au moyen d'un cercle concentrique (B).

215. Partager un cercle en moyenne et extrême raison au moyen d'un cercle concentrique.

216. Partager les côtés d'un carré de telle sorte que la figure obtenue en joignant les points de division soit un octogone régulier.

217. Construire un octogone régulier dont on donne le côté.

218. Construire un triangle équilatéral connaissant le rayon du cercle inscrit.

219. On donne la base $2b$ et le côté a d'un triangle isocèle, évaluer le rayon du cercle circonscrit à ce triangle (B).

220. A un cercle de rayon donné R, on circonscrit un triangle équilatéral ABC et l'on mène une tangente DE parallèle au côté BC : calculer l'aire du trapèze BCDE (B).

221. Évaluer le rapport de l'aire d'un triangle équilatéral à celle du cercle circonscrit (B).

222. Construire un hexagone régulier équivalent à un carré donné.

223. Dans une circonférence on mène un rayon que l'on prolonge d'une quantité égale à lui-même : quelle fraction de la circonférence aperçoit-on, l'œil étant supposé placé à l'extrémité du prolongement du rayon.

224. Calculer la portion de l'aire d'un cercle comprise entre deux cordes parallèles, l'une égale au côté de l'hexagone régulier, l'autre au côté du triangle équilatéral inscrits dans le cercle.

225. Exprimer la surface d'un polygone régulier de 12 côtés en fonction du rayon du cercle circonscrit (B).

226. Étant donné un secteur circulaire AOB, décrire du point O comme centre un arc A'B' de telle sorte que l'aire du secteur A'OB' soit la cinquième partie de l'aire du secteur AOB.

227. Étant donné le côté d'un décagone régulier, trouver le rayon du cercle circonscrit.

PROBLÈMES NUMÉRIQUES.

228. Un terrain est limité par un polygone irrégulier dont le périmètre vaut 432 mètres et dont tous les côtés sont tangents à un cercle de 54 mètres de rayon : calculer la surface du terrain et le côté du carré équivalent (B).

229. Les côtés de trois pentagones réguliers valent 5^m, 7^m, 13^m : calculer le côté d'un quatrième pentagone régulier ayant sa surface égale à la somme des surfaces des trois premiers (B).

230. Calculer en hectares la surface d'un hexagone régulier de 235 mètres de côté (B).

231. La surface d'un hexagone régulier vaut $34^{ares},19$: calculer son côté à un millimètre près (B).

232. Une salle rectangulaire a $6^m,936$ de longueur et $5^m,10$ de largeur ; on veut la carreler avec des carreaux ayant la forme d'hexagones réguliers de $0^m,1$ de côté en remplissant les vides aux angles et sur les côtés du rectangle avec des fragments de carreaux : calculer le nombre des carreaux nécessaires (B).

233. Calculer la surface d'un triangle équilatéral sachant que le rayon du cercle inscrit vaut $142^m,25$ (B).

234. D'un point pris dans le plan d'un triangle équilatéral de 500 mètres de côté, on voit deux côtés du triangle chacun sous un angle de 120°; trouver la distance de ce point à l'un des sommets du triangle (B).

235. Calculer le périmètre d'un octogone régulier inscrit dans un cercle de $3^m,50$ de rayon (B).

236. Évaluer le côté et la surface d'un octogone régulier inscrit dans un cercle de 10 mètres de rayon (B).

237. Le périmètre d'un hexagone régulier vaut 10 mètres : calculer à un centimètre carré près l'aire du cercle inscrit dans cet hexagone (B).

238. Calculer le rayon d'un cercle dans lequel un arc de 1" vaut $0^m,001$ (B).

239. Dans un certain cercle, un arc de 97° 21' 46",2 vaut 23^m : calculer la graduation de l'arc de ce cercle ayant pour longueur un mètre (B).

240. Calculer à $0^m,001$ près la longueur d'une circonférence inscrite dans un triangle équilatéral de $7^m,35$ de côté (B).

241. Calculer à $0^m,001$ près la longueur de la corde qui sous-tend un arc de 120° dans un cercle de $457^m,23$ de rayon (B).

242. Calculer à $0^m,001$ près le rayon d'un cercle sachant qu'une corde de ce cercle vaut $3^m,275$, et que la corde qui sous-tend un arc double vaut $4^m,120$ (B).

243. Calculer la corde, le secteur et le segment correspondants à un arc de 60° dans un cercle de $2^m,35$ de rayon (B).

244. Calculer les surfaces des cercles inscrit et circonscrit à un triangle équilatéral de 6 mètres de côté (B).

245. Deux cordes menées d'un même point d'une circonférence aux extrémités d'un même diamètre valent respectivement $4^m,19$ et $3^m,25$: calculer l'aire du cercle (B).

246. Calculer à un centimètre carré près l'aire d'un secteur de 50° 50' 42" situé dans un cercle de $1^m,92$ de diamètre (B).

247. Trouver à une seconde près la graduation de l'arc d'un secteur dont la surface vaut un décimètre carré et qui appartient à un cercle de $0^m,5$ de rayon (B).

248. Calculer à $0^m,001$ près le rayon d'un cercle dans lequel l'arc d'un secteur de $0^{mq},64$ de surface a pour longueur $0^m,45$ (B).

249. Calculer à un décimètre carré près l'aire d'un segment de cercle dont l'arc est de 300° et le rayon vaut 1 mètre (B).

250. Calculer en hectares l'aire d'un segment compris entre un arc de 90° et sa corde dans un cercle de 728 mètres de rayon (B).

251. Évaluer le rapport des surfaces des deux segments dans lesquels est partagé un cercle par une corde égale au rayon (B).

252. On prend sur un cercle un arc de 30°; on forme le secteur et le segment correspondants. Calculer le rayon du cercle sachant que l'aire du triangle surpasse celle du segment de 2 mètres carrés (B).

253. Trouver le rapport des surfaces d'un triangle équilatéral, d'un carré et d'un cercle sachant que le périmètre de chacune de ces figures est égal à 4 mètres (B).

254. Calculer le côté d'un losange sachant qu'il est égal à la plus petite diagonale et que l'aire du losange est égale à celle d'un cercle de 10 mètres de rayon (B).

255. On a une couronne circulaire comprise entre deux circonférences concentriques; l'aire de cette couronne est égale à 4 mètres carrés et la somme des rayons des deux cercles vaut $3^m,1416$: calculer la longueur de chacun des rayons (B).

256. Calculer à $0^m,001$ près le rayon d'un cercle sachant que si ce rayon augmentait de $0^m,01$, l'aire du cercle augmenterait de un mètre carré (B).

257. Calculer à 0,01 près le rapport des surfaces des deux segments déterminés dans un cercle par une corde qui passe par le milieu du rayon auquel elle est perpendiculaire (B).

258. Un triangle équilatéral est inscrit dans un cercle; la somme des aires des deux figures est égale à 3 mètres carrés. Calculer l'aire de chacune d'elles (B).

259. Calculer le rayon d'un cercle sachant que la différence des aires de l'hexagone régulier et du carré inscrits est égale à un mètre carré (B).

260. Calculer à $0^m,001$ près le rayon d'un cercle, sachant que la surface de ce cercle surpasse celle de l'hexagone régulier inscrit de $62^{mq},25$ (B).

261. Calculer à $0^m,001$ près le rayon d'un cercle, sachant que la

différence des aires de l'octogone et de l'hexagone réguliers inscrits est égale à un mètre carré (B).

LIVRE V.

262. Démontrer que toute droite faisant des angles égaux avec trois droites qui passent par son pied dans un plan est perpendiculaire à ce plan.

263. Déterminer le lieu géométrique des points de l'espace également distants de trois points donnés.

264. Déterminer le lieu géométrique des pieds des perpendiculaires menées d'un point extérieur à un plan sur les différentes droites qu'on peut mener dans ce plan par un point donné.

265. Étant données deux droites dont l'une est située dans un plan auquel l'autre est perpendiculaire, trouver la plus courte distance de ces deux droites.

266. Mener par un point donné un plan parallèle à deux droites données non situées dans le même plan.

267. Étant données trois droites A, B, C non situées dans le même plan, en mener une quatrième parallèle à la droite A et coupant les deux droites B et C.

268. Démontrer que si par deux droites parallèles on mène deux plans qui se coupent leur intersection sera parallèle aux deux droites.

269. Démontrer que si une droite rencontre un plan, elle rencontre également tout plan parallèle au premier.

270. Démontrer que si une droite limitée est rencontrée en son milieu par un plan, ses extrémités sont également distantes de ce plan.

271. Démontrer que les milieux des quatre côtés d'un quadrilatère gauche sont situés dans le même plan.

272. Étant donnés un cercle et un point extérieur au plan de ce cercle, trouver la plus courte distance de ce point à la circonférence du cercle.

273. Démontrer que lorsque deux droites se coupent, des plans menés perpendiculairement à chacune des droites se coupent également.

274. Trouver un point également distant de quatre points donnés.

275. Un point O est situé à une distance d d'un plan horizontal ; on mène par ce point des plans inclinés de 45° : démontrer que les traces de ces plans sur le plan horizontal sont des tangentes à une circonférence de rayon égal à d, ayant pour centre le pied de la perpendiculaire abaissée du point O sur le plan horizontal (B).

276. Démontrer que lorsque deux droites sont parallèles, leurs projections sur un même plan sont parallèles.

277. Démontrer que la projection d'un angle droit sur un plan est un angle droit lorsque l'un des côtés de l'angle est parallèle au plan sur lequel on le projette.

278. Étant donnés deux plans qui se coupent, démontrer que la projection sur l'un des plans d'une droite perpendiculaire à l'autre plan est perpendiculaire sur l'intersection.

279. Trouver le lieu des points de l'espace également distants de deux droites qui se coupent.

280. Par l'arête d'un dièdre, on mène un plan entre les deux faces du dièdre : démontrer que le rapport des distances d'un point quelconque de ce plan aux faces du dièdre est constant.

281. Dans chacune des faces d'un angle dièdre, on décrit deux circonférences tangentes en un point de l'arête : démontrer que les perpendiculaires élevées aux faces du dièdre par les centres des deux circonférences se rencontreront.

282. Démontrer que les plans bissecteurs des angles dièdres d'un trièdre se coupent suivant une même droite.

283. Démontrer que dans tout angle trièdre, les plans menés perpendiculairement aux faces par les bissectrices de ces faces se coupent suivant une même droite.

284. Déterminer le lieu géométrique des points également distants des trois arêtes d'un angle trièdre.

LIVRE VI.

285. Évaluer la somme des carrés des diagonales d'un parallélipipède quelconque.

286. Couper un parallélipipède par un plan de telle sorte que la section soit un losange.

287. Démontrer que dans tout tétraèdre les droites qui joignent entre eux les milieux des arêtes opposées se coupent au même point.

288. Démontrer que dans tout tétraèdre les droites qui joignent les sommets aux centres de gravité des faces opposées se coupent au même point.

289. Démontrer que deux tétraèdres qui ont leurs six arêtes égales et disposées semblablement sont égaux.

290. Démontrer que dans tout tétraèdre le plan bissecteur d'un dièdre partage l'arête opposée en segments proportionnels aux faces adjacentes.

291. On donne trois droites A, B, C parallèles et non situées dans le même plan; sur la droite A on prend deux points fixes M, N : démontrer que tout tétraèdre ayant deux de ses sommets en M et N et les deux autres situés arbitrairement l'un sur la droite B et l'autre sur la droite C, a un volume constant.

292. Par un point pris sur l'une des arêtes SA d'un tétraèdre SABC, on mène un plan parallèle aux deux arêtes opposées SB, AC : démontrer que la section faite par ce plan dans le tétraèdre est un parallélogramme.

293. Évaluer le volume d'un tronc de pyramide à base quelconque en le considérant comme la différence des volumes de deux pyramides.

294. Évaluer le volume d'un tronc de pyramide à base quelconque en le considérant comme la somme des volumes de troncs triangulaires.

295. Démontrer qu'un tronc de prisme triangulaire a pour mesure de son volume le produit de sa base par la perpendiculaire abaissée du centre de gravité de la section sur la base.

296. On partage l'arête SA d'un tétraèdre SABC dans un rapport donné $\frac{m}{n}$; par le point K ainsi obtenu et l'arête BC on fait passer un plan : dans quel rapport ce plan partage-t-il le tétraèdre ?

297. On joint le centre de figure d'un parallélipipède aux quatre sommets de l'une des faces : trouver le rapport du volume de la pyramide ainsi formée au volume du parallélipipède.

298. On mène le plan bissecteur d'un des dièdres latéraux d'un tronc de pyramide triangulaire : évaluer le rapport des volumes des deux troncs ainsi formés.

299. On donne un solide à deux bases horizontales rectangulaires ABCD, A'B'C'D'; les faces latérales sont des trapèzes. On demande : 1° d'évaluer le volume de ce solide connaissant les arêtes des deux bases et leur distance ; 2° d'indiquer la condition qui doit être remplie pour que le solide soit un tronc de pyramide (B).

300. Évaluer la surface et le volume de l'octaèdre qui a pour sommets les centres des faces d'un parallélipipède rectangle dont les dimensions sont a, b, c (B).

301. Évaluer le volume d'un tétraèdre régulier ayant a pour arête (B).

302. Étant donné un angle solide trirectangle SABC, on prend sur les arêtes des longueurs $SA = a$, $SB = b$, $SC = c$: trouver l'expression du volume de la pyramide triangulaire qui aurait S pour sommet et ABC pour base (B).

303. La base d'une pyramide régulière est un triangle équilatéral dont le côté $= a$; la hauteur de la pyramide est égale à $2a$. A quelle distance de la base ABC faut-il mener un plan parallèle DEF pour que la surface du triangle DEF soit égale à la surface latérale du tronc ABCDEF (B).

304. Sur une droite donnée construire une pyramide semblable à une pyramide donnée.

305. Couper une pyramide par un plan parallèle à la base de telle sorte que la section ait sa surface égale aux 5/7 de la surface de la base.

306. Couper une pyramide par un plan parallèle à la base de telle sorte que la petite pyramide ainsi déterminée ait un volume sept fois moindre que le volume du tronc.

307. Démontrer que les volumes de deux tétraèdres qui ont un angle solide égal sont entre eux comme les produits des arêtes de cet angle solide.

308. On a une pyramide triangulaire dont on partage la hauteur en cinq parties égales ; par le premier point de division à partir de la base on mène un plan parallèle à cette base : trouver le volume d'un prisme triangulaire ayant pour base la section et pour hauteur le cinquième de la hauteur de la pyramide donnée.

309. Étant donné un prisme triangulaire, on mène le plan bissecteur d'un des dièdres latéraux : dans quel rapport le volume du prisme est-il partagé par ce plan bissecteur.

310. Évaluer la surface de la section faite dans un tronc de pyramide triangulaire par un plan mené parallèlement aux bases et à égale distance de celles-ci.

311. Construire un cube connaissant sa diagonale.

312. Étant donné un prisme triangulaire ABCA'B'C', on mène un plan par l'un des côtés AB de la base inférieure et le milieu de l'arête opposée CC' : déterminer dans quel rapport ce plan partage le volume du prisme.

313. Dans une pyramide SABC on prend les milieux des arêtes : prouver que ces quatre points sont situés dans le même plan et déterminer le rapport dans lequel est partagée la pyramide par le plan passant par ces quatre points.

PROBLÈMES NUMÉRIQUES.

314. Un parallélipipède rectangle a pour volume 4762^{mc},7 : calculer les longueurs de ses arêtes sachant qu'elles sont entre elles comme les nombres 3, 5 et 7 (B).

315. On fabrique avec de l'or dont la densité est 19,36 des feuilles qui ont 0^{mm},001 d'épaisseur ; quelle surface pourra-t-on recouvrir avec une certaine quantité de ces feuilles pesant ensemble cinq grammes (B).

316. Un bassin dont le fond est horizontal, a la forme d'un prisme droit dont la base est un octogone régulier de 10 mètres de côté : combien contient-il de mètres cubes d'eau lorsque le niveau de celle-ci s'élève à 0^{m}, 75 du fond (B) ?

317. La hauteur d'un prisme droit est 0^{m},1 ; chaque base est un rectangle dont l'un des côtés est double de l'autre ; de plus, les deux bases et les quatre faces latérales ont une surface totale de 28 centimètres carrés. Calculer l'aire des bases et celles des faces latérales (B).

318. Un prisme en fonte pèse 3 kilogrammes ; sa base est un triangle équilatéral et sa hauteur est double du côté de sa base : calculer ce côté. La densité de la fonte est 7,7 (B).

319. La surface totale d'un prisme droit hexagonal régulier vaut 12 mètres carrés et sa hauteur égale 0^{m},1 : calculer son volume (B).

320. On veut construire une digue en granit longue de 750 mètres,

haute de $3^m,50$, large de $5^m,75$ à la base et de $4^m,20$ au sommet : calculer le volume du granit nécessaire (B).

321. Un chemin de fer traverse une plaine horizontale sur un remblai ayant 6 mètres de hauteur, 8 mètres de largeur au sommet et des talus dont la pente est 3/4. Calculer combien ce remblai contient de mètres cubes sur un kilomètre de longueur, et dire en outre quelle est sur la même longueur la surface de chaque talus (B).

322. Évaluer la hauteur d'une pyramide régulière à base carrée, sachant que la surface de la base vaut $6^{mq},7483$ et que la longueur de chaque arête est $3^m,89$ (B).

323. Trouver le volume d'une pyramide hexagonale régulière dont le côté de base égale 1 mètre et chaque arête égale 2 mètres (B).

324. Calculer le volume d'un tétraèdre régulier dont l'arête vaut 1 mètre (B).

325. Calculer le côté d'un tétraèdre régulier dont le volume est égal à 100 mètres cubes (B).

326. Une pyramide a pour hauteur $5^m,40$ et pour base un carré de $2^m,25$ de côté : à quelle distance de la base faut-il mener un plan parallèle à cette base pour que la section qu'il détermine ait pour surface $3^{mq},24$ (B) ?

327. Calculer le volume d'un tronc de pyramide à base carrée, sachant que les côtés des deux bases valent respectivement $1^m,83$ et $0^m,75$ et que la hauteur égale $67^m,15$ (B).

328. Calculer en hectolitres la capacité d'un bassin de forme carrée de 12 mètres de côté dont les murs sont en talus, le fond étant un carré de 10 mètres de côté et la profondeur étant $2^m,10$ (B).

329. Le volume d'un tronc de pyramide triangulaire régulière est égal à 100 mètres cubes ; la hauteur de la pyramide vaut 9 mètres et le côté de l'une des bases égale 6 mètres : calculer le côté de l'autre base (B).

330. Les deux bases d'un tronc de pyramide sont des hexagones réguliers ayant pour côtés 1 mètre et 2 mètres : calculer la hauteur du tronc, sachant que son volume est égal à 12 mètres cubes (B).

331. Calculer le volume d'un tronc de pyramide triangulaire régulière dont la grande base a pour côté 9 mètres, la petite 4 mètres, et dont l'arête latérale égale 10 mètres (B).

332. Un tronc de pyramide triangulaire a pour bases des triangles isocèles dont l'angle au sommet est de 45° ; les côtés égaux de l'un

valent 1 mètre, ceux de l'autre $\frac{1}{3}$ de mètre, la hauteur du tronc égale 6 mètres : calculer le volume de la pyramide formée par la petite base et le prolongement des faces latérales du tronc (B).

333. Une pyramide triangulaire a pour hauteur 16 mètres et les côtés de sa base valent 13 mètres, 14 mètres et 15 mètres; on mène à 2 mètres du sommet un plan parallèle à la base et l'on demande d'évaluer le volume du tronc ainsi déterminé en le considérant comme la différence entre la grande et la petite pyramide (B).

334. Calculer le volume compris entre quatre trapèzes isocèles et ayant pour bases deux rectangles parallèles dont les dimensions sont pour l'un 3 mètres et 2 mètres, et pour l'autre $1^m,5$ et 1 mètre; la longueur des côtés non parallèles des trapèzes est pour chacun $1^m,20$ (B).

335. Calculer la capacité d'une caisse ayant à l'intérieur les dimensions suivantes : profondeur $= 0^m,75$, longueur au fond $= 1^m,35$, longueur au bord supérieur $= 1^m,52$, largeur au fond $= 0^m,62$, largeur au bord supérieur $= 0^m,86$ (B).

336. Une pyramide dont une arête $a = 24^m,638$ est coupée par un plan parallèle à la base, de telle sorte que le volume de la petite pyramide est le dixième de celui de la pyramide totale : calculer la distance du sommet comptée sur l'arête a, à laquelle le plan a été mené (B).

LIVRE VII.

337. Couper un cylindre par un plan parallèle à l'axe, de telle sorte que la section soit égale au rectangle générateur.

338. Évaluer la surface latérale d'un tronc de cône en la considérant comme la différence des surfaces latérales de deux cônes.

339. Évaluer le volume d'un tronc de cône en le considérant comme la différence des volumes de deux cônes.

340. Établir les conditions de similitude de deux troncs de cône.

341. Évaluer le rapport des volumes de deux troncs de cône semblables.

342. On prolonge l'un des diamètres de la base d'un cône droit à base circulaire d'une quantité égale au rayon et l'on suppose l'œil

d'un observateur placé à l'extrémité du prolongement : évaluer la fraction de la surface latérale du cône vue de ce point.

343. Démontrer que si l'apothème d'un tronc de cône est égal à la somme des rayons des bases, la moyenne géométrique entre ces rayons est égale à la moitié de la hauteur du tronc, et le volume de celui-ci est égal au produit de sa surface totale par le sixième de sa hauteur (B).

344. Par le milieu de la hauteur d'un cône droit à base circulaire on mène un plan parallèle à sa base, évaluer le rapport des surfaces latérales du petit cône et du tronc de cône ainsi formés.

345. Partager la surface latérale d'un cône en trois parties équivalentes au moyen de deux plans parallèles à la base (B).

346. Démontrer que le développement de la surface latérale d'un cône est un secteur circulaire et évaluer l'angle au sommet de ce secteur.

347. Partager la surface latérale d'un tronc de cône en deux parties équivalentes au moyen d'un plan parallèle aux bases.

348. Mener dans un tronc de cône un plan parallèle aux bases, de telle sorte que la section soit moyenne proportionnelle entre les bases et évaluer le rapport des deux volumes ainsi obtenus.

349. Connaissant le rayon de base et la hauteur d'un cône, déterminer la distance au sommet de ce cône d'un plan parallèle à la base, sachant que ce plan détache du solide un cône dont la surface totale est égale à la surface latérale du cône donné (B).

350. Étant donnés le rayon de base et le côté d'un cône droit à base circulaire, à quelle distance du sommet faut-il mener un plan parallèle à la base pour que la surface totale du petit cône soit égale à la surface totale du tronc de cône (B).

351. Un cylindre et un tronc de cône ont des hauteurs égales ; le rayon de base du cylindre est égal à celui d'une des bases du tronc : quel doit être le rapport des rayons des bases de ce dernier pour que son volume soit les deux tiers de celui du cylindre (B).

352. Connaissant le côté a d'un cône et le rayon R de la base, calculer la surface de la section faite parallèlement à la base à une distance h du sommet (B).

353. Connaissant les rayons de bases d'un tronc de cône et sa hauteur, déterminer sur la droite qui joint les centres des bases un point tel que les deux cônes ayant ce point pour sommet et pour

bases respectivement les deux bases du tronc de cône, aient leurs surfaces latérales équivalentes.

354. Étant donné un tronc de cône circulaire droit dont le rayon de base inférieure est double du rayon de base supérieure, déterminer la distance de la base inférieure à laquelle il faut mener un plan parallèle aux bases pour que la somme des volumes d'un cône, ayant pour sommet le centre de la base inférieure et pour base la section et du tronc de cône ayant pour bases la section et la base supérieure du tronc de cône donné, soit égale à la moitié du volume de ce dernier tronc.

PROBLÈMES NUMÉRIQUES.

355. Calculer les dimensions du litre sachant qu'il a la forme d'un cylindre dont la hauteur est double du diamètre de la base (B).

356. Calculer les dimensions de l'hectolitre sachant qu'il a la forme d'un cylindre dont la hauteur est égale au diamètre de la base (B).

357. Un cylindre de fer de $2^m,55$ de hauteur pèse 41 kilogrammes; calculer le diamètre de sa base. La densité du fer = 7,788 (B).

358. Un fil cylindrique en argent ayant $0^m,0015$ de diamètre pèse $3^{gr},287$; on veut le recouvrir d'une couche d'or de $0^m,0002$ d'épaisseur : trouver le poids de l'or nécessaire. La densité de l'argent = 10,47 ; celle de l'or = 19,26 (B).

359. Il faut un centimètre cube d'or pour dorer la surface latérale d'un cylindre ayant pour hauteur $0^m,75$ et pour rayon de base $0^m,2$: évaluer l'épaisseur de la couche d'or (B).

360. Un fil de platine pèse un gramme, il a pour diamètre la douze centième partie d'un millimètre : calculer sa longueur, sachant que la densité du platine = 20 (B).

361. On verse 12 kilogrammes de mercure dans un vase cylindrique dont le diamètre intérieur est égal à $0^m,1$: calculer la hauteur à laquelle le mercure s'élèvera dans le vase. La densité du mercure = 13,596 (B).

362. Un gramme de mercure occupe dans un tube capillaire une longueur de $0^m,137$: évaluer le diamètre intérieur du tube. La densité du mercure = 13,596 (B).

363. Dans un cône dont la hauteur est 20 mètres et le volume 387 mètres cubes, mener un plan parallèle à la base de telle sorte

que le volume du petit cône ainsi déterminé soit égal à 95 mètres cubes (B).

364. Un cône dont la hauteur = 6 mètres et le rayon de base = 4 mètres, est coupé par un plan parallèle à la base distant du sommet de 2 mètres : calculer la surface latérale et le volume du tronc de cône déterminé par ce plan (B).

365. Les rayons des deux bases d'un tronc de cône valent $7^{m},30$ et $3^{m},50$; la hauteur = 2 mètres : calculer la hauteur et le volume du cône entier (B).

366. Un cône de 82 mètres de hauteur est partagé en trois parties équivalentes par deux plans parallèles à sa base : calculer les distances de ces deux plans au sommet du cône (B).

367. Un vase de forme conique a un litre de capacité ; il a $0^{m},25$ de diamètre à son ouverture et est rempli par des quantités d'eau et de mercure ayant des poids égaux : calculer l'épaisseur de la couche d'eau. La densité du mercure = 13,596 (B).

368. Un vase de forme conique a $0^{m},12$ de hauteur ; il est rempli de mercure et d'eau de telle sorte que le poids du mercure est trois fois plus grand que celui de l'eau : calculer les hauteurs respectives des deux liquides dans le vase. La densité du mercure = 13,596 (B).

369. Dans le triangle rectangle AOB, le côté AO = 2 mètres et le côté BO = $1^{m},5$. Par le milieu C du côté AO on mène une droite CD parallèle à BO, et l'on demande de calculer la surface latérale du tronc de cône engendré par le trapèze BOCD tournant autour de AO (B).

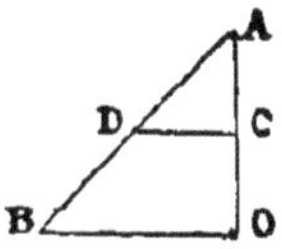

A
D C
B O

370. La surface latérale d'un tronc de cône = 3451 décimètres carrés ; les rayons des bases valent $1^{m},42$ et $0^{m},64$: calculer la hauteur du tronc (B).

371. Calculer la surface totale d'un tronc de cône, sachant que le rayon de la base supérieure = 1 mètre, le rayon de la base inférieure = 2 mètres et la hauteur = 1 mètre (B).

372. Les rayons des deux bases d'un tronc de cône valent $3^{m},5$ et $7^{m},3$; la hauteur = 2 mètres : calculer la surface latérale et le volume du cône entier (B).

373. Les rayons des bases d'un tronc de cône valent $9^{m},48$ et $7^{m},25$; la hauteur = $4^{m},3$: trouver le nombre par lequel il faut multiplier la surface latérale du tronc pour que le produit représente le volume du solide (B).

374. Le volume d'un tronc de cône = $41^{mc},389$; sa hauteur est

$1^m,817$ et le rayon de l'une des bases $= 2^m,90$: calculer à $0^m,01$ près le rayon de l'autre base (B).

375. Un tronc de cône a pour rayons de bases 11 mètres et 2 mètres : calculer le rayon de base d'un cylindre de même hauteur qui a son volume égal à celui du tronc (B).

376. Un réservoir a la forme d'un tronc de cône dont le fond a un mètre de diamètre ; la surface de l'eau contenue dans ce réservoir et qui s'y élève à $1^m,50$ présente un diamètre de $1^m,60$. On laisse tomber dans le réservoir un bloc cubique de marbre ayant $0^m,4$ de côté : trouver la quantité dont s'élèvera le niveau de l'eau (B).

LIVRE VIII.

377. Démontrer que dans une sphère deux petits cercles égaux sont également éloignés du centre.

378. Démontrer que les tangentes à une sphère issues du même point sont égales.

379. D'un point extérieur à une sphère, on lui mène une sécante : démontrer que le produit de la sécante entière par sa partie extérieure est constant.

380. Déterminer le lieu des points d'une sphère également distants de deux points donnés.

381. Déterminer le lieu des points d'une sphère également distants d'un point extérieur donné.

382. Tracer sur une sphère un petit cercle distant du centre de la sphère d'une longueur donnée.

383. Tracer sur une sphère un petit cercle dont la surface soit égale à la moitié de la surface d'un grand cercle.

384. Étant données une sphère et une droite extérieure, trouver le lieu des points de la sphère d'où l'on verrait la droite sous un angle donné.

385. Mener par une droite donnée un plan tangent à une sphère.

386. Déterminer le lieu des points d'une sphère dont les distances à deux points donnés sont dans un rapport donné.

387. Étant donnée une sphère, on prolonge un rayon d'une longueur égale à lui-même : quelle fraction de la surface de la sphère aperçoit-on, l'œil étant placé à l'extrémité du prolongement du rayon.

388. On partage une demi-circonférence en trois parties égales et l'on fait tourner la figure autour du diamètre : évaluer le rapport des zones engendrées par les trois arcs égaux.

389. On donne une circonférence de diamètre AB et l'on demande de mener par le point A une corde AC telle que si l'on fait tourner la figure autour de AB, la zone engendrée par l'arc AC soit dans un rapport donné avec la surface engendrée par la corde AC (B).

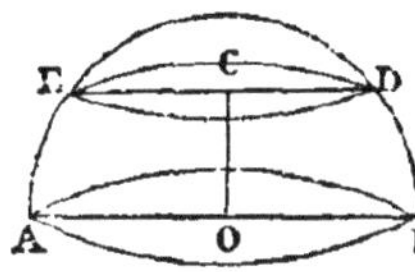

390. Calculer les rayons des bases d'un tronc de cône circonscrit à une sphère de rayon donné, sachant que le rapport de la surface totale du tronc de cône à la surface de la sphère est égal à un nombre donné m (B).

391. Étant donné un hémisphère, trouver le rayon CD d'un cercle DE parallèle à la base AB de l'hémisphère et tel que le rapport du volume du tronc de cône ayant AB et DE pour bases au volume de la sphère qui a pour diamètre la distance OC des deux plans parallèles soit égal à un nombre donné m (B).

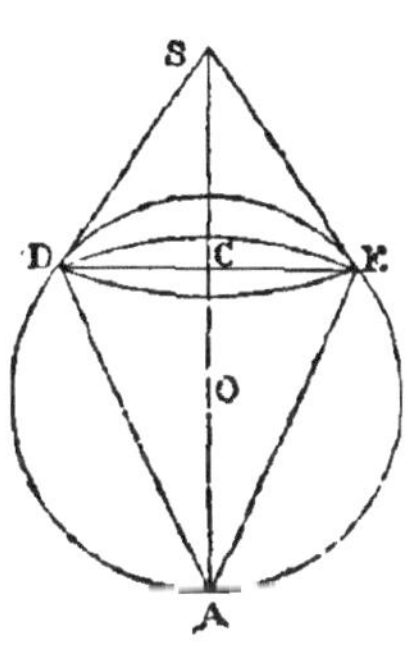

392. Étant donnés une sphère et un diamètre, à quelle distance OC du centre faut-il mener un plan DE perpendiculaire à ce diamètre pour que la surface latérale du cône SDE circonscrit à la sphère suivant la circonférence DE soit égale à la surface latérale du cône qui a pour base le même cercle DE et pour sommet l'extrémité A du diamètre (B).

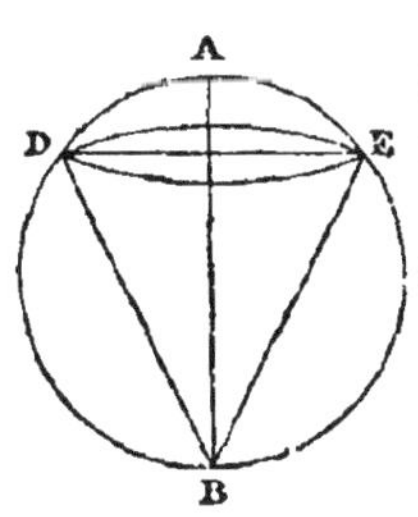

393. Étant donnée une sphère et un diamètre AB, à quelle distance du point A faut-il mener un plan perpendiculaire à ce diamètre pour que la surface de la calotte sphérique DAE soit égale à la surface latérale du cône ayant pour sommet le point B et pour base le cercle DE (B).

394. Quelle doit être la hauteur d'un cône droit à base circulaire circonscrit à une sphère de rayon donné pour que le rapport de la surface totale du cône à la surface de la sphère soit égal à un nombre donné m (B).

395. Un triangle rectangle dont les deux côtés de l'angle droit sont égaux à b et c tourne autour de son hypoténuse : évaluer la surface engendrée par les côtés b et c (B).

396. Calculer les côtés d'un triangle isocèle sachant que sa surface est égale à celle d'un carré de côté $= a$, et que la surface engendrée par le périmètre du triangle tournant autour de sa base est égale à la surface d'une sphère de rayon donné R (B).

397. Calculer la surface d'une calotte sphérique vue par un observateur placé à une distance $R + h$ du centre d'une sphère de rayon R (B).

398. Couper une sphère par un plan de telle sorte que l'aire de la section soit égale aux trois quarts de l'aire de la zone correspondante (B).

399. Mener dans une sphère un plan perpendiculaire à un diamètre de telle sorte que les deux zones ainsi obtenues soient entre elles comme 2 et 3 (B).

400. Mener un plan qui partage la surface d'une sphère en moyenne et extrême raison.

401. Étant donnée une sphère de rayon R, déterminer sur un diamètre AB' un point C tel que si l'on mène par ce point un plan DE perpendiculaire à AB, la surface latérale du cône ayant pour sommet le point A et pour base le cercle DE soit égale à la surface d'une sphère qui aurait pour diamètre la hauteur du cône (B).

402. Calculer la hauteur d'un cône circulaire droit inscrit dans une sphère de rayon donné, sachant que le rapport de la surface latérale du cône à celle de sa base est égale à un nombre donné m (B).

403. Étant donnée une sphère de rayon R, circonscrire à cette sphère un cône droit dont la base repose sur un plan diamétral et qui soit tel que sa surface latérale soit double de celle de sa base. Calculer la hauteur du cône (B).

404. Circonscrire à une sphère de rayon donné R un tronc de cône dont la surface soit égale à celle d'une sphère de rayon donné K (B).

405. Étant donné un cône circulaire droit dont la hauteur est égale au rayon de la base, calculer le rayon de la base d'un cylindre inscrit dans le cône et dont la surface est égale à celle d'une sphère de rayon donné R (B).

406. Étant donnés un cercle et un diamètre AB, mener par le point A une corde AC telle qu'en faisant tourner la figure autour du diamètre AB, la surface engendrée par la corde AC soit égale à la surface engendrée par l'arc de cercle BC (B).

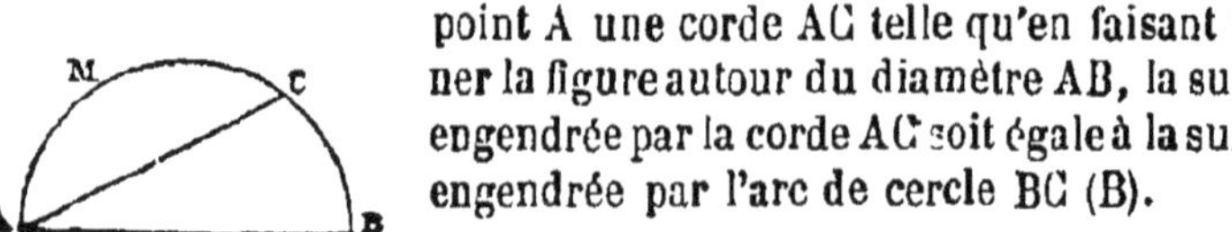

407. Étant donnés le rayon R de la base d'un

cône et sa hauteur h, à quelle distance x du sommet faut-il mener un plan parallèle à la base pour que le volume du tronc de cône ainsi déterminé soit égal au double du volume de la sphère ayant x pour diamètre (B).

408. Démontrer que lorsque la hauteur d'un tronc de cône est égale à quatre fois la différence des rayons des bases, le volume de ce tronc est égal à la différence des volumes de deux sphères ayant pour rayons les rayons des bases (B).

409. Un cône a le même volume qu'une sphère ; sa hauteur est égale au quart du diamètre de cette sphère : calculer le rayon de base (B).

410. On donne la hauteur et la surface d'une calotte sphérique, calculer le volume du segment de sphère limité par cette calotte (B).

411. On coupe une sphère de rayon R par un plan mené à une distance d du centre : trouver l'expression du volume du segment détaché par ce plan (B).

412. Étant donnés une sphère et un diamètre AB, mener un plan CD perpendiculaire à ce diamètre, de telle sorte que le volume du segment ayant pour base CD soit égal au volume du cône ayant CD pour base et B pour sommet (B).

413. Étant donnée une sphère, on lui circonscrit un cylindre et un cône équilatéral : démontrer que la surface totale du cylindre est moyenne proportionnelle entre la surface de la sphère et la surface totale du cône. — Même question pour les volumes des trois corps (B).

414. Démontrer que si l'on considère des polyèdres quelconques circonscrits à une sphère, le rapport des volumes de ces polyèdres est égal au rapport de leurs surfaces.

415. Sur le diamètre d'un demi-cercle on décrit deux autres demi-cercles ayant l'un et l'autre pour diamètre le rayon du premier, et l'on fait tourner le tout autour du grand diamètre : évaluer le volume compris sous les surfaces engendrées par les trois demi-circonférences (B).

416. Dans un cercle de rayon donné R, on mène une corde DE égale au côté du pentagone régulier inscrit et l'on fait tourner la figure autour du diamètre AB perpendiculaire à la corde DE : calculer le volume du segment de sphère engendré par le demi-segment CDA (B).

417. Étant donnés un cercle et un diamètre AB, à quelle distance C du centre faut-il mener une corde DE perpendiculaire à ce dia-

mètre pour que le volume engendré par le demi-segment DCA en tournant autour du diamètre AB soit égal au volume engendré par le triangle OCD (B) ?

418. Dans un triangle ABC on mène une médiane AM et l'on fait tourner la figure autour du côté AC : trouver le rapport des volumes engendrés par les deux triangles ABM, AMC.

419. Du sommet A de l'angle droit d'un triangle rectangle ABC on abaisse une perpendiculaire AH sur l'hypoténuse et l'on fait tourner la figure autour de BC : déterminer le rapport des volumes engendrés par les triangles BAH, AHC.

420. On fait tourner un triangle successivement autour de ses trois côtés : quel est le plus grand des volumes engendrés ?

421. On fait tourner un parallélogramme successivement autour de deux côtés adjacents : trouver le rapport des volumes engendrés ?

422. Démontrer que le volume engendré par un triangle tournant autour d'un axe situé dans son plan est égal au produit de la surface du triangle par la circonférence que décrit en tournant le centre de gravité de la figure.

423. On donne le côté a d'un triangle équilatéral ABC et l'on demande à quelle distance du côté BC on doit lui mener une parallèle pour que le volume engendré par le triangle ABC tournant autour de cette parallèle soit équivalent à une sphère de rayon $= a$ (B).

424. Étant donné un demi-cercle et le diamètre AB qui le limite, trouver sur ce diamètre un point tel qu'élevant en ce point une perpendiculaire sur le diamètre jusqu'à la rencontre de la circonférence et joignant le point de rencontre à chacune des extrémités du diamètre, la somme des volumes engendrés par les deux segments ainsi formés tournant autour de AB soit égale aux $\frac{5}{8}$ de la sphère ayant AB pour diamètre (B).

425. Étant données deux sphères concentriques, évaluer le volume compris entre les deux sphères et deux plans parallèles menés à des distances données a et $a + b$ de leur centre commun (B).

426. Étant donnés une sphère et un diamètre AB, à quelle distance des points A et B faut-il mener les plans CD, EF perpendiculaires à AB pour que le volume du cylindre CDEF soit égal à la somme des volumes des deux segments CAD, EBF (B) ?

427. Étant donnés un cercle de rayon R et un point dont la distance au centre est égale à d, on mène par ce point une tangente et

un diamètre, et l'on joint le point de contact au centre. Calculer le volume engendré par le triangle rectangle ainsi formé en tournant autour de son hypoténuse (B).

428. Déterminer le volume engendré par un triangle isocèle tournant autour d'un axe parallèle à sa base (B).

429. Un triangle ABC tourne autour d'un axe situé dans son plan et passant par le sommet A : déterminer la position qu'il doit occuper par rapport à l'axe pour que le volume qu'il engendre soit le plus grand possible.

430. Dans un triangle ABC on mène une droite B'C' parallèle au côté BC et l'on fait tourner la figure autour d'un axe passant par le sommet A : trouver le rapport des volumes engendrés par les triangles ABC, AB'C'.

431. Calculer le volume engendré par un hexagone régulier tournant autour d'un de ses côtés $= a$ (B).

432. On fait tourner un rectangle autour d'un axe extérieur parallèle à l'un de ses côtés : démontrer que le volume engendré est égal à l'aire du rectangle multipliée par la circonférence que décrit en tournant le point de rencontre des diagonales (B).

433. On donne un rectangle ABCD ; par le milieu E du côté BC on mène une droite MN et l'on fait tourner la figure autour de AD : calculer le rapport des volumes engendrés par les triangles NEC, BEM. On donne $AB = a$, $BM = b$ (B).

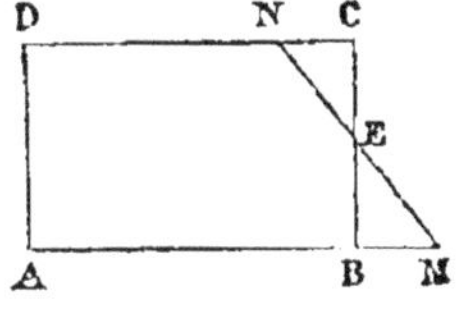

434. Un triangle équilatéral ABC dont le côté est égal à a tourne autour d'un axe xy parallèle à BC ; la distance CD du point C à l'axe est égale à a : calculer le volume engendré (B).

B C A x D y

435. Dans un demi-cercle de rayon R on inscrit un demi-octogone régulier : calculer le volume engendré par la rotation du demi-octogone autour du diamètre du demi-cercle (B).

436. Les côtés d'un rectangle ABCD ont pour longueurs a et b : calculer le volume engendré par la révolution de ce rectangle autour d'un axe passant par le sommet A et mené perpendiculairement à la diagonale AC (B).

437. Étant donnés un cercle et deux diamètres rectangulaires AB, CC, mener une corde DE parallèle au diamètre AB de manière que le volume du cylindre engendré par le rectangle DEGF tournant autour du diamètre AB soit égal au volume du solide engendré par le triangle DCE tournant autour du même diamètre AB (B).

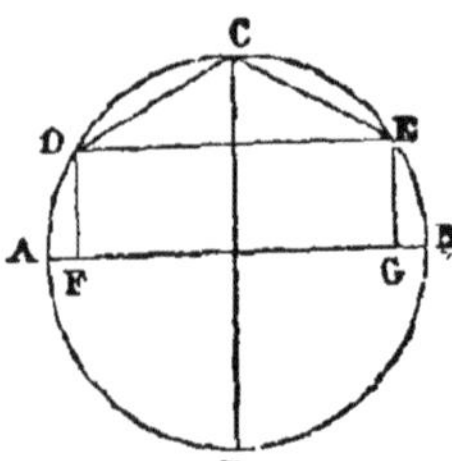

438. Calculer les deux côtés b, c de l'angle droit d'un triangle rectangle connaissant l'hypoténuse a et sachant que le volume engendré par la révolution du triangle autour de l'hypoténuse est égal au volume d'une sphère de rayon R (B).

439. On mène les deux diagonales d'un rectangle ABCD et par l'un des sommets on trace un axe xy parallèle à l'une d'elles, BD par exemple : calculer en fonction des côtés a, b du rectangle les volumes engendrés en tournant autour de l'axe par les triangles BAD, BCD, BAC, ACD (B).

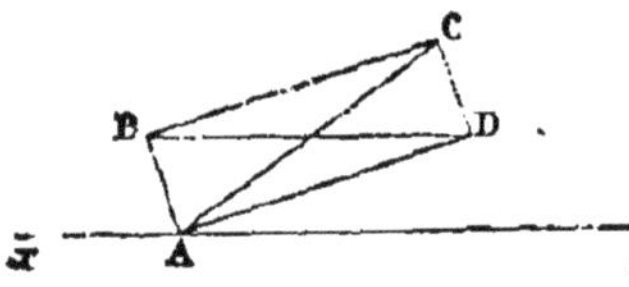

440. Trouver l'expression du volume engendré en tournant autour de l'axe xy par un pentagone formé de la réunion d'un triangle équilatéral BEA et d'un carré BECD ayant a pour côté (B).

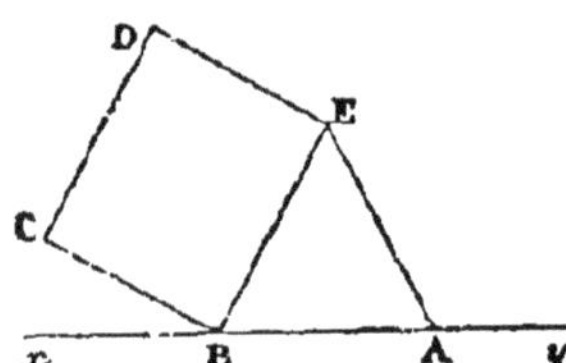

441. Par le milieu M du côté AB d'un triangle ABC, on mène une parallèle MN au côté AC et l'on fait tourner la figure autour du côté AC : déterminer le rapport des volumes engendrés par le triangle ABC et le triangle BMN.

442. Étant donné un rectangle ABCD, mener une parallèle HK à AB de telle sorte qu'en faisant tourner la figure autour de AB, les volumes engendrés par les rectangles ABHK, HKCD soient équivalents.

443. Étant données deux droites parallèles AB, CD, on joint AD, BC qui se coupent en un point E et l'on demande étant données les longueurs $AB = a$, $CD = b$ et la distance h des droites AB, CD, de calculer les volumes engendrés par les triangles ABE, ECD tournant autour de AB (B).

PROBLÈMES NUMÉRIQUES.

444. Un vase qui a la forme d'un tronc de cône a $0^m,60$ de hauteur à l'intérieur et les diamètres de ses deux bases valent $0^m,40$ et $0^m,30$. Il est plein de poudre destinée à remplir des obus dont le diamètre intérieur $= 0^m,1$: combien pourra-t-on en remplir (B) ?

445. Une zone à deux bases appartient à une sphère de 3 mètres de rayon : la surface de cette zone $=$ 100 mètres carrés, et la distance d'une des bases au centre est un mètre : calculer la surface de l'autre base (B).

446. Les deux bases d'une zone située sur une sphère de 4 mètres de rayon sont distantes du centre de 2 mètres et 3 mètres : calculer leurs surfaces et celle de la zone (B).

447. Dans une sphère de un mètre de rayon, la zone engendrée par un arc tournant autour du diamètre qui passe par une de ses extrémités a pour base un cercle dont la surface est le quart de celle de la zone : calculer la hauteur de cette zone (B).

448. Calculer la surface d'une calotte sphérique dont la hauteur vaut $0^m,032$ et le rayon de base $0^m,045$ (B).

449. Calculer à un centimètre carré près la surface d'une zone engendrée par un arc de 30° en tournant autour du diamètre qui passe par l'une de ses extrémités. Le rayon du cercle est égal à $3^m,261$ (B).

450. Une calotte sphérique appartient à une sphère de $0^m,027$ de rayon et a pour base un cercle de $0^m,015$ de rayon : calculer la surface de cette calotte (B).

451. Calculer le côté d'un carré dont la surface serait égale à celle de la terre supposée sphérique. On prendra la circonférence de la terre égale à 40,000 kilomètres (B).

452. Le rayon d'une sphère étant un mètre, calculer à $0^m,001$ près la hauteur d'un cône ayant pour base un petit cercle et pour sommet le centre de la sphère, sachant que sa surface latérale est le dixième de la surface de la sphère (B).

453. Calculer à un décimètre cube près le volume engendré par

un secteur circulaire dont l'angle au centre = 45° et qui tourne autour d'un de ses côtés. Le rayon du cercle auquel appartient le secteur vaut 4m,128 (B).

454. Calculer le volume engendré par un secteur circulaire tournant autour d'un de ses côtés, sachant que l'arc de ce secteur a pour corde le côté du triangle équilatéral inscrit et que le rayon du cercle vaut un mètre (B).

455. Évaluer le volume d'une sphère circonscrite à un cube de 0m,36 de côté (B).

456. Quel diamètre faut-il donner à un bassin hémisphérique pour que sa capacité soit un hectolitre (B).

457. On veut construire une chaudière ayant la forme d'un cylindre terminé par deux demi-sphères; déterminer le diamètre intérieur qu'il faut lui donner, sachant que ce diamètre doit être le quart de la longueur totale et que la capacité de la chaudière doit être de 45 hectolitres (B).

458. Une sphère creuse en cuivre de 0m,18 de rayon contient une sphère de platine de 0m,05, de rayon ; il n'y a aucun vide entre les deux sphères : calculer leur poids total à un gramme près. La densité du cuivre = 8,85; celle du platine = 21,53 (B).

459. Une sphère, un cylindre et un cône ont des volumes équivalents; la sphère, la base du cylindre et celle du cône ont des diamètres égaux à 0m,3 : calculer la hauteur du cylindre et celle du cône (B).

460. L'aire d'une zone est égale à 2 mètres carrés ; sa hauteur = 0m,47 : calculer le volume de la sphère à laquelle appartient la zone (B).

461. Une boule de verre sphérique pèse un kilogramme : calculer sa surface. La densité du verre = 2,38 (B).

462. Un boulet de fonte pèse 12 kilogrammes; trouver son rayon ainsi que le poids de l'or nécessaire pour le dorer sur 0m,0006 d'épaisseur. La densité de la fonte = 7,35 ; celle de l'or = 19,26 (B).

463. Une sphère de 7 mètres de rayon est coupée par deux plans parallèles menés d'un même côté du centre à des distances de ce point égales à 3 mètres et à 5 mètres : déterminer la surface de la zone comprise entre ces deux plans ainsi que les surfaces des cercles qui lui servent de bases. — Calculer en outre le volume du segment sphérique compris entre les deux plans parallèles (B).

464. Une sphère a pour rayon 10 mètres : on mène un plan sécant à une distance du centre égale à la moitié du rayon : calculer le volume du segment détaché par ce plan (B).

465. Calculer les rayons de deux sphères sachant que leur différence est $1^m,75$ et que la différence des volumes des deux sphères est de 47 mètres cubes (B).

466. Calculer à $0^m,001$ près les rayons de bases de deux cylindres dont les hauteurs sont 1 mètre et 2 mètres, sachant que la somme de leurs surfaces latérales est égale à la surface d'une sphère de 2 mètres de rayon et que la somme de leurs volumes est égale au volume d'une sphère de 3 mètres de rayon (B).

467. Calculer en litres la capacité d'un vase limité par des parois planes disposées de manière à être toutes tangentes à une sphère de $0^m,03$ de diamètre. La surface totale de ces faces est 42 décimètres carrés (B).

468. Un hexagone régulier de $104^m,638$ de côté tourne autour d'un de ses diamètres ; calculer à un décimètre carré près la surface engendrée par le côté parallèle à l'axe de rotation (B).

469. Le diamètre d'un cercle vaut 4 mètres ; une corde parallèle à ce diamètre vaut 2 mètres : calculer la surface engendrée par cette corde tournant autour du diamètre (B).

470. Un demi-hexagone régulier de 24 mètres de côté tourne autour de son diamètre : calculer à un décimètre carré près la surface engendrée (B).

471. Un triangle rectangle dont les deux côtés de l'angle droit sont égaux respectivement à $3^m,2$ et $2^m,3$ tourne autour de son hypoténuse : calculer la surface engendrée par les deux côtés de l'angle droit (B).

472. Calculer à un décimètre cube près le volume engendré par un triangle équilatéral tournant autour d'un de ses côtés. Le côté du triangle $= 2^m,75$ (B).

473. Calculer le volume engendré par un triangle équilatéral de $9^m,75$ de côté tournant autour d'un axe mené parallèlement à un côté par le sommet opposé (B).

474. Calculer à un décimètre cube près le volume engendré par un triangle isocèle dont la base $= 6$ mètres et les côtés égaux valent chacun 9 mètres, en tournant autour d'un axe parallèle à sa base et passant par son sommet.

475. On a un cercle de 20 mètres de rayon; par le milieu B du rayon OA on mène la corde perpendiculaire MN et ensuite la tangente MP au point M. Calculer le volume engendré par le triangle MBP tournant autour de OP (B).

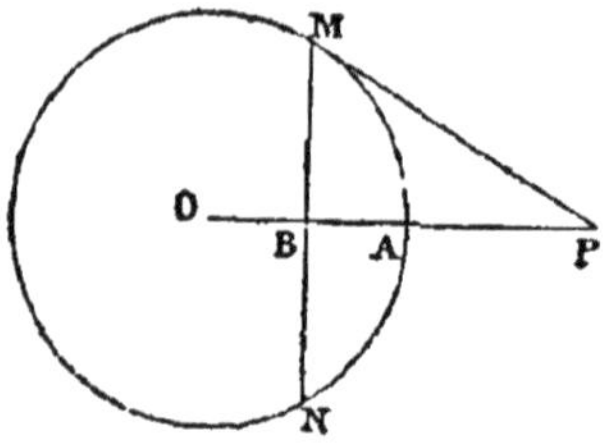

476. L'angle A d'un triangle ABC vaut 45°, le côté AB = 5 mètres et le côté AC = 6 mètres : calculer le volume engendré par le triangle tournant autour d'un axe passant par le point A, situé dans le plan du triangle et mené perpendiculairement au côté AB.

COURBES USUELLES.

477. On donne dans une ellipse le grand axe $2a$ et la distance focale $2c$; au foyer F on élève la perpendiculaire FM sur le grand axe jusqu'à la rencontre de l'ellipse en M et l'on joint MF' : évaluer les longueurs FM, F'M (B).

478. Les foyers d'une ellipse étant F, F', on mène deux droites FK, F'K' égales chacune au grand axe et se coupant en un point M : prouver que si la distance K'K = FF', le point M appartient à l'ellipse (B).

479. Construire une ellipse connaissant les foyers et une tangente.

480. Construire une ellipse connaissant le grand axe et un point de la courbe.

481. Démontrer que lorsque deux tangentes à l'ellipse sont parallèles, leurs points de contact sont symétriquement placés par rapport au centre de la courbe.

482. Connaissant les foyers et le grand axe d'une ellipse, déterminer les points où une droite donnée rencontre l'ellipse.

483. Mener une tangente à l'ellipse faisant avec les rayons vecteurs des angles égaux à un angle donné.

484. Démontrer que le produit des distances des deux foyers d'une ellipse à une tangente quelconque est constant.

485. Trouver le lieu géométrique des sommets des angles droits circonscrits à l'ellipse.

486. Étant donnée une ellipse, on lui mène une tangente et une normale : calculer la longueur de la normale connaissant les rayons vecteurs menés au point de contact et la distance focale. Étudier les variations de la normale.

487. Mener une normale à l'ellipse par un point pris sur le grand axe.

488. Étant données les ordonnées correspondantes d'une ellipse et d'un cercle décrit sur le grand axe comme diamètre, démontrer que les tangentes menées aux deux courbes aux points de rencontre avec les ordonnées vont concourir au même point de l'axe prolongé.

489. Démontrer que les tangentes menées à une ellipse par un point extérieur font avec les rayons vecteurs menés à ce point des angles égaux.

490. Construire une hyperbole connaissant les foyers et une tangente.

491. Démontrer que les points de contact de deux tangentes à l'hyperbole parallèles entre elles sont placés symétriquement par rapport au centre de la courbe.

492. Construire les points de rencontre d'une ligne droite et d'une hyperbole donnée par ses foyers et son axe transverse.

493. Mener une tangente à l'hyperbole de telle sorte que l'angle formé par les rayons vecteurs menés au point de contact soit égal à un angle donné.

494. Démontrer que le produit des distances des deux foyers d'une hyperbole à une tangente quelconque est constant.

495. Déterminer le lieu géométrique des sommets des angles droits circonscrits à une hyperbole.

496. Construire une parabole connaissant deux points et le foyer.

497. Construire une parabole connaissant deux points et la directrice.

498. Trouver les points de rencontre d'une droite et d'une parabole donnée par son foyer et sa directrice.

499. Mener une normale à la parabole par un point pris sur l'axe.

500. Déterminer le lieu géométrique des sommets des angles droits circonscrits à une parabole.

APPENDICE

NOTIONS ÉLÉMENTAIRES
DE
LEVÉ DES PLANS, ARPENTAGE ET NIVELLEMENT

LEVÉ DES PLANS

1. Définitions. — On nomme *projection d'un point* sur un plan le pied de la perpendiculaire abaissée du point sur le plan. — Un point situé dans un plan est à lui-même sa projection sur ce plan.

On nomme *projection d'une figure* sur un plan, le lieu des projections de tous les points de la figure sur ce plan. — Si l'on prend pour plan de projection un plan horizontal, on obtient ce qu'on nomme la *projection horizontale* de la figure. Cette projection se trouve alors déterminée au moyen de verticales menées des différents points de la figure sur le plan de projection.

Ainsi, soit (fig. 1) ABCDE un polygone et MN un plan horizontal : si l'on abaisse les perpendiculaires AA', BB'... sur le plan MN et que l'on joigne entre eux leurs pieds A', B'... on aura en A'B'C'D'E' la projection horizontale du polygone ABCDE.

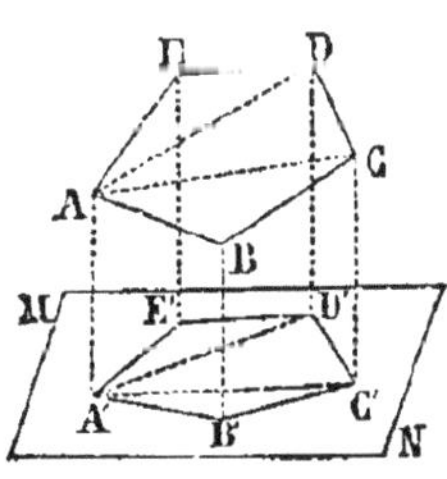

Fig. 1.

On nomme *plan d'un terrain* une figure semblable à la projection horizontale de ce terrain. Cette figure devient la représentation du terrain lui-même lorsque celui-ci est sensiblement plan et horizontal. On peut évidemment en effet prendre dans ce cas le terrain pour sa projection horizontale elle-même.

Lever le plan d'un terrain, c'est prendre sur ce terrain les mesures nécessaires pour en déterminer la projection horizontale. *Rapporter le plan,* c'est construire sur le papier une figure semblable à cette projection horizontale et dont les dimensions aient un rapport déterminé avec les dimensions correspondantes mesurées sur le terrain.

2. — Les principaux instruments servant à lever un plan sont la chaîne d'arpenteur, l'équerre, le graphomètre, la boussole et la planchette.

3. **Chaîne d'arpenteur.** — La chaîne d'arpenteur (fig. 2) sert à mesurer les distances sur le terrain ; elle a une longueur de 10 mètres et est formée de 50 parties nommées *chaînons* ayant chacune deux décimètres de longueur ; les chaînons, tiges en fort fil de fer, sont réunis les uns aux autres au moyen d'anneaux. La chaîne est terminée par deux grands anneaux nommés *poignées.* Les deux chaînons extrêmes sont un peu plus courts que les autres ; leur longueur ajoutée à la longueur de la poignée qui les termine est égale à celle des chaînons intermédiaires, c'est-à-dire à deux décimètres. Pour faciliter la lecture des longueurs mesurées à l'aide de la chaîne, on réunit les chaînons de cinq en cinq à l'aide d'un anneau de cuivre, tandis que les autres anneaux sont en fer ; de plus, on garnit d'un appendice ou écusson de cuivre l'anneau qui se trouve au milieu de la chaîne.

Fig. 2

La chaîne est accompagnée de dix *fiches* ou tiges en fil de fer, de même grosseur que celui dont sont formés les chaînons. Chaque fiche est terminée en pointe à l'une de ses extrémités et est munie à l'autre extrémité d'un anneau qui fait corps avec elle.

4. **Tracé et mesure d'une ligne droite sur le terrain.** — Lorsque l'on a à mesurer la longueur d'une droite comprise entre deux points A et B d'un terrain, il faut d'abord indiquer la direction de la droite. Pour cela, il suffit, si les deux points sont peu éloignés l'un de l'autre, de tendre entre eux un cordeau dont la direction représente évidemment la droite qui les joint. Si les deux points sont situés à une distance considérable l'un de l'autre, on indique la direction de la droite qui les joint au moyen de *jalons,* que l'on plante de distance

en distance. Un jalon est constitué par une tige de bois de 1 mètre à $1^m,50$ de longueur dont l'une des extrémités est taillée en pointe afin de pouvoir être plus aisément enfoncée dans le sol, tandis que l'autre extrémité est munie d'une fente dans laquelle on introduit un carré de papier blanc qui permet d'apercevoir le jalon à une certaine distance. On commence par planter un jalon à chacun des deux points extrêmes A et B de la droite à mesurer (fig. 3), puis l'opérateur s'étant placé devant l'un des deux jalons, celui en A par exemple, de manière à apercevoir le jalon en B, il fait placer entre A et B un certain nombre de jalons C, D, E... dans des positions telles que chacun d'eux soit dans l'alignement AB, ce qui arrive lorsque le jalon A cache à l'œil de l'opérateur et le jalon B et celui qui vient d'être placé entre A et B.

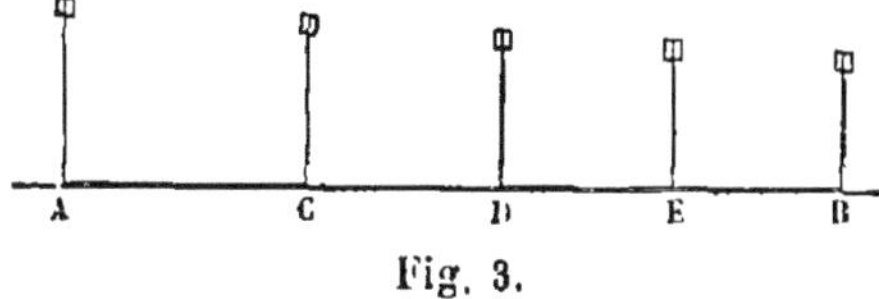

Fig. 3.

Lorsque l'on a planté un nombre suffisant de jalons pour que leur ensemble représente clairement la direction de la droite AB, l'opérateur et son aide portent la chaîne ; l'aide qui marche en avant est muni des dix fiches. L'opérateur applique la poignée qu'il tient contre le jalon A ; l'aide tend la chaîne dans la direction AB et plante une fiche en l'appliquant contre le bord intérieur de la poignée. Ceci fait, l'opérateur et son aide s'avancent vers B toujours en suivant la ligne jalonnée; le premier s'arrête à l'endroit où la fiche a été plantée et place contre cette fiche le bord extérieur de sa poignée ; l'aide tend la chaîne, et plante une seconde fiche comme la première fois. L'opération se continue ainsi le long de la droite AB. Le nombre des fiches plantées (ces fiches sont enlevées au fur et à mesure par l'opérateur) donne le nombre de dizaines de mètres parcourus. Lorsque la longueur de la ligne à mesurer dépasse 100 mètres, les 10 fiches sont successivement plantées et enlevées à chaque centaine de mètres. L'opérateur les remet à l'aide chaque fois qu'il a enlevé la dixième et note sur son carnet *une portée*, c'est-à-dire une distance de 100 mètres parcourus.

Lorsque la droite à mesurer ne contient pas un nombre exact de dizaines de mètres, la chaîne étant tendue à partir de la dernière fiche, on évalue à l'aide des anneaux de cuivre, puis des chaînons qui se trouvent entre le dernier de ces anneaux et l'extrémité de la droite, les mètres et décimètres contenus dans la longueur restant à évaluer. Enfin, à l'aide d'un mètre de poche, on détermine s'il y a lieu les centimètres contenus dans la partie du dernier chaînon se terminant à l'extrémité de la droite à mesurer.

Nous avons supposé implicitement dans ce qui précède que la droite AB est sensiblement horizontale. Si le terrain sur lequel est tracée cette droite est en pente, on mesure non pas la droite elle-même, mais bien sa projection horizontale.

Pour cela, on tend horizontalement la chaîne à partir du point A (fig. 4) dans le plan vertical passant par AB. Soit AC la position prise par la chaîne. L'aide place alors une fiche le long de sa poignée et la laisse tomber suivant la verticale Cc : la longueur AC est donc la projection horizontale de la portion de droite Ac. L'opérateur se place alors en c ; l'aide tend la chaîne horizontalement suivant cD, laisse tomber une fiche en d et ainsi de suite ; la somme des longueurs AC, cD, dE... donne la longueur de la projection horizontale AB′ de la droite.

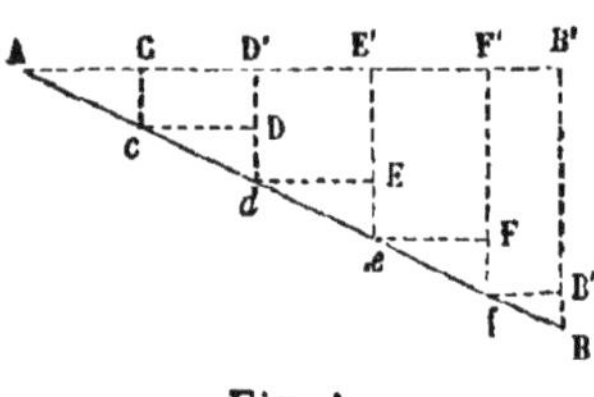

Fig. 4.

On peut encore, au lieu de laisser tomber les fiches, employer le fil à plomb pour déterminer les points c, d, e, f.

5. Équerre d'arpenteur. — L'équerre d'arpenteur (fig. 5) sert à tracer des perpendiculaires sur le terrain. Elle se compose d'un prisme droit en métal ayant pour bases des octogones réguliers. Ce prisme est creux ; chacune de ses faces latérales présente parallèlement à ses arêtes et à égale distance de celles-ci, une fente très-étroite. Les fentes tracées sur deux faces opposées déterminent un plan nommé plan de visée ; il existe ainsi dans l'équerre quatre plans de visée se coupant suivant l'axe du prisme

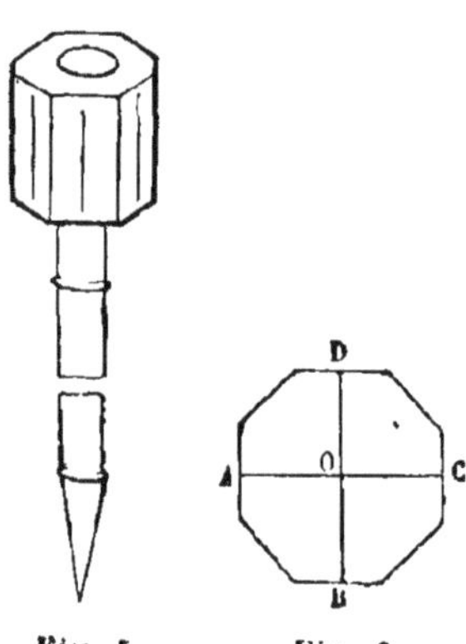

Fig. 5. Fig. 6.

et faisant entre eux deux à deux des angles de 45°. Si donc on considère l'un de ces plans BD par exemple (fig. 6), le plan AC qui passe par les faces non adjacentes lui est perpendiculaire.

On remplace ordinairement les fentes longitudinales qui doivent être tracées sur quatre des faces du prisme opposées deux à deux, par des ouvertures composées de deux parties; l'une de ces parties *cdef* (fig. 7), située au milieu d'une face du prisme, est rectangulaire, on la nomme *fenêtre;* l'autre partie *ab*, beaucoup plus étroite que la première, se nomme *œilleton*. La fenêtre est partagée comme l'indique la figure par un fil *gh* dirigé suivant le prolongement de l'axe de l'œilleton. L'ouverture pratiquée sur la face opposée du prisme présente la même disposition, mais en sens inverse, c'est-à-dire que l'œilleton occupe la partie supérieure et la fenêtre la partie inférieure. De cette façon le plan de visée est aisément déterminé par l'œilleton de l'une des faces et le fil de la fenêtre de la face opposée.

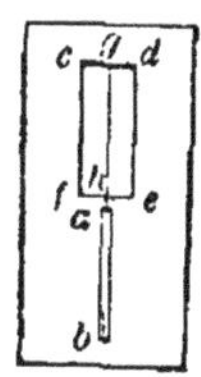

Fig. 7.

L'équerre est munie à sa partie inférieure d'une *douille* ou tronc de cône creux en métal que l'on peut visser au centre de l'une des bases du prisme. Cette douille sert à fixer l'instrument sur un pied vertical en bois garni d'une pointe ferrée qui permet de le planter aisément en terre.

6. Tracé des perpendiculaires sur le terrain au moyen de l'équerre d'arpenteur.—Nous examinerons deux cas, suivant qu'il s'agit de mener une perpendiculaire à une droite par un point pris sur la droite ou par un point extérieur.

Premier cas. — *Mener une perpendiculaire sur une droite* MN *par un point* O *pris sur cette droite* (fig. 8).

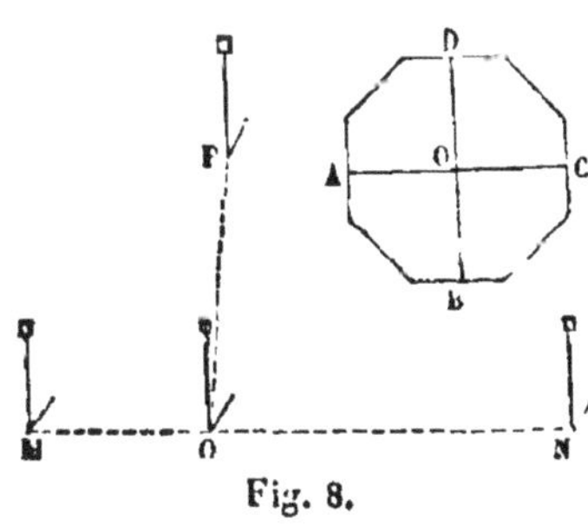

Fig. 8.

On place l'équerre en O et l'on amène l'un des plans de visée à passer par la droite MN; il suffit pour cela de faire tourner l'instrument jusqu'à ce qu'on aperçoive par les ouvertures pratiquées dans deux faces opposées, A et C par exemple, deux jalons M et N placés sur la droite. On vise ensuite dans la direction BD et l'on fait planter un jalon P dans cette direction. Il est clair que la droite déterminée par les points O et P est la perpendiculaire demandée.

Deuxième cas. — *Mener une perpendiculaire sur une droite* MN *par un point* P *pris en dehors de cette droite* (fig. 8).

Ayant planté un jalon en P, on se dirige sur la droite MN, en tenant l'équerre verticale et en maintenant l'un de ses plans de visée, AC par exemple, dans l'alignement MN. On vise de temps en temps suivant la direction BD, et lorsqu'on aperçoit le jalon P dans cette direction, le pied O de l'équerre est le pied de la perpendiculaire demandée.

7. Graphomètre. — Le graphomètre (fig. 9) sert à mesurer les angles sur le terrain. Cet instrument se compose d'un demi-cercle métallique nommé *limbe* dont le bord extérieur est divisé en degrés et demi-degrés. La graduation est double, c'est-à-dire que chacune des extrémités de la demi-circonférence est l'origine d'une graduation de 0° à 180°. Cette disposition a pour but de faciliter la lecture des angles que l'on mesure avec l'instrument. Aux extrémités du diamètre qui passe par l'origine des deux graduations sont installées deux petites plaques métalliques rectangulaires nommées *pinnules*. Ces plaques sont munies d'ouvertures, fenêtres et œilletons, disposées comme elles le sont dans deux faces opposées de l'équerre d'arpenteur. Le plan de visée de ces ouvertures est placé de manière à contenir le diamètre du limbe. Une *alidade* ou règle mobile est fixée au centre du limbe autour duquel elle peut tourner ; cette alidade est garnie de pinnules en tout semblables à celles du limbe. Le plan de visée de ces pinnules passe par l'axe de rotation de l'alidade ; on a marqué d'un trait, accompagné du chiffre zéro, la trace de ce plan de visée sur les bords de l'alidade. Il résulte de là que si l'on fait coïncider les zéros de l'alidade avec ceux de la graduation du limbe, les fils des quatre pinnules sont dans un même plan.

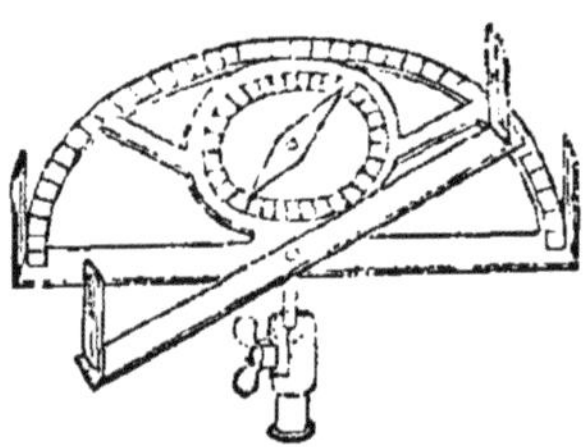

Fig. 9.

Le graphomètre est supporté par un pied à trois branches au moyen d'un *genou à coquilles*. Ce genou consiste en une tige métallique fixée au-dessous du plan du limbe, en son centre, et terminée par une petite sphère comprise entre deux pièces métalliques taillées en coquilles et qui peuvent être rapprochées ou écartées à volonté au moyen d'une vis de pression. Ces deux pièces sont placées au sommet d'une douille, laquelle s'adapte au pied du graphomètre. Le genou à coquilles permet de donner au limbe de l'instrument une position quelconque par rapport à l'horizon. On peut en effet desserrer les coquilles, faire tourner la petite sphère entre elles, jusqu'à ce que le limbe du graphomètre ait pris l'inclinaison que l'on veut lui donner, et serrer alors la vis de pression pour le maintenir dans la position qu'il a prise.

8. Mesure d'un angle à l'aide du graphomètre. — Pour mesurer sur le terrain un angle AOB (fig. 10) avec le graphomètre, on place d'abord l'instrument de telle sorte que le centre du limbe se trouve avec le sommet O de l'angle sur une même verticale ; on peut pour cela faire usage du fil à plomb. On place ensuite le limbe dans le plan de l'angle à mesurer, ce à quoi on arrive après quelques tâtonnements en faisant tourner la sphère du genou entre les coquilles. On fait alors tourner le limbe sur lui-même, autour de l'axe qui passe par son centre jusqu'à ce que la ligne de visée des pinnules fixes soit dirigée vers le point A. L'instrument étant arrêté dans cette position, on vise le point B à l'aide des pinnules de l'alidade mobile et il reste à lire sur la graduation du limbe le nombre de degrés et demi-degrés compris entre les deux lignes de visée. On obtient ainsi la mesure de l'angle AOB.

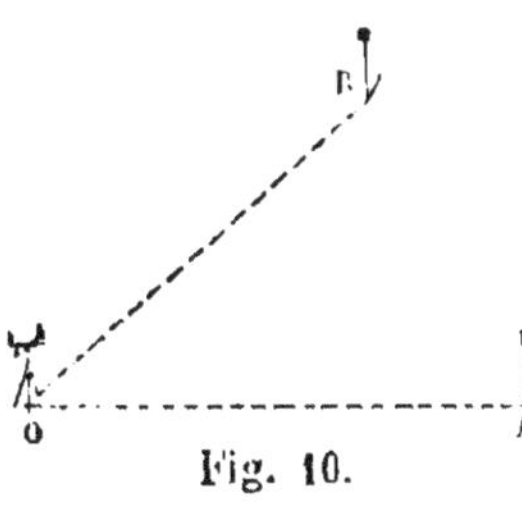

Fig. 10.

Si l'on veut non pas l'angle AOB lui-même, mais bien sa projection horizontale, on place le graphomètre de telle sorte que son centre soit avec le sommet O de l'angle sur la même verticale et que le plan du limbe soit horizontal ; on s'assure que cette dernière condition est remplie au moyen d'un niveau à bulle d'air que l'on place sur le limbe de l'instrument. On vise ensuite avec les pinnules fixes le point A et avec les pinnules mobiles le point B, l'angle des deux plans de visée est la projection demandée, puisque, avec la disposition donnée à l'instrument, ces deux plans de visée sont tous deux verticaux.

Dans le cas d'un terrain en pente considérable, le procédé qui vient d'être indiqué n'est plus applicable. On peut alors mesurer l'angle lui-même, ainsi que les angles formés par ses côtés avec la verticale du sommet, et l'on déduit de ces données la projection demandée, au moyen d'une construction indiquée en géométrie descriptive. On se sert également dans ce cas d'un *cercle* ou *graphomètre à lunette plongeante* (fig. 11), qui se compose d'un limbe MN et d'une lunette mobile autour du limbe et autour d'un axe horizontal P, ce qui permet de lui donner l'inclinaison nécessaire pour viser la direction des deux côtés de l'angle, quelle que soit la pente du terrain sur lequel on opère.

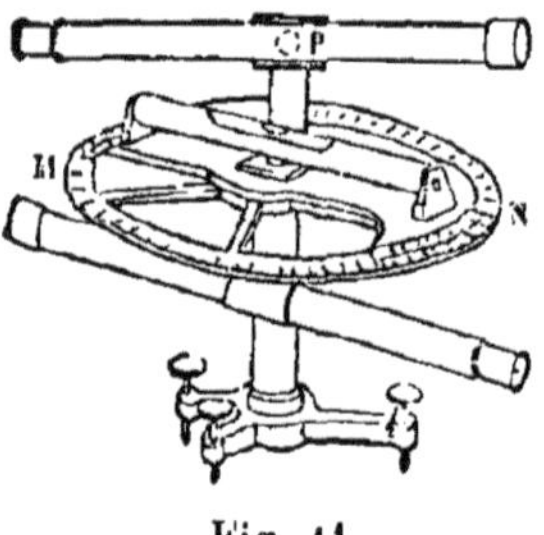

Fig. 11.

9. Remarque. — L'alidade mobile du graphomètre est munie d'un *vernier circulaire* qui permet d'évaluer les angles à une minute près. Ce vernier consiste en un arc qui a le même centre que le graphomètre et sur lequel on a pris à partir du zéro de l'alidade, et dans le sens de la graduation correspondante de l'arc, une longueur égale à 29 divisions du limbe que l'on divise en 30 parties égales. Il résulte de là que chacune des divisions du vernier vaut $\frac{29}{30}$ de 1/2 degré, c'est-à-dire 29 minutes : la différence entre une division du limbe et une division du vernier est donc de une minute.

Ceci posé, supposons qu'en mesurant un angle avec le graphomètre, le zéro du vernier se trouve compris entre deux divisions A et B du limbe (fig. 12). La division A donne le nombre de demi degrés

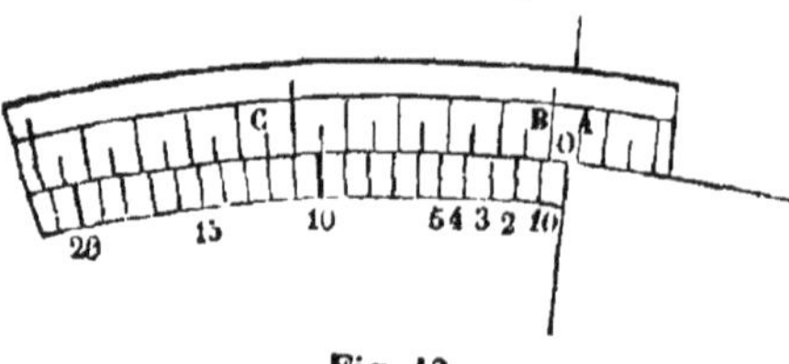

Fig. 12.

contenus dans l'angle et il s'agit d'évaluer la grandeur de l'arc AO. Pour cela, on cherche l'endroit où il y a coïncidence entre un trait de division du vernier et un trait de division du limbe. Si cette coïncidence se produit au point C, à l'extrémité de la *douzième* division du vernier par exemple, l'arc AO vaut *douze* minutes. En effet, du point C au point A, il y a douze divisions du vernier plus l'arc AO et il y a douze divisions du limbe : AO représente donc l'excès de douze divisions du limbe sur douze divisions du vernier, c'est-à-dire douze minutes.

10. Boussole. — Cet instrument sert à mesurer les angles, lorsque cette mesure ne doit pas comporter une grande approximation. Il consiste en une aiguille aimantée CD mobile sur un pivot vertical (fig. 13). Cette aiguille est renfermée dans une boîte carrée et le pivot se trouve fixé au centre O d'un cadran gradué tracé sur le fond de la boîte. Sur l'un des côtés de celle-ci est disposée une lunette ou simplement un tube terminé par deux plaques circulaires dont le centre est percé d'une petite ouverture. Le diamètre du cadran portant les divisions 0 et 180° est parallèle au côté de la boîte le long duquel est placé le tube. L'instrument est porté sur un pied à trois branches comme le graphomètre et peut recevoir un mouvement de rotation horizontal. L'usage de la boussole est basé sur la propriété que possède l'aiguille aimantée de prendre dans un même lieu une direction sensiblement constante.

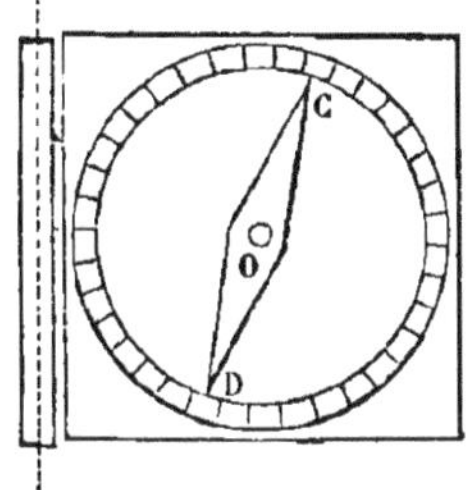

Fig. 13.

11. Mesure d'un angle à l'aide de la boussole. — Soit AOB (fig. 14) l'angle à mesurer : on dispose la boussole de telle sorte que le cadran étant horizontal, son centre soit placé au-dessus du sommet O de l'angle et la lunette soit dirigée vers le point A. On note alors la division du cadran à laquelle se trouve le point C de l'ai-

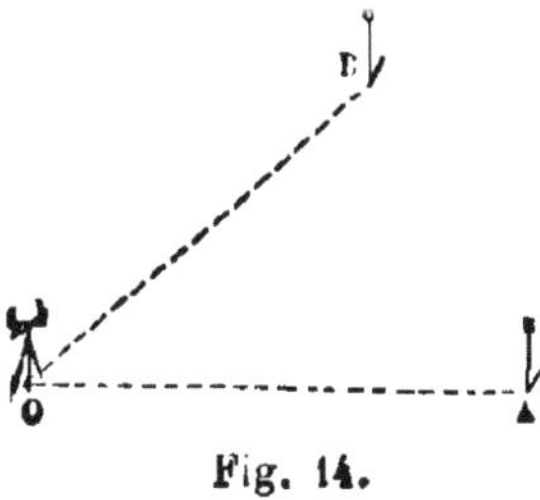

Fig. 14.

guille, puis on fait tourner la boîte de manière à viser le point B avec la lunette et l'on regarde à quelle division du cadran correspond alors l'aiguille. Il est clair que l'arc parcouru par l'aiguille donne la mesure de l'angle AOB.

12. Équerre-graphomètre. — On nomme ainsi un instrument qui peut servir à la fois d'équerre, de graphomètre et de boussole. Il consiste en deux cylindres de cuivre de même diamètre (fig. 15) placés l'un au-dessous de l'autre ; ces deux cylindres sont creux : le cylindre supérieur est mobile autour de son axe, il est muni comme l'équerre ordinaire de fenêtres donnant deux lignes de visée perpendiculaires l'une sur l'autre. La circonférence du cylindre inférieur est munie d'une graduation de 0 à 360° ; dans ce cylindre est pratiquée une ligne de visée qui correspond exactement au zéro de la graduation. De plus, la partie inférieure du cylindre mobile porte un curseur qui répond au zéro de la graduation lorsque l'une des lignes de visée du cylindre supérieur coïncide avec la ligne de visée du cylindre inférieur. L'instrument est d'ailleurs porté sur un pied comme l'équerre ordinaire. Lorsque l'on veut mesurer un angle avec l'équerre-graphomètre, on la place au sommet de cet angle et l'on dirige la ligne de visée du cylindre inférieur vers l'un des côtés de l'angle; on fait alors tourner le cylindre supérieur jusqu'à la ligne de visée qui correspond au curseur, passe par la direction de l'autre côté de l'angle. Il reste à lire sur la graduation la mesure de cet angle.

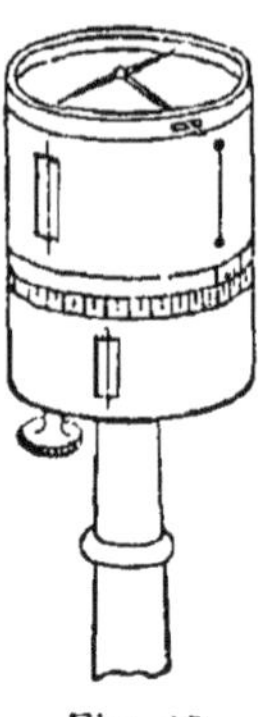

Fig. 15.

Le cylindre mobile de l'instrument est muni d'une boussole installée sur sa base supérieure.

DIFFÉRENTS PROCÉDÉS DE LEVÉ DES PLANS.

13. On peut employer pour lever le plan d'un terrain différentes méthodes dans lesquelles on fait usage d'un ou de plusieurs des instruments dont nous venons de parler. Nous allons exposer sommairement les principales de ces méthodes et nous donnerons ensuite quelques détails sur les échelles de réduction à l'aide desquelles on rapporte sur le papier les résultats des opérations effectuées sur le terrain.

Nous ferons d'abord remarquer que la question du levé d'un plan peut toujours être ramenée à lever le plan d'un polygone, attendu que, quelle que soit la figure du terrain, on peut toujours la décomposer en polygones, et cela quand bien même cette figure contiendrait des lignes courbes, car alors on leur substitue des lignes brisées qui en diffèrent fort peu.

Nous ajouterons que lorsqu'il s'agit de lever le plan d'un terrain d'une certaine étendue, on commence ordinairement par tracer sur ce terrain un polygone, nommé *polygone topographique*, dont on lève le plan ; on rattache ensuite aux côtés de ce polygone les points remarquables du terrain à l'aide de procédés d'ailleurs tout à fait semblables à ceux que l'on a employés pour lever le plan du polygone.

14. Levé au mètre. — Le levé au mètre se fait à l'aide de la chaîne d'arpenteur. Lorsque le terrain, limité par une ligne polygonale ABCDEF (fig. 16), est accessible dans toute son étendue, on le décompose en triangles en traçant à l'aide d'un cordeau, ou de jalons si les sommets sont éloignés, les diagonales AC, AD, AE ; on mesure ensuite les côtés de ces triangles avec la chaîne et l'on inscrit les nombres trouvés sur un croquis à vue d'œil représentant approximativement la forme du polygone et les diagonales que l'on a tracées.

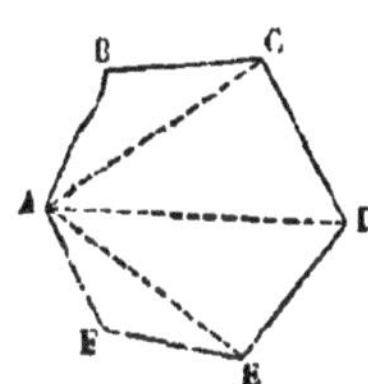

Fig. 16.

Si le contour du terrain présente des parties courbes, on leur substitue des lignes droites qui s'en écartent le moins possible et l'on ramène ainsi l'opération au cas précédent. Mais il faut avoir soin alors de dessiner sur le plan que l'on fera du terrain, non pas les lignes droites que l'on a substituées aux parties courbes, mais bien ces dernières dont on conservera la forme aussi exactement que possible.

Lorsque le terrain dont on veut lever le plan n'est pas accessible à l'intérieur ou présente des obstacles qui ne permetten pas de le décomposer en triangles au moyen de diagonales, on opère par *cheminement.*

Dans la méthode par cheminement on parcourt le périmètre du polygone à lever ABCDE (fig. 17) en mesurant successivement avec la chaîne ses côtés et ses angles. Pour mesurer les angles, on opère comme il suit : on prend sur les côtés d'un angle, A par exemple, des longueurs arbitraires Aa, Aa_1 que l'on évalue et l'on mesure ensuite la distance qui sépare les points a et a_1. On connaît ainsi les trois côtés du triangle Aaa_1, ce qui permet de construire un triangle semblable et d'obtenir ainsi la valeur de l'angle A.

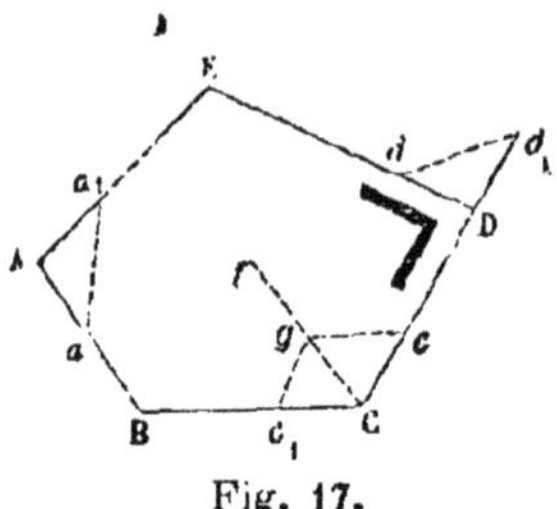

Fig. 17.

Ce procédé ne permet pas d'évaluer d'une façon suffisamment exacte un angle très-obtus, C par exemple, parce que le point de croisée de deux traits très-écartés l'un de l'autre n'est pas bien nettement déterminé. On peut alors décomposer l'angle en deux parties comme l'indique la figure et évaluer successivement l'une et l'autre de ces parties.

Lorsqu'un obstacle empêche de mesurer un angle, D par exemple, on mesure son supplément en formant le triangle Ddd_1 dont un des côtés Dd_1 est le prolongement de CD

Quel que soit le procédé employé pour lever au mètre le plan d'un terrain, on reconnaît aisément qu'à l'aide des éléments, côtés, diagonales ou angles évalués sur le terrain, on pourra dans tous les cas dessiner sur le papier, en utilisant les constructions indiquées en géométrie, une figure semblable à celle du terrain.

15. Levé à la chaîne et à l'équerre. — Ce procédé consiste essentiellement à décomposer le terrain en triangles et trapèzes rectangles dont on mesure ensuite les dimensions.

Soit par exemple à lever le plan d'un terrain limité par un contour polygonal ABCDEFG (fig. 18). On commence par tracer une diagonale AE qui sert de base à l'opération, puis des sommets B, C, D, F, G du polygone on abaisse à l'aide de l'équerre des perpendiculaires sur la diagonale AE. Il reste ensuite à mesurer avec la chaîne chacune de ces perpendiculaires ainsi que les distances AH, HI, IK... de leurs pieds. On aura ainsi les éléments suffisants pour dessiner sur le papier une figure semblable au polygone ABCDEFG.

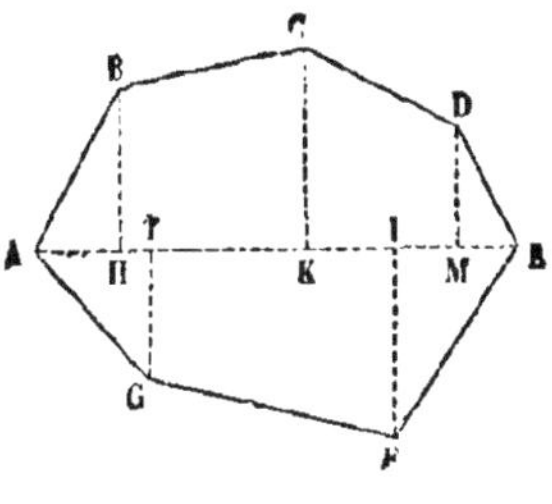

Fig. 18.

Il est d'ailleurs évident que l'on peut, au lieu d'une diagonale, prendre pour base de l'opération l'un des côtés du polygone à mesurer. C'est ce qu'il convient de faire dans le cas d'un terrain inaccessible mais dont tous les sommets sont visibles.

Lorsque le terrain est couvert d'obstacles qui ne permettent pas d'apercevoir les différents points qui le limitent, on trace un rectangle XYZT (fig. 19) qui entoure le terrain et dont on mesure les côtés ; puis des points A, B, C... pris sur le contour du terrain, on abaisse des perpendiculaires A*a*, B*b*, C*c*, sur les côtés du rectangle. On mesure ensuite ces perpendiculaires ainsi que les distances de leurs pieds et l'on reporte sur le croquis du terrain les résultats obtenus. On a ainsi les données qui permettront de représenter sur le papier une figure semblable à celle du terrain.

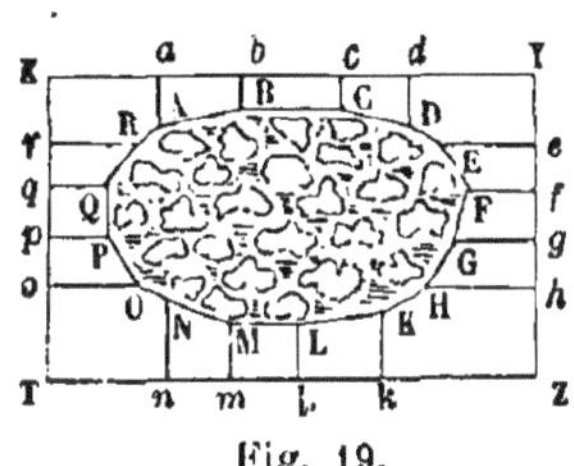

Fig. 19.

On peut enfin, lorsque le contour du terrain est inaccessible, procéder par *intersections*. Pour cela, on trace sur la partie du terrain que l'on peut parcourir deux lignes OX, OY perpendiculaires l'une sur l'autre (fig. 20) disposées de telle sorte que l'on puisse apercevoir de chacune d'elles tous les sommets du polygone à mesurer ABCDE. On détermine ensuite avec l'équerre les pieds *a*, *b*, *c*... des perpendiculaires abaissées des sommets A, B, C... sur OX ; puis les pieds *a'*, *b'*, *c'*... des perpendiculaires abaissées des mêmes sommets A, B, C... sur OY. Ayant ensuite mesuré la distance des pieds de toutes ces perpendiculaires au point O, on a les éléments suffisants pour déterminer les points A, B, C..., car chacun de ces points, A par exemple, se trouve déterminé par l'intersection des droites aA, $a'A$ élevées perpendiculairement sur chacune des droites OX, OY en des points connus.

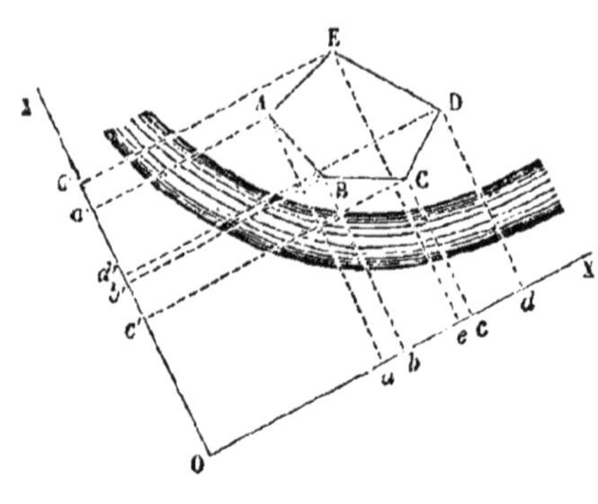

Fig. 20.

16. Levé à la chaîne et au graphomètre. — Ce levé peut se faire de trois manières différentes : 1° *par intersections ;* 2° *par rayonnement ;* 3° *par cheminement.*

1° *Méthode des intersections.* Soit (fig. 21) ABCDEF le terrain dont on veut lever le plan. On mesure avec la chaîne l'un des côtés AB, et plaçant le graphomètre en A, on détermine les angles CAB, DAB,.... en dirigeant l'alidade fixe suivant AB et faisant tourner l'alidade mobile de manière à viser successivement les sommets C, D, E,.... Ceci fait, on transporte le graphomètre au point B et l'on détermine de même les angles ABF, ABE,.... On a ainsi les éléments qui permettront de déterminer la position des points C, D, E, F, puisque chacun de ces points est le sommet d'un triangle dont on connaît un côté AB et les deux angles adjacents. On pourra par suite dessiner sur le papier une figure semblable au polygone ABCDEF.

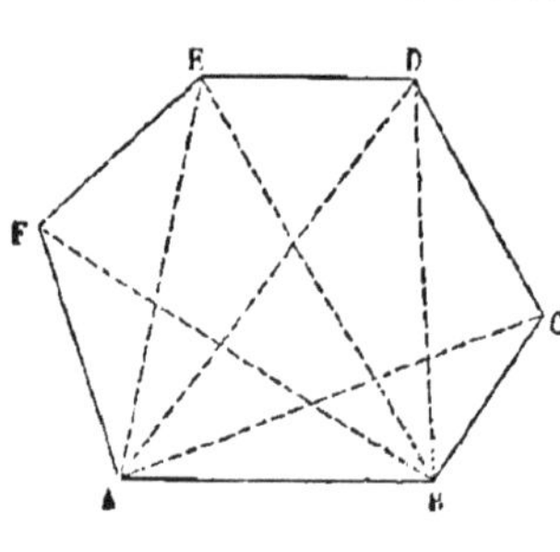

Fig. 21.

On peut prendre pour base d'opération, au lieu d'un côté AB du polygone, une droite quelconque des extrémités de laquelle on puisse apercevoir tous les sommets du polygone à mesurer. On devra prendre les dimensions de la base dans des conditions telles que les angles formés par cette base et les rayons visuels dirigés vers les sommets du polygone ne soient ni trop obtus, ni trop aigus, afin d'obtenir plus de précision dans la détermination de ces sommets lorsque l'on rapportera le plan sur le papier.

2° *Méthode par rayonnement.* On choisit dans l'intérieur du polygone à mesurer un point O (fig. 22) d'où l'on puisse apercevoir tous les sommets. Puis ayant installé le graphomètre en ce point, on vise successivement les sommets A, B, C et l'on mesure les angles AOB, BOC,.... On évalue ensuite avec la chaîne les longueurs OA, OB,... On a ainsi les éléments suffisants pour construire des triangles semblables aux triangles AOB, BOC,... et par suite un polygone semblable au polygone ABCDEF.

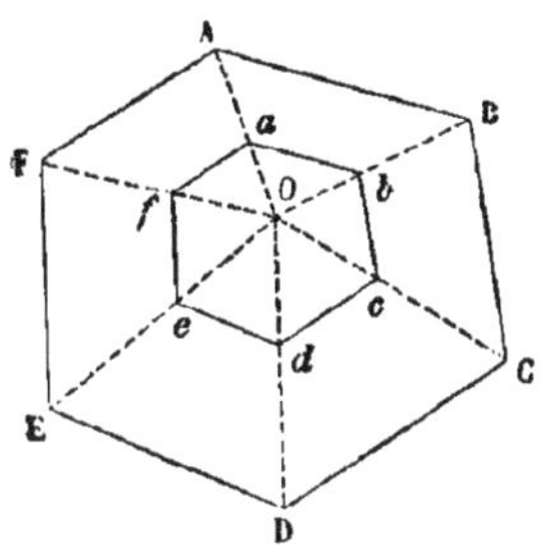

Fig. 22.

3° *Méthode par cheminement.* Dans cette méthode, applicable au cas où le terrain n'est pas découvert ou encore n'est pas accessible à l'intérieur, on transporte le graphomètre successivement en A, B, C... (fig. 23) et l'on mesure les angles EAB, ABC, BCD,.... ainsi que les côtés AB, BC,... dont on obtient les longueurs avec la chaîne. Il est évident qu'on pourra ensuite avec les éléments ainsi déterminés construire une figure semblable au polygone ABCDE.

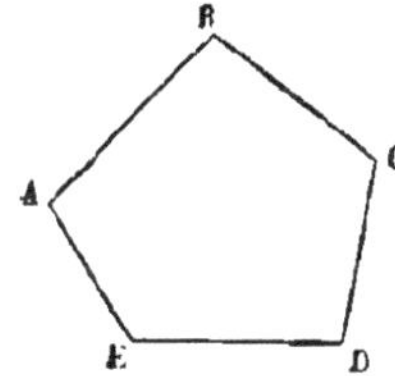

Fig. 23.

17. Levé à la chaîne et à la boussole. — La boussole permettant de mesurer les angles (11), peut être employée comme le graphomètre. Seulement, comme l'aiguille aimantée est sujette à des variations, les résultats que l'on obtient en faisant usage de cet instrument ne sont pas très-exacts. Nous nous contenterons d'indiquer sommairement comment on peut l'employer pour relever un contour polygonal ABCD.... (fig. 24). Ayant placé l'instrument en A, on vise le point B avec la lunette, et en supposant que AM est la direction que prend l'aiguille aimantée, on note l'angle MAB et l'on mesure avec la chaîne la longueur AB. On transporte ensuite la boussole au point B et l'on détermine l'angle NBC, comme on a fait pour l'angle MAB ; on mesure à la chaîne la distance BC ; on se transporte en C avec la boussole et ainsi de suite. On opère donc comme on le voit par cheminement. La connaissance des longueurs AB, BC,... ainsi que celle des angles MAB, NBC,... permet de dessiner sur le papier une figure semblable au contour polygonal ABCD...

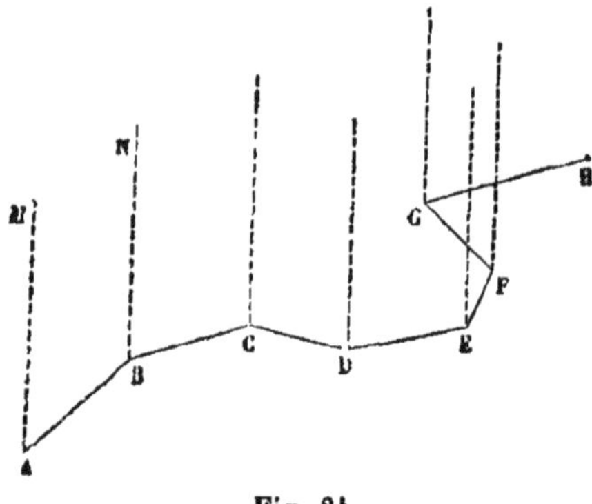

Fig. 24.

18. Échelle de réduction. — Nous avons, dans les paragraphes qui précèdent, indiqué les opérations au moyen desquelles on mesure sur le terrain les éléments qui permettent d'en déterminer la figure. L'opérateur, muni d'un croquis représentant la forme générale du terrain et contenant l'indication des mesures prises, longueurs et angles, doit ensuite rapporter le plan, c'est-à-dire construire sur le papier une figure semblable à celle du terrain.

Pour effectuer cette opération, on commence par faire choix d'une *échelle*. On appelle *échelle d'un plan* le rapport qui existe entre une ligne droite tracée sur le plan et la longueur réelle de la droite du terrain qu'elle représente : ainsi, par exemple, si une droite du terrain ayant 100 mètres de longueur est représentée sur le papier par une longueur de un décimètre, c'est-à-dire par une longueur mille fois plus petite, on dit que le plan est à l'échelle de $\frac{1}{1000}$. Le choix de l'échelle est arbitraire ; il dépend de l'étendue de la feuille de papier dont on dispose, comparée à celle du plan que l'on a à rapporter ; il dépend également des détails que l'on a à figurer sur le plan.

On peut se servir, pour rapporter sur le papier les longueurs mesurées sur le terrain, du double décimètre, règle de deux décimètres de longueur, partagée en centimètres et millimètres. Mais, le plus ordinairement, on trace sur le papier qui doit recevoir le plan une droite que l'on divise en parties égales, dont chacune représente l'unité de longueur, réduite à l'échelle adoptée pour rapporter le plan.

Les droites ainsi tracées sur un plan se nomment *échelles de réduction*. La figure 25 représente l'une d'elles. On a porté à partir du point A un certain nombre de longueurs (onze) représentant chacune dix unités de longueur; on a ensuite divisé la première de ces longueurs en 10 parties égales dont chacune représente l'unité de longueur et l'on a numéroté les divisions comme l'indique la figure. Si nous supposons que chaque petite division représente un mètre, et que l'on veuille prendre sur l'échelle une longueur représentant 47 mètres, il suffira évidemment d'ouvrir un compas de telle sorte que l'une des pointes étant sur la division 40, l'autre pointe s'arrête sur la septième petite division comprise entre 0 et 10.

Fig. 25.

Lorsque l'échelle adoptée pour le plan est très-petite, on fait usage d'une échelle de réduction qui permet d'évaluer les petites longueurs avec précision. Voici comment se construit cette échelle.

On trace un rectangle ABCD (fig. 26), dont le côté AB est égal à un nombre exact de fois une longueur AF représentant une certaine longueur, 100 mètres par exemple. On partage cette longueur AF en 10 parties égales dont chacune représente alors 10 mètres, et l'on numérote les divisions de 0 à 100 en allant de F vers A. On partage de la même façon le côté CD du rectangle et l'on joint les divisions 90, 80, 70... de la droite AF aux divisions de la droite CE de façon à obtenir des obliques comme l'indique la figure. On porte sur AB à partir du point F des longueurs égales à AF, et par les extrémités de ces longueurs, numérotées 100, 200... on mène des perpendicu-

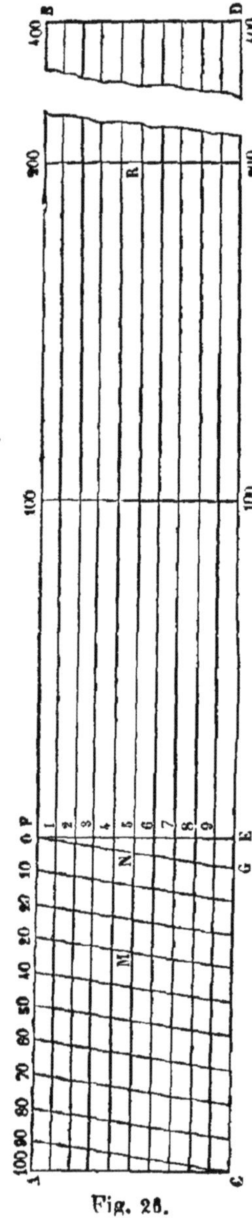

Fig. 26.

laires à AB jusqu'à la rencontre de CD. Enfin on partage la droite AC, dont la longueur est d'ailleurs arbitraire, en dix parties égales, et par chacun des points de division on mène aux bases AB, CD des parallèles que l'on numérote 1, 2, 3,.... 9.

Il résulte de cette construction que les fractions des parallèles aux droites AB, CD comprises entre l'oblique FG et la perpendiculaire FE valent, en allant de F vers E, 1 dixième, 2 dixièmes, 3 dixièmes, etc.... de la longueur GE, et par conséquent représentent un, deux, trois.... mètres. Ces fractions de parallèles forment en effet des triangles semblables au triangle FGE et l'on a par exemple, pour la division marquée 5, $\frac{N5}{GE}=\frac{F5}{FE}=\frac{5}{10}$.

Ceci posé, si l'on veut prendre sur l'échelle une longueur de 235 mètres, par exemple, on placera l'une des pointes de compas au point R, sur la cinquième division transversale, et l'on amènera l'autre pointe en M à la rencontre de cette division transversale avec l'oblique partant de la division 30; l'ouverture des branches de l'instrument donnera la longueur demandée. En effet, on a RM = R5 + 5N + MN. Or R5 représente 200 mètres, 5N vaut 5 mètres et MN vaut 30 mètres, donc RM représente bien 235 mètres. Si les divisions de la ligne AF représentaient des mètres, l'échelle permettrait d'évaluer les décimètres. En général, elle donne le moyen d'évaluer des unités dix fois plus petites que celles représentées par les divisions faites sur la ligne AF.

Une fois l'échelle du plan adoptée, on construit avec la règle, le compas, l'équerre et le rapporteur, une figure semblable à la figure du terrain. Nous n'avons d'ailleurs à entrer dans aucun détail relativement à cette construction toute du domaine de la géométrie élémentaire.

10. Levé à la planchette. — Le levé à la planchette offre cet avantage qu'il permet de lever le plan et de le rapporter en même temps sur le papier.

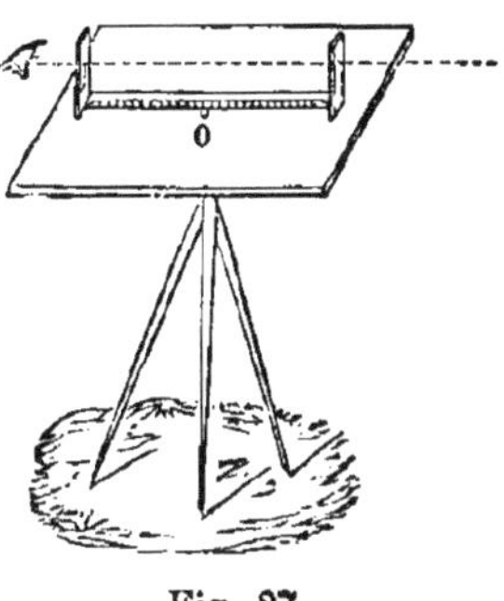

Fig. 27.

La *planchette* (fig. 27) consiste en une planche unie, de forme rectangulaire ou carrée, portée comme le graphomètre sur un pied à trois branches, à l'aide d'un genou à coquilles. On colle sur la planche la feuille de papier sur laquelle le plan doit être rapporté. Quelquefois, la planchette est munie sur deux de ses côtés de deux cylindres B (fig. 28) mobiles autour de leurs axes qui sont reliés invariablement à l'instrument. Ces cylindres servent à tendre le papier sur la planche au lieu de le coller. Une alidade à pinnules, semblable à celle du graphomètre (fig. 29), accompagne la planchette.

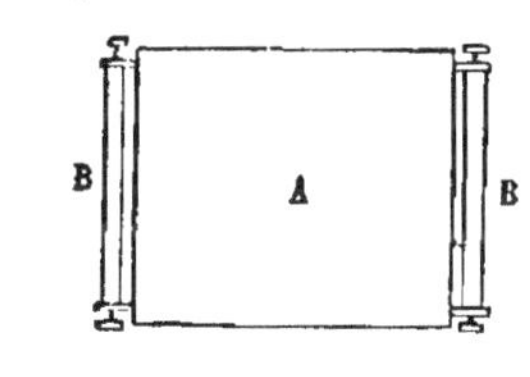

Fig. 28.

Cette alidade peut se placer à volonté ; le plan de visée passe par l'arête MN, de sorte que si l'on trace une droite sur la planchette le long de la ligne MN que l'on nomme *ligne de foi*, cette droite représente la projection d'un rayon visuel contenu dans le plan de visée.

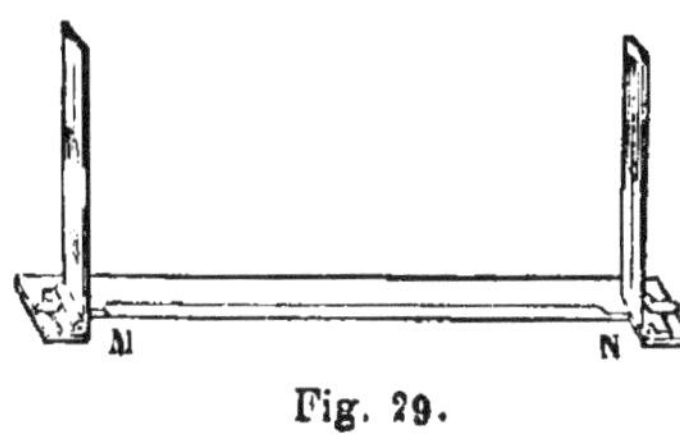

Fig. 29.

Pour lever un plan à l'aide de la planchette, on peut employer, comme lorsqu'on opère avec le graphomètre, trois méthodes : 1° la *méthode des intersections* ; 2° la *méthode par rayonnement* ; 3° la *méthode par cheminement*.

1° *Méthode des intersections*. Soit ABCDE (fig. 30) le terrain dont on veut lever le plan. On choisit un côté AB comme base d'opération, on le mesure avec la chaîne et l'on trace sur la planchette une droite *ab* représentant la longueur AB réduite à l'échelle du plan. On met alors la planchette en station au point A de telle sorte que le point *a* se trouve avec le point A sur la même verticale. On y arrive par tâtonnement en employant le fil à plomb, ou encore en laissant tomber au-dessous du point *a* une pierre qui doit arriver au point A. On doit en même temps disposer la planchette de telle sorte que la droite *ab* se trouve dans la direction AB, ce dont on s'assure en visant le point B à l'aide de l'alidade dont la ligne de foi a été placée le long de *ab*. On vérifie ensuite l'horizontalité de la planchette à l'aide d'un niveau à bulle d'air, et lorsque l'appareil est convenablement disposé, on le fixe en serrant la vis de pression du genou à coquilles. On plante ensuite une aiguille en *a*, on appuie contre cette aiguille la ligne de foi de l'alidade, on fait tourner celle-ci de manière à viser successivement les sommets C, D, E et l'on trace sur la planchette les droites *ac, ad, ae* le long de la ligne de foi.

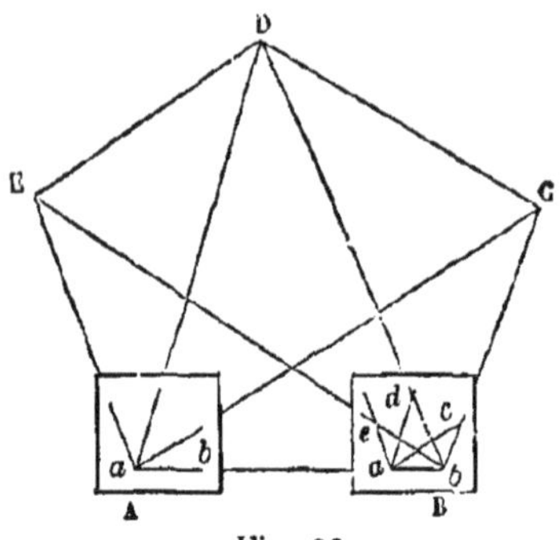

Fig. 30.

On transporte ensuite l'instrument au point B où on le met en station comme on l'a fait au point A ; la droite *ba* étant amenée dans la direction de BA, on plante une aiguille en *b*, on vise comme dans l'opération précédente les points C, D, E et l'on trace sur le papier les directions *bc, bd, be*. Joignant enfin *cd, de*, on a en *abcde* une figure semblable à celle du terrain.

2° *Méthode par rayonnement*. On met la planchette en station en un point O du terrain, d'où l'on puisse apercevoir les sommets du polygone ABCDE dont on veut lever le plan (fig. 31).

On a marqué sur la planchette un point *o* qui se trouve avec O sur la même verticale ; on y plante une aiguille, on vise successivement, avec l'alidade dont on appuie la ligne de foi contre l'aiguille, les sommets A, B, C.... et l'on trace les droites *oa*, *ob*, *oc*.... On mesure ensuite avec la chaîne les longueurs OA, OB, OC.... Ces longueurs réduites à l'échelle du plan et portées sur les directions *oa*, *ob*, *oc*.... donneront les points *a*, *b*, *c*... qu'on n'aura plus qu'à joindre entre eux pour obtenir la figure *abcde* semblable au terrain.

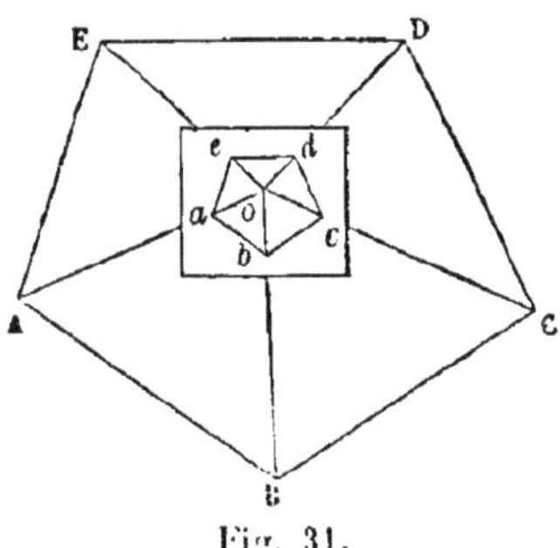

Fig. 31.

3° *Méthode par cheminement.* On mesure à la chaîne l'un des côtés AB (fig. 32) du terrain et l'on trace sur la planchette une droite *ab* qui, réduite à l'échelle du plan, représentera la droite AB. On met la planchette en station au point B, le point *b* étant avec B sur la même verticale et la droite *ab* étant dirigée suivant AB. On plante une aiguille en *b*, on vise avec l'alidade, appuyée par sa ligne de foi contre l'aiguille, dans la direction BC et l'on trace la ligne *bc* sur le papier. On mesure la longueur BC avec la chaîne et l'on porte cette longueur réduite à l'échelle du plan sur la direction *bc* ; on obtient ainsi le point *c* qui représente le sommet C du polygone ; on se transporte en ce sommet, où l'on met la planchette en station, et l'on détermine, en procédant comme on l'a fait pour le côté *ab*, la droite *cd*, qui représente la ligne CD du terrain ; on opère de même pour obtenir la droite *de*. Il reste à joindre *ea*, mais il est bon, pour vérifier l'opération, de se transporter en E et de viser le point A ; si l'on retrouve alors la direction *ae*, et si cette ligne *ae* est

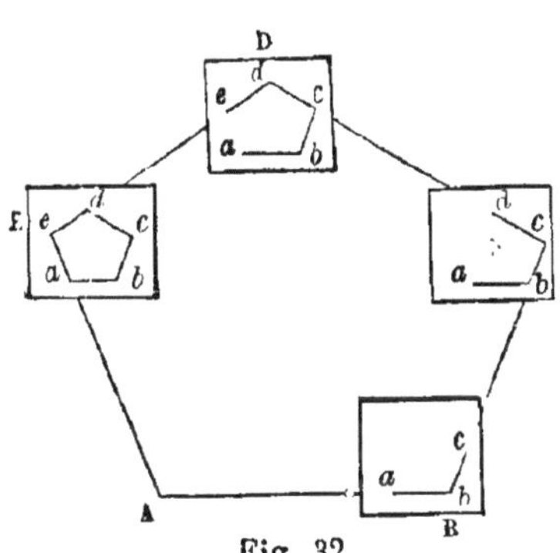

Fig. 32.

égale à la longueur AE réduite à l'échelle, le plan est levé convenablement.

Remarque. — Le levé à la planchette est moins précis que celui au graphomètre, mais il offre l'avantage d'être plus expéditif. On l'emploiera donc toutes les fois qu'il n'est pas indispensable d'obtenir des résultats comportant une grande exactitude.

APPLICATIONS.

PROBLÈME I.

20. *Déterminer la distance d'un point donné accessible à un point inaccessible.*

Soit (fig. 33) A le point donné et B le point inaccessible dont on veut déterminer la distance au point A. On trace sur le terrain accessible, à partir du point A, une base AC que l'on mesure à la chaîne. On mesure ensuite, à l'aide du graphomètre, les angles BAC, BCA, formés par la base AC avec les rayons visuels dirigés vers le point B. On a ainsi les éléments suffisants pour construire sur le papier, à une échelle quelconque, un triangle semblable au triangle ACB ; ce triangle étant construit, on évalue, à l'aide de l'échelle choisie, la longueur demandée AB.

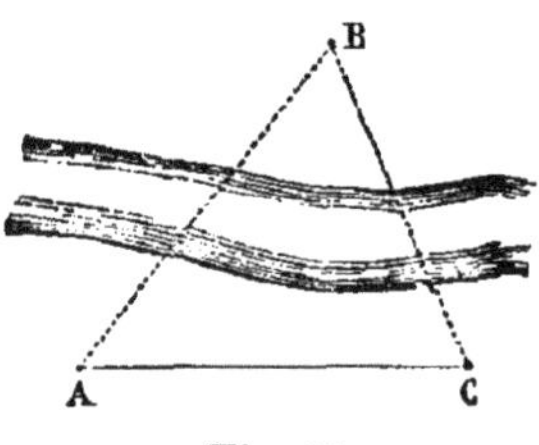

Fig. 33.

PROBLÈME II.

21. *Déterminer la distance de deux points inaccessibles.*

Soient (fig. 34) A et B les deux points inaccessibles dont on demande de déterminer la distance. On trace sur le terrain une base CM que l'on mesure avec la chaîne et l'on évalue à l'aide du graphomètre les angles ACM, BCM, ACB, BMC, AMC. On a ainsi les éléments suffisants pour construire sur le papier d'abord deux triangles respectivement semblables aux triangles ACM, BCM; puis ensuite un triangle semblable au triangle ACB. Il restera à évaluer à l'aide de l'échelle adoptée, le côté AB de ce dernier triangle.

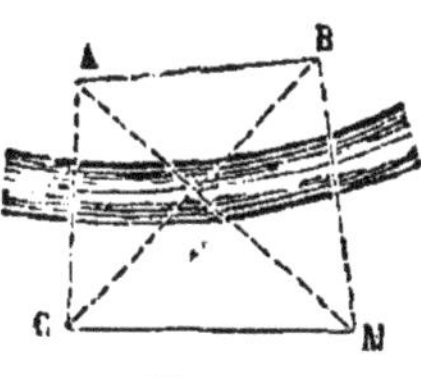

Fig. 34.

PROBLÈME III.

22. *Prolonger une ligne droite au delà d'un obstacle qui arrête la vue.*

Soit (fig. 35) AG la droite à prolonger. En un point A de cette droite on élève au moyen de l'équerre la perpendiculaire AB que l'on mesure avec la chaîne sur une étendue convenable pour que de son extrémité B on puisse lui mener une perpendiculaire BD sans être gêné par l'obstacle. On prend sur cette droite BD, deux points C et D situés au delà de l'obstacle ; on élève en ces points sur BD deux perpendiculaires CE, DF que l'on prend égales l'une et l'autre à AB. Leurs deux extrémités E et F déterminent une droite qui n'est autre que le prolongement de AG.

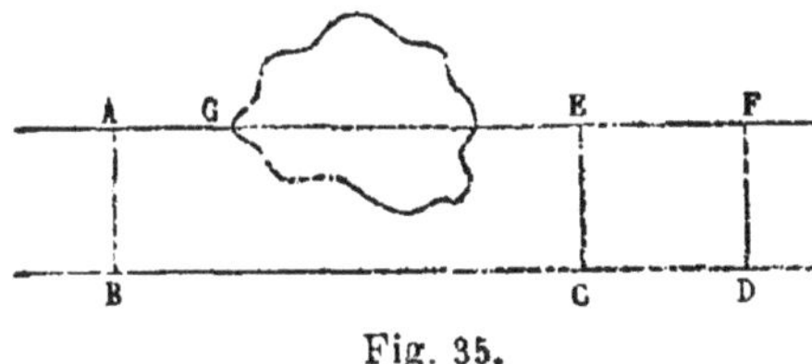

Fig. 35.

PROBLÈME IV.

23. *Déterminer le rayon d'un bassin circulaire inaccessible.*

Soit (fig. 36) O le centre du bassin. On trace sur le terrain une base AB que l'on mesure avec la chaîne, puis à l'aide du graphomètre, on détermine les angles CAB, DAB formés avec la base AB par les rayons visuels AC, AD menés tangentiellement à la circonférence du bassin. La bissectrice AO de l'angle de ces deux rayons passe par le centre O et forme avec AB un angle OAB dont on peut déterminer la valeur, puisqu'il est égal à la demi-somme des angles CAB, DAB. On répète au point B les opérations que l'on vient de faire en A et l'on détermine ainsi la valeur de l'angle OBA. On peut donc construire sur le papier un triangle semblable au triangle OAB, puis construire ensuite un triangle rectangle ayant AO pour hypoténuse et l'angle OAC pour l'un de ses angles aigus. Le côté CO de ce triangle, mesuré à l'aide de l'échelle choisie, donne la longueur demandée.

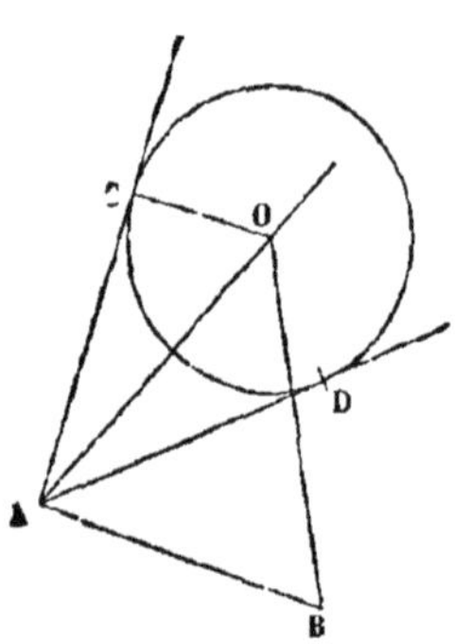

Fig. 36.

Le même procédé est applicable à la détermination du rayon d'une tour.

PROBLÈME V.

24. *Rapporter sur un plan un point* P *d'un terrain uni, d'où les points* A, B, C *du même terrain ont été vus sous des angles* α *et* β.

Soient a, b, c (fig. 37) les points qui représentent sur le papier, les points A, B, C du terrain, on joint ab, bc et l'on décrit sur ab un segment capable de l'angle α et sur bc un segment capable de l'angle β. Le point p où se coupent les deux segments est évidemment le point P rapporté sur le plan.

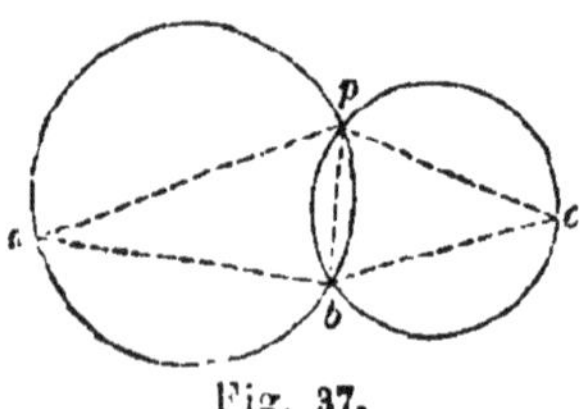

Fig. 37.

Le problème est indéterminé lorsque la somme des deux angles α et β est égale à 180°. En effet, alors le quadrilatère $abcp$

est inscriptible et les deux segments décrits sur les droites *ab* et *bc* se confondent.

PROBLÈME VI.

25. *Déterminer la hauteur d'une tour dont le pied est accessible et repose sur un terrain horizontal.*

On mesure à partir du pied A de la tour (fig. 38) une base horizontale AC. Au point C on place un graphomètre dont on dispose le limbe verticalement de manière à pouvoir mesurer l'angle BC'A' formé par le rayon visuel mené au sommet de la tour et la direction horizontale A'C'. On connaît alors dans le triangle rectangle BA'C', le côté A'C' et l'angle aigu A'C'B : ce triangle peut donc être construit à l'échelle adoptée. La construction faite, on évalue avec cette échelle la longueur du côté A'B ; ajoutant à la longueur trouvée la hauteur CC' du graphomètre, on a la hauteur de la tour.

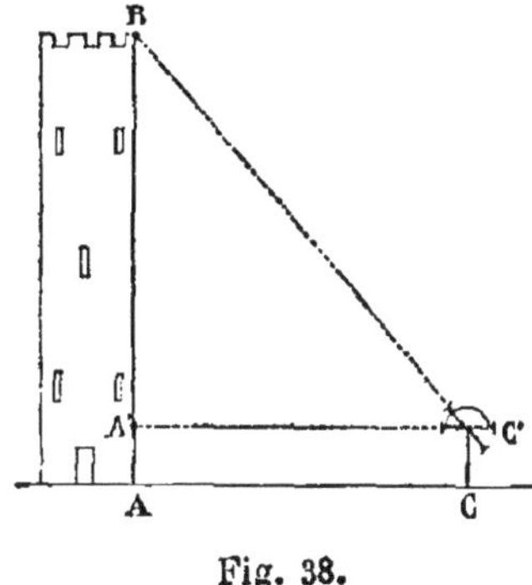

Fig. 38.

PROBLÈME VII.

26. *Déterminer la hauteur d'une montagne.*

On mesure une base BC (fig. 39) à partir d'un point B que l'on suppose sensiblement de niveau avec le pied de la montagne et l'on détermine avec le graphomètre les angles ABC, ACB formés par la base BC avec les rayons visuels dirigés vers le sommet A de la montagne. On détermine également avec le graphomètre l'angle ABD formé par le rayon visuel AB avec l'horizontale passant par le point B et la verticale du sommet A. On a alors les éléments nécessaires

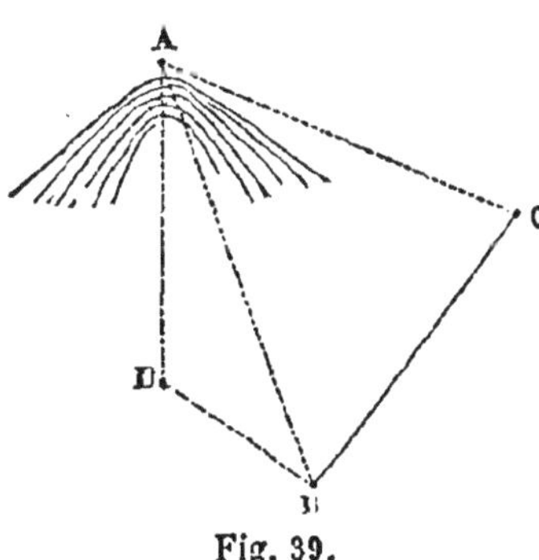

Fig. 39.

pour construire à l'échelle adoptée un triangle semblable au triangle ABC, puis AB étant ainsi connu, un triangle semblable au triangle rectangle ABD. Ce dernier étant construit, on évalue à l'échelle le côté AD ; on ajoute au résultat obtenu la hauteur du graphomètre et l'on a là la hauteur de la montagne.

Le même procédé peut être employé pour évaluer la hauteur d'une tour dont le pied est inaccessible, mais se trouve de niveau avec un point B à partir duquel on peut tracer une base BC.

ARPENTAGE.

27. Définitions. — L'objet de l'arpentage est la mesure des surfaces sur le terrain. L'opération consiste donc à prendre d'abord sur le terrain les mesures nécessaires, puis à appliquer ensuite aux nombres trouvés les formules de géométrie élémentaire qui permettent de calculer l'aire d'une figure plane.

PROBLÈME I.

28. *Mesurer une surface polygonale dont l'intérieur est accessible.*

Soit à mesurer le terrain limité par le polygone ABCDEFG (fig. 40). On peut décomposer le polygone en triangles, soit en menant des diagonales d'un sommet A, par exemple, aux sommets non adjacents, soit encore en prenant un point dans l'intérieur du polygone et le joignant à tous les sommets. On mesure ensuite la base et la hauteur de chacun des triangles ainsi formés, et ayant

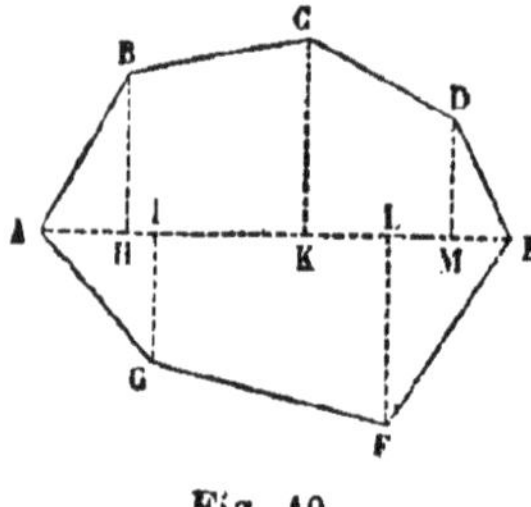

Fig. 40.

évalué la surface de chacun d'eux, on additionne les résultats obtenus.

Il est préférable de tracer une diagonale AE du polygone et d'abaisser des autres sommets B, C, D .... des perpendiculaires sur cette diagonale. On partage ainsi la figure en triangles et trapèzes rectangles dont on évalue les aires que l'on additionne ensuite.

On peut d'ailleurs prendre pour base d'opérations une droite autre qu'une diagonale. Ainsi dans la figure 41, on a pris pour mesurer la surface ABCDE une base MN située toujours dans le plan de la figure, mais en dehors de celle-ci. La surface à mesurer est alors la différence de deux sommes de trapèzes rectangles, ce qu'il est facile de reconnaître.

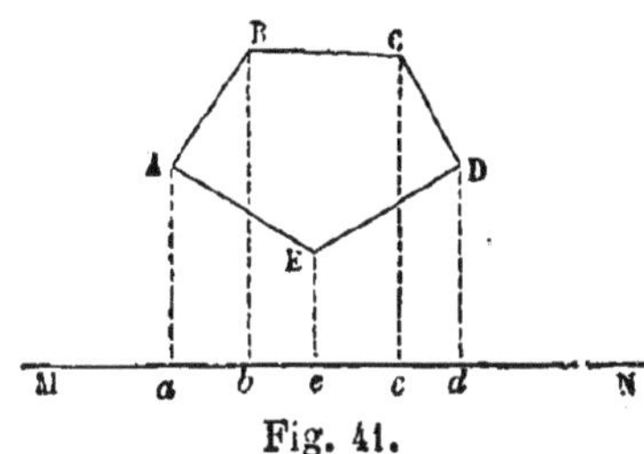

Fig. 41.

PROBLÈME II.

29. *Mesurer une surface polygonale dont l'intérieur est inaccessible.*

Soit ABCDE (fig. 42) la surface à mesurer. On trace dans le plan de la figure un rectangle MNPQ dans lequel elle est comprise et l'on abaisse des sommets A, B, C... des perpendiculaires Aa, Bb, Cc... sur les côtés de ce rectangle. On évalue ensuite la surface du rectangle après avoir pris les mesures nécessaires et l'on en retranche la somme des aires des trapèzes dont on a au préalable mesuré les éléments. Le résultat de la soustraction représente évidemment l'aire de la figure ABCDE.

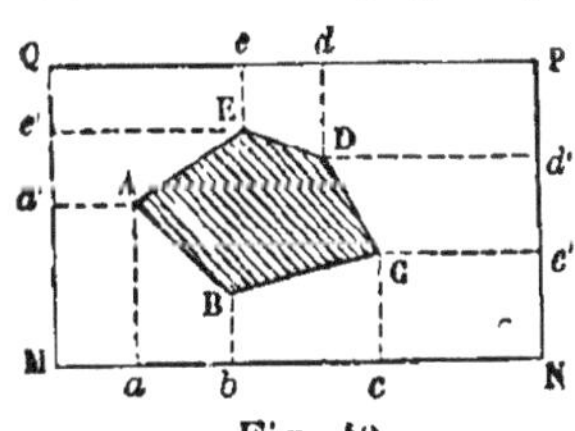

Fig. 42.

PROBLÈME III.

30. *Mesurer une surface limitée en partie ou en totalité par des lignes courbes.*

On peut d'abord (fig. 43) substituer à la partie curviligne qui limite le terrain une ligne brisée ABCD telle qu'il y ait sensiblement compensation entre les parties du terrain retranchées et celles ajoutées par suite de la substitution de la ligne brisée à la ligne courbe. On a alors à mesurer une surface polygonale. Mais il est préférable, lorsque l'on veut plus d'exactitude, de partager le contour curviligne en parties assez petites pour que chacune d'elles puisse être regardée sensiblement comme une ligne droite. On est alors encore ramené à la mesure d'une figure polygonale.

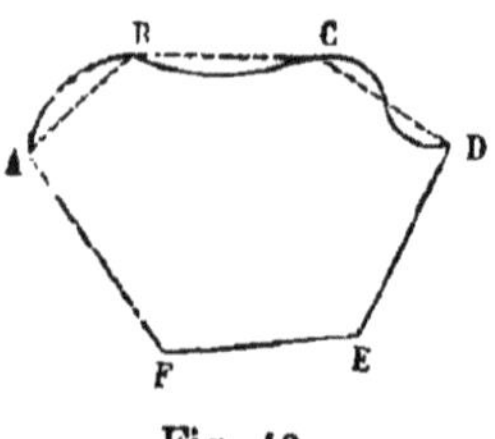

Fig. 43.

Si l'on emploie ce dernier procédé, on peut opérer comme il suit. Soit (fig. 44) à évaluer la portion de surface plane comprise entre la courbe AMB et la diagonale AB, de la figure ABMN. On partage la droite AB en un certain nombre de parties égales assez rapprochées pour qu'en élevant aux points de division c, d, e... les perpendiculaires cC, dD, eE..., les portions de courbes AC, CD, DE... comprises entre les points de rencontre avec ces perpendiculaires puissent être regardées comme rectilignes. On a ainsi à évaluer l'aire d'un triangle rectangle ACc et d'une suite de trapèzes rectangles. Nommons b la longueur de chacune des parties en lesquelles on a partagé la droite AB et soient $h_1, h_2, h_3 \ldots h_n$ les longueurs des perpendiculaires Cc, Dd, Ee... L'aire du triangle ACc est égale à $\frac{bh_1}{2}$, celle du trapèze CcDd à $\frac{b(h_1+h_2)}{2}$, celle du trapèze suivant à $\frac{b(h_2+h_3)}{2}$, etc., enfin l'aire du triangle PpB est égale à $\frac{bh_n}{2}$. La somme des aires de toutes ces figures est donc égale à

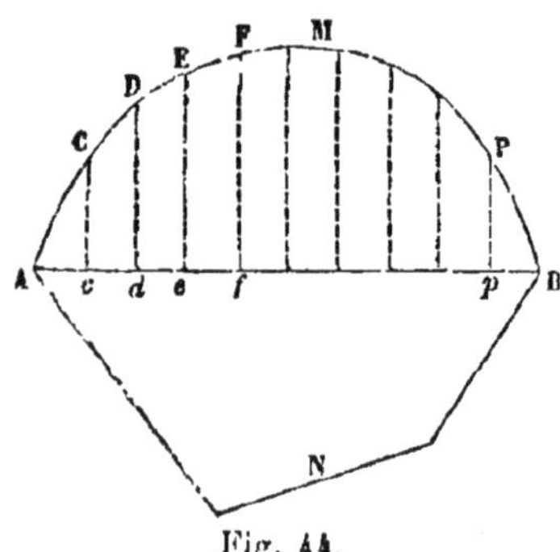

Fig. 44.

$$b(h_1 + h_2 + h_3 + \ldots\ldots + h_n),$$

c'est-à-dire que l'*on obtient la mesure de la surface* AMB *en multipliant l'une des divisions égales de la base* AB *par la somme de toutes les perpendiculaires.*

Il est aisé de reconnaître que s'il s'agissait de la surface comprise entre la droite *cp*, les perpendiculaires *c*C, *p*P et la portion de courbe CMP, *on devrait multiplier l'une des divisions égales de la base par la somme de toutes les perpendiculaires intermédiaires augmentée de la demi-somme des perpendiculaires extrêmes.*

Remarque. — Si le terrain à mesurer, limité par des lignes courbes, est inaccessible, on opère comme on l'a indiqué pour le problème II (29), c'est-à-dire qu'on entoure le terrain d'un rectangle dont on évalue la surface. On a ensuite à en retrancher les aires de figures limitées par des lignes courbes, aires que l'on obtient à l'aide des procédés qui viennent d'être indiqués.

NIVELLEMENT.

31. Définitions. — Le nivellement a pour but la détermination des distances des différents points d'un terrain à un même plan horizontal nommé *plan de comparaison* ou *plan de niveau.*

La distance d'un point du terrain au plan choisi pour plan de comparaison se nomme *la cote* du point.

La figure résultant des opérations faites pour lever le plan d'un terrain ne donne que la projection horizontale de la figure que présente le terrain : elle ne saurait donc renseigner complètement sur la forme de celui-ci, puisqu'elle ne peut en faire connaître les accidents ; mais si l'on ajoute au plan l'indication des projections d'un certain nombre de points du terrain accompagnés chacun de sa cote, on pourra déduire de là la connaissance complète de la configuration de la surface considérée. Un plan ainsi construit se nomme *plan coté*.

Les principaux instruments dont on fait usage dans le nivellement sont le *niveau d'eau* et la *mire*.

32. Niveau d'eau. — Cet instrument (fig. 45) se compose

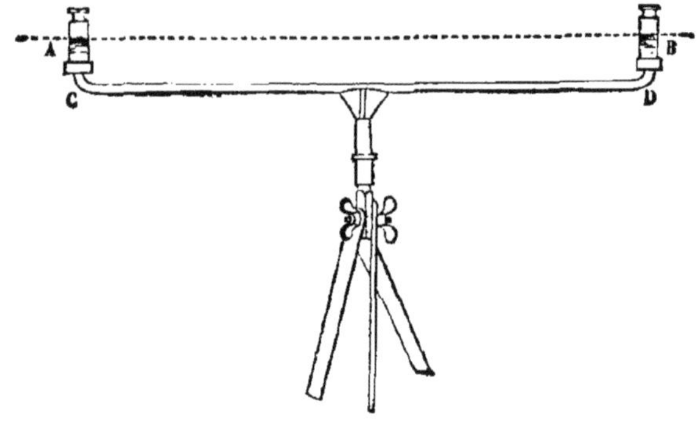

Fig. 45.

d'un tube en fer blanc ou en laiton ayant environ 1 mètre à $1^m,50$ de longueur. Ce tube se recourbe à angle droit vers les extrémités C et D auxquelles sont adaptées deux fioles A, B, en verre, de même diamètre que le tube et sans fond. Le tube porte en son milieu une douille à l'aide de laquelle on peut le fixer sur un pied à trois branches.

Lorsque l'on veut faire usage du niveau, on l'installe sur son pied de telle sorte qu'il soit sensiblement horizontal et l'on remplit d'eau (souvent colorée par un peu de vin) le tube et les fioles, de telle sorte que le liquide arrive à peu près à la moitié de la hauteur de celles-ci ; on se place ensuite à une petite distance en avant de l'une des fioles et l'on regarde dans la direction de l'autre. Le rayon visuel AB, mené dans la position que l'on a prise, tangentiellement aux cercles qui limitent à la partie supérieure les surfaces libres du liquide dans les deux fioles, est nécessairement horizontal en vertu du principe de physique relatif à l'équilibre d'un liquide dans des vases communiquants.

Le tube CD est relié au pied qui le supporte de manière à pouvoir tourner autour de l'axe de la douille ; il en résulte que si on lui fait exécuter ce mouvement, le rayon visuel AB décrit un plan horizontal.

33. **Mire.** — La mire peut être *simple* ou *double*. La *mire simple* (fig. 46) n'est autre qu'une règle en bois AB de deux mètres de longueur, divisée sur l'une de ses faces en décimètres et centimètres. A sa partie inférieure est adopté un talon de métal T, muni d'une sorte de pédale P sur laquelle on peut appuyer le pied pour assurer la verticalité de la mire. La règle porte une plaque rectangulaire V nommée *voyant*, ordinairement en fer blanc et qui s'y adapte au moyen d'un collier C muni d'une vis de pression. Ce collier permet de faire glisser le voyant le long de la règle et de l'y fixer dans une position quelconque au moyen de la vis de pression *d*. La partie inférieure du collier est échancrée comme l'indique la figure et l'on a divisé l'un des bords en millimètres, le zéro de cette division correspondant au centre du voyant.

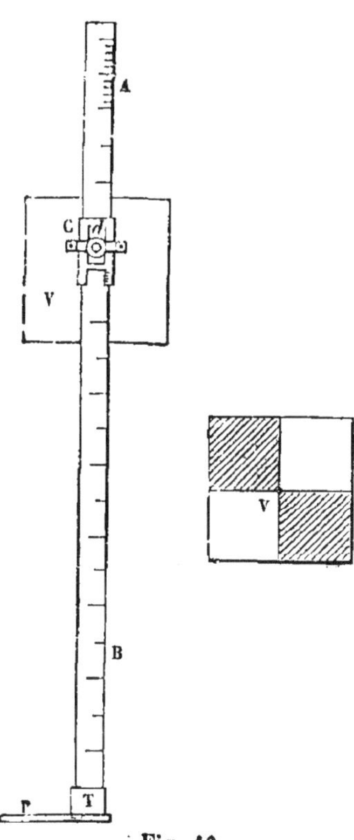

Fig. 40.

Celui-ci est divisé en quatre parties égales au moyen de deux droites, l'une horizontale, l'autre verticale, passant l'une et l'autre par son centre ; deux de ces rectangles opposés par un sommet sont peints en blanc et les deux autres en noir ou en rouge.

Pour lire une hauteur avec la mire simple, on fixe le voyant, on regarde sur la règle la division immédiatement inférieure au zéro du collier et l'on ajoute au nombre de décimètres et centimètres qu'elle indique, le nombre de millimètres compris entre cette division et le zéro du collier.

La *mire double* ou *mire à coulisse* (fig. 47) se compose de deux règles RR′, *mm′* de même largeur et ayant chacune pour longueur deux mètres. La règle *mm′* peut glisser à frottement doux dans une rainure pratiquée dans la règle RR′ : elle peut être fixée à cette dernière au moyen d'un collier C attaché à la partie inférieure et embrassant l'une et l'autre règle. La règle RR′ est terminée par un talon T muni d'une pédale P. Un collier C′ qui embrasse également les deux règles porte le voyant.

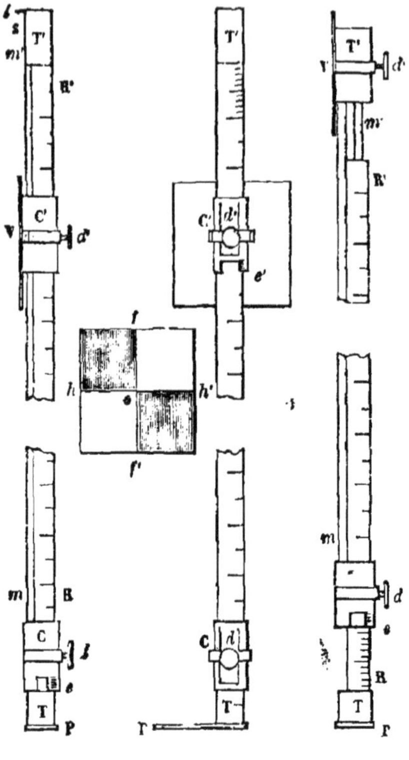

Fig. 47.

Lorsque la hauteur à mesurer ne dépasse pas deux mètres, la mire fonctionne comme la mire simple, mais si cette hauteur dépasse deux mètres, on fait glisser le voyant jusqu'à la partie supérieure de la règle *mm′* où il se trouve arrêté par un taquet *l* ; on le fixe dans cette position et faisant alors glisser la règle *mm′* dans la rainure de RR′, on peut élever le voyant au-dessus du sol jusqu'à quatre mètres de hauteur.

Les hauteurs inférieures à deux mètres se lisent comme dans la mire simple à l'aide de la division installée sur la face postérieure de la règle RR′. Les hauteurs supérieures à deux mètres se lisent au moyen d'une autre division en décimètres et centimètres établie sur un des côtés de la règle RR′. Le collier C est d'ailleurs muni d'une division en millimètres qui permet d'évaluer la hauteur à moins d'une unité de ces dernières divisions.

34. Remarque. — L'emploi du niveau d'eau est forcément limité à des distances de visée peu considérables. Dans les grands travaux de nivellement, on emploie en son lieu et place un niveau à bulle d'air muni d'une lunette qui permet d'opérer avec précision. On emploie le plus ordinairement avec ce niveau une mire *parlante*, c'est-à-dire dépourvue de voyant et divisée sur la face antérieure, ce qui permet à l'opérateur de lire la hauteur correspondante à la ligne de visée.

35. Nivellement simple. — Pour déterminer la différence de niveau de deux points A et B (fig. 48) distants l'un de l'autre de cinquante mètres au plus, on installe le niveau en un point C situé à peu près à égale distance des points A et B, puis on fait placer la mire successivement aux points A et B et l'on détermine les hauteurs A*a*, B*b* en faisant fixer le voyant de telle sorte que son centre se trouve dans la direction de la ligne de visée. La différence des hauteurs ou cotes trouvées A*a*, B*b* donne la différence de niveau des deux points A et B, le point le plus bas correspondant évidemment à la plus grande cote.

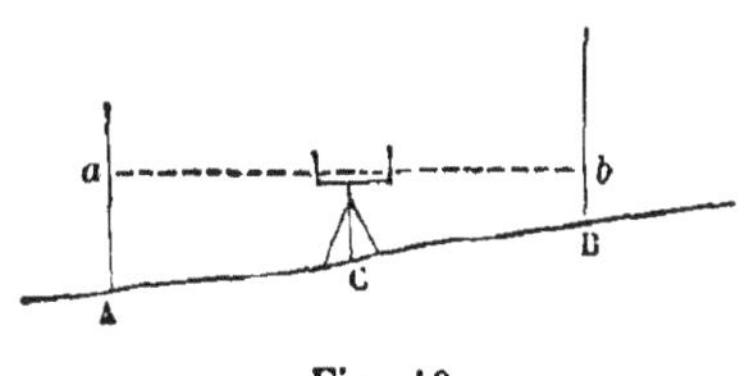

Fig. 48.

En supposant que l'opération du nivellement soit faite en allant du point A et se dirigeant vers le point B, on nomme *coup d'arrière* le résultat de la visée faite sur la mire placée en A et *coup d'avant* le résultat de la visée faite sur la mire placée en B. La différence des deux coups de niveau d'arrière et d'avant donne donc dans tous les cas la différence de niveau des deux points A et B.

36. Nivellement composé. — Il peut arriver que les points dont on veut trouver la différence de niveau soient trop éloignés l'un de l'autre pour qu'on puisse opérer exactement par nivellement simple, c'est-à-dire comme il vient d'être indiqué, à l'aide d'une seule station du niveau. On emploie alors le nivellement composé.

Soient A et B (fig. 49) les deux points dont on veut déterminer la différence de niveau. On prend entre ces deux points un certain nombre de points intermédiaires C, D, E, choisis de telle sorte que l'on puisse effectuer un nivellement simple entre le point A et le point C, le point C et le point D, etc. Ceci fait, on détermine ainsi qu'il a été dit pour le cas du nivellement simple la différence de niveau des points A et C, puis des points C et D, des points D et E, et enfin des points

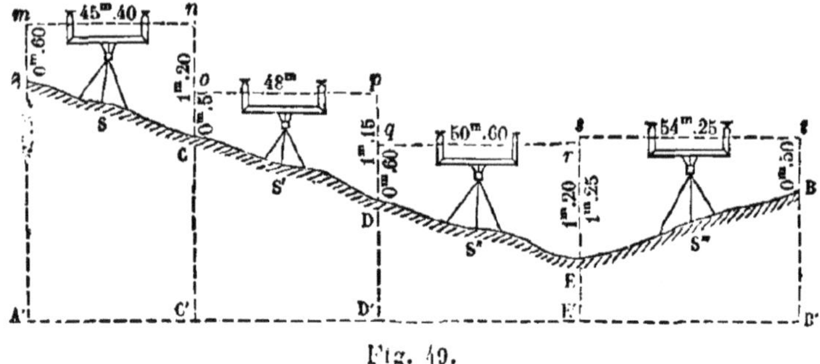

Fig. 49.

E et B. On donne ainsi un coup d'arrière sur le point A, deux coups, l'un d'avant, l'autre d'arrière, sur chacun des points intermédiaires et un coup d'avant, sur le point B. Ces opérations effectuées, il suffit pour obtenir *la différence de niveau des points* A *et* B *de faire la différence entre la somme des coups d'arrière et la somme des coups d'avant.*

En effet, si l'on se reporte à la figure on reconnaît aisément que la différence de niveau des points A et C est Cn — Am ; celle des points C et D est Dp — Co et celle des points D et E est Er — Dq ; enfin celle des points E et B est Es — Bt et est en sens contraire des premières : la différence de niveau des points A et B sera donc exprimée par

$$Cn - Am + Dp - Co + Er - Dq - (Es - Bt)$$

ou

$$(Cn + Dp + Er + Bt) - (Am + Co + Dq + Es).$$

Il est clair que si la somme des coups d'arrière est inférieure à la somme des coups d'avant, le point d'arrivée est plus bas que le point de départ. C'est le contraire lorsque la somme des coups d'arrière est la plus grande.

37. Détermination des cotes. — Nous avons dit (31) que le but du nivellement était la détermination des cotes ou distances des différents points d'un terrain à un même plan horizontal nommé plan de comparaison ou plan de niveau. Ce plan peut être choisi arbitrairement et alors on peut prendre un nombre quelconque comme représentant la cote de l'un des points du terrain ; on en déduit ensuite, à l'aide de leur différence de niveau avec ce point, les cotes de tous les autres points du terrain. Dans le cas contraire, c'est-à-dire si le plan de niveau est déterminé par certaine condition, s'il est, par exemple, le niveau moyen de la mer comme cela a lieu en général pour les grandes opérations de nivellement, on a besoin de *repères* ou points dont la cote, par rapport au plan de niveau choisi, a été déterminée d'avance et auxquels on peut rattacher ensuite les cotes des points que l'on a nivelés.

Supposons qu'on ait effectué le nivellement des points A, C, D, E, B (fig. 49), et que l'on veuille obtenir les cotes de ces points. Imaginons que le plan de niveau passe par la ligne A'B' : la cote du point A sera alors la distance AA'. Or, on a l'égalité

$$CC' + Cn = AA' + Am$$

d'où

$$CC' = AA' + Am - Cn$$

mais CC' est la cote du point C, donc cette cote est égale à la cote du point A augmentée du coup d'arrière donné sur le point A et diminuée du coup d'avant donné sur le point C.

On a de même :

$$DD' + Dp = CC' + Co$$

d'où

$$DD' = CC' + Co - Dp.$$

La cote DD' du point D est donc encore égale à la cote du point C augmentée du coup d'arrière donné sur le point C et diminuée du coup d'avant donné sur le point D.

On reconnaît aisément que les cotes des autres points s'obtiennent de la même manière. Donc, d'une manière générale, *la cote d'un point est égale à la cote du point précédent augmentée du coup d'arrière donné sur ce point et diminuée du coup d'avant donné sur le point considéré.*

La différence entre ces deux coups d'arrière et d'avant n'est autre chose que la différence de niveau des deux points et cette différence peut être regardée comme positive ou négative suivant que le premier point est plus bas ou plus haut que le second. On peut donc dire encore que pour obtenir la cote d'un point, il faut augmenter ou diminuer la cote du point précédent de la différence de niveau des deux points, suivant que cette différence est positive ou négative.

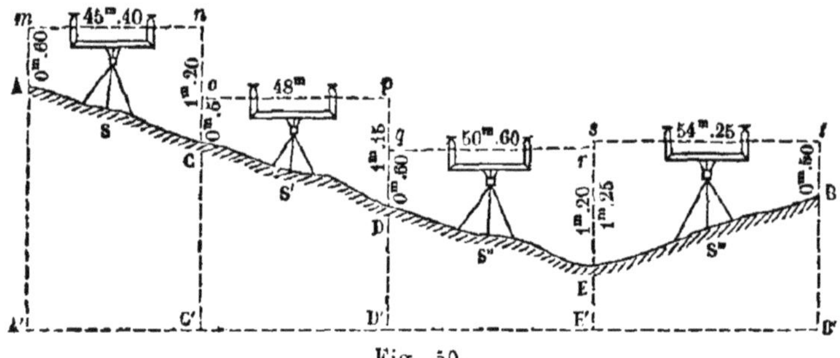

Fig. 50.

On inscrit les résultats d'un nivellement composé comme il est indiqué dans le tableau suivant. Nous supposons que ce nivellement est celui représenté par la figure 50 et que la ligne A'B' représentant le niveau moyen de la mer, le point A est un repère ayant pour cote $62^m,50$.

POINTS nivelés	DISTANCES horizontales	COUPE de niveau arrière	COUPE de niveau avant	DIFFÉRENCES positives	DIFFÉRENCES négatives	COTES.
A		0m,60	»			62m,50
	45m,40			»	0m,60	
C		0 ,50	1m,20			61m,90
	48 ,00			»	0 ,65	
D		0 ,60	1 ,15			61m,25
	50 ,60			»	0 ,60	
E		1 ,25	1 ,20			60m,65
	54 ,25			0m,75		
B		»	0 ,50			61m,40
		2m,95	4m,05			

Vérification . . . { 62,50 — 61,40 = 1,10
4,05 — 2,95 = 1,10

38. Nivellement par rayonnement. — La méthode que nous venons d'exposer pour obtenir la différence de niveau de deux points d'un terrain est le *nivellement par cheminement*. Si l'on veut obtenir les cotes de tous les points d'un terrain que l'on peut apercevoir dans une certaine étendue en se plaçant en un point O de ce terrain, on installe en ce point le niveau (fig. 51) et l'on donne successivement un coup de niveau sur chacun des points A, B, C... En supposant que α soit la cote du point A rapportée à un plan de comparaison déterminé, au niveau moyen de la mer, par exemple, et que la hauteur lue sur la mire placée en A soit a, la cote du plan de niveau déterminé par les lignes de visée de l'instrument sera $\alpha + a$. De là résulte que si les hauteurs lues sur la mire placée en B, C, D,... sont b, c, d,... les cotes des points B, C, D... seront représentées par les nombres

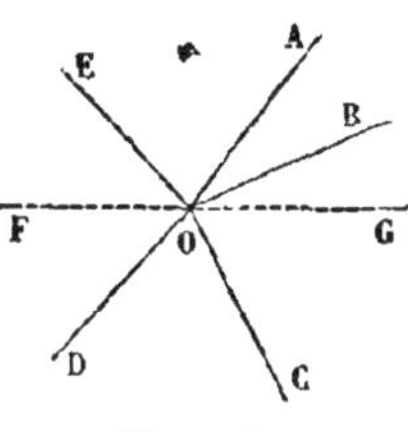

Fig. 51

$$\alpha + a - b, \quad \alpha + a - c, \quad \alpha + a - d.$$

Le nivellement par rayonnement permet d'opérer le nivellement général d'un terrain. Ayant opéré en une station comme il vient d'être dit, on se place en une station suivante d'où l'on puisse donner un coup de niveau sur l'un des points dont la cote a été déterminée lors de la première station. On part de ce point pour déterminer de la même façon les cotes des autres, puis on passe à une troisième station et ainsi de suite. Lorsque l'on a tracé le polygone topographique (13) et qu'on en a nivelé les sommets par cheminement, on prend ordinairement les cotes de ces sommets comme points de repère et l'on s'en sert pour déterminer les cotes des points de détail.

39. Profils de nivellement. — Lorsque l'on a opéré le nivellement par cheminement d'une ligne tracée sur un terrain, on peut se proposer de construire le profil de cette ligne, c'est-à-dire de représenter, à l'aide d'une figure, le relief du sol suivant cette ligne. Pour cela, ABCDE (fig. 52) représentant la ligne que l'on a nivelée, on trace sur le papier une droite horizontale A'B'C'D'E' sur laquelle on prend des longueurs A'B', B'C'.... respectivement égales aux longueurs AB, BC... réduites à l'échelle choisie. Aux différents points A', B'.... on élève des perpendiculaires égales aux cotes des

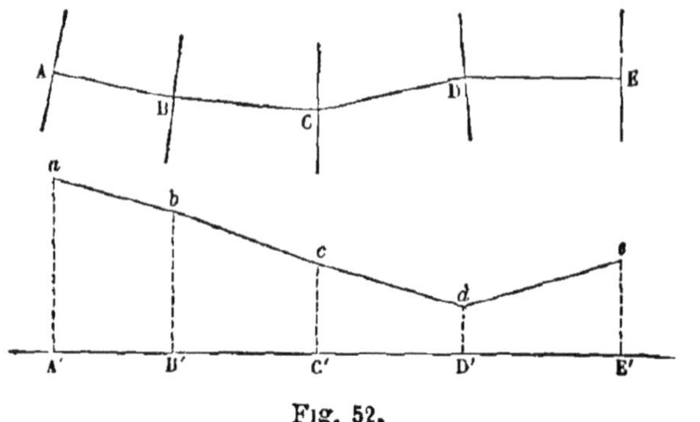

Fig. 52.

points A, B.... réduites à l'échelle, et joignant les extrémités *a*, *b*.... de ces perpendiculaires, on a en *abcde* le *profil en long* du terrain.

Lorsque l'on a besoin de connaître la configuration du terrain à une certaine distance de part et d'autre de la ligne que l'on a nivelée, on construit des *profils en travers* qui, accompagnant le profil en long, donnent une représentation complète du terrain. Pour obtenir les profils en travers, on imagine des lignes droites menées perpendiculairement à la direction du profil en long par les points A, B, C, D, E ou au besoin par des points plus rapprochés. On nivelle ces droites sur l'étendue voulue de part et d'autre du point où chacune coupe le profil en long et l'on construit ensuite chacun des petits profils partiels comme on a construit le profil en long.

40. Courbes de niveau. — Pour éviter l'accumulation sur un plan coté d'un nombre considérable de cotes numériques, qui en rendraient la lecture pénible et difficile, on dessine sur ces plans ce qu'on nomme des *courbes de niveau*. Ces courbes ne sont autre chose que les intersections du terrain avec une suite de plans horizontaux équidistants, intersections dont par suite chaque point a la même cote. Il suffit donc d'inscrire près du contour de chacune de ces lignes la cote qui appartient à tous ses points, pour que la comparaison de ces cotes puisse donner aisément une idée exacte de la configuration du sol.

Nous n'entrerons pas dans le détail des différentes méthodes à l'aide desquelles on obtient les courbes de niveau. Nous nous contenterons d'indiquer qu'en plaçant le niveau en un certain

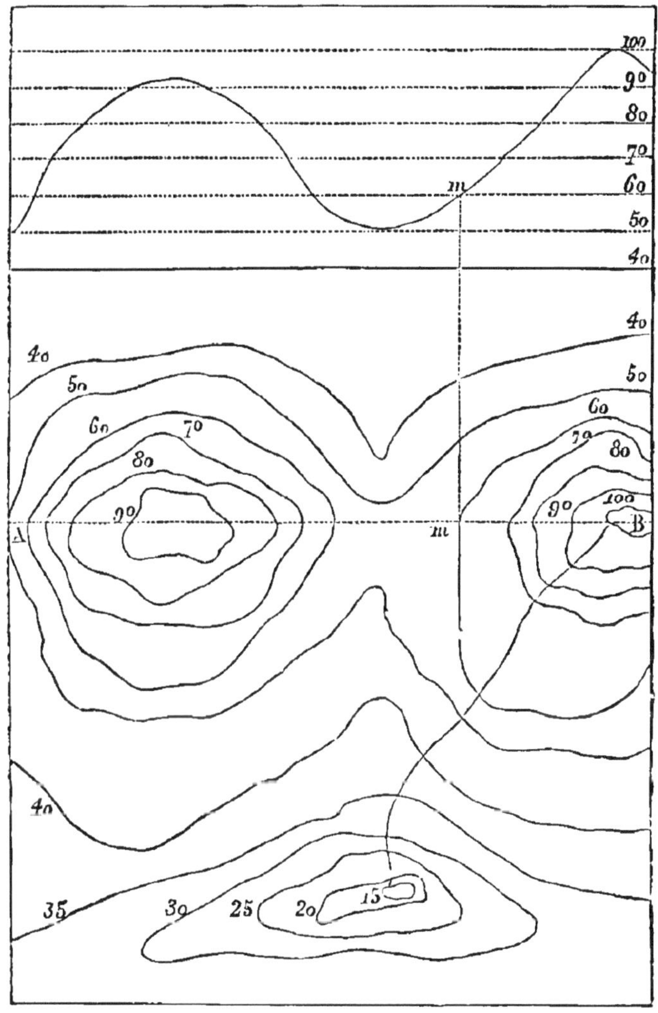

Fig. 53.

point d'un terrain et donnant un coup de niveau sur un second point, il suffira de fixer le voyant de la mire et de faire transporter celle-ci en d'autres points du terrain, tels que la ligne de visée de l'opérateur passe toujours par le centre du voyant ; il est clair que les points où la mire sera alors placée auront le même niveau et par conséquent feront partie de la même courbe. On n'aura donc, pour obtenir cette courbe, qu'à lever le plan de ces points et qu'à les joindre sur le plan par un trait continu que l'on accompagnera de la cote de l'un d'eux.

On a représenté, dans la figure 53, un terrain déterminé par ses courbes de niveau. Les plans horizontaux sont menés à des hauteurs de 40, 50, 60,.... mètres au-dessus du plan de comparaison. On voit aisément que ce terrain présente deux montagnes A et B, dont l'une, B, est plus élevée que l'autre. On a représenté à la partie supérieure de la figure le profil du terrain déterminé par un plan vertical mené suivant la droite AB. Pour construire ce profil, on a pris une ligne droite parallèle à AB et ayant pour cote 40 mètres, on a tracé des parallèles à cette droite distantes l'une de l'autre d'une longueur représentant 10 mètres ; ces parallèles sont les traces verticales des plans horizontaux qui ont déterminé les courbes de niveau. On a ensuite abaissé des projections (telles que m) des points de rencontre des courbes de niveau avec le plan AB, des perpendiculaires à la droite AB jusqu'à la rencontre (en m') de la parallèle correspondant à la courbe de niveau à laquelle appartient le point (m), et l'on a joint par un trait continu les points ainsi obtenus.

PROBLÈMES RELATIFS AUX PLANS COTÉS.

PROBLÈME I.

41. *Étant données les projections et les cotes de deux des points d'une droite ainsi que la projection d'un 3ᵉ point de la droite, trouver la cote de ce 3ᵉ point.*

Soient a et (α), b et (β) (fig. 54) les projections et les cotes de deux points A, B d'une droite dont la projection est ab et soit c la projection d'un 3e point de cette droite dont on demande la cote. Élevons en a et b les perpendiculaires aA, bB égales respectivement à α et β et joignons AB. Élevons en c la perpendiculaire cC. Sa longueur est la cote demandée. Or $Cc = CH + \alpha$ et les triangles semblables ABK, ACH donnent :

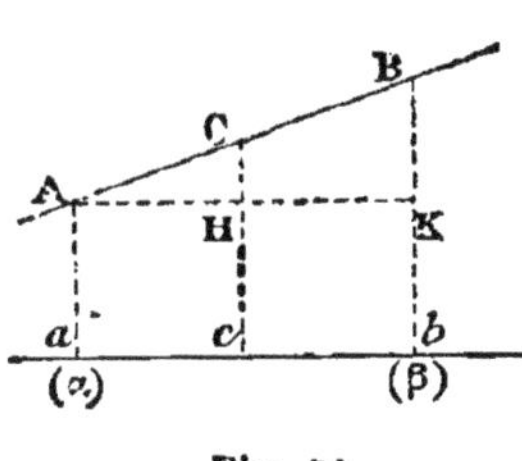

Fig. 54.

$$\frac{CH}{\beta - \alpha} = \frac{ac}{ab}, \quad \text{d'où} \quad CH = \frac{ac(\beta - \alpha)}{ab}$$

donc

$$Cc = \frac{ac(\beta - \alpha)}{ab} + \alpha.$$

PROBLÈME II.

42. *Étant données les projections et les cotes de deux points d'une droite ainsi que la cote d'un 3e point de la droite, déterminer la projection de ce 3e point.*

Supposons connus a et (α), b et (β) ainsi que la cote γ du point C (fig. 54) : il s'agit de trouver la position du point c, c'est-à-dire la distance ac. Ayant fait la même construction que ci-dessus, on a dans les triangles semblables ACH, ABK :

$$\frac{AH}{ab} = \frac{\gamma - \alpha}{\beta - \alpha}$$

d'où

$$AH \quad \text{ou} \quad ac = \frac{ab(\gamma - \alpha)}{\beta - \alpha}.$$

43. Si de deux points A et B d'une droite AB inclinée à l'horizon, on mène deux droites, l'une horizontale AC, l'autre verticale BC, le rapport $\frac{BC}{AC}$ est ce qu'on nomme *la pente de la droite* AB. Ce rapport n'est d'ailleurs autre que la tangente trigonométrique de l'angle que fait la droite avec l'horizon. Si l'on désigne par α et β les cotes des points A et B et la distance ab par d, on voit que la pente de $AB = \frac{\beta - \alpha}{d}$, ou en général que la pente d'une droite est égale à la différence entre les cotes de deux de ses points divisée par la distance de leurs projections.

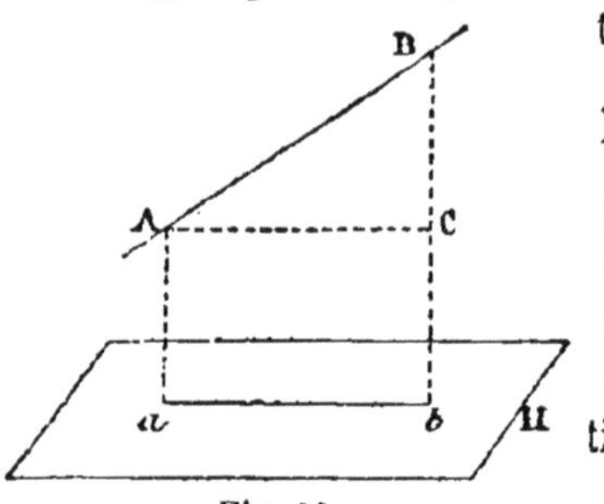

Fig. 55.

44. On entend par *diviser une droite en échelle de pente*, partager sa projection en segments égaux tels que la différence des cotes d'un point de division au suivant soit constante et égale à une quantité donnée quelconque.

Pour diviser une droite en échelle de pente, on cherche (problème II) la projection d'un point de cette droite dont la cote surpasse d'une unité par exemple celle d'un point connu ; on n'a plus ensuite qu'à porter la distance trouvée à partir de ce point connu autant de fois que l'on veut.

45. On nomme *ligne de plus grande pente* d'un plan une ligne tracée dans ce plan et ayant la pente la plus grande. Cette ligne est perpendiculaire sur la trace horizontale du plan et aussi sur les droites horizontales menées dans ce plan. Soit en effet AB (fig. 56) perpendiculaire sur la trace horizontale d'un plan P; menons une seconde droite AC

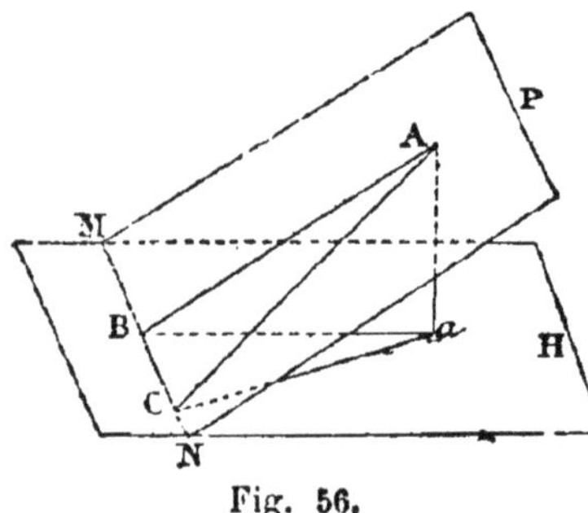

Fig. 56.

dans ce plan. Par définition, la pente de AB est $\frac{Aa}{Ba}$ et celle de AC est $\frac{Aa}{Ca}$. Or Ca oblique sur la trace MN du plan P est plus grande que la perpendiculaire Ba ; donc la pente de AB est plus grande que celle de AC et par suite AB perpendiculaire sur MN est ligne de plus grande pente du plan P.

On peut remarquer que tang ABa $\left(\text{ou } \frac{Aa}{Ba}\right)$ étant plus grande que tang ACa $\left(\text{ou } \frac{Aa}{Ca}\right)$ l'angle ABa est plus grand que ACa; la ligne de plus grande pente d'un plan fait donc avec sa projection horizontale un angle plus grand que celui formé par toute autre droite du plan avec sa projection horizontale.

46. Un plan se détermine sur un plan coté par sa ligne de plus grande pente, car dès que celle-ci est connue, on connaît en même temps une horizontale quelconque du plan. On représente un plan par deux lignes de plus grande pente très-rapprochées l'une de l'autre pour distinguer le plan d'une ligne. On gradue cette double ligne en échelle de pente et l'on a ainsi ce qu'on nomme l'échelle de pente du plan.

PROBLÈME III.

47. *Étant donnés trois points* a, b, c (fig. 57) *d'un plan et leurs cotés* α, β, γ, *construire l'échelle de pente de ce plan.*

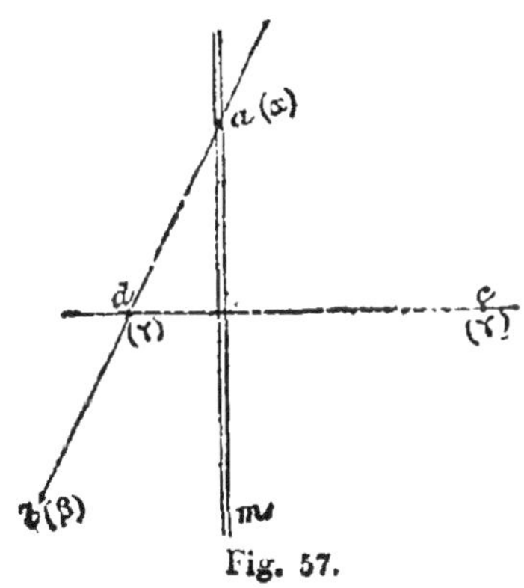

Fig. 57.

Joignons *ab* et cherchons la projection d'un point de cette droite ayant pour cote γ (42). Soit *d* ce point; joignons *dc*, cette droite est une horizontale du plan passant par les trois points. On aura donc la ligne de plus grande pente de ce plan en abaissant du point *a* par exemple une perpendiculaire sur *cd*. Il restera à graduer *am* en échelle de pente.

PROBLÈME IV.

48. *Construire l'intersection de deux plans donnés par leurs échelles de pente.*

Soient (fig. 58) *mn*, *pq* les échelles de pente de deux plans. Considérons les projections *a*, *b*, de deux points A, B de ces lignes ayant même cote, α par exemple, et menons par ces projections a, b, des droites respectivement perpendiculaires à mn et à pq : ces droites représentent les projections des horizontales des deux plans donnés ayant pour cote α et leur point e d'intersection n'est autre que la projection d'un point E de l'intersection demandée. En élevant de même les perpendiculaires cf, df aux échelles de pente en des points c, d, projections de deux points ayant même cote, β par exemple, on a en leur point de rencontre f la projection d'un second point de l'intersection des deux plans ayant pour cote β. Cette intersection a donc pour projection la droite ef et se trouve ainsi déterminée, puisqu'on a les projections et les cotes α, β de deux de ses points.

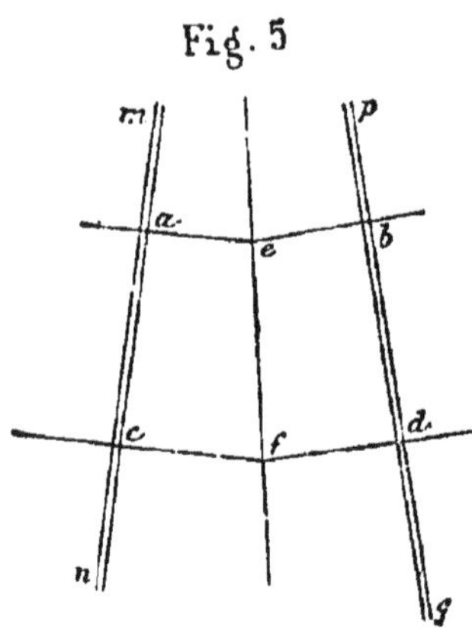

Fig. 58.

PROBLÈME V.

49. *Trouver l'intersection d'une droite et d'un plan donnés par leurs échelles de pente.*

Soient (fig. 59) mn l'échelle de pente du plan donné, et pq celle de la droite. Cherchons l'intersection du plan qui aurait pq pour échelle de pente avec le plan donné, et soit ab la projection de cette intersection.

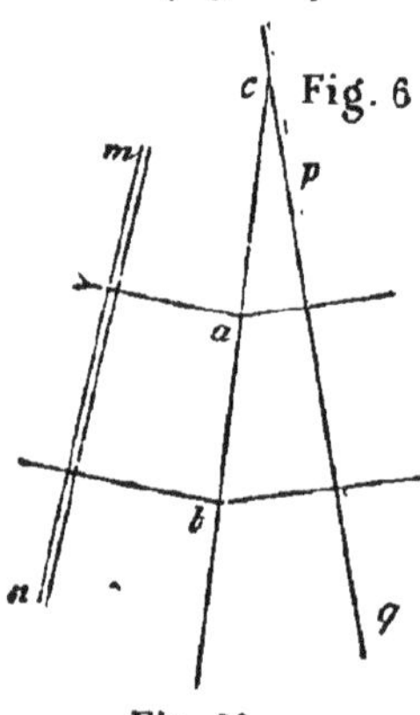

Fig. 59.

Prolongeons ab jusqu'à sa rencontre en c avec pq : le point c sera la projection du point C d'intersection de la droite et du plan : en effet, d'après la construction, c est la projection d'un point qui appartient au plan mn et aussi à la droite. On aura ensuite aisément la cote du point C à l'aide de l'échelle de pente de la droite donnée.

PROBLÈME VI.

50. *Étant donné un plan par son échelle de pente et un point situé dans ce plan, mener par ce point dans le plan une droite ayant une pente donnée.*

Soient (fig. 60) mn l'échelle de pente du plan et a la projection du point donné, ayant α pour cote. Menons l'horizontale ab du plan et une seconde horizontale cd ayant pour cote β. En supposant $\beta > \alpha$, nommant x la longueur de la projection de la droite demandée comprise entre les deux horizontales, et représentant par p la pente donnée, on a (43) :

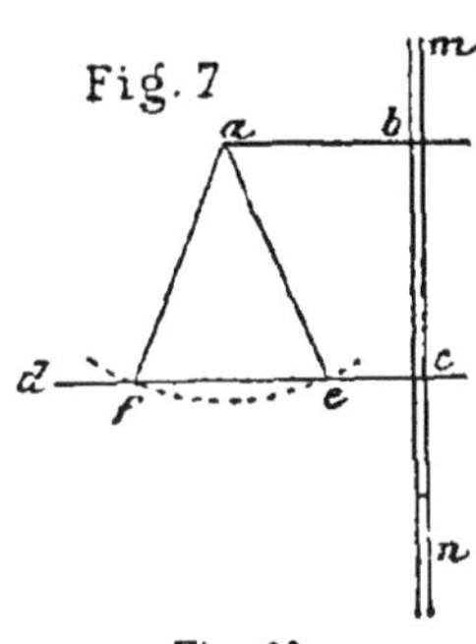

Fig. 60.

$$p = \frac{\beta - \alpha}{x};$$

d'où

$$x = \frac{\beta - \alpha}{p}.$$

Ayant déterminé x à l'aide de cette relation, on décrit du point a comme centre, avec la valeur de x pour rayon, un arc de cercle qui rencontre cd aux points e et f; joignant chacun de ces points au point a, on a en ae, af les projections de deux droites répondant à la question.

Le problème n'est possible que si la valeur de x est supérieure ou au moins égale à bc, c'est-à-dire que si la pente donnée est moindre ou au plus égale à celle du plan. — Si $x = bc$, ou si la pente donnée est égale à celle du plan, on n'a qu'une solution que l'on obtient en menant par le point a une parallèle à l'échelle de pente du plan.

PROBLÈME VII.

51. *Tracer sur un plan coté un chemin ou une rigole d'irrigation ayant une pente donnée.*

Supposons que l'on ait réuni sur un plan coté par un trait continu les projections de différents points d'un terrain ayant même cote : cette opération ayant été répétée un certain nombre de fois, on obtient sur le plan ce que nous avons nommé des *courbes de niveau* (fig. 61). Soit proposé de tracer sur le plan à partir d'un point donné a situé sur l'une de ces courbes un chemin ou une rigole d'irrigation ayant une pente donnée.

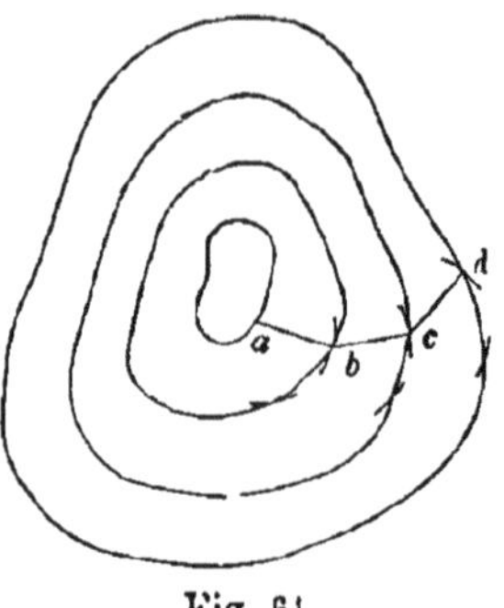

Fig. 61.

On commencera par calculer la longueur de la projection horizontale du chemin ou de la rigole comprise entre les deux premières courbes. Cette longueur sera donnée par la formule $l = \frac{\beta - \alpha}{p}$, β et α étant les cotes des deux courbes et p la pente donnée (50). On décrira alors, du point a comme centre, avec un rayon égal à cette longueur (prise à l'échelle du plan), un arc de cercle qui coupera la seconde courbe en un point b. On joindra ab et l'on partira ensuite du point b pour tracer de la même façon la projection bc du chemin ou de la rigole comprise entre la seconde et la troisième courbe, et ainsi de suite. On obtient ainsi une ligne polygonale $abcd$ qui représente le tracé sur le plan du chemin ou de la rigole.

En général, l'arc de cercle décrit d'un point d'une courbe comme centre peut couper la courbe suivante en deux points ; il existe donc la plupart du temps, entre deux courbes consécutives, deux tracés satisfaisant à la condition relative à la pente. On choisit entre les deux tracés celui dont l'établissement est le plus avantageux à divers titres.

Le problème est évidemment impossible lorsque la longueur calculée de la projection du chemin comprise entre deux courbes consécutives est inférieure à la plus courte distance entre ces deux courbes.

FIN.

TABLE DES MATIÈRES

PREMIÈRE PARTIE

FIGURES PLANES

LIVRE PREMIER

LA LIGNE DROITE

LIVRE II

LE CERCLE

LIVRE III

SIMILITUDE. — AIRE DES POLYGONES

LIVRE IV

POLYGONES RÉGULIERS. — MESURE DU CERCLE

DEUXIÈME PARTIE

FIGURES DANS L'ESPACE

LIVRE V

LE PLAN

LIVRE VI

LES POLYÈDRES

LIVRE VII

LE CYLINDRE ET LE CONE

LIVRE VIII

LA SPHÈRE

COURBES USUELLES

www.ingramcontent.com/pod-product-compliance
Ingram Content Group UK Ltd.
Pitfield, Milton Keynes, MK11 3LW, UK
UKHW022327190726
13856UKWH00001B/253